SHUIDIAN JIZU JIANMO LILUN

水电机组建模理论

曾云　钱晶　著

内 容 提 要

全书分为九章，按水力系统、水轮机、发电机、轴系、机组控制五个水电机组单元组织，从经典模型的归纳分析，到新近建模理论成果进行了系统的陈述，并结合仿真进行详细的分析说明。本书在非线性建模理论方面占有较大的篇幅，是为了适应非线性理论在水电机组应用研究的需求，为读者开展更深入的建模理论研究奠定基础。

本书可作为高等院校相关专业的研究生教材或教学参考书，也可供水利水电工程领域的工程技术人员参考。

图书在版编目（CIP）数据

水电机组建模理论/曾云，钱晶著．—北京：中国电力出版社，2020.9（2023.3重印）
ISBN 978-7-5198-4865-1

Ⅰ.①水… Ⅱ.①曾…②钱… Ⅲ.①水轮发电机—发电机组—系统建模—研究 Ⅳ.①TM312

中国版本图书馆 CIP 数据核字（2020）第 147229 号

出版发行：中国电力出版社
地　　址：北京市东城区北京站西街 19 号（邮政编码 100005）
网　　址：http：//www. cepp. sgcc. com. cn
责任编辑：谭学奇（010-63412218）
责任校对：黄　蓓　朱丽芳
装帧设计：张俊霞
责任印制：吴　迪

印　　刷：三河市万龙印装有限公司
版　　次：2020 年 10 月第一版
印　　次：2023 年 3 月北京第二次印刷
开　　本：710 毫米×1000 毫米　16 开本
印　　张：15. 75
字　　数：312 千字
印　　数：1001—1500 册
定　　价：68. 00 元

作者简介

曾云，男，1965年3月出生，博士，教授/博导。1985年毕业于昆明理工大学水电站动力设备专业获学士学位，1994年毕业于河海大学机电控制及自动化专业获硕士学位，2008年河海大学水利水电工程专业获工学博士学位。2010年到英国阿伯丁大学合作研究一年。现任教于昆明理工大学冶金与能源工程学院。

主要从事水力机组的运行稳定性与控制策略研究。在理论研究方面，应用非线性动力学、非线性控制理论探索复杂水力机组及其系统多场耦合条件下，运行稳定与控制的动力学机理。在工程应用方面，涉及水力机械及其系统运行稳定分析、试验测试、控制设计与实现等工程实际问题。

作为项目负责人承担国家自然科学基金项目3项、作为主要成员参与1项国家基金重点项目的研究。2011、2012年作为非政府组织（NGO）世界自然基金会（WWF）的咨询专家参与大型水电站的可持续性评估等工作。2014年参与国家自然科学基金委编写：《十三五水力装备学科发展战略报告》。作为组委会主席组织召开了二届“计算建模与模拟进展”国际会议。在《Nonlinear Dynamics》《中国科学》等期刊以及国际会议发表论文70余篇，其中SCI、EI收录50余篇，申请国家发明专利已获授权8件。现为中国动力工程学会水轮机专委会委员，中国水力发电工程学会自动化专委会委员，中国南方计算力学学会委员，云南省力学学会理事；2017年成为国家自然科学基金委水利科学与海洋工程学科（E09）会评专家，中国博士后基金会函评专家，水利部水资源论证专家。

钱晶，女，1967年6月出生，硕士，教授。1989年毕业于华中科技大学，电力系统及其自动化专业获学士学位，2000年毕业于四川大学电力系统及其自动化专业获硕士学位。现任教于昆明理工大学冶金与能源工程学院。

主持军民融合重点项目1项，国家自然科学基金项目2项，云南省自然科学基金项目1项，云南省教育厅科学基金项目1项，参与国家自然科学基金项目6项，主持和参与多个企业委托项目的研究。在《Nonlinear Dynamics》等杂志及国际会议发表学术论文50余篇，其中SCI、EI收录30余篇，获得云南省科技进步奖三等奖1项（4），授权专利3件。主持校级精品课程1项，获校级教学成果奖3件，伍达观教育基金“优秀教师奖”1项。

主要科研方向为发电机组的稳定控制及其对电网的影响。理论方面主要研究非线性控制理论在发电机稳定控制及对电网的影响。近年的研究方向主要是应用广义哈密顿系统理论研究多场耦合条件下发电机及其系统的多场耦合特性、运行稳定性，风光水多能协同下的机组稳定控制理论及其分析方法等。工程应用方面，主要涉及发电机系统稳定运行分析、控制设计、试验测试，以及变电站、电网方面实际工程的工程技术问题。

前 言

复杂工程系统研究的一般方法是将其分解为多个子系统并抽象为数学模型，利用各种数学工具和动力学理论开展研究。水电机组就是这样一个复杂的水、机、电多场耦合动力学系统，其建模涉及水力、机械、电气、动力学等多学科交叉领域。一方面，由于学科跨度较大，不同专业和学科领域的研究者，对本专业领域熟悉的对象系统采用不同详细程度的数学模型，而对其他专业领域的对象系统，所采用的数学模型大多为局部简化模型，例如：水机专业研究者大多采用简化的一阶发电机模型，而电气专业研究者大多假设水轮机机械力矩不变，或采用刚性水击下的水轮机简化模型；另一方面，非线性科学的快速发展及其在水电机组相关领域的应用成为研究热点，在一定程度上也导致水电机组对象特性基础理论研究的不足。

近年来的许多研究都表明，水电机组涉及的水、机、电三方面的因素相互影响是明显的，将其作为一个整体纳入统一的理论框架下开展研究，可揭示更多的耦合作用机理。因而，将水电机组作为整体研究其运行控制和稳定分析问题已成必然趋势。而有关水电机组建模方面尚无论著进行系统的介绍。为便于系统学习和研究，本书结合作者十余年来对水电机组数学建模的研究工作，对水电机组建模问题进行了系统的陈述和分析。

本书分为九章，第一章研究对象概述，主要理清暂态过程研究的主要对象；第二章水力系统基本模型，介绍了经典的特征线方法和传递函数描述方法；第三章水轮机模型，介绍了传统的水轮机功率模型和几种新的功率计算模型；第四章水力系统及水轮机微分方程模型，介绍了刚性和弹性水击下水轮机非线性微分方程模型，以及复杂水力系统解耦和多机微分方程的建模问题；第五章水轮机广义哈密顿建模，采用广义哈密顿实现理论建立刚性水击和弹性水击下的哈密顿模型；第六章发电机模型，从动力学角度建立发电机微分方程模型，并给出了不同情形下的简化形式；第七章发电机哈密顿建模，从发电机的拉格朗日体系出发转化为广义哈密顿模型，并给出了简化方式和水电站局部多机发电机哈密顿模型；第八章水力机组轴系模型，采用轴系集中参数建模方法建立轴系振动的暂态模型，并转化为广义哈密顿形式；第九章调速和励磁控制单元，简单介绍了调速和励磁控制基本原理和构成。

本书内容由传统理论的梳理和作者课题组的研究成果组成。研究成果主要来源于作者承担的国家自然科学基金项目“水力机组主动控制策略研究，51579124”、“水力机组暂态稳定的参数关联机制及控制策略研究，51179079”、“基于广义哈密顿理论的水力机组内部关联机制与控制策略，50949037”“复杂水力耦合下水轮发电机组哈密顿稳定控制策略研究，51469011”，“引入风电波动特性后水电机组快速稳定控制的动力学机理及控制策略研究，51869007”，参与的国家自然科学基金重点项目“水电站的水机电耦合研究，50839003”，以及其他一些基金项目和部分企业委托项目的最新成果。一些关键知识点和公式的详细分析和讨论，掌握核心概念和知识细节是本书的写作特点，期望读者对传统理论学习理解的基础上对发展趋势有一定的认识。

作者

2020 年 6 月 13 日

目 录

第一章　研究对象概述

水电机组是一个复杂的水机电多场耦合动力学系统，其运行控制涉及因素众多。本节通过对水电机组各功能单元的简单分析，明确机组暂态过程的研究对象，并简述研究对象系统模型的基本构成和分类。

第一节　水电机组功能单元构成

立式水轮发电机组整机结构如图 1-1、图 1-2 所示。

水电机组整机系统可按功能划分为以下子系统：

（1）水力系统：引导水流流经水轮机，水力系统的能量输出断面是水轮机转轮进出口，即水轮机转轮进出口水头和流量。不同形式、不同复杂程度水力系统对水轮机的影响最终都转化为水轮机进出口断面水头和流量变化的形式而产生影响。单机单管水力系统的暂态变化仅仅由导叶的动作引起，导叶运动可作为水力系统的输入控制变量，也是唯一的可控变量。在具有共用管的水力系统中，由于存在水力耦合作用，共用管任一支管水力波动都会引起其余支管的水力扰动，但是究其根源，还是由于支管末端导叶动作诱发的，所以仍然可以将导叶动作视为水力系统的输入控制变量。

（2）水轮机系统：水轮机将水能转化为旋转机械能，通过主轴将力矩传递给发电机。

（3）发电机系统：发电机系统将主轴传递来的机械能转化为电能输出，包括发电机定子和转子两部分。

（4）轴承支撑系统：轴承支撑系统根据发电机形式（悬式、伞式）包括上导、下导、水导、推力轴承、发电机机架等部件，其作用是保持机组轴系径向稳定（导轴承），承担机组旋转部分的重量并经支撑机架传递到基础。

（5）控制系统：实现机组安全稳定控制和调节任务。除调速器、励磁控制器之外，通常还配置有制动系统、同期装置、机组顺序控制装置，以及电气和

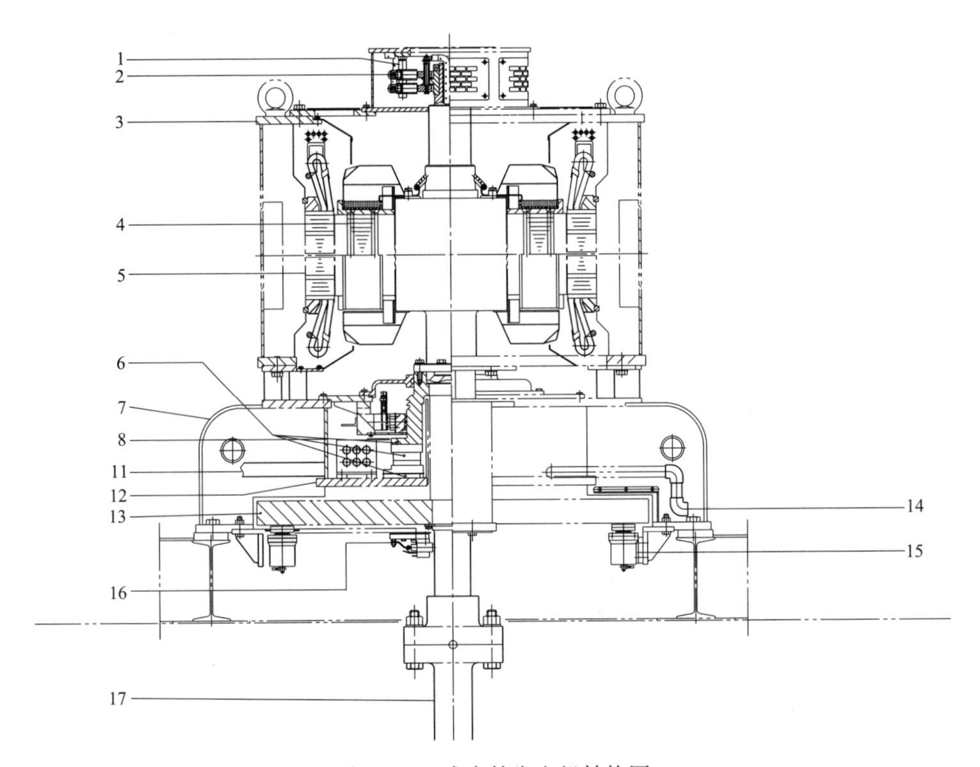

图 1-1　立式水轮发电机结构图

1—碳刷装置；2—滑环；3—上机架；4—转子；5—定子；6—推力轴承；7—下机架；8—冷却装置；
9—推力头；10—推力瓦；11—冷却器进水口；12—支撑机构；13—刹车盘；
14—轴承油位信号器；15—刹车装置；16—接地碳刷；17—主轴

机械保护装置等。

（6）辅助设备系统：辅助设备指油、气、水系统，油系统提供轴承润滑油和调速器、主阀操作用油，气系统用于机组制动、调相供气，水系统特指技术供水系统，用于轴承油冷却和发电机空气冷却器。

显然，从机组整个系统来看是比较复杂的，涉及的学科领域也较多，将这些内容都纳入暂态研究是困难的。换一个角度来看，水电机组有两方面的基本要求，一是运行安全，二是具有良好的控制性能。

1. 运行安全问题

机组的运行安全是通过对机组运行状态的实时检测和分析判断，按既定策略自动实施控制。机组运行安全的任务主要由计算机监控系统来完成，所采用的状态信息不仅包括机组单元的信息，还包括全厂和公用系统的相关状态信息。

机组单元的信息包括：轴承油位、油温、冷却水、断路器状态、发电机定子温度、转速、发电机继电保护信号、水机保护信号、机组摆度越限信号等。这类信号为开关量信号，触发监控系统产生相应的控制操作。这部分涉及的内

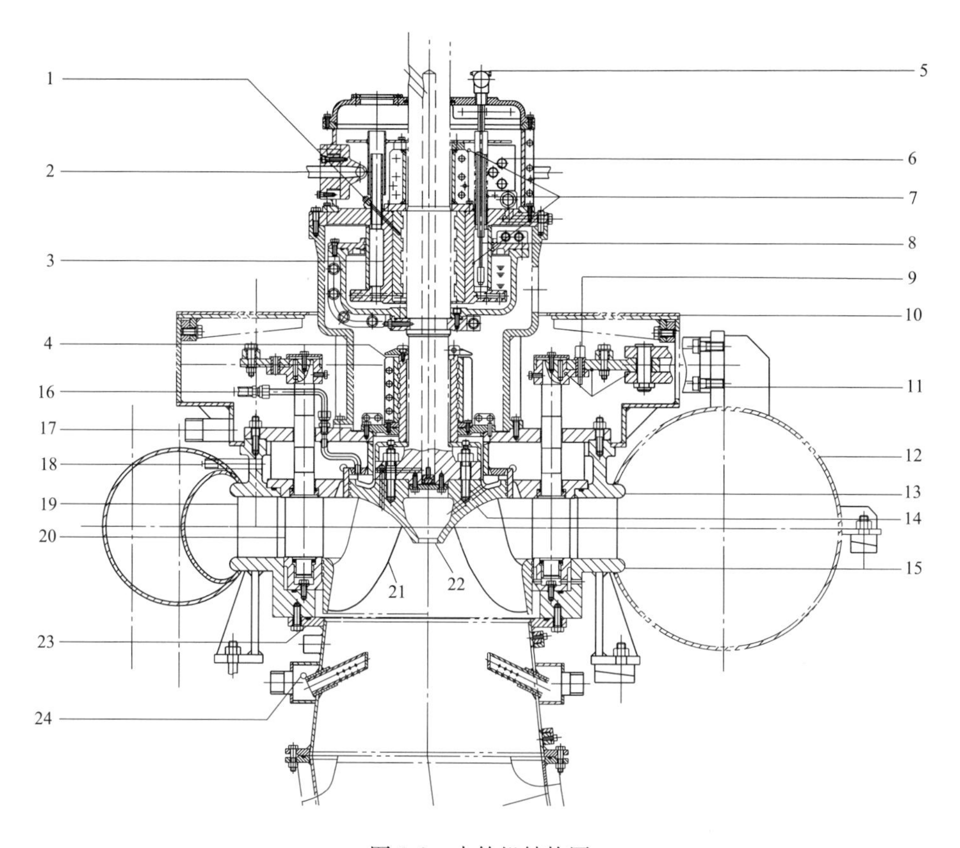

图 1-2　水轮机结构图

1—稳定信号器；2—导轴承冷却水管；3—水导瓦；4—主轴密封；5—油位信号器；6—冷却器；7—导轴承；8—回油箱；9—剪断销；10—水轮机地板；11—导叶联动装置；12—蜗壳；13—顶盖；14—转轮；15—底环；16—顶盖测压管；17—顶盖排水管；18—内腔排水管；19—固定导叶；20—叶片；21—活动导叶；22—泄水锥；23—基础环；24—尾水管补气装置

容属于机组计算机监控，不在本书讨论的范围内。

2. 控制性能问题

这里的控制性能指利用调速和励磁控制器，保障机组暂态调节过程中相关参数指标性能良好。具体来说，就是指在控制器作用下被控对象特性和参数的暂态变化。

本书关注的重点是暂态特性，暂态是指（主动或被动）扰动后系统特征参数的变化过程，即：特征参数变化有一定的时程变化特性。

图 1-3 给出了水电机组单元功能示意图。图 1-3 中可以明确以下几方面的信息：

（1）水力系统的暂态变化仅仅由导叶的动作引起，导叶是水力系统唯一的可控变量。导叶动作由调速器控制。

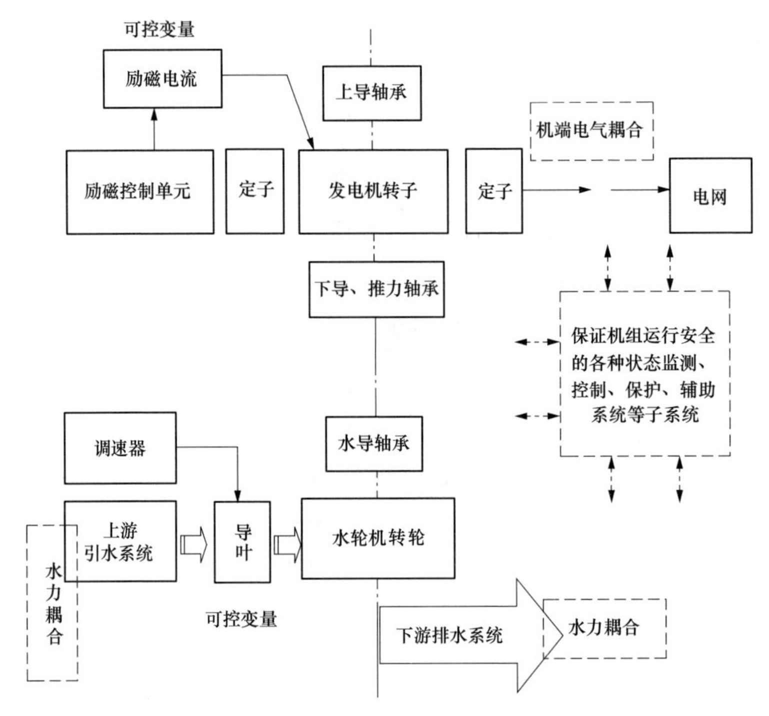

图 1-3 水电机组单元功能示意图

(2) 由于发电机出口端连接电网，电网侧的变化具有随机性。从发电机的工作情况来看，发电机系统可视为电网的随动系统和主动调节系统，亦即发电机的输入可能来自电网侧的扰动和发电机单元的主动控制操作。另一方面，即使是电网侧扰动，也是通过发电机励磁控制单元生成相应的控制命令来实现对扰动的响应的。因此，可认为发电机系统的可控变量是发电机励磁系统的励磁电流。励磁电流的大小由励磁控制单元控制。

(3) 水轮机和发电机之间的功率传递是通过主轴直接传递的，水轮机输出力矩和发电机阻力矩的相对变化是机组暂态运动的核心，即机组运动方程见式 (1-1)

$$T_{\mathrm{j}}\frac{\mathrm{d}\omega}{\mathrm{d}t}=M_{\mathrm{t}}-M_{\mathrm{g}} \tag{1-1}$$

式中 M_{t}——水轮机轴上输出的机械力矩（主动力矩）；

M_{g}——发电机轴上的电磁力矩（阻力矩）；

ω——机组旋转角速度；

T_{j}——机组惯性时间常数。

(4) 轴系振动稳定性涉及机组主轴直接关联的元部件，有轴承及其支撑结构、主轴、发电机转子和水轮机转轮，以及作用在这些元部件上的附加外力。

(5) 水力耦合是由共用引水管路引起的，例如：一管二机系统中，其中一

根分岔管道水压波动，在共用管道中引起的波动会引起另一分岔管末端的水压波动。在具有共用尾水管道的系统中，尾水压力变化也存在水力干扰的问题。

（6）电气耦合是由于发电机机端出口的电气连接产生的，尤其是在同一发电厂内，机组间的电气距离较短，这种耦合的影响是明显的。更广义地看，整个电网内各机组之间也存在电气耦合问题，因此，在电力系统研究中大多采用多机（多发电机）模型进行分析研究。

根据上述讨论，本书主要介绍被控对象引水系统、水轮机、发电机及电网的建模问题，以及调速、励磁控制单元问题。其他仅涉及机组运行安全的状态及其控制操作的子系统和功能，如图 1-3 中虚线给出的子系统，不在本书讨论范围内。

第二节 水电机组模型概述

水电机组模型包括被控对象和控制器，被控对象有水力系统及水轮机、发电机及电网，控制器主要指水轮机调速器和发电机励磁控制器。

一、水力系统模型

1. 基本模型

水力系统基本模型是由管道连续性方程和运动方程构成的二阶偏微分方程组，该方程是管道水力动态描述的基本方程，其余模型都是以此为基础发展起来的。

水力系统动态描述的二阶偏微分方程组，在进行数值计算处理时，发展出一种沿特征线的计算方法，称为特征线方法。经过多年的发展和改进，管道水力动态计算的特征线方法具有较高的计算精度，已成为工程计算中具有较高认同度的计算方法。

特征线方法将管道分为若干断面递推计算，可计算出管道各计算断面的水头和流量变化，但是计算量大、耗时多。在水电机组暂态过程的相关分析计算中，只需水轮机进出口断面的水头和流量参数。特征线方法不能满足暂态计算的实时性要求，在水轮机调节系统稳定分析和控制设计中很少采用。

2. 传递函数模型——线性化模型

传递函数模型是从水力系统两个二阶偏微分方程取增量线性化后导出的，在基于线性系统理论的水电机组相关研究中得到广泛的应用。

传递函数基本模型有两种形式，一种是来自文献［1］，以此为基础导出的不同形式的传递函数模型在国内学者的研究中广泛使用；另一种形式是由文献［2］导出的，最后成为 IEEE 系列模型的基础，在国外学者的研究中得到广泛的应用。两种形式的传递函数模型在进行增量线性化处理的过程中，主要区别在于对水力损失项的处理有所不同。这一问题在第二章第五节中进行了仿真分析。

传递函数模型又分为刚性水击和弹性水击两种情况。刚性水击条件下，传递函数仅为一阶系统，主要应用于一些对水力系统暂态计算精度要求不高的情形，例如，发电机及电网稳定性研究，或者为减小系统复杂性（降低系统阶次）的应用中。

此外，由于传递函数模型属于增量线性化模型，满足叠加原理，一管多机、一管多机带调压井等复杂水力系统的传递函数模型采用基本模型的传递函数构成。

3. 非线性模型

水力系统非线性模型是随着非线性理论在水电机组的应用需求而发展起来的，近年来取得了较大的发展。最简单的非线性模型是刚性水击下的关于流量的一阶微分方程模型，近年来发展了多种形式的非线性模型，例如：弹性水击下的非线性微分方程模型、广义哈密顿模型、分数阶模型等。

二、水轮机模型

1. 基本模型

水轮机单元输入是水流功率，输出是主轴上的机械力矩。由于力矩和功率之间存在角速度的换算关系，水轮机数学模型是关于水流能量（水头、流量）与水轮机力矩（或功率）的关系。

传统的描述模型为：

$$P=9.81QH\eta \tag{1-2}$$

式中 P——水轮机输出的机械功率（kW）；

Q——进入水轮机的流量（m^3/s）；

H——水轮机水头（m）；

η——水轮机效率。

由于水轮机效率 η 与功率和水头相关，在有功暂态过程中的变化不易确定。这才发展出多种形式的数学模型应用于暂态功率计算。

在常用的建模理论中，假设水轮机单元为刚性环节，即：水轮机水头和流量与水轮机功率之间近似为线性传递，水轮机功率动态是由水力系统动态决定的。因此，水轮机多数情况下将水力系统动态纳入水轮机单元进行建模，即：以导叶开度为输入，水轮机力矩（或功率）为输出。

2. 线性化模型

水轮机线性化模型有两类：

第一类是以六个传递系数描述的水轮机力矩模型[1]，国内学者应用较多。

第二类形式与第一类相同，只是传递系数采用常数值近似表示，主要应用于发电机及电力系统暂态研究中[3,4]，在国外学者中广泛应用。

3. 非线性模型

水轮机非线性模型也可粗略分为两类：

第一类是指水轮机功率计算表达式为非线性形式，主要代表是 IEEE Working Group 推荐的水轮机功率的代数表达式[5]。

第二类是指水轮机力矩（或功率）的微分方程模型，或微分方程代数模型，以及在微分方程基础上演变导出的扩展非线性模型，如广义哈密顿模型、分数阶模型等。

不同的研究者处理方式的不同，水轮机非线性模型的形式变化较多，近十几年来得到了迅速的发展。

4. 辨识模型

这类模型大多基于某种应用需求，采用基于实测数据的模型辨识算法获得。本书中对此类不做更多的分析讨论。

三、发电机模型

发电机基本模型是根据同步发电机电磁关系导出的七个一阶微分方程[3,4]。这组基本方程多年来没什么变化，在研究中也极少使用这组完整的七阶模型。根据研究需要进行不同程度的简化和降维处理，并且将发电机与电网接口，同时考虑励磁系统的影响，获得所需的数学模型。多数情况下是将发电机、励磁系统联合建模。

发电机模型也分为线性化模型和非线性模型，这些经典模型在文献［3，4］中已有详细的介绍。发电机线性化模型在电力系统小扰动研究中得到了广泛的应用，由此派生出满足不同需求的多种形式的线性化模型。有关发电机线性化模型在理论上和应用上都有比较系统的研究，相对比较成熟。近年来的新发展，主要是基于发电机非线性微分方程模型扩展出多种形式的广义哈密顿模型。

四、电网侧简化模型

电网侧建模与网络结构有关，在电力系统分析中有详细的介绍。本书中采用的是一种最简单的形式，即单机无穷大系统，如图 1-4 所示[3]。

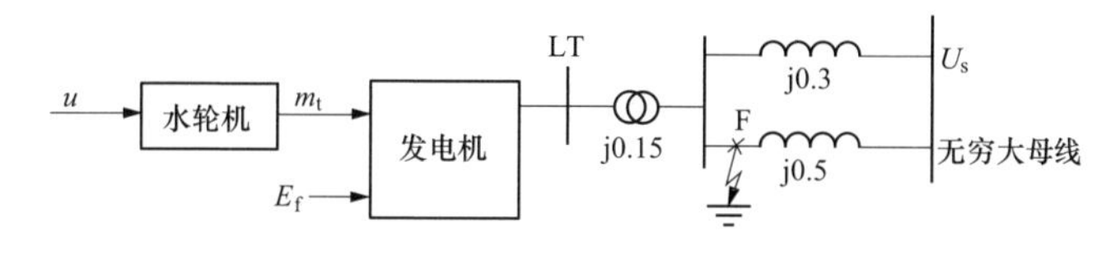

图 1-4 单机无穷大系统结构

在单机无穷大系统条件下，认为母线电压基本不变。实际上，现代电网容量都在几千万千瓦以上，单一机组容量与电网容量相比都可近似为单机无穷大系统。因此，按单机无穷大系统进行简化处理，对于研究机组侧的问题依然是可行的。

值得一提的是，随着电力系统仿真软件的广泛应用，单机无穷大系统这种机网接口在涉及电网的相关研究中，认同度下降较多。建议采用电力系统仿真软件提供的多机系统接口，本书不做介绍。

五、机组轴系模型

水电机组轴系振动研究的主要方法是有限元建模及其扩展的相关方法，属于经典的振动力学领域。直到近年来才将机组振动与运行控制进行关联用于研究机组暂态的相关问题，而有限元方法不适用于暂态分析。因此，本书中主要介绍适用于暂态分析的轴系集中参数模型的建模问题。

六、控制器模型

调速器和励磁系统经过多年的发展，出现过多种结构形式，在本书中仅给出目前应用中的典型结构进行分析。

第二章　水力系统基本模型

本章以单机单管简单水力系统为例，介绍水力系统管道运动基本方程、管道特征线计算方法、以及从管道运动基本方程推导传递函数模型。其中，国内和国外学者采用的传递函数模型形式差别较大，其主要差别在于水力损失项的处理。本章分别给出两种形式传递函数模型的推导过程，对两种形式进行对比分析和仿真研究。

第一节　管道运动基本方程

本节的内容在大多数经典的水力学教材中都能找到，这里给出的内容引用文献［6］中的内容进行整理得到，部分深入的分析讨论可参考相关文献。

取管道中流体微元 Δx，微元受力如图 2-1 所示。

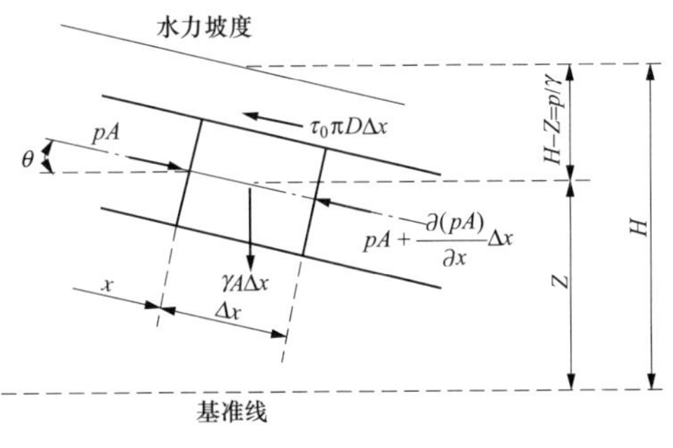

图 2-1　管道流体微元

图 2-1 中，x 是从任意起点开始的沿管道轴线的距离；管道轴线和水平线的夹角为 θ，规定沿管道轴线正方向高度下降时，θ 为负值；A 是管道断面面积；p 是管道断面平均压强；D 是管道直径；$\gamma=g\rho$ 是水的容重，g 是重力加速度，ρ 是水的密度；H 是测压管水头；Z 是位置水头。

压力水头 p/γ 与测压管水头 H 和位置水头 Z 之间的关系为：

$$\frac{p}{\gamma}=H-Z \tag{2-1}$$

流体微元两个端面的压力分别为 pA 和 $pA+\frac{\partial(pA)}{\partial x}\Delta x$，微元管道侧面的切

应力为 τ_0，重力为 $\gamma A\Delta x$ 。沿管道轴线 x 方向满足牛顿第二运动定律，即：

$$pA-\left[pA+\frac{\partial(pA)}{\partial x}\Delta x\right]-\tau_0\pi D\Delta x+\gamma A\Delta x\sin\theta=\rho A\frac{\mathrm{d}V}{\mathrm{d}t}\Delta x \tag{2-2}$$

由于 $\gamma=\rho g$ ，整理式（2-2）：

$$A\frac{\partial p}{\partial x}+\tau_0\pi D-\rho gA\sin\theta+\rho A\frac{\mathrm{d}V}{\mathrm{d}t}=0 \tag{2-3}$$

假设切应力 τ_0 与定常流相同，根据达西-维斯巴赫（Darcy-Weisbach）公式有：

$$\tau_0=\frac{\rho fV|V|}{8} \tag{2-4}$$

其中，f 是管道沿程阻力系数，流速项采用绝对值形式，保证切应力方向与流速方向相反。

在非恒定流中，管道平均流速 V 是沿程变化的，可记为 $V(t，x)$，其加速度为：

$$\frac{\mathrm{d}V}{\mathrm{d}t}=\frac{\partial V}{\partial t}+\frac{\partial V}{\partial x}\frac{\mathrm{d}x}{\mathrm{d}t}=\frac{\partial V}{\partial t}+V\frac{\partial V}{\partial x} \tag{2-5}$$

假设水的密度 ρ 是常数，则：

$$\frac{\partial p}{\partial x}=g\rho\left[\frac{\partial H}{\partial x}-\frac{\partial Z}{\partial x}\right]=g\rho\left[\frac{\partial H}{\partial x}+\sin\theta\right] \tag{2-6}$$

将上述关系代入式（2-3），整理得到：

$$\frac{\partial H}{\partial x}+\frac{V}{g}\frac{\partial V}{\partial x}+\frac{1}{g}\frac{\partial V}{\partial t}+\frac{fV|V|}{2gD}=0 \tag{2-7}$$

式（2-7）就是水力瞬变的运动方程。

对于图 2-1 的微元，根据质量守恒定理：流入、流出控制体的水体质量等于控制体内水体质量随时间的变化，即：

$$\rho AV-\left[\rho AV+\frac{\partial(\rho AV)}{\partial x}\Delta x\right]=\frac{\partial(\rho A\Delta x)}{\partial t} \tag{2-8}$$

整理得：

$$\frac{\partial(\rho A)}{\partial t}+\frac{\partial(\rho AV)}{\partial x}=0 \tag{2-9}$$

水的密度和管道面积的全导数可表示为：

$$\frac{\mathrm{d}\rho}{\mathrm{d}t}=\frac{\partial\rho}{\partial t}+V\frac{\partial\rho}{\partial x} \tag{2-10}$$

$$\frac{\mathrm{d}A}{\mathrm{d}t}=\frac{\partial A}{\partial t}+V\frac{\partial A}{\partial x} \tag{2-11}$$

所以，式（2-9）改写为：

$$\frac{1}{A}\frac{\mathrm{d}A}{\mathrm{d}t}+\frac{1}{\rho}\frac{\mathrm{d}\rho}{\mathrm{d}t}+\frac{\partial V}{\partial x}=0 \tag{2-12}$$

根据流体体积弹性模量的定义，有：

$$\frac{1}{\rho}\frac{\mathrm{d}\rho}{\mathrm{d}t}=\frac{1}{K}\frac{\mathrm{d}p}{\mathrm{d}t} \tag{2-13}$$

将式（2-13）代入式（2-12），整理得到：

$$\frac{1}{A}\frac{\mathrm{d}A}{\mathrm{d}t}+\frac{1}{K}\frac{\mathrm{d}p}{\mathrm{d}t}+\frac{\partial V}{\partial x}=0 \tag{2-14}$$

直接提取因子，可化为：

$$\frac{1}{\rho}\dot{p}+\alpha^2\frac{\partial V}{\partial x}=0 \tag{2-15}$$

$$\alpha=\sqrt{\frac{K/\rho}{1+K[\dot{A}/(A\dot{p})]}} \tag{2-16}$$

式（2-16）中的 α 称为水击波速。

略去推导过程，直接给出水击波速的计算公式：

$$\alpha=\sqrt{\frac{K/\rho}{1+c_1(K/E)(D/e)}} \tag{2-17}$$

式中 E——杨氏弹性模量；

e——管壁厚度。

由压力和测压管水头的关系（2-1），有，

$$\frac{\mathrm{d}p}{\mathrm{d}t}=\rho g\left(\frac{\mathrm{d}H}{\mathrm{d}t}-\frac{\mathrm{d}Z}{\mathrm{d}t}\right)=\rho g\left(\frac{\partial H}{\partial t}+V\frac{\partial H}{\partial x}-\frac{\partial Z}{\partial t}-V\frac{\partial Z}{\partial x}\right) \tag{2-18}$$

假设管道没有横向运动，$\partial Z/\partial t=0$，$\partial Z/\partial x=-\sin\theta$。将式（2-18）代入（2-15），得到：

$$\frac{\partial H}{\partial t}+V\frac{\partial H}{\partial x}+\frac{\alpha^2}{g}\frac{\partial V}{\partial x}+V\sin\theta=0 \tag{2-19}$$

上述方程称为连续性方程。

运动方程和连续性方程构成了管道水力瞬变的基本描述方程。现在将公式（2-7)和式（2-19）重写如下：

运动方程（动量方程）： $$\frac{\partial H}{\partial x}+\frac{V}{g}\frac{\partial V}{\partial x}+\frac{1}{g}\frac{\partial V}{\partial t}+\frac{fV|V|}{2gD}=0 \tag{2-20}$$

连续性方程： $$\frac{\partial H}{\partial t}+V\frac{\partial H}{\partial x}+\frac{\alpha^2}{g}\frac{\partial V}{\partial x}+V\sin\theta=0 \tag{2-21}$$

管道水力瞬变的基本描述方程还有另外一种建模方法，将微元管道采用电路模拟，利用电路理论建立运动方程，通过类比关系导出管道水力瞬变模型。获得的运动方程和连续性方程是完全一致的。应用电路方法研究管道水力动态在文献［7］中有详细的分析。从电路和引水管路的这种类比分析方法中，有可能获得一些有益的启示。

基于上述水力瞬变基本方程形成了两类主要的计算求解方法，一是数值计

算方法，即管道水力动态的特征线方法；二是数学模型描述方法，有经典的增量形式的传递函数描述方法，以及新发展起来的各种非线性模型。

第二节　管道水击的特征线方法

水力瞬变的运动方程和连续性方程可写成如下形式：

$$L_1 = \frac{\partial H}{\partial x} + \frac{V}{g}\frac{\partial V}{\partial x} + \frac{1}{g}\frac{\partial V}{\partial t} + \frac{fV|V|}{2gD} = 0 \tag{2-22}$$

$$L_2 = \frac{\partial H}{\partial t} + V\frac{\partial H}{\partial x} + \frac{\alpha^2}{g}\frac{\partial V}{\partial x} + V\sin\theta = 0 \tag{2-23}$$

将上述方程用一个未知因子 λ 进行线性组合如下：

$$\begin{aligned} L_1 + \lambda L_2 &= \frac{\partial H}{\partial x} + \frac{V}{g}\frac{\partial V}{\partial x} + \frac{1}{g}\frac{\partial V}{\partial t} + \frac{fV|V|}{2gD} + \lambda\left[\frac{\partial H}{\partial t} + V\frac{\partial H}{\partial x} + \frac{\alpha^2}{g}\frac{\partial V}{\partial x} + V\sin\theta\right] \\ &= \lambda\left[\frac{\partial H}{\partial t} + \left(V + \frac{1}{\lambda}\right)\frac{\partial H}{\partial x}\right] + \frac{1}{g}\left[\frac{\partial V}{\partial t} + (V + \lambda\alpha^2)\frac{\partial V}{\partial x}\right] + \frac{fV|V|}{2gD} + \lambda V\sin\theta \\ &= 0 \end{aligned} \tag{2-24}$$

根据微分法则：$\frac{\mathrm{d}H}{\mathrm{d}t} = \frac{\partial H}{\partial t} + \frac{\partial H}{\partial x}\frac{\mathrm{d}x}{\mathrm{d}t}$，$\frac{\mathrm{d}V}{\mathrm{d}t} = \frac{\partial V}{\partial t} + \frac{\partial V}{\partial x}\frac{\mathrm{d}x}{\mathrm{d}t}$。

令：

$$\frac{\mathrm{d}x}{\mathrm{d}t} = V + \frac{1}{\lambda} = V + \lambda\alpha^2 \tag{2-25}$$

将上式代入（2-24），得到：

$$\lambda\frac{\mathrm{d}H}{\mathrm{d}t} + \frac{1}{g}\frac{\mathrm{d}V}{\mathrm{d}t} + \frac{fV|V|}{2gD} + \lambda V\sin\theta = 0 \tag{2-26}$$

由方程（2-25）可解出两个特征值：

$$\lambda = \pm\frac{1}{\alpha} \tag{2-27}$$

将特征值代入（2-25）和（2-26）得到两组特征方程：

$$C^+\begin{cases} \frac{1}{\alpha}\frac{\mathrm{d}H}{\mathrm{d}t} + \frac{1}{g}\frac{\mathrm{d}V}{\mathrm{d}t} + \frac{fV|V|}{2gD} + \frac{1}{\alpha}V\sin\theta = 0 & (2\text{-}28) \\ \frac{\mathrm{d}x}{\mathrm{d}t} = V + \alpha & (2\text{-}29) \end{cases}$$

式（2-28）称为 C^+ 上成立的相容性方程，式（2-29）称为 C^+ 特征线方程。

$$C^-\begin{cases} -\frac{1}{\alpha}\frac{\mathrm{d}H}{\mathrm{d}t} + \frac{1}{g}\frac{\mathrm{d}V}{\mathrm{d}t} + \frac{fV|V|}{2gD} - \frac{1}{\alpha}V\sin\theta = 0 & (2\text{-}30) \\ \frac{\mathrm{d}x}{\mathrm{d}t} = V - \alpha & (2\text{-}31) \end{cases}$$

式（2-30）称为 C^- 上成立的相容性方程，式（2-31）称为 C^- 特征线方程。

其中的特征线方程是约束方程，只有特征线方程满足的时候，对应的相容性方程才成立。

通常水击波速α远大于管道水流速度，故在特征线方程中忽略V。对于给定管道，α通常是常数，画出两条特征线如图 2-2 所示。

将长度为L的管道分成N段，每一段的长度为$\Delta x = L/N$，取时间步长为$\Delta t = \Delta x/\alpha$，绘制出如图 2-3 所示的矩形网格。在网格中，正向倾斜的对角线 AP 满足C^+特征线方程，反向倾斜的对角线 BP 满足C^-特征线方程。

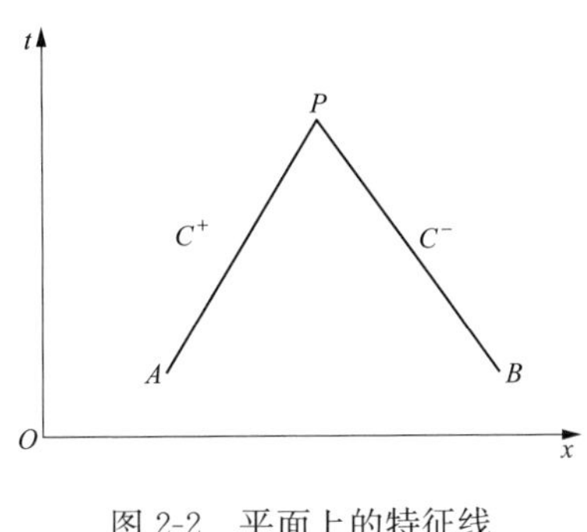

图 2-2 平面上的特征线

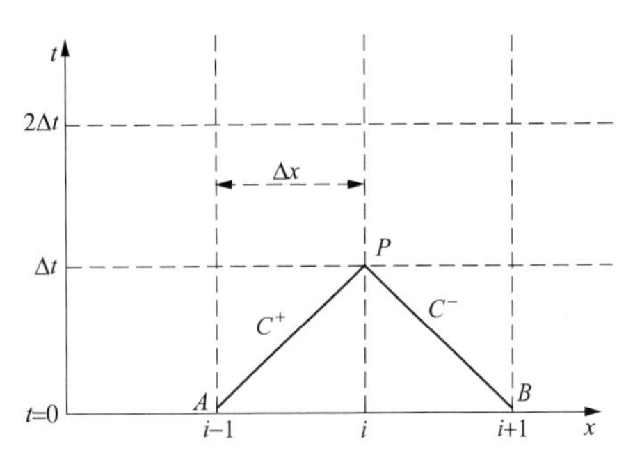

图 2-3 特征线网络

以$\alpha dt = \mathrm{d}x$乘以相容性方程（2-28），并引入管道流量$Q = AV$，然后沿C^+特征线积分：

$$\int_A^P \mathrm{d}H + \frac{\alpha}{gA}\int_A^P \mathrm{d}Q + \frac{f}{2gDA^2}\int_A^P |Q|Q\mathrm{d}x + \frac{\sin\theta}{A}\int_A^P Q\mathrm{d}t = 0 \tag{2-32}$$

即：

$$H_P - H_A + \frac{\alpha}{gA}(Q_P - Q_A) + \frac{f}{2gDA^2}\int_A^P |Q|Q\mathrm{d}x + \frac{Q_A\sin\theta}{A}\Delta t = 0 \tag{2-33}$$

有关第三项积分的讨论，详见文献［6］，这里采用文献［8］中建议的二阶近似积分公式。则式（2-33）变为：

$$C^+: H_P = H_A - \frac{\alpha}{gA}(Q_P - Q_A) - \frac{f|Q_A|Q_P\Delta x}{2gDA^2} - \frac{Q_A\sin\theta}{A}\Delta t \tag{2-34}$$

与此类似，沿C^-特征线在 B 到 P 间积分得到：

$$C^-: H_P = H_B + \frac{\alpha}{gA}(Q_P - Q_B) + \frac{f|Q_A|Q_P\Delta x}{2gDA^2} + \frac{Q_B\sin\theta}{A}\Delta t \tag{2-35}$$

水力瞬变采用迭代计算方法进行。在$t = 0$时刻，管道水流为定常状态，管道每个计算断面上的H_A、Q_A、H_B、Q_B是已知的。计算首先沿着$t = \Delta t$求每个网格点的H、Q，然后接着在$t = 2\Delta t$上计算，依此类推，一直计算到所需的时间为止。在任何一个内部网格交点，如截面i，联立求解方程（2-34）和（2-35），得到Q_P和H_P。

参照特征线计算网格图 2-3，记 A 点断面为$i-1$，P 点断面为i，B 点断面

为 $i+1$。令：$C=\frac{\Delta t}{A}\sin\alpha$，$R=\frac{f\Delta x}{2gDA^2}$，$B=\frac{a}{gA}$，代入式（2-34）和式（2-35）整理得到：

$$C^+: H_{Pi}=C_P-B_PQ_{Pi} \tag{2-36}$$

$$C^-: H_{Pi}=C_M+B_MQ_{Pi} \tag{2-37}$$

其中：

$$C_P=H_{i-1}+(B-C)Q_{i-1} \tag{2-38}$$

$$B_P=B+R|Q_{i-1}| \tag{2-39}$$

$$C_M=H_{i+1}-(B-C)Q_{i+1} \tag{2-40}$$

$$B_M=B+R|Q_{i+1}| \tag{2-41}$$

联立式（2-36）、式（2-37）求解，得到 i 断面的流量为：

$$Q_{Pi}=\frac{C_P-C_M}{B_P+B_M} \tag{2-42}$$

将流量 Q_{Pi} 代入式（2-36）或式（2-37），即可计算出 i 断面的水头 H_{Pi}。

上述水击计算公式中包括了管道坡度的影响，即 $\sin\theta$ 项，其形式为 $\Delta tQ\sin\theta/A$。从其形式来看，一般情况下管道布置坡度较小，θ 较小，通常可以忽略该项的影响。对于引水式电站，管道进入厂房前沿山坡布置管道，θ 取值较大。若选取的迭代计算时间 Δt 较大的时候，不能忽略该项的影响。通常的计算中 Δt 一般取几个毫秒，也是可以忽略该项的。所以，当迭代计算时间 Δt 较大时，才计入该项的影响。

管道特征线方法在计算中还涉及很多细节，这里不再详述。本书介绍特征线方法的目的是为了用于对水电机组建模相关问题的验证。在验证计算中，可构建简单的管路水力系统进行计算。

为了保持完整性，给出几种简单边界的计算方法。

1. 上游、下游水库边界

上游水库：忽略上游水库水位的变化，即：$H_{P1}=$常数。根据水击计算网格，在上游侧应采用 C^- 特征线进行计算，代入相容性方程（2-37），得到：

$$Q_{P1}=\frac{H_{P1}-C_M}{B_M} \tag{2-43}$$

下游水库：忽略下游水库水位的变化，即：$H_{P1}=$常数。根据水击计算网格，在下游侧应采用 C^+ 特征线进行计算代入相容性方程（2-36），得到：

$$Q_{Pn}=\frac{C_P-H_{Pn}}{B_p} \tag{2-44}$$

式（2-44）中的下标 n 表示的断面标号（下游断面）（见图 2-4）。

2. 末端阀门

传统方法中，设阀门中心线的测压管位置高程为 0，则通过阀门孔口的流量为：

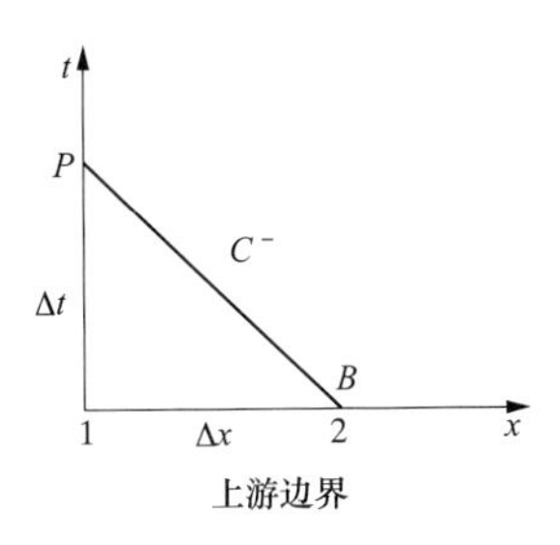

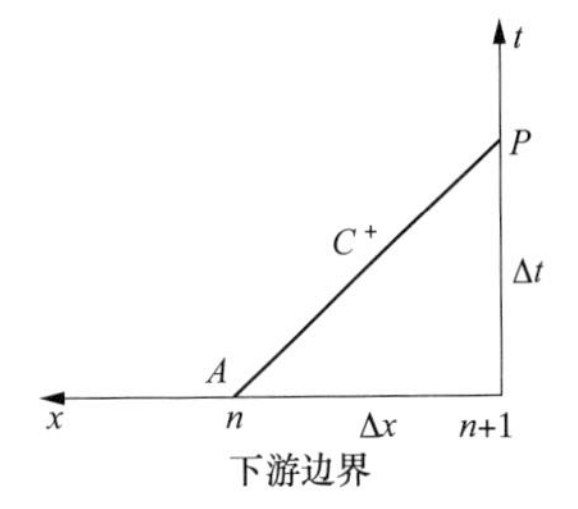

图 2-4　上下游边界

$$Q_P = C_d A_G \sqrt{2gH} \tag{2-45}$$

式中　Q_p——阀门流量；

C_d——流量系数；

A_G——阀门开启面积；

H——阀门进口水压，即 p/γ。

在特征线计算中，以测压管水头 $H_P = Z_0 + p/\gamma$ 进行计算。若阀门中心线的测压管水头不为 0，则阀门进口的压力水头为：$H_P - Z_0$。将压力水头代入式（2-45），则通过阀门的流量为：

$$Q_P = C_d A_G \sqrt{2g(H_p - Z_0)} \tag{2-46}$$

式中，Z_0——阀门中心线的位置高程。

阀门全开时：

$$Q_{P0} = C_d A_G \sqrt{2g(H_{p0} - Z_0)} \tag{2-47}$$

定义阀门相对开度：

$$\tau = \frac{C_d A_G}{(C_d A_G)_0} \tag{2-48}$$

则有：

$$\frac{Q_P}{Q_{P0}} = \tau \sqrt{\frac{2g(H_p - Z_0)}{2g(H_{p0} - Z_0)}} \tag{2-49}$$

即：

$$H_p = \left(\frac{Q_P}{Q_{P0}\tau}\right)^2 (H_{p0} - Z_0) + Z_0 \tag{2-50}$$

利用 C^+ 相容性方程，得到：

$$Q_p^2 (H_{p0} - Z_0) + B_P (Q_{P0}\tau)^2 Q_P + (Q_{P0}\tau)^2 (Z_0 - C_p) = 0 \tag{2-51}$$

于是可求解 Q_p：

$$Q_P = -B_P c_v + \sqrt{B_P^2 c_v^2 - 2c_v (Z_0 - C_p)} \tag{2-52}$$

其中，$c_v = \frac{(Q_{P0}\tau)^2}{2(H_{p0} - Z_0)}$。

若阀门中心线的位置高程 $Z_0 = 0$，则上式简化到传统阀门边界的计算公式。

得到Q_P之后，采用C^+相容性方程（2-37）计算H_p。

3. 管道中的阀门

一般情况下，通过阀门孔口的流量为：

$$Q_P = C_d A_G \sqrt{2g(H_{p1} - H_{p2})} \tag{2-53}$$

其中，H_{p1}、H_{p2}是阀门进出口的测压管水头，$\Delta H = H_{p1} - H_{p2}$是阀门的水头损失。

阀门全开时：

$$Q_{P0} = C_d A_G \sqrt{2g\Delta H_0} \tag{2-54}$$

用式（2-53）除以式（2-54）得到相对值形式：

$$q = \tau\sqrt{\Delta h} \tag{2-55}$$

式中，$q = Q_p/Q_0$，$\Delta h = \Delta H_p/\Delta H_0$，相对开度$\tau$与式（2-48）定义相同。

在瞬变过程中水流的流动方向可能发生变化，将ΔH_p改写为：

$$\Delta H_P = \frac{\Delta H_0}{\tau^2}|q|q = \frac{\Delta H_0}{(Q_0\tau)^2}|Q_P|Q_P \tag{2-56}$$

联立求解式（2-36）、式（2-37）、式（2-56），得到：

$$Q_P = \frac{C_P - C_M}{B_P + B_M + \Delta H_0|Q_P|/(Q_0\tau)^2}|Q_P|Q_P \tag{2-57}$$

式（2-57）中右边有未知量Q_p，不能直接求解Q_P。采用迭代计算如下：

（1）以迭代计算的上一时刻的Q_P为近似值Q'_p，代入式（2-57），计算出Q_p。

（2）给定误差值ε，判断$|Q_p - Q'_p| \leqslant \varepsilon$？如果条件成立，则$Q'_p$就是$Q_P$，否则，修改$Q'_p$，重新计算，直到条件成立。

4. 管道连接数学模型

管道连接（包括串联、并联、分叉和汇合）的边界条件应满足连续方程和能量方程。假设管道1、2串联，由流量连续有：

$$Q_P = Q_{P1} = Q_{P2} \tag{2-58}$$

根据能量方程：

$$H_{P1} + \frac{Q_{P1}^2}{2gA_{P1}^2} - KQ_P|Q_P| = H_{P2} + \frac{Q_{P2}^2}{2gA_{P2}^2} \tag{2-59}$$

式（2-59）左边第一、第二项表示相应断面的测压管水头和速度水头，第三项表示水头损失，K为局部损失系数，绝对值保证了流动反向时也成立。右边第一、第二项表示相应断面的测压管水头和速度水头。

对多管的分叉和汇合所形成的边界条件，同样可以按连续方程和能量方程来给出。

上述条件结合相容性方程，即可导出相应的接口界面计算公式。

5. 几点讨论

（1）水力瞬变基本模型的解就是水流暂态变化，经典的求解方法是管道特

征线方法（method of characteristics，MOC）。特征线方法将管道分为若干个断面，每个断面恰好为特征线方程的交界面，采用递推计算方式，可计算出沿管道的水压和流量变化。特征线方法也称为管道水力动态的数值计算方法。有关特征线计算方法中存在的一些细节问题，如计算时间步长、计算收敛性和稳定性，以及导叶关闭后特征线的大幅度振动等，可参考其他文献资料。特征线方法是一种工程上认同的、具有较高精度的经典计算方法，本书中将其作为一种验证手段，用于验证水力系统建模方法的有效性。

（2）水力系统对水轮发电机组的影响主要是通过水轮机进口断面水头和流量的变化产生的，而特征线方法需沿管线递推计算，计算耗时较长，在实时控制计算中难以满足要求。因此，特征线方法不适用于实时性要求较高的水轮机控制相关的计算中。

（3）管道水力动态的特征线计算方法是一种一维的计算方法。近年来，在一维特征线计算的基础上引入局部特定断面（阀门、水泵、水轮机）的三维（CFD）计算结果，采用一维三维（1D-3D）耦合算法，可进一步提高水力暂态的计算精度[9-12]。

（4）管道水力动态的另一种描述方式是传递函数形式，在水力系统及水轮机控制领域应用最广泛的形式。传递函数模型是从管道基本运动方程演化而来的，由于对水力损失项的处理方式不同，出现了两种较为流行的形式。本章后续章节将对此进行详细的分析。

第三节　管道动态的传递函数描述Ⅰ

管道动态的传递函数描述Ⅰ是指国内学者常用的传递函数形式。本节的推导主要参考了文献［1］。

管道坡度对水力动态的影响可以忽略。忽略管道坡度影响后，管道水流运动方程（2-20）和连续性方程（2-21）采用流量表示为：

运动方程（动量方程）：

$$\frac{\partial H}{\partial x}+\frac{Q}{gA^2}\frac{\partial Q}{\partial x}+\frac{1}{gA}\frac{\partial Q}{\partial t}+\frac{fQ|Q|}{2gDA^2}=0 \tag{2-60}$$

连续性方程：

$$\frac{\partial H}{\partial t}+\frac{Q}{A}\frac{\partial H}{\partial x}+\frac{\alpha^2}{gA}\frac{\partial Q}{\partial x}=0 \tag{2-61}$$

一般情况下 $\frac{\partial H}{\partial t}\gg\frac{\partial H}{\partial x}$，$\frac{\partial Q}{\partial t}\gg\frac{\partial Q}{\partial x}$，因此，在（2-60）中忽略 $\frac{\partial Q}{\partial x}$，在（2-61）中忽略 $\frac{\partial H}{\partial x}$。则有：

$$\frac{\partial H}{\partial x}+\frac{1}{gA}\frac{\partial Q}{\partial t}+\frac{fQ|Q|}{2gDA^2}=0 \tag{2-62}$$

$$\frac{\partial H}{\partial t}+\frac{\alpha^2}{gA}\frac{\partial Q}{\partial x}=0 \tag{2-63}$$

设 $H=H_0+\Delta H$，$Q=Q_0+\Delta Q$，稳态工况条件下：$\frac{\partial H_0}{\partial t}=0$，$\frac{\partial Q_0}{\partial t}=0$。

根据稳态工况条件，从运动方程（2-62）可得：

$$\frac{\partial H_0}{\partial x}=-\frac{fQ_0^2}{2gDA^2} \tag{2-64}$$

考察水力损失项：

$$\frac{fQ^2}{2gDA^2}=\frac{f\ (Q_0+\Delta Q)^2}{2gDA^2}=\frac{f}{2gDA^2}[Q_0^2+2Q_0\Delta Q+(\Delta Q)^2] \tag{2-65}$$

将上述关系代入（2-62），忽略 $(\Delta Q)^2$ 高次项，有：

$$\frac{\partial \Delta H}{\partial x}+\frac{1}{gA}\frac{\partial \Delta Q}{\partial t}+\frac{fQ_0}{gDA^2}\Delta Q=0 \tag{2-66}$$

同样，根据稳态工况条件，从动量方程（2-63）可得：$\frac{\partial Q_0}{\partial x}=0$。代入式(2-4)，有：

$$\frac{\partial \Delta H}{\partial t}+\frac{\alpha^2}{gA}\frac{\partial \Delta Q}{\partial x}=0 \tag{2-67}$$

取增量相对值：$\Delta h=\frac{\Delta H}{H_0}$，$\Delta q=\frac{\Delta Q}{Q_0}$。

记：$L=\frac{Q_0}{gAH_0}=\frac{V_0}{gH_0}$，$C=\frac{gAH_0}{\alpha^2 Q_0}=\frac{gH_0}{\alpha^2 V_0}$，$R=\frac{fQ_0^2}{gDA^2H_0}=\frac{fV_0^2}{gDH_0}$。

则有：

$$\frac{\partial \Delta h}{\partial x}+L\frac{\partial \Delta q}{\partial t}+R\Delta q=0 \tag{2-68}$$

$$\frac{\partial \Delta q}{\partial x}+C\frac{\partial \Delta h}{\partial t}=0 \tag{2-69}$$

式（2-68）对 x 求偏导数：

$$\frac{\partial^2 \Delta h}{\partial x^2}+L\frac{\partial^2 \Delta q}{\partial t\partial x}+R\frac{\partial \Delta q}{\partial x}=0 \tag{2-70}$$

式（2-69）对 t 求偏导数：

$$\frac{\partial^2 \Delta q}{\partial x\partial t}+C\frac{\partial^2 \Delta h}{\partial t^2}=0 \tag{2-71}$$

由式（2-69）求出 $\frac{\partial \Delta q}{\partial x}=-C\frac{\partial \Delta h}{\partial t}$，由式（2-71）求出 $\frac{\partial^2 \Delta q}{\partial x\partial t}=-C\frac{\partial^2 \Delta h}{\partial t^2}$，代入式（2-70），得：

$$\frac{\partial^2 \Delta h}{\partial x^2}=LC\frac{\partial^2 \Delta h}{\partial t^2}+RC\frac{\partial \Delta h}{\partial t} \tag{2-72}$$

令：$\Delta h(s)=L[\Delta h(t)]$，$\Delta q(s)=L[\Delta q(t)]$，对式（2-72）取拉普拉斯变

换。由于 Δh，Δq 是增量相对值，满足拉普拉斯变换的零初始条件，有：

$$\frac{\partial^2 \Delta h(s)}{\partial x^2}=(LCs^2+RCs)\Delta h(s)=r^2\Delta h(s) \tag{2-73}$$

其中，$r^2=LCs^2+RCs$。

由于 R、L、C 是常数，对于固定的 s，$H(s)$ 是 x 的单变量函数，有：$\frac{\partial^2 \Delta h(s)}{\partial x^2}=\frac{\mathrm{d}^2 \Delta h(s)}{\mathrm{d}x^2}$。于是式（2-73）的解可直接写出：

$$\Delta h(s)=C_1\mathrm{e}^{rx}+C_2\mathrm{e}^{-rx} \tag{2-74}$$

同样，对式（2-71）取拉普拉斯变换，满足零初始条件，有

$$\frac{\mathrm{d}\Delta q(s)}{\mathrm{d}x}=-Cs\Delta h(s)=-Cs(C_1\mathrm{e}^{rx}+C_2\mathrm{e}^{-rx}) \tag{2-75}$$

对式（2-75）积分，有：

$$\Delta q(s)=-\frac{Cs}{r}(C_1\mathrm{e}^{rx}-C_2\mathrm{e}^{-rx}) \tag{2-76}$$

令 $z_e=r/(Cs)$，有：

$$\Delta q(s)=-\frac{1}{Z_\mathrm{e}}(C_1\mathrm{e}^{rx}-C_2\mathrm{e}^{-rx}) \tag{2-77}$$

利用边界条件和式（2-74）、式（2-77）求出系数 C_1 和 C_2。

假设管道一端断面 2，$x=x_2$，其水头 $\Delta h_2(s)$ 和流量 $\Delta q_2(s)$ 为已知，代入式（2-74）、式（2-77），可求出系数：

$$C_1=\frac{\Delta h_2(s)-z_\mathrm{e}\Delta q_2(s)}{2}\mathrm{e}^{-rx_2},C_2=\frac{\Delta h_2(s)+z_\mathrm{e}\Delta q_2(s)}{2}\mathrm{e}^{rx_2}$$

未知断面 1，$x=x_1$，代入（2-15）得到水头为：

$$\begin{aligned}\Delta h_1(s)&=\frac{\Delta h_2(s)-z_\mathrm{e}\Delta q_2(s)}{2}\mathrm{e}^{-rx_2}\mathrm{e}^{rx_1}+\frac{\Delta h_2(s)+z_\mathrm{e}\Delta q_2(s)}{2}\mathrm{e}^{rx_2}\mathrm{e}^{-rx_1}\\&=\Delta h_2(s)\frac{\mathrm{e}^{r(x_1-x_2)}+\mathrm{e}^{-r(x_1-x_2)}}{2}-z_\mathrm{e}\Delta q_2(s)\frac{\mathrm{e}^{r(x_1-x_2)}-\mathrm{e}^{-r(x_1-x_2)}}{2}\\&=\Delta h_2(s)\cosh(r\Delta x)-z_\mathrm{e}\Delta q_2(s)\sinh(r\Delta x)\end{aligned} \tag{2-78}$$

其中，$\Delta x=x_1-x_2$。

同样，代入（2-77）得到流量为：

$$\begin{aligned}\Delta q_1(s)&=-\frac{1}{Z_\mathrm{e}}\left[\frac{\Delta h_2(s)-z_\mathrm{e}\Delta q_2(s)}{2}\mathrm{e}^{-rx_2}\mathrm{e}^{rx_1}-\frac{\Delta h_2(s)+z_\mathrm{e}\Delta q_2(s)}{2}\mathrm{e}^{rx_2}\mathrm{e}^{-rx_1}\right]\\&=-\frac{1}{Z_\mathrm{e}}\Delta h_2(s)\frac{\mathrm{e}^{r(x_1-x_2)}-\mathrm{e}^{-r(x_1-x_2)}}{2}-z_\mathrm{e}\Delta q_2(s)\frac{\mathrm{e}^{r(x_1-x_2)}+\mathrm{e}^{-r(x_1-x_2)}}{2}\\&=-\frac{1}{Z_\mathrm{e}}\Delta h_2(s)\sinh(r\Delta x)+\Delta q_2(s)\cosh(r\Delta x)\end{aligned} \tag{2-79}$$

注：在文献［1］中，双曲正弦采用符号“sh（　）”表示，双曲余弦采用“ch（　）”表示。这里，采用较通用的符号表示。

写成矩阵形式：

$$\begin{bmatrix}\Delta h_1(s)\\ \Delta q_1(s)\end{bmatrix}=\begin{bmatrix}\cosh(r\Delta x) & -z_e\sinh(r\Delta x)\\ -\dfrac{1}{z_e}\sinh(r\Delta x) & \cosh(r\Delta x)\end{bmatrix}\begin{bmatrix}\Delta h_2(s)\\ \Delta q_2(s)\end{bmatrix} \tag{2-80}$$

其传递矩阵的行列式的值为 1，所以：

$$\begin{bmatrix}\Delta h_2(s)\\ \Delta q_2(s)\end{bmatrix}=\begin{bmatrix}\cosh(r\Delta x) & z_e\sinh(r\Delta x)\\ \dfrac{1}{z_e}\sinh(r\Delta x) & \cosh(r\Delta x)\end{bmatrix}\begin{bmatrix}\Delta h_1(s)\\ \Delta q_1(s)\end{bmatrix} \tag{2-81}$$

若取断面 2 为上游进口断面 U，断面 1 为下游出口断面 D，管道长度 $l=x_1-x_2$。由式（2-80）有：

$$\begin{bmatrix}\Delta h_D(s)\\ \Delta q_D(s)\end{bmatrix}=\begin{bmatrix}\cosh(rl) & -z_e\sinh(rl)\\ -\dfrac{1}{z_e}\sinh(rl) & \cosh(rl)\end{bmatrix}\begin{bmatrix}\Delta h_U(s)\\ \Delta q_U(s)\end{bmatrix} \tag{2-82}$$

为了后续讨论方便，先定义几个参数。

$$r=\sqrt{LCs^2+RCs} \tag{2-83}$$

从参数定义来看，$R=\dfrac{fV_0^2}{gDH_0}=2\left(f\dfrac{V_0^2}{2g}\dfrac{1}{D}\right)\dfrac{1}{H_0}=2h_f'$，$h_f'$ 是与单位长度（$l=1$）沿程摩擦损失水头的相对值，$R\ll 1$。于是，r 可做如下近似，并代入 R、L、C 的表达式，整理有：

$$r=\sqrt{LCs^2}\sqrt{1+\frac{R}{Ls}}\approx\sqrt{LC}s\sqrt{1+\frac{R}{Ls}+\left(\frac{R}{2Ls}\right)^2}=\sqrt{LC}s\left(1+\frac{R}{2Ls}\right)=\frac{1}{\alpha}s+\frac{h_f'}{2h_\omega} \tag{2-84}$$

其中，h_ω称为水管特征系数，定义为：

$$h_\omega=\frac{\alpha V_0}{2gH_0} \tag{2-85}$$

则：

$$z_e=\frac{r}{Cs}=\frac{1}{Cs}\left(\frac{1}{\alpha}s+\frac{h_f'}{2h_\omega}\right)=\frac{2h_\omega\alpha}{s}\left(\frac{1}{\alpha}s+\frac{h_f'}{2h_\omega}\right)=2h_\omega+\frac{\alpha h_f'}{s} \tag{2-86}$$

若忽略沿程损失，有：

$$r=\frac{1}{\alpha}s \tag{2-87}$$

$$z_e=2h_\omega \tag{2-88}$$

假设水力系统为单机单管，若上游断面位于水库中，其压力变化为 0，即 $H_u(s)=0$，根据式（2-82），得到：

$$G_h(s)=\frac{\Delta h_D(s)}{\Delta q_D(s)}=-z_e\frac{\sinh(rl)}{\cosh(rl)}=-z_e\tanh(rl) \tag{2-89}$$

将 z_e的表达式（2-88）和 r 的表达式（2-87）代入式（2-89），有：

$$G_h(s) = -\left(2h_\omega + \frac{\alpha h'_f}{s}\right)\tanh\left(0.5T_r s + \frac{h_f}{2h_\omega}\right) \tag{2-90}$$

其中，$T_r = 2l/\alpha$ ，称为水击波传播时间，$h_f = lh'_f$ 是管道水力损失水头的相对值。

双曲函数可采用级数展开：

$$\tanh(rl) = \frac{\sinh(rl)}{\cosh(rl)} = \frac{\sum \dfrac{\left(0.5T_r s + \dfrac{h_f}{2h_\omega}\right)^{2i+1}}{(2i+1)!}}{\sum \dfrac{\left(0.5T_r s + \dfrac{h_f}{2h_\omega}\right)^{2i}}{(2i)!}} \quad (i = 0, 1, 2, \cdots) \tag{2-91}$$

几点讨论：

（1）取 $i = 0$ 时，刚性水击，由式（2-90）有：

$$G_h(s) = -2h_\omega\left(0.5T_r s + \frac{h_f}{2h_\omega}\right) = -(T_w s + h_f) \tag{2-92}$$

式（2-92）即为刚性水击传递函数，其中 $T_w = h_\omega T_r = \dfrac{V_0 l}{gH_0}$ 称为水流惯性时间常数。

与经典的刚性水击传递函数对比，上式中多出了水力损失项。由此可见，在经典的刚性水击传递函数中是忽略了管道（沿程和局部）损失的。

（2）取 $i = 1$ 时，弹性水击，由式（2-91）有：

$$G_h(s) = -2h_\omega \frac{\left(0.5T_r s + \dfrac{h_f}{2h_\omega}\right) + \dfrac{\left(0.5T_r s + \dfrac{h_f}{2h_\omega}\right)^3}{6}}{1 + \dfrac{\left(0.5T_r s + \dfrac{h_f}{2h_\omega}\right)^2}{2}} \tag{2-93}$$

展开式（2-93），并忽略 $\dfrac{h_f}{2h_\omega}$ 的高次项，整理得到：

$$G_h(s) = -2h_\omega \frac{\dfrac{1}{48}T_r^3 s^3 + \dfrac{h_f}{16h_\omega}T_r^2 s^2 + \dfrac{1}{2}T_r s + \dfrac{h_f}{2h_\omega}}{\dfrac{1}{8}T_r^2 s^2 + \dfrac{h_f}{4h_\omega}T_r s + 1} \tag{2-94}$$

（3）关于传递函数形式。

水力系统传递函数形式严格的写法是 $G_h(s) = \Delta h(s)/\Delta q(s)$ ，其准确含义是：输入变量是 Δq ，输出变量是 Δh ，即：流量变化引起的水头变化。在水力系统及水轮机中，导叶开度变化引起流量变化，即：导叶开度是水力系统的唯一可控变量。水力系统传递函数分子阶次大于分母阶次，为假分式形式，亦称为非最小相位系统，这是水力系统的基本特性。

基于上述基本传递函数描述式（2-90），结合复杂水力系统的边界条件，可导出各种复杂水力系统的传递函数形式。

上述传递函数形式在国内的相关研究中应用较多。国外学者应用较多的传递函数形式与上述形式有所不同。为了便于对比和比较，在第二章第四节给出其推导过程。

第四节　管道动态的传递函数描述Ⅱ

管道动态的传递函数描述Ⅱ是指国外学者和电力行业学者常用的传递函数形式。这一节的内容主要来自文献［2，5］。

有关水力系统的推导与第二章第三节是基本一致的，只是对水力损失的处理不同。推导中，先不考虑水力损失部分，在得到传递函数之后，再将水力损失项加入传递函数中。

略去水力系统推导部分，直接给出传递函数，其形式与（2-81）形式相同，仅仅是参数的定义方式不同。同时，注意到这里定义的管道断面 1 为上游侧断面，断面 2 是下游侧断面，与前面的定义刚好相反。在式（2-81）中将下标“1”和“2”直接交换即可，且注意到此时的 $r\Delta x=r(x_1-x_2)=-rl$，$\cosh(-rl)=\cosh(rl)$，$\sinh(-rl)=-\sinh(rl)$，展开式（2-81）得到：

$$\Delta h_1(s)=\Delta h_2(s)\cosh(rl)+z_e\Delta q_2(s)\sinh(rl) \tag{2-95}$$

$$\Delta q_1(s)=\frac{1}{z_e}\Delta h_2(s)\sinh(rl)+\Delta q_2(s)\cosh(rl) \tag{2-96}$$

采用新的参数，弹性时间定义为：

$$T_e=\frac{l}{\alpha} \tag{2-97}$$

水力涌浪阻抗的规格化值定义为：

$$Z_n=\frac{\alpha}{gA}\frac{Q_0}{H_0} \tag{2-98}$$

式中　g——重力加速度；

A——管道断面面积。

忽略沿程摩擦损失时，利用式（2-87）和式（2-88）折算为新参数表示：

$$r=\frac{1}{\alpha}s=T_e\frac{s}{l} \tag{2-99}$$

$$z_e=2h_\omega=\frac{\alpha Q_0}{gAH_0}=Z_n \tag{2-100}$$

将上述关系代入（2-95）和式（2-96），有：

$$\Delta h_1(s)=\Delta h_2(s)\cosh(T_es)+Z_n\Delta q_2(s)\sinh(T_es) \tag{2-101}$$

或：

$$\Delta h_2(s)=\Delta h_1(s)\operatorname{sech}(T_e s)-Z_n\Delta q_2(s)\tanh(T_e s) \tag{2-102}$$

$$\Delta q_1(s)=\frac{1}{Z_n}\Delta h_2(s)\sinh(T_e s)+\Delta q_2(s)\cosh(T_e s) \tag{2-103}$$

在忽略摩擦损失水头的时候，式（2-102）和式（2-103）与文献［3］中的表达式完全一致。

上述推导中忽略了管道摩擦损失水头，采用文献［2］的处理方法，在水头方程（2-102）中直接补上摩擦损失水头，即：

$$\Delta h_2(s)=\Delta h_1(s)\operatorname{sech}(T_e s)-Z_n\Delta q_2(s)\tanh(T_e s)-\phi q_2 \tag{2-104}$$

式中　ϕ——摩擦损失系数，$\phi=2k_f\mid V_{20}\mid$；

V_{20}——下游断面的初始稳态速度；

k_f——水力系统摩擦损失常数。

ϕ 和 k_f 都是水力系统的摩擦损失系统，只是两者的含义有所不同，ϕ 是与流量相对值配套使用的，而 k_f 与流量的绝对值配套使用。文献［2］没有给出摩擦损失系数或常数的表达式。

假设上游断面是水库，其水头近似不变，$h_1(s)=0$。水轮机进口处的流量到水头的传递函数为：

$$G_h(s)=\frac{\Delta h_2(s)}{\Delta q_2(s)}=-Z_n\tanh(T_e s)-\phi \tag{2-105}$$

双曲正切按下述方式表达：

$$\tanh(T_e s)=\frac{sT_e\prod_{n=1}^{n=\infty}\left[1+\left(\frac{sT_e}{n\pi}\right)^2\right]}{\prod_{n=1}^{n=\infty}\left[1+\left(\frac{2sT_e}{(2n-1)\pi}\right)^2\right]} \tag{2-106}$$

上述方程展开时，取 $n=0$，对应刚性水击，$n\geqslant 1$，对应不同阶次的弹性水击。

1. 取 $n=0$，刚性水击

由式（2-106）有：

$$G_h(s)=\frac{\Delta h(s)}{\Delta q(s)}=-Z_n T_e s-\phi \tag{2-107}$$

由于 $Z_n T_e=\frac{\alpha}{gA}\frac{Q_0}{H_0}\frac{l}{\alpha}=\frac{lV_0}{gH_0}=T_w$，与式（2-92）进行对比，两者形式是一致的，其中水力损失项对应关系为：

$$\phi=h_f \tag{2-108}$$

2. 取 $n=1$，弹性水击

由式（2-105）有：

$$G_h(s)=\frac{\Delta h(s)}{\Delta q(s)}=-Z_n\frac{sT_e\left[1+s^2\left(\frac{T_e}{\pi}\right)^2\right]}{1+s^2\left(\frac{2T_e}{\pi}\right)^2}-\phi \tag{2-109}$$

注意到：$T_r=2T_e$，$2h_\omega=Z_n$，式（2-109）可化为：

$$G_h(s)=\frac{\Delta h(s)}{\Delta q(s)}=-2h_\omega\frac{\frac{1}{8\pi^2}T_r^3s^3+\frac{1}{2}T_rs}{\frac{1}{\pi^2}T_r^2s^2+1}-\phi \tag{2-110}$$

为了便于对比，将弹性水击下的式（2-94）化为如下形式：

$$G_h(s)=\frac{\Delta h(s)}{\Delta q(s)}=-2h_\omega\frac{\frac{1}{48}T_r^3s^3+\left(\frac{1}{2}-\frac{h_f^2}{8h_\omega^2}\right)T_rs}{\frac{1}{8}T_r^2s^2+\frac{h_f}{4h_\omega}T_rs+1}-h_f \tag{2-111}$$

若忽略水力损失，$h_f=0$，则上式简化为：

$$G_h(s)=\frac{\Delta h(s)}{\Delta q(s)}=-2h_\omega\frac{\frac{1}{48}T_r^3s^3+\frac{1}{2}T_rs}{\frac{1}{8}T_r^2s^2+1} \tag{2-112}$$

从推导过程中发现，在第二章第三节和第四节给出的传递函数形式，两者处理上的主要差别在于水力损失的处理上。第三节的模型Ⅰ推导中计入水力损失，在推导过程中局部处理的时候，对水力损失进行了部分省略。第四节的模型Ⅱ首先不计水力损失，在得到传递函数之后，根据水力损失的物理概念，在水头表达式中补上水力损失项。

两种方法，在双曲函数的展开方式不同，其系数表达差异较大，对比比较困难。在第五节采用仿真计算方法进行对比分析。

第五节　水力损失的影响

一、水力损失定义上的差别

按照水力学经典理论，管道沿程摩擦损失水头为：

$$H_f=\lambda\frac{l}{D}\frac{V^2}{2g} \tag{2-113}$$

其中，λ 是沿程损失系数。

式（2-113）实际上是根据达西-维斯巴赫公式 $H_f=\lambda\frac{l}{4R}\frac{V^2}{2g}$，圆管水力半径 $R=D/4$ 导出的。结合谢才公式和曼宁公式有：

$$\lambda=8gN^2\frac{l}{R^{1/3}} \tag{2-114}$$

式中 l——单位长度上的水头损失（m/m）；

N——粗糙系数，钢管取0.012～0.014，旧钢管可以取到0.018，塑料管取0.009，隧洞取0.03～0.04；

R——水力半径（m）；

D——圆管直径（m）。

将上式代入式（2-114），并以额定水头 H_r 为基值，折算为水头损失相对值形式：

$$h_f=\frac{N^2 l}{(D/4)^{4/3}}\left(\frac{Q}{\pi D}\right)^2\frac{1}{H_r}=\frac{N^2 l}{(D/4)^{4/3}}\left(\frac{Q_r}{\pi D}\right)^2\frac{1}{H_r}q^2=f_p q^2 \tag{2-115}$$

其中 f_p 定义为相对值意义下的水力损失系数：

$$f_p=\frac{N^2 l}{(D/4)^{4/3}}\left(\frac{Q_r}{\pi D}\right)^2\frac{1}{H_r} \tag{2-116}$$

在第二章第四节模型Ⅱ的推导中，R. Oldenburger 提到[2]，参照了 H. Paynter 的建议给出水力损失的形式为 ϕq。从式（2-104）的形式来看，ϕq 本身的物理含义与 h_f 的物理含义是完全一致的。根据 $\phi=2k_f\mid V_{20}\mid$，$\phi q=h_f$ 的表达式，可导出其表达式为：

$$\phi=\frac{1}{q}h_f=\frac{Q_0}{Q}f\frac{V^2}{2g}\frac{l}{D}\frac{1}{H_0}=f\frac{Q_0 Q}{2gA^2}\frac{l}{D}\frac{1}{H_0} \tag{2-117}$$

在模型Ⅱ中 ϕ 定义为摩擦损失系数，是常数。从上式来看系数 ϕ 与 Q 有关，该系数只是取初始工况点的 Q_0 近似得到的，在流量扰动 ΔQ 较小的时候是近似成立的。但是，管道水力系统和水轮机联合建模的时候，水头损失相对值的微小误差也会对水轮机稳态工作点产生较大的影响。

从模型Ⅰ式（2-94）的形式来看，传递函数的系数中包含 h_f，而 $h_f=f_p q^2$ 在暂态过程中是变化的。这就使得传递函数变为时变系统，难以进行计算分析。实际计算中，以初值计算 h_f 并保持为常数，则模型Ⅰ中的系数为常数。

从上述分析来看，两种模型都是基于小扰动条件对水力损失项做的近似处理。若直接应用于流量变化较大的暂态过程，水力损失项将会引起一定的误差。因此，在于水轮机联合建模的时候，在传递函数中不考虑管道摩擦损失水头，而将这部分摩擦损失放到水头的代数表达式中。

二、仿真对比分析

为了简化问题，构建一个单机单管的简单水力系统进行仿真计算。

假设管道上游侧为无水位波动的水库，单机单管引水系统，主要参数设置为：管道长度 $L=600$m，管径 $D=2.0$m，额定流量 $Q_r=14.0\text{m}^3/\text{s}$，额定水头 $H_r=150$m，水击波速 $\alpha=1000$m/s。粗糙系数 $N=0.018$。

计算得到：$f_p=0.016\,2$，水头损失 $H_f=2.432$(m)。调整上游水位，使得额定流量下管道末端水头正好等于 H_r。

另外，为了考察不同水击条件下水压变化情况，取额定水头 $H_r=350$(m)，进行分析计算。管道参数不变，计算得到：$f_p=0.0069$，水头损失 $H_f=2.432$（m）。调整上游水位，使得额定流量下管道末端水头正好等于 H_r。

假设机组在额定工况稳定运行，初始工况常数：$y=1$，$h=1$，$q=1$。导叶按直线关闭规律，关闭速度 $0.1y_r/s$。假设按该速度快速关闭到第 7s，导叶开度为 $0.3y_r$时，导叶保持在此开度不变。采用这一关闭规律的目的在于既可考查快速关闭时段的水压情况，又可考查扰动后管道水压的周期波动情况，可更好的检验模型算法的准确性。

1. 特征线计算方法

忽略管道坡度的影响。选择管道分段 $\Delta x=2$m，分为 300 段，$\Delta t=0.0020$s。末端导叶运动规律换算为特征线方法中对应于每个计算时刻的开度值，并作为末端阀门边界条件进行计算。

暂态过程中管道末端水压变化如图 2-5 所示。

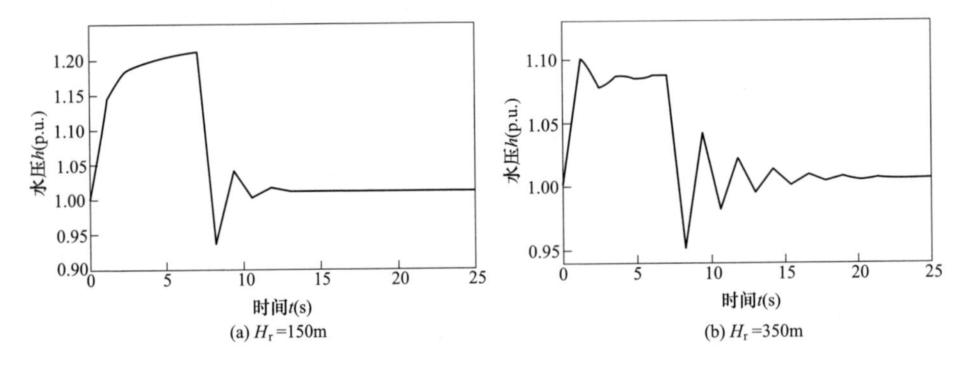

图 2-5　管道水压变化

按上述调节方式，进入稳态后流量为 $0.3Q_r$，水力损失为：$H_f=0.2189$m。管道末端水头 $H=(H_r+2.432)-0.2189=H_r+2.2131$m。

$H_r=150$m 时，管道末端为末相水击。进入稳态后，末端水头理论值 $H=H_r+2.2131=152.2131$m，特征线方法计算值 $H=151.9831$m，相对误差 0.1533%。

$H_r=350$m 时，管道末端为末相水击。进入稳态后，末端水头理论值：$H=H_r+2.2131=352.2131$m，特征线方法计算值 $H=352.1659$m，相对误差 0.0135%。

2. Simulink 的非线性仿真模块

管道系统输入是流量变化，而流量受控于管道末端的导叶。因此，借助孔口出流关系建立导叶开度与流量之间的联系。根据孔口出流关系，有：

$$q=y\sqrt{h} \tag{2-118}$$

关于如何利用 Matlab 的 Simulink 建立非线性仿真的问题将在后续章节详细介绍，这里直接给出仿真模块如图 2-6 所示。

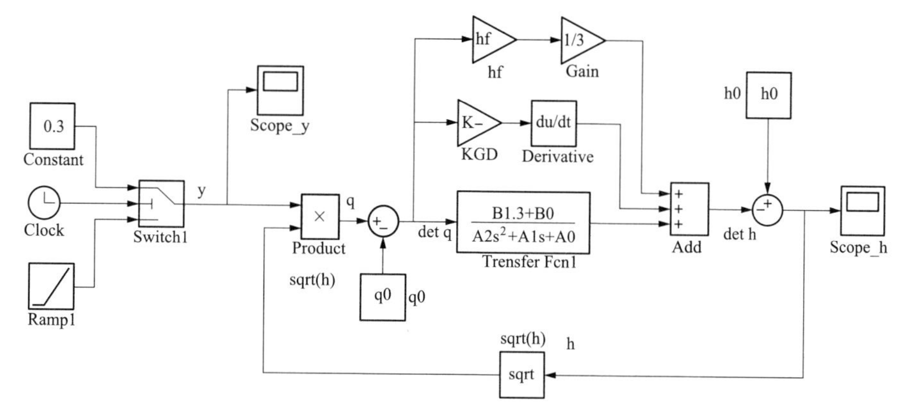

图 2-6 Simulink 管道水压仿真结构

图 2-6 给出的是依据模型Ⅰ建立的 Simulink 仿真结构图。采用其他模型时，根据水力系统流量-水头传递函数形式，进行相应修改即可。

初始工况，$h_0=1$，$y_0=1$，$q_0=1$。

3. 刚性水击对比

两种模型在刚性水击下的形式是一致的。因此，只考虑不同额定水头下的变化情况。仿真结果如图 2-7 所示。

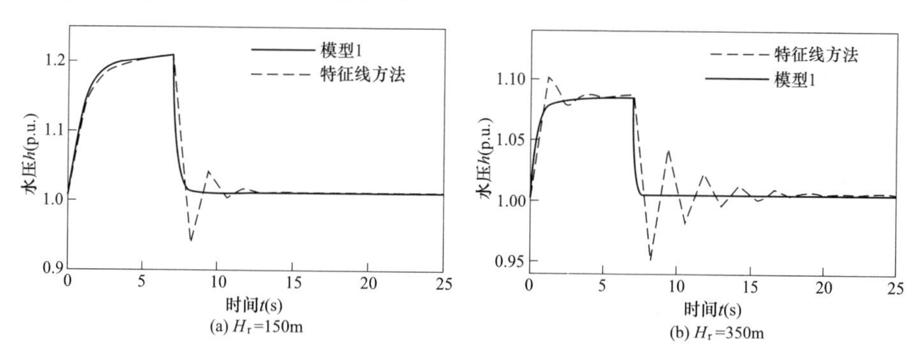

图 2-7 刚性水击，模型Ⅰ与特征线方法的对比

显然，只考虑刚性水击时，管道水压波动的细节不能反映，但是总体趋势和基本特征还是能够反映的。

4. 弹性水击对比

由于 Simulink 只能对真分数进行仿真，需要将弹性水击模型分解为真分式形式。模型Ⅰ的式（2-94）分解为：

$$G_h(s)=-\frac{1}{3}h_\omega T_r s-\frac{2}{3}h_\omega\frac{\left(1-\frac{h_f^2}{8h_\omega^2}\right)T_r s+\frac{h_f}{h_\omega}}{\frac{1}{8}T_r^2 s^2+\frac{h_f}{4h_\omega}T_r s+1}-\frac{1}{3}h_f \tag{2-119}$$

模型Ⅱ的式（2-110）分解为：

$$G_{\mathrm{h}}(s)=-\frac{1}{4}h_{\omega}T_{\mathrm{r}}s-\frac{3}{4}h_{\omega}\frac{T_{\mathrm{r}}s}{\frac{1}{\pi^{2}}T_{\mathrm{r}}^{2}s^{2}+1}-\phi \tag{2-120}$$

模型Ⅰ仿真中，以初始工况的参数计算出 h_{f}，在暂态过程中保持不变。模型Ⅱ仿真中，以初始工况的参数计算出 ϕ，在暂态过程中保持不变。

水头 $H_{\mathrm{r}}=150\mathrm{m}$ 时，仿真结果如图 2-8 所示。

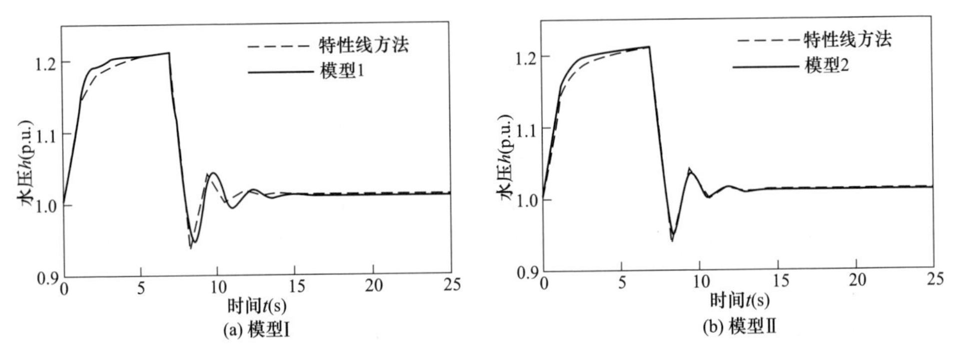

图 2-8　弹性水击与特征线方法对比，$H_{\mathrm{r}}=150\mathrm{m}$

模型Ⅰ，进入稳态后，末端水头理论值 $H=H_{\mathrm{r}}+2.2131=152.2131(\mathrm{m})$，仿真计算 $H=151.6990(\mathrm{m})$，相对误差 0.3427%。

模型Ⅱ，进入稳态后，末端水头理论值 $H=H_{\mathrm{r}}+2.2131=152.2131(\mathrm{m})$，仿真计算 $H=151.6980(\mathrm{m})$，相对误差 0.3434%。

水头 $H_{\mathrm{r}}=350\mathrm{m}$ 时，仿真结果如图 2-9 所示。

模型Ⅰ，进入稳态后，末端水头理论值 $H=H_{\mathrm{r}}+2.2131=352.2131(\mathrm{m})$，仿真计算 $H=351.6990(\mathrm{m})$，相对误差 0.1563%。

模型Ⅱ，进入稳态后，末端水头理论值 $H=H_{\mathrm{r}}+2.2131=352.2131(\mathrm{m})$，仿真计算 $H=351.6980(\mathrm{m})$，相对误差 0.14723%。

根据上述仿真结果，以特征线方法计算结果为参考，有以下三点结论：

（1）弹性水击模型中，模型Ⅱ对管道末端水力暂态过程的反映更贴近特征线方法的计算结果；模型Ⅰ虽然能反映管道末端水力暂态的基本变化趋势，但是与特征线方法的计算结果贴近程度有一定的偏差。

（2）刚性水击只能反映管道暂态的主要趋势特征，不能反映暂态中水压变化的细节。因此，只适用于一些对管道水压计算要求不高的应用中。

（3）刚性水击和弹性水击下，水力损失的近似处理对暂态过程影响不明显。但是，从两种模型的稳态误差来看，基本没有影响。这一问题在后续建模中将做进一步的分析。

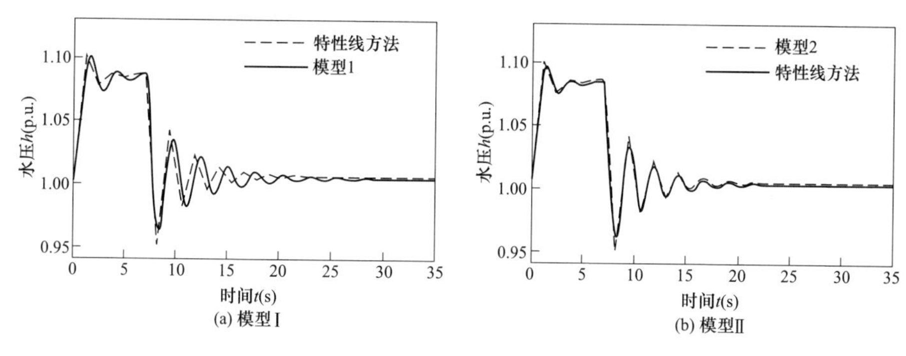

图 2-9　弹性水击与特征线方法对比，$H_r = 350\text{m}$

第六节　推荐的水力系统模型

第二章第五节的分析表明，模型Ⅰ和模型Ⅱ关于水力损失的处理都存在一定的不足，弹性水击下，模型Ⅱ的计算结果与特征线方法计算的结果更吻合。从式（2-104）来看，其物理概念是清晰的，为了将水力损失直接纳入传递函数，水力损失项定义为 q 的一次方，使得水力损失系数 ϕ 的取为近似值。

基于上述分析，以模型Ⅱ为基础，将水力损失项采用代数方程表示，传递函数只涉及增量线性化部分，即：

$$h_2 = h_1 - f_p q^2 + \Delta h \tag{2-121}$$

$$\Delta h = G_h(s)\Delta q = -Z_n \tanh(T_e s)\Delta q \tag{2-122}$$

式（2-121）、式（2-122）构成的管道水力暂态模型，这里称为推荐的水力系统模型。

双曲正切函数，取 $n=0$，刚性水击：

$$\tanh(T_e s) = T_e s \tag{2-123}$$

$$G_h(s) = \frac{\Delta h(s)}{\Delta q(s)} = -Z_n T_e s = -T_w s \tag{2-124}$$

双曲正切函数，取 $n=1$，弹性水击：

$$\tanh(T_e s) = \frac{T_e^3 s^3 + T_e \pi^2 s}{4T_2^2 s^2 + \pi^2} \tag{2-125}$$

$$G_h(s) = \frac{\Delta h(s)}{\Delta q(s)} = -Z_n \frac{T_e^3 s^3 + T_e \pi^2 s}{4T_2^2 s^2 + \pi^2} \tag{2-126}$$

Simulink 仿真中分解为真分式：

$$\tanh(T_e s) = \frac{1}{4} T_e s + \frac{3}{4} \frac{T_e \pi^2 s}{4T_e^2 s^2 + \pi^2} \tag{2-127}$$

仿真结构图如图 2-10 所示。

仍然采用管道特征线方法进行计算对比验证。仿真工况和对象系统与第五

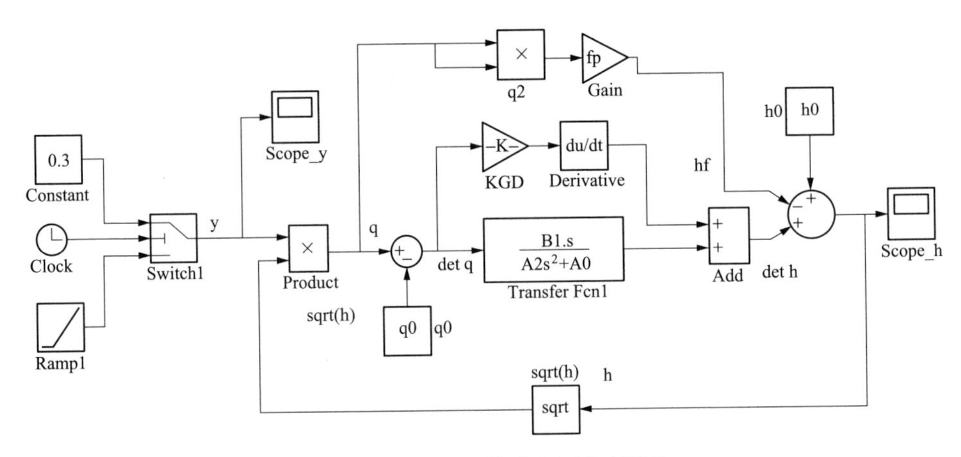

图 2-10 Simulink 管道水压仿真结构

节相同，计算结果如图 2-11 所示。

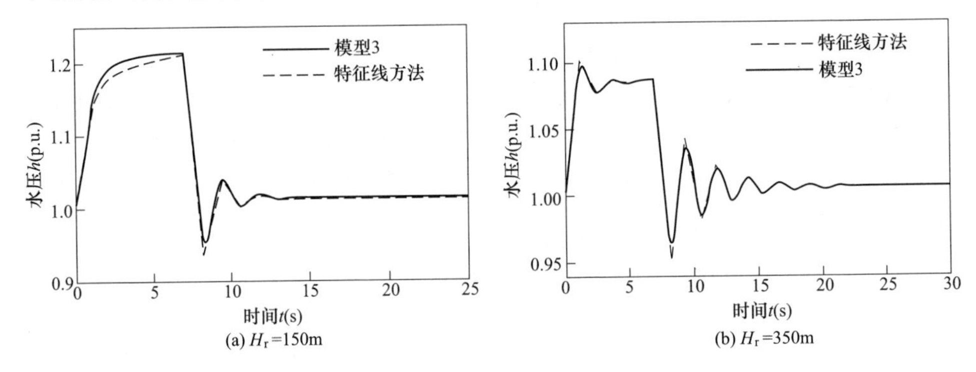

图 2-11 推荐的水力系统模型弹性水击与特征线方法对比

$H_r = 150$m 时，进入稳态后，末端水头理论值 $H = H_r + 2.213\ 1 = 152.213\ 1$m，仿真计算 $H = 152.209\ 9$m，相对误差 0.002 1%。

$H_r = 350$m 时，进入稳态后，末端水头理论值 $H = H_r + 2.213\ 1 = 352.213\ 1$m，仿真计算 $H = 352.209\ 1$m，相对误差 0.001 1%。

从上述仿真结果可以看出，水压暂态过程与特征线方法的计算结果更贴近，而且进入稳态后，水压的稳态误差也更小。实际上在 IEEE Working Group [5] 推荐的水轮机模型中，也是采用这种形式的水力暂态模型。

本章小结

水力系统的研究涉及面非常广泛，很多问题至今依然是研究热点，如湍流、流固耦合问题等，即使局限于管道水流也有耦合水击、水流的分离与弥合、多相流，等等问题。本章所述仅仅是一种宏观视角的水力特性描述方法，也称为

一维计算方法，目的是为水电机组暂态特性研究提供一种恰当的、简洁的水力系统暂态数学模型。因此，本节给出的主要内容以经典的理论为基础。

本章的重点在于对两类传递函数模型的分析对比。在分析对比中对水力系统的一些细节进行了详细的分析。通过对这些细节的理解，有助于读者对水力系统各项特性的变化和构成建立清晰的概念。

第三章　水轮机模型

水轮机模型是指水轮机功率或力矩的计算表达式。在水轮机调速系统、水轮发电机组以及电力系统稳定分析和控制设计中，水轮机力矩或出力的计算是一项重要参数，是控制计算和稳定分析的主要依据。

本章首先对两种传统的水轮机力矩计算模型进行了分析，然后提出了两种水轮机力矩计算的新方法。

第一节　六个传递系数描述的线性化模型

一、模型推导

混流式水轮机力矩和流量与水轮机水头、转速和导叶开度有关，其动态特性可表达为：

$$\begin{cases} M_t = M_t(H, n, a) \\ Q = Q(H, n, a) \end{cases} \tag{3-1}$$

式中　M_t——水轮机主动力矩；

H——水头；

n——转速；

a——导叶开度。

在研究小波动问题时，可在稳态工况点附近线性化。将式（3-1）在稳态工况点展开为泰勒级数，并略去二阶以上的高次项，有：

$$\Delta M_t = \frac{\partial M_t}{\partial a}\Delta a + \frac{\partial M_t}{\partial n}\Delta n + \frac{\partial M_t}{\partial H}\Delta H \tag{3-2}$$

$$\Delta Q = \frac{\partial Q}{\partial a}\Delta a + \frac{\partial Q}{\partial n}\Delta n + \frac{\partial Q}{\partial H}\Delta H \tag{3-3}$$

以额定工况下的水轮机力矩 M_r、额定水头 H_r、额定流量 Q_r、额定转速 n_r、最大导叶开度 a_{max} 为基值，将上述两式取为相对值形式：

$$\frac{\Delta M_t}{M_r}=\frac{\partial \frac{M_t}{M_r}}{\partial \frac{a}{a_{\max}}}\frac{\Delta a}{a_{\max}}+\frac{\partial \frac{M_t}{M_r}}{\partial \frac{n}{n_r}}\frac{\Delta n}{n_r}+\frac{\partial \frac{M_t}{M_r}}{\partial \frac{H}{H_r}}\frac{\Delta H}{H_r} \tag{3-4}$$

$$\frac{\Delta Q}{Q_r}=\frac{\partial \frac{Q}{Q_r}}{\partial \frac{a}{a_{\max}}}\frac{\Delta a}{a_{\max}}+\frac{\partial \frac{Q}{Q_r}}{\partial \frac{n}{n_r}}\frac{\Delta n}{n_r}+\frac{\partial \frac{Q}{Q_r}}{\partial \frac{H}{H_r}}\frac{\Delta H}{H_r} \tag{3-5}$$

假设导叶开度和接力器形成之间近似为线性关系，采用接力器形成代替导叶。

令：$\Delta m_t=\frac{\Delta M_t}{M_r}$，$\Delta q=\frac{\Delta Q}{Q_r}$，$\Delta x=\frac{\Delta n}{n_r}$，$\Delta h=\frac{\Delta H}{H_r}$，$\Delta y=\frac{\Delta Y}{Y_{\max}}=\frac{\Delta a}{a_{\max}}$，

$e_y=\frac{\partial \frac{M_t}{M_r}}{\partial \frac{a}{a_{\max}}}$，$e_x=\frac{\partial \frac{M_t}{M_r}}{\partial \frac{n}{n_r}}$，$e_h=\frac{\partial \frac{M_t}{M_r}}{\partial \frac{H}{H_r}}$，$e_{qy}=\frac{\partial \frac{Q}{Q_r}}{\partial \frac{a}{a_{\max}}}$，$e_{qx}=\frac{\partial \frac{Q}{Q_r}}{\partial \frac{n}{n_r}}$，$e_{qh}=\frac{\partial \frac{Q}{Q_r}}{\partial \frac{H}{H_r}}$。

可得到以六个传递系数表示的线性化模型如下：

$$\Delta m_t=e_y\Delta y+e_h\Delta h+e_x\Delta x \tag{3-6}$$

$$\Delta q=e_{qy}\Delta y+e_{qh}\Delta h+e_{qx}\Delta x \tag{3-7}$$

式中 e_y、e_h、e_x——水轮机力矩对导叶开度、水头、机组转速的传递系数；

e_{qy}、e_{qh}、e_{qx}——水轮机流量对导叶开度、水头和流量的传递系数；

Δm_t——机组力矩增量相对值；

Δh、Δy——导叶开度、水头增量相对值；

Δx——机组转速增量相对值，在数值上等于发电机角速度增量相对值（也称标幺值）$\Delta\omega$。

上式中的六个传递系数，根据其定义，可从水轮机模型综合特性曲线求取。水轮机模型综合特性曲线如图 3-1。

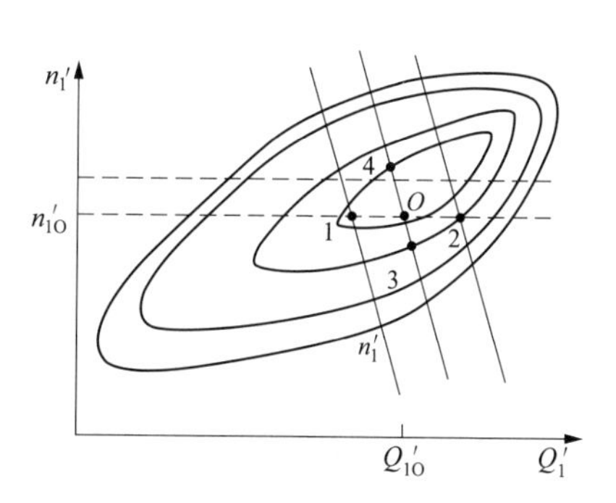

图 3-1 水轮机模型综合特性曲线

首先在模型综合特性曲线上确定稳态工况点 O，然后在其周围取 1、2、3、4 四个点。1、2 两点取在 n_{10}' 线上，3、4 两点取在等开度线 a 上，如图 3-1 所示。

1. 水轮机力矩对导叶开度的传递系数 e_y

e_y 是当水头和转速不变时，水轮机力矩对导叶开度的偏导数。水头和转速不变，即单位转速 n_1' 不变，可通过稳态工况点的 n_1' 线上的数据来计算 e_y。在稳态工况点附近的偏导数近似采用增量形式计算：

$$e_y = \frac{(M_2 - M_1)/M_r}{(a_2 - a_1)/a_{max}} \tag{3-8}$$

式中，$M_i = 93\ 740\ \frac{(Q'_1\eta)_i}{n'_{10}} D_1^3 H_0$，$i = 1$，2(Nm)；$M_r = 93\ 740\ \frac{(Q'_1\eta)}{n'_1} D_1^3 H_r$，(Nm)。

2. 水轮机流量对导叶开度的传递系数 e_{qy}

e_{qy}是当水头和转速不变时，水轮机流量对导叶开度的偏导数。水头和转速不变，即单位转速 n'_1不变，因此可通过稳态工况点的 n'_1线上的数据来计算 e_{qy}。在稳态工况点附近的偏导数近似采用增量形式计算：

$$e_{qy} = \frac{(Q_2 - Q_1)/Q_r}{(a_2 - a_1)/a_{max}} \tag{3-9}$$

式中，$Q_i = Q'_{1i} D_1^2 \sqrt{H_0}$，$i = 1$，2，($m^3/s$)；$Q_r = Q'_{1r} D_1^2 \sqrt{H_r}$，($m^3/s$)。

3. 水轮机力矩对机组转速的传递系数 e_x

e_x是当水头和导叶开度不变时，水轮机力矩对转速的偏导数。可以用等开度线上的 3、4 两点的数据来计算 e_x：

$$e_x = \frac{(M_4 - M_3)/M_r}{(n_4 - n_3)/n_r} \tag{3-10}$$

式中，$n_i = (n'_1)_i \sqrt{H_0} D_1$，(1/min)，$i = 3$，4；$n_r = (n'_1)_r \sqrt{H_0} D_1$，(1/min)。

4. 水轮机流量对机组转速的传递系数 e_{qx}

e_{qx}是当水头和导叶开度不变时，水轮机流量对转速的偏导数。可以用等开度线上的 3、4 两点的数据来计算 e_{qx}：

$$e_{qx} = \frac{(Q_4 - Q_3)/Q_r}{(n_4 - n_3)/n_r} \tag{3-11}$$

5. 水轮机力矩对水轮机水头的传递系数 e_h

e_h是当转速和导叶开度不变时，水轮机力矩对水头的偏导数。可以用等开度线上的 3、4 两点的数据来计算 e_h：

$$e_h = \frac{(M_4 - M_3)/M_r}{(H_4 - H_3)/H_r} \tag{3-12}$$

式中，$M_i = 93\ 740\ \frac{(Q'_1\eta)}{n'_1} D_1^3 H_i$，$i = 3$、4；$H_i = \left(\frac{n_r D_1}{n'_{14}}\right)^2$，$i = 3$、4。

6. 水轮机流量对水轮机水头的传递系数 e_{qh}

e_{qh}是当转速和导叶开度不变时，水轮机流量对水头的偏导数。可以用等开度线上的 3、4 两点的数据来计算 e_{qh}：

$$e_{qh} = \frac{(Q_4 - Q_3)/Q_r}{(H_4 - H_3)/H_r} \tag{3-13}$$

利用模型综合特性曲线采用上述方法，在给定工况点，可以计算出六个传递系数。这一方法在小扰动研究中，尤其是在涉及水轮机调节系统分析中应用广泛。

7. 几点讨论

（1）公式（3-1）仅仅是水轮机力矩和流量变化关于影响因素（水头、转速、开度）的概念模型。推导过程给出了从概念模型演变到具体数学模型的过程，这种建模思路和演绎推导方法是值得借鉴的。

（2）上述水轮机模型是增量线性化模型，即：系统参数 Δh、Δy、Δx、Δm_t、Δq 都是增量相对值形式。这一点需要特别提醒，在一些文献中为了简化书写，省略增量符号“Δ”，导致一些读者误将这些参数作为相对值。

（3）六个传递系数的计算取值是在某一稳态工况点进行计算的，在不同运行工况有不同的取值。大波动情况下，水轮机运行工况点大幅变化。因此，这一线性化模型应用于大波动暂态计算时，通常的做法是建立整个运行区域内六个传递系数的变化表格，在暂态计算中实时插值计算六个传递系数的取值，进而计算水轮机出力。显然，这种方法应用不便。另一方面，由于运行安装条件的变化，水轮机特性会产生变化，模型综合特性也不能很好地反映水轮机特性的变化，从而造成更大的误差。

进一步地，水轮机运行水头不同，在相同出力工况下六个传递系数也会变化。传递系数随水轮机水头和功率变化的分析可参见文献［13］。图 3-2 是根据某电站水轮机特性曲线进行的计算，某一水头下六个传递系数随工况变化情况。

（4）传递系数计算的依据是水轮机模型综合特性曲线。而模型综合特性曲线是在水轮机稳态工况下绘制的，本质上是一种稳态特性曲线。因此，该线性化模型应用于暂态过程研究，本质上是以稳态特性来近似描述动态过程。

（5）在甩负荷暂态中水轮机水头变动幅度较大，水轮机运行工况会超出模型综合特性给出的范围。另一方面，即使在运行水头范围内也缺乏小开度工况下的模型综合特性。为了利用上述方法计算传递系数进而计算水轮机力矩，需将水轮机出力特性扩展到小开度工况和更高的水头范围，得到水轮机出力的全特性曲线。水轮机全特性通常以单位转速、单位流量和水轮机力矩的数表形式保存，甩负荷暂态过程中根据水头、流量、导叶开度瞬时值插值计算瞬时力矩。

水轮机全特性是根据已有的模型综合特性曲线读取数据，首先生成流量特性和力矩特性，然后借助水轮机飞逸特性曲线作为零点限制条件，采用曲线拟合方式延伸得到。这种拟合和延伸具有很大的主观性，可能形成较大的误差。文献［14］提出一种以水轮机结构参数为依据计算水轮机功率的方法，成为水轮机内特性法或解析法。然而，这种方法需要获得水轮机结构参数，对于多数理论研究者来说获取数据有困难，因此，这一方法未见广泛应用。到目前为止，关于水轮机全特性的生成方法的研究一直在持续的[15-18]，特别是小开度特性的验证方面，仍然有许多的研究在持续开展[19,20]。

二、传递函数形式

线性系统中最经典的分析方法以传递函数为基础，为此，将水轮机增量线

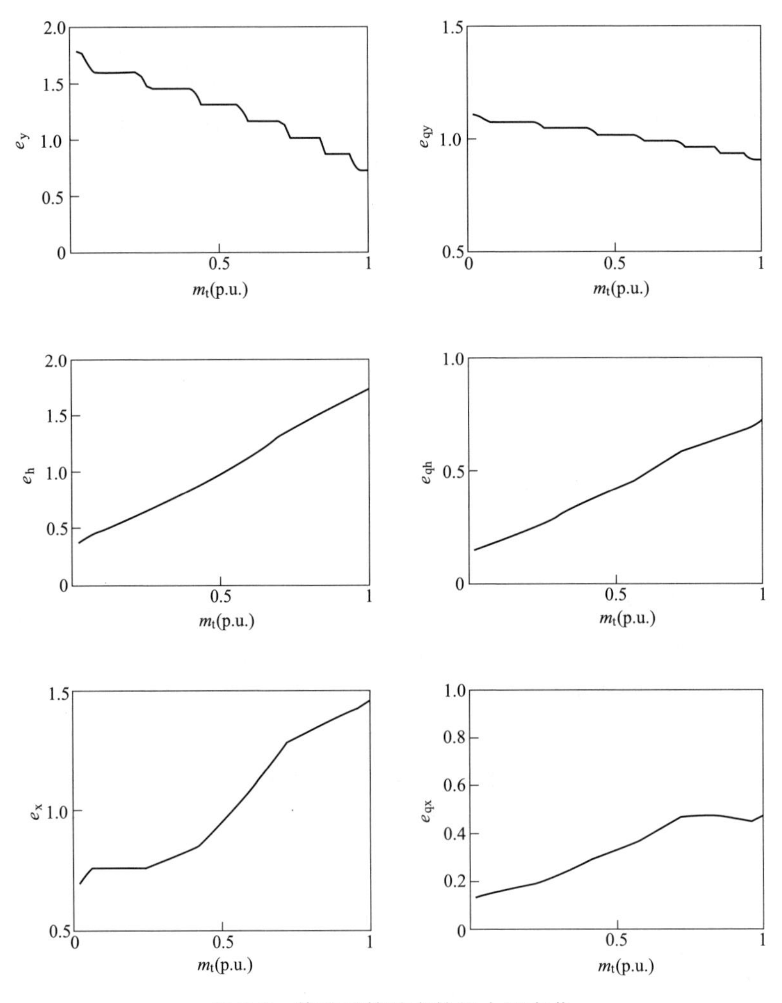

图 3-2　传递系数随水轮机力矩变化

性化模型也转换为传递函数形式。

根据式（3-6）和式（3-7）可将水轮机线性化模型绘制为框图形式，如图 3-3所示。

图 3-3 中的 $G_h(s)$ 是水力系统传递函数，即 $G_h(s)=\Delta h/\Delta q$ ，直接写成 $\Delta h=G_h(s)\Delta q$ 。$G_h(s)$ 可以用刚性水击或弹性水击的传递函数替代。

图 3-3 的框图形式与代数表达式（3-6）和式（3-7）之间的等价关系，可根据图中 Δm_t 和 Δq 信号流的构成直接写出。

对于转桨式水轮机，类似的方法可以写出水轮机力矩和流量对桨叶接力器的传递函数，并采用类似的方法，添加到图 3-3 的结构框图中。

根据图 3-3，可以写出从导叶增量 Δy 到力矩增量 Δm_t 的传递函数为：

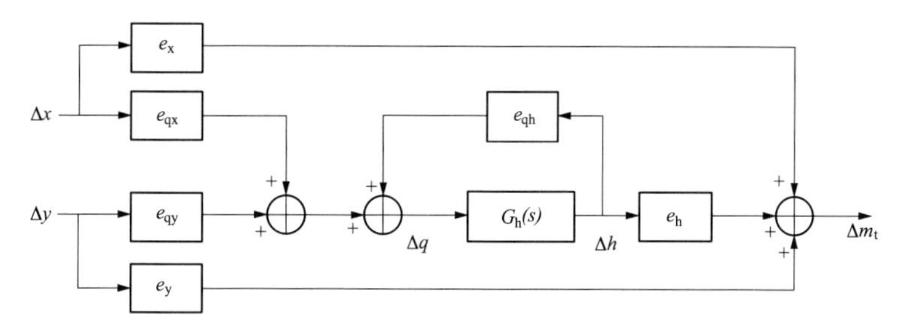

图 3-3 水轮机线性化模型框图

$$G_{ym}(s)=\frac{\Delta m_t}{\Delta y}=\frac{e_y+(e_{qy}e_h-e_{qh}e_y)G_h(s)}{1-e_{qh}G_h(s)} \tag{3-14}$$

令：

$$e=\frac{e_{qy}e_h}{e_y}-e_{qh} \tag{3-15}$$

则有：

$$G_{ym}(s)=\frac{\Delta m_t}{\Delta y}=e_y\frac{1+eG_h(s)}{1-e_{qh}G_h(s)} \tag{3-16}$$

同样，从转速增量 Δx 到力矩增量 Δm_t 的传递函数为：

$$G_{xm}(s)=\frac{\Delta m_t}{\Delta x}=\frac{e_x+(e_{qx}e_h-e_{qh}e_x)G_h(s)}{1-e_{qh}G_h(s)} \tag{3-17}$$

将第二章得到的水力系统传递函数 $G_h(s)$ 代入，即可得到相应的水轮机力矩线性化模型。以从导叶增量 Δy 到力矩增量 Δm_t 的传递函数式（3-16）为例：

1. 刚性水击

水力系统刚性水击选取传递函数式（2-124）代入，并注意到 $T_w=Z_nT_e$，得到：

$$G_{ym}(s)=\frac{\Delta m_t}{\Delta y}=e_y\frac{1-eT_ws}{1+e_{qh}T_ws} \tag{3-18}$$

2. 弹性水击

若选择忽略水力损失，弹性水击传递函数式（2-112）代入式（3-16），得到：

$$G_{ym}(s)=\frac{\Delta m_t}{\Delta y}=\frac{b_3s^3+b_2s^2+b_1s+b_0}{s^3+a_2s^2+a_1s+a_0} \tag{3-19}$$

其中：$b_3=-\frac{e_ye}{e_{qh}}$；$b_2=\frac{3e_y}{h_\omega e_{qh}T_r}$；$b_1=-\frac{24e_ye}{e_{qh}T_r^2}$；$b_0=\frac{24e_y}{h_\omega e_{qh}T_r^3}$；$a_2=\frac{3}{h_\omega T_re_{qh}}$；$a_1=\frac{24}{T_r^2}$；$a_0=\frac{24}{h_wT_r^3e_{qh}}$；$e=\frac{e_{qy}}{e_y}e_h-e_{qh}$。

上述主接力器增量 Δy 到力矩增量 Δm_t 的传递函数在国内涉及水轮机调节系统的分析与控制中获得了广泛的应用。

若选择第二章第六节推荐的水力系统传递函数式（2-126）代入式（3-19），则有：

$$G_{ym}(s)=\frac{\Delta m_t}{\Delta y}=-e_y\frac{eZ_nT_e^3s^3-4T_e^2s^2+eZ_nT_e\pi^2s-\pi^2}{e_{qh}Z_nT_e^3s^3+4T_e^2s^2+e_{qh}Z_nT_e\pi^2s+\pi^2} \tag{3-20}$$

化为与（3-19）类似的形式有：

$$G_{ym}(s)=\frac{\Delta m_t}{\Delta y}=\frac{b_3s^3+b_2s^2+b_1s+b_0}{s^3+a_2s^2+a_1s+a_0} \tag{3-21}$$

其中：$b_3=-e_y\frac{e}{e_{qh}}$；$b_2=4e_y\frac{1}{e_{qh}Z_nT_e}$；$b_1=-e_y\frac{e\pi^2}{e_{qh}T_e^2}$；$b_0=e_y\frac{\pi^2}{e_{qh}Z_nT_e^3}$；$a_2=\frac{4}{e_{qh}Z_nT_e}$；$a_1=\frac{\pi^2}{T_e^2}$；$a_0=\frac{\pi^2}{e_{qh}Z_nT_e^3}$；$e=\frac{e_{qy}}{e_y}e_h-e_{qh}$。

第二节　电力系统应用的水轮机线性化模型

文献［3］给出一种电力系统暂态研究中应用的线性化模型，也称为 IEEE 系列模型。这类线性化模型在国外学者的研究中应用较多，近年来国内学者也逐渐采用该类模型进行研究。

一、推导方法一

根据孔口出流原理，水轮机流量可表示为：

$$Q=K_uG\sqrt{H} \tag{3-22}$$

式中　K_u——水轮机蜗壳流量系数；

G——导叶开度。

利用泰勒展开，忽略高次项，其线性化模型可写成：

$$\Delta Q=\frac{\partial U}{\partial H}\Delta H+\frac{\partial U}{\partial G}\Delta G \tag{3-23}$$

以额定工况参数为基值，写成相对值形式为：

$$\Delta q=\frac{1}{2}\Delta h+\Delta g \tag{3-24}$$

假设导叶开度与主接力器位移之间近似为线性关系，则两者的增量相对值相等，即 $\Delta g=\Delta y$。则式(3-24) 写成如下形式：

$$\Delta q=\frac{1}{2}\Delta h+\Delta y \tag{3-25}$$

另一方面，水轮机出力可以写成：

$$P_t=K_pQH \tag{3-26}$$

式中　K_p——水轮机出力系数。

利用泰勒展开，忽略高次项，其线性化形式为：

$$\Delta P_t=\Delta H+\Delta Q \tag{3-27}$$

同样，以额定工况参数为基值，写成相对值形式：

$$\Delta p_{t}=\Delta h+\Delta q \tag{3-28}$$

刚性水击下，水轮机流量与水头变化为：

$$\Delta h=-T_{w}s\Delta q \tag{3-29}$$

将上式代入式（3-25）、式（3-28），整理得到导叶开度变化到水轮机出力变化的传递函数为：

$$G_{ym}(s)=\frac{\Delta p_{t}}{\Delta y}=\frac{1-T_{w}s}{1+0.5T_{w}s} \tag{3-30}$$

式（3-30）即为刚性水击下的简化模型。

二、推导方法二

非理想水轮机流量和出力可表示为：

$$\Delta p_{t}=a_{11}\Delta h+a_{12}\Delta x+a_{13}\Delta y \tag{3-31}$$

$$\Delta q=a_{21}\Delta h+a_{22}\Delta x+a_{23}\Delta y \tag{3-32}$$

式中 Δp_{t}——水轮机功率增量相对值；

Δq——水轮机流量增量相对值；

a_{ij}系数的含义与上一节传递系数的含义是相同的。

在机组并网运行条件下，角速度偏差很小，尤其是机组并入大电网运行时，可以忽略 Δx 的影响，则有：

$$\Delta p_{t}=a_{11}\Delta h+a_{13}\Delta y \tag{3-33}$$

$$\Delta q=a_{21}\Delta h+a_{23}\Delta y \tag{3-34}$$

从流量变化到水头变化的传递函数为 $G_{h}(s)$，即：

$$\Delta h=G_{h}(s)\Delta q \tag{3-35}$$

上式代入式（3-34），有：

$$\Delta q=\frac{a_{23}}{1-a_{21}G_{h}(s)}\Delta y \tag{3-36}$$

将上式代入式（3-33），整理得到：

$$G_{ym}(s)=\frac{\Delta p_{t}}{\Delta y}=\frac{a_{13}+(a_{11}a_{23}-a_{21}a_{13})G_{h}(s)}{1-a_{21}G_{h}(s)} \tag{3-37}$$

在电力系统相关研究中，为了简化计算，建议近似选取 $a_{11}=1.5$，$a_{13}=1.0$，$a_{21}=0.5$，$a_{23}=1.0$，则式(3-37) 简化为：

$$G_{ym}(s)=\frac{\Delta p_{t}}{\Delta y}=\frac{1+G_{h}(s)}{1-0.5G_{h}(s)} \tag{3-38}$$

若考虑刚性水击，$G_{h}(s)=-T_{w}s$，代入式(3-38)，有：

$$G_{ym}(s)=\frac{\Delta p_{t}}{\Delta y}=\frac{1-T_{w}s}{1+0.5T_{w}s} \tag{3-39}$$

式（3-39）与式（3-30）是完全一致的。

几点说明：

（1）与文献［3］给出的形式对比，式（3-31）和式（3-32）中系数定义有差别。文献［3］给出方程的顺序是先给出流量方程，再给出水轮机出力方程。这里为了保持与第一节分析的一致性，先给出的是出力方程，后给出流量方程。因此，系数的下标有差别。

（2）为了便于对比，将式（3-33）和式（3-37）重新写出：

$$G_{ym}(s)=\frac{\Delta m_t}{\Delta y}=\frac{e_y+(e_{qy}e_h-e_{qh}e_y)G_h(s)}{1-e_{qh}G_h(s)} \tag{3-40}$$

$$G_{ym}(s)=\frac{\Delta p_t}{\Delta y}=\frac{a_{13}+(a_{11}a_{23}-a_{21}a_{13})G_h(s)}{1-a_{21}G_h(s)} \tag{3-41}$$

显然，两类模型在形式上是基本一致的。从系数的物理概念来看，两种模型系数的定义是一致的，其对应关系为：$e_y=a_{13}$，$e_{qy}=a_{23}$，$e_h=a_{11}$，$e_{qh}=a_{21}$。

对照图 3-2 来看，选取 $a_{11}=1.5$，$a_{13}=1.0$，$a_{21}=0.5$，$a_{23}=1.0$，对应工况约为 80％～90％ 额定负荷工况。从电力系统的角度来看，分析的重点是电网侧，采用这一工况做近似处理是恰当的。但是，在水力机组侧以水力系统及水轮机为重点的研究中，应该采用更精细一些的算法。

（3）式（3-31）和式（3-32）的形式与六个传递系数描述的水轮机模型是一致的，其导出思路也相同，只是在相关文献中没有给出明确的说明。

第三节　水轮机非线性模型

1992 年，IEEE Working Group 在分析总结水轮机模型研究的基础上，提出了非线性模型。模型的非线性主要体现为水力系统动态的非线性描述和出力代数方程的非线性形式。根据水力系统动态的不同，又有刚性水击和弹性水击两类非线性模型。

另外，还有一些其他的非线性模型，其形式与 IEEE Working Group 模型类似，将这类非线性模型都归入 IEEE Working Group 类似的模型之中。这里不再单独列出。

一、水轮机水头的表示方法

水轮机水头可表示为：

$$H=H_0-H_f+\Delta H \tag{3-42}$$

式中　H_0——静态水头，一般取为上下游水位差；

H_f——引水系统摩擦损失水头；

ΔH——暂态水头变化，在稳态工况下，该项为零。

选取额定水头 H_r 为基值，则上式可改写成相对值形式：

$$h=h_0-h_f+\Delta h \tag{3-43}$$

几点说明：

1. 关于水轮机水头 H

经典的定义是指水轮机进出口断面单位重量水流的能量差。对于反击式水轮机进口断面取为蜗壳进口断面，出口断面取为尾水管出口断面。在水轮机效率试验中，采用钢管末端（蜗壳进口）压力与尾水管进口压力之差作为水轮机水头。

在IEEE系列模型中，假设水轮机出口为无约束的尾水管，忽略了尾水管动态水头，直接采用钢管末端压力作为水轮机水头。对于高水头电站，暂态过程中尾水管水头暂态变化在水轮机水头中所占比重较小，这种近似处理可以满足水轮机暂态分析和控制研究的需求。但是，对于低水头电站，尾水管水力动态在水轮机水头中所占比重较大，需要对水轮机水头的计算进行修正。

例如，文献［21］中针对一种变顶高尾水系统，给出了水头的修正方法，派生出形式更为复杂的水轮机水头表达式；文献［22］针对变顶高尾水系统进行了进一步的扩展，等等。

2. 水力损失 H_f

水力损失的定义与第二章的定义是一致的，即：

$$h_f = f_p q^2 \tag{3-44}$$

$$f_p = \frac{N^2 l}{(D/4)^{4/3}} \left(\frac{Q^r}{\pi D}\right)^2 \frac{1}{H_r} \tag{3-45}$$

3. 暂态水头 Δh

暂态水头 Δh 就是第二章传递函数模型中的暂态水头增量相对值，即 $\Delta h = G_h(s)\Delta q$。

二、刚性水击非线性水轮机模型

无调压井，刚性水击下，非线性水轮机模型为[5]：

$$\frac{dq}{dt} = \frac{1}{T_w}(h_0 - f_p q^2 - h) \tag{3-46}$$

$$q = y\sqrt{h} \tag{3-47}$$

$$p_t = A_t h(q - q_{nl}) - D_t y \Delta\omega \tag{3-48}$$

式中　h、q——水轮机水头和流量相对值；

T_w——水流惯性时间常数（s）；

f_p——水头损失系数；

y——接力器行程相对值；

q_{nl}——空载流量相对值；

D_t——水力阻尼因子；

$\Delta\omega$——机组角速度偏差相对值；

A_t——水轮机增益，假定为常数；

p_t——输出机械功率相对值。

几点说明：

(1) 参照式（3-43），式（3-46）可改写为：

$$\frac{\mathrm{d}q}{\mathrm{d}t}=-\frac{1}{T_{\mathrm{w}}}\Delta h \tag{3-49}$$

式（3-49）取拉普拉斯变换，得到刚性水击下流量变化到水头变化的传递函数，即：

$$G_{\mathrm{h}}(s)=\frac{\Delta h(s)}{\Delta q(s)}=-T_{\mathrm{w}}s \tag{3-50}$$

表明式（3-46）的微分方程形式是考虑水力系统刚性水击条件下得到的。

(2) 式（3-47）是孔口出流表达式的相对值形式。

根据孔口出流原理，水轮机流量可表示为：

$$Q=KY\sqrt{H} \tag{3-51}$$

式中 K——孔口出流系数，假设为常数；

Y——接力器位移。

以 Q_{r}、H_{r}、Y_{r}为基值，在额定工况点满足 $Q_{\mathrm{r}}=KY_{\mathrm{r}}\sqrt{H_{\mathrm{r}}}$ 。则式（3-51）写成相对值形式如（3-47）的形式。

实际上，采用主接力器最大位移为基值，不会对计算产生影响。若采用主接力器最大位移为基值，则有：

$$q=\frac{Y}{Y_{\max}}\times\frac{Y_{\max}}{Y_{\mathrm{r}}}\sqrt{h}=\frac{1}{y_{\mathrm{r}}}y\sqrt{h} \tag{3-52}$$

本书中为了简化形式，后续章节中，都采用额定工况下的主接力器位移为基值，即采用式（3-47）的形式。

(3) 水轮机功率表达式（3-48）中的系数 A_{t}是以发电机额定容量为基值来定义的[5]，即：

$$A_{\mathrm{t}}=\frac{\text{水轮机额定功率}}{\text{发电机额定容量}\ h_{\mathrm{r}}(q_{\mathrm{r}}-q_{\mathrm{nl}})} \tag{3-53}$$

从式（3-48）的形式来看，若选取水轮机额定容量为基值，则在额定工况下，水轮机额定出力的基值 $p_{\mathrm{tr}}=1$，则增益系数 A_{t}具有更简单的形式。因此，采用水轮机额定功率为基值，则水轮机增益系数 A_{t}定义为：

$$A_{\mathrm{t}}=\frac{1}{h_{\mathrm{r}}(q_{\mathrm{r}}-q_{\mathrm{nl}})} \tag{3-54}$$

本书的后续研究中，均采式（3-54）这种形式的定义方式。

(4) 水轮机功率表达式中的最后一项 $D_{\mathrm{t}}y\Delta\omega$ 是暂态过程中水流阻尼产生的附加阻尼。由于阻尼系数 D_{t}的获取较困难，而且机组并网运行条件下角速度变化很小。因此，计算中，通常忽略该项的影响。

从文献来看，大多忽略了水力阻尼这一概念，只是在将水轮机模型纳入水轮机调节系统之后，从整个调节系统的角度对阻尼问题开展相关研究[23]。基于这一概念，早在1967年，文献［24］就提出了利用水轮机调速器抑制低频振荡的思想，设计了类似于PSS的附加调速器控制的方式，并在美国大古力水电站进行了试验研究，取得了预期效果。之后由于附加励磁控制PSS的快速发展而中断了[25]。随后还出现了水轮机调速侧电力系统稳定器（governor power system stabilizer，GPSS)[26]。直到最近，文献［27］借助机组运行方程定义了水轮机等效阻尼系数，其含义与发电机等效阻尼系数类似，为水轮机侧的阻尼特性研究提供了一种新途径。

有关水轮机和水力机组的阻尼问题值得深入探讨。

（5）由于摩擦损失水头的存在，即使在稳态工况水轮机水头 h 和流量 q 之间也是非线性关系，因此，水轮机出力 p_t 是水轮机水头 h 和流量 q 的非线性函数。

三、弹性水击非线性水轮机模型

在文献［5］中给出了一种直观的水力系统及水轮机功率参数之间的关联图。参照这种表达方式，根据式（3-43）、式（3-47）和式（3-48）给出的参数关系，可以画出类似的结构图。单机单管无调压井，非线性水轮机模型[28]构成框图如图3-4。

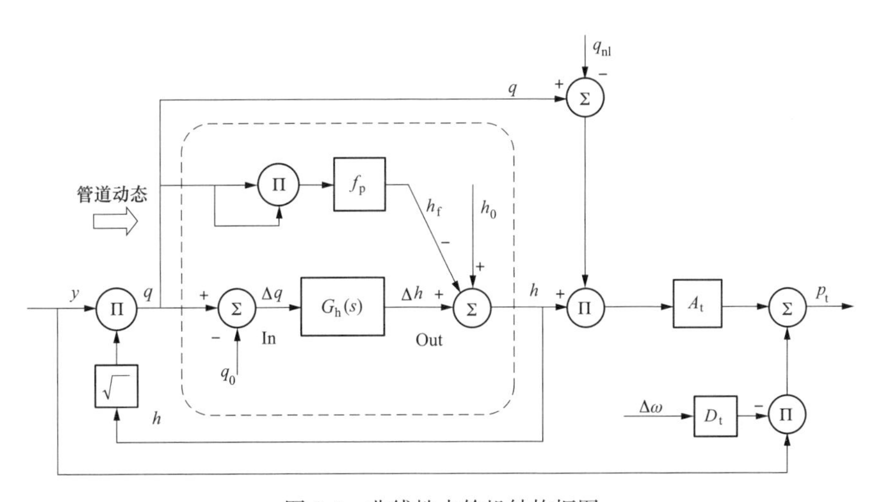

图3-4　非线性水轮机结构框图

几点说明：

（1）由于管道水力动态传递函数是一种增量线性化模型，即：

$$\Delta h(s)=G_h(s)\Delta q=-Z_n\tanh(T_e s)\Delta q(s) \tag{3-55}$$

因此，在输入端增加了初值 q_0，形成 $\Delta q=q-q_0$。

这种处理方式在基于Simulink的仿真中带来极大的方便。

（2）弹性水击非线性水轮机模型由弹性水击水力暂态和式（3-47）、式（3-48）构成，亦即将式（3-46）的刚性水击水力暂态替换为弹性水击水力暂态。其计算思路是：首先计算暂态过程中水头和流量的变化，然后采用代数方程计算水轮机出力。

显然，这种形式的非线性水轮机模型中，水力暂态依然是传递函数形式。而非线性控制和稳定性分析理论多数是基于非线性微分方程形式进行研究的，这种传递函数形式应用不便。

（3）在 IEEE Working Group 系列模型中，水轮机出力计算的代数模型是一种近似的计算模型。从式（3-48）的形式来看，相当于将空载工况的能量损失近似为常数，保留在所有工况的计算中，显然不符合实际运行情况。对于这一问题的处理，可以采用一些其他方法进行修正，本文后续将从水轮机能量损失的角度做进一步的分析。尽管存在一些不足，这一非线性模型仍然获得了广泛的应用。

（4）图 3-4 的结构框图适用于刚性水击和弹性水击，是一种通用的图形化描述方法。图中清晰地给出了管道水压的构成，为复杂水力系统的分析提供了有效的分析方法。

第四节　水轮机力矩模型的扩展

一、内部能量损失描述的功率模型

将水轮机内部能量损失分解为容积损失、机械摩擦损失、流道水力损失和撞击损失四种类型，导出各项能量损失的表达式和计算方法，进而将水轮机功率用各项能量来表示。应用该模型时，依据某一水头下的效率曲线计算各项损失，即可得到以内部能量损失特性描述的水轮机力矩计算模型[29]。

（一）水轮机功率的基本形式

根据可测外部参数、以及水轮机运行中表现出的一些特征，假定水轮机输出的功率可以近似表示为：

$$P_{\mathrm{t}}=\gamma QH-\Delta P_{\mathrm{m}}-\Delta P_{\mathrm{h}}-\Delta P_{\mathrm{v}}-\Delta P_{i} \tag{3-56}$$

式中　P_{t}——水轮机输出功率；

ΔP_{m}——机械摩擦损失功率；

ΔP_{h}——流道水力损失功率；

ΔP_{v}——容积损失功率；

ΔP_{i}——撞击损失功率；

γQH——水流功率；

γ——水的密度；

Q——水轮机流量；

H——水轮机水头。

容积损失功率可表示为：

$$\Delta P_v = \gamma k_v QH \tag{3-57}$$

式中 k_v——容积损失系数，与水轮机的密封有关，对于现代大型水轮机，$k_v=0.0025\sim0.005$。

水轮机过流区域内的水力损失以沿程损失为主，而沿程损失水头的基本形式为 $kQ^2/2g$，因此，水力损失功率可表示为：

$$\Delta P_h = k_h Q^3 \tag{3-58}$$

式中 k_h——水轮机流道损失特性系数，与水轮机过流部件有关，反映了水轮机流道的水力损失特性。

水轮机在非最优工况时，在转轮进口边水流产生撞击损失，在转轮出口边出现的非法向出口环量，形成尾水管涡带，造成水轮机能量的损失。这两部分损失的构成比较复杂，对此尚无准确的定义或命名，在本书中该项损失简称为撞击损失。

(1) 假设 1：在同一水头下最高效率点的撞击损失为零，偏离最高效率点时产生的撞击损失与偏离程度有关。

根据上述假设，构造以下形式的函数来描述：

$$\Delta P_i = f[(Q_i - Q)^2] \tag{3-59}$$

式中 Q_i——某一水头下的最高效率点流量；函数 f 是未知的，它是关于 $(Q_i - Q)$ 的函数。

函数 f 的具体形态将在后面利用实测数据分析后获得。

在空载时，$P_t=0$，进入水轮机的水流功率等于各项损失之和，机组维持在空载额定转速运动。用下标“nl”表示各参数在空载工况相应值，将式 (3-57)、式 (3-58)、式 (3-59) 代入式 (3-56)，在空载工况点有：

$$\gamma Q_{nl} H_{nl} = \Delta N_m + k_v \gamma Q_{nl} H_{nl} + k_h Q_{nl}^3 + f[(Q_i - Q_{nl})^2] \tag{3-60}$$

式 (3-56) 中所定义的机械摩擦损失是指：包含水轮机和发电机的整个水轮发电机组旋转所需克服的各种机械阻力之和。根据转子动力学原理，该项阻力与机组旋转的角速度有关。对于实际并网运行的机组，除事故甩负荷工况外，其他暂态过程中转速变化幅度很小，机组旋转角速度可视为近似不变。于是有以下假设。

(2) 假设 2：当机组转速在额定转速附近变化时，机械摩擦损失 ΔP_m 保持不变。

作近似 $H_{nl} \approx H$，从式 (3-60) 中导出 ΔP_m 并代入式 (3-56)，则水轮机功率可改写为：

$$P_t = \gamma H(Q - Q_{nl})(1 - k_v) - k_h(Q^3 - Q_{nl}^3) - f[(Q_i - Q)^2] + f[(Q_i - Q_{nl})^2] \tag{3-61}$$

以额定工况参数 P_{tr}、H_r、Q_r 为基值，式 (3-61) 两边除以额定工况出力 P_{tr}，同时式右边分子分母同时除以 H_rQ_r，可得出水轮机功率的相对值形式为：

$$p_t = A_t'\gamma h(q - q_{nl})(1 - k_v) - A_t' k_h'(q_r^3 - q_{nl}^3) - A_t f[(Q_i - Q)^2] + A_t f[(Q_i - Q_{nl})^2] \tag{3-62}$$

式中 $A_t' = \dfrac{H_r Q_r}{P_{tr}}$，$A_t = \dfrac{1}{P_{tr}}$，$k_h' = \dfrac{k_h Q_r^2}{H_r}$；

p_t——水轮机出力相对值；

h——水轮机水头相对值；

q——水轮机流量相对值；

q_{nl}——水轮机空载流量相对值。

几点讨论：

（1）式（3-62）右边的表达式是在分子分母同时除以水头和流量基值 $H_r Q_r$ 得到的，选择不同的流量和水头基值，A_t'的值会改变，但水轮机出力表达式 p_t 的形式保持不变。

（2）如果忽略水轮机结构、流道水力特性以及工况的影响，令 $k_v = 0$，$k_h = 0$，$\Delta P_i = 0$，以发电机容量为基值，则式（3-62）变为：

$$p_t = A_t h(q - q_{nl}) \tag{3-63}$$

与标准的 IEEE Working Group 模型相比，式（3-63）中缺少 $D_t y \Delta\omega$ 项，该项是机组转速变化引起的机组阻尼功率。在机组并网运行条件下，转速变化不大，忽略该项阻尼功率不会对水轮机力矩的计算引起大的误差。如果考虑到甩负荷过渡过程中转速变化幅度大或者需要获得更准确的力矩计算模型，则可以在式（3-62）中增加阻尼功率 $D_t y \Delta\omega$ 项。

（3）另一方面，在 IEEE Working Group 模型中，忽略 ΔP_h和 ΔP_i使得水轮机功率模型存在误差。方程（3-62）的表达式对这一误差问题给出了合理的解释。

方程（3-62）清晰地给出了水轮机内部能量的构成，这一描述方程的关键是如何确定损失系数和特征参数。

（二）确定损失系数

1. k_h的确定

根据假设 1，同一水头下，在最高效率点的撞击损失为零，在其两侧相同偏差点，撞击损失相等。选择某一水头下的效率曲线，在最高效率点两侧附近取 1、2 两点，其流量满足：

$$\begin{cases} Q_1 = Q_i + \Delta Q \\ Q_2 = Q_i - \Delta Q \end{cases} \tag{3-64}$$

在这两点的撞击损失相等，利用式（3-61）可以得出 k_h的计算公式为：

$$k_h = \frac{\gamma H(Q_1 - Q_2)(1 - k_v) - P_{t1} + P_{t2}}{Q_1^3 - Q_2^3} \tag{3-65}$$

上述计算的依据是效率曲线，对于有条件进行效率测试的电站，可采用实测效率曲线取点计算。对于没有进行效率试验的电站，可以采用水轮机模型综合特性曲线，选择额定水头下的水轮机效率曲线进行计算。在应用效率曲线选点计算的时候，由于读取数据以及曲线本身的误差等多因素影响，采用多次取点计算取平均值的方法，获得较准确的 k_h 值。

2. 机械摩擦损失

水轮机功率表达式（3-56）可以改写成：

$$P_t = \gamma HQ(1 - k_v) - k_h Q^3 - \Delta P_i - \Delta P_m \tag{3-66}$$

根据假设 1，在最高效率点的撞击损失为零，即 $\Delta P_i = 0$，由式(3-66) 可得出机械摩擦损失为：

$$\Delta P_m = \gamma HQ_i(1 - k_v) - k_h Q_i^3 - P_{ti} \tag{3-67}$$

利用式（3-67），在效率曲线上，选择最高效率点对应的参数，即可计算出机械摩擦损失。

3. 撞击损失

假定在总的损失中容积损失、机械摩擦损失和流道水力损失是准确的。根据式（3-56）可以分离出撞击损失项为：

$$\Delta P_i = \gamma QH - \Delta P_m - \Delta P_h - \Delta P_v - P_t \tag{3-68}$$

由于撞击损失的构成比较复杂，可通过上述方程首先分离出撞击损失随流量的变化数据，然后以 $(Q_i - Q)^2$ 为变量进行拟合，以获得该型水轮机撞击损失的函数表达式。

（三）应用简化

1. 水轮机水头

水轮机水头可以表示为：

$$h = h_0 - f_p q^2 + \Delta h \tag{3-69}$$

式中 h_0——水轮机静水头相对值；

f_p——引水系统损失系数；

Δh——管道水流动态引起的水轮机进口处水头变化的相对值。

式（3-69）改写成绝对值形式：

$$H = H_0 - \frac{H_r}{Q_r^2} f_p Q^2 + H_r \Delta h \tag{3-70}$$

式中 H_0——水轮机静水头，定义为上下游水位差。

定义水轮机稳态水头为：

$$H_s = H_0 - \frac{H_r}{Q_r^2} f_p Q^2 \tag{3-71}$$

定义引水系统流量变化引起的水轮机进口处水头变化为动态水头：

$$H_d = H_r \Delta h \tag{3-72}$$

则式（3-70）的水轮机水头可写为：

$$H = H_s + H_d \tag{3-73}$$

通常情况下，暂态过程持续时间在几秒到几分钟之间，有以下假设。

假设3：在某一研究时段内，近似认为水轮机静水头 H_0 保持不变。

将式（3-71）～式（3-73）代入式（3-61）整理得：

$$P_t = \gamma\left(H_0 - \frac{H_r}{Q_r}f_p Q^2 - H_r h_q\right)(Q - Q_{nl})(1 - k_v) - k_h(Q^3 - Q_{nl}^3) - f[(Q_i - Q)^2] + f[(Q_i - Q_{nl})^2] \tag{3-74}$$

式（3-74）表明，水轮机功率是流量的单变量函数。

2. 空载流量

在理论分析中，空载流量通常是在额定水头下确定的。实际运行中空载流量随水轮机水头变化而变化，亦即在式（3-74）中，空载流量实际上是关于水头的函数，这将给模型的应用带来不便。为此，作以下假设。

假设4：不同水头下，水轮机保持空载额定转速旋转所需的能量保持不变。即：

$$\gamma Q_{nl\_r} H_r = r Q_{nl\_x} H_x \tag{3-75}$$

式中 Q_{nl_r}——额定水头下的空载流量，简记为 Q_{nl}；

Q_{nl_x}——任意水头下所需的空载流量；

H_x——任意水头。

根据式（3-71），在任意水头 H_x 下，空载点的稳态水头为：

$$H_{s\_nl} = H_0 - H_r f_p \left(\frac{Q_{nl\_x}}{Q_r}\right)^2 \tag{3-76}$$

引水系统损失系数 f_p 一般在0.001～0.02之间，空载流量的相对值通常小于0.2。因此，在空载点的稳态水头可以近似取为 H_0，即 $H_{s\_nl} \approx H_0$。

从式（3-75）可以得到空载流量的换算关系为：

$$Q_{nl\_x} = h_\Delta Q_{nl} \tag{3-77}$$

式中 h_Δ——水头折算系数，$h_\Delta = H_r / H_0$。

水轮机最高效率点的流量 Q_i 是随水头变化的，为了简化计算，在不同水头下最高效率点的流量近似采用 h_Δ 作为折算系数，折算到额定水头下。从出力表达式（3-74）中涉及 Q_i 的两项看，这种近似引起的误差相互抵消，因此这种近似不会形成过大的误差。

以式（3-77）代入式（3-74）可得任一水头下出力表达式为：

$$P_t = \gamma\left(H_0 - \frac{H_r}{Q_r}f_p Q^2 - H_r h_q\right)(Q - h_\Delta Q_{nl})(1 - k_v) - k_h(Q^3 - h_\Delta^3 Q_{nl}^3) - f[(h_\Delta Q_i - Q)^2] + f[(h_\Delta Q_i - h_\Delta Q_{nl})^2] \tag{3-78}$$

如果取动态水头 $h_q = 0$，可得水轮机稳态出力为：

$$P_t = \gamma\left(H_0 - \frac{H_r}{Q_r^2}f_p Q^2\right)(Q - h_\Delta Q_{nl})(1 - k_v) - k_h(Q^3 - h_\Delta^3 Q_{nl}^3) -$$

$$f\left[(h_{\Delta}Q_i-Q)^2\right]+f\left[(h_{\Delta}Q_i-h_{\Delta}Q_{nl})^2\right] \tag{3-79}$$

采用与式（3-62）类似的方法，可以得到水轮机出力的标幺形式为：

$$\begin{aligned}p_t=&A'_t\gamma(h_0-f_pq^2)(q-h_{\Delta}q_{nl})(1-k_v)-A'_tk'_h(q^3-h_{\Delta}^3q_{nl}^3)-\\&A_tf\left[(h_{\Delta}Q_i-Q)^2\right]+A_tf\left[(h_{\Delta}Q_i-h_{\Delta}Q_{nl})^2\right]\end{aligned} \tag{3-80}$$

式中参数含义与式（3-62）中参数含义相同。

3. 流量和接力器位移的转换

在实际应用分析中，流量测量有一定困难，而比较容易测量的是主接力器位移。因此进一步将流量转换成主接力器位移的函数。

根据孔口出流原理，水轮机流量可采用式（3-81）描述：

$$Q=k_QG\sqrt{H} \tag{3-81}$$

式中　k_Q——流量系数；

G——导叶开度。

k_Q可根据设计工况点流量、水头和导叶开度来确定。

假定导叶开度与主接力器位移之间为线性关系，则有：

$$Q=k_Qk_sY\sqrt{H} \tag{3-82}$$

式中　Y——主接力器位移；

k_s——比例系数。

方程（3-81）是水轮机结构所具有的本构关系方程，在稳态和动态下均应满足该方程。对于实际运行的水力机组，可以方便地标定系数 k_Qk_s，利用这一关系将流量测量转化为对主接力器位移的测量。

在稳态下，将稳态工况水头式（3-71）代入式（3-82），可得稳态下的转换关系为：

$$Q=k_Qk_sQ_rY\sqrt{\frac{H_0}{Q_r^2+(k_Qk_sY)^2H_rf_p}} \tag{3-83}$$

同样，将式（3-70）代入式（3-82）即可得到在动态下的转换关系。无论是动态或静态，转化后的水轮机功率表达式是关于主接力器位移的单变量函数，而主接力器位移便于检测，应用方便。

以 H_r、Q_r和 Y_r为基值，从式（3-82）可以得到相对值形式为：

$$q=y\sqrt{h} \tag{3-84}$$

式中　y——主接力器位移相对值；

h——水轮机水头相对值。

式（3-83）的标幺形式为：

$$q=y\sqrt{\frac{h_0}{1+f_py^2}} \tag{3-85}$$

将式（3-85）代入式（3-79）可得到以主接力器位移相对值为单变量的水轮机出力表达式。

（四）水电站实例

某水电站装有混流式水轮机，对该电站的水轮机进行效率试验获得实测数据。以这些数据进行分析计算，检验所推导的模型中各种描述和概念是否与实际机组一致。

根据实测数据绘制效率曲线，从实测效率曲线率定各个系数。

取 $k_v=0.004$，计算出 $A_t'=0.1133$。

实测主要参数值有：$q_{nl}=0.1349$，$y_{nl}=0.1124$，$y_r=0.8571$，$f_p=0.0129$。

采用本节提出的方法率定的参数：$q_i=0.8917$，$y_i=0.7633$，$h_\Delta=0.9832$，$k_h=11.8641$，$\Delta P_m=0.06P_r$。

1. 水轮机稳态损失

本节将水轮机能量损失分为四种类型如式（3-56）。为便于比较各项损失所占比重，以水轮机额定功率为基值，定义各项损失的相对值分别为容积损失 p_v，流道水力损失 p_h，撞击损失 p_i，机械摩擦损失 p_{mm}。则式（3-56）可以改写为：

$$P_t=\gamma QH-(p_{mm}+p_h+p_v+p_i)P_r \tag{3-86}$$

各项能量随主接力器位移的变化如图 3-5 所示：

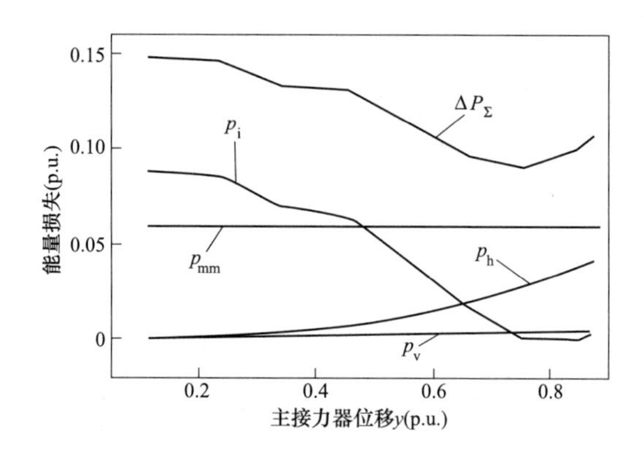

图 3-5 内部损失随主接力器位移的变化

在图 3-5 中，ΔP_Σ 是所有损失的总和。

在空载、最高效率点和额定负荷三个特征点，各项能量损失的相对值见表 3-1。

表 3-1 三个特征点水轮机能量损失相对值

相对值	p_v	p_h	p_i	p_{mm}
空载	0.000 6	0.000 1	0.088 0	0.060 0
最高效率	0.004 0	0.027 1	0.000 0	0.060 0
额定负荷	0.004 4	0.037 5	0.008 0	0.060 0

从图 3-5 和表 3-1 有以下几点结论：

(1) 容积损失相对于水轮机出力很小，最大约为$0.4\%P_r$，在近似研究中可以忽略。

(2) 在最高效率点，$p_i=0$，影响最高效率的因素是水力损失和机械损失。对于转桨式水轮机，由于水轮机叶片可以随水轮机工况而转动，减小部分负荷时的叶片进水的撞击损失，因此，在部分负荷时效率也较高。

(3) 对水轮机空载流量影响最大的因素是撞击损失。在冲击式水轮机中，由于没有该项，所以冲击式水轮机的空载开度较小。

2. 撞击损失分析

撞击损失的详细构成及其变化特性等问题尚需深入研究。本节采用的方法是：从实测数据中，提取撞击损失的数据，根据数据的变化趋势，选择相应的拟合函数来描述撞击损失的变化。

根据假设1，撞击损失是关于$(Q_i\text{-}Q)^2$的函数，结合图3-6中p_i的变化趋势，撞击损失可采用以下函数形式来近似描述：

$$f[(Q-Q_i)^2]=\Delta P_{i0}[1-e^{-n(Q-Q_i)^2}] \tag{3-87}$$

式中 ΔP_{i0}——空载点的撞击损失；

n——采用试算方法得到。

从电站实测数据中可提取出在空载点的撞击损失功率$\Delta P_{i0}=0.089P_r$，通过试算后，取衰减系数$n=1$。撞击损失对比曲线如图3-6所示。

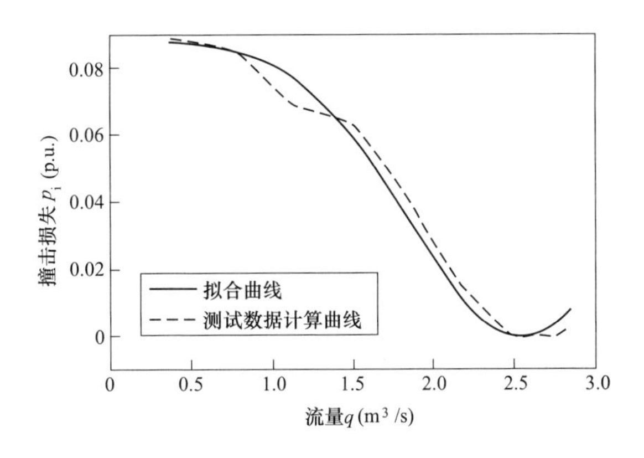

图3-6 撞击损失对比

将撞击损失的函数表达式(3-87)代入式(3-79)，整理得到以内部能量损失描述的水轮机功率为：

$$P_t=\gamma\left(H_0-\frac{H_r}{Q_r^2}f_pQ^2\right)(Q-h_\Delta Q_{nl})(1-k_v)-k_h(Q^3-h_\Delta^3Q_{nl}^3)+$$
$$\Delta P_{i0}[e^{-(h_\Delta Q_i-Q)^2}-e^{-h_\Delta^2(Q_i-Q_{nl})^2}] \tag{3-88}$$

以方程(3-88)描述的水轮机功率表达式进行计算，计算结果与实测机组出力随流量的变化如图 3-7 所示。

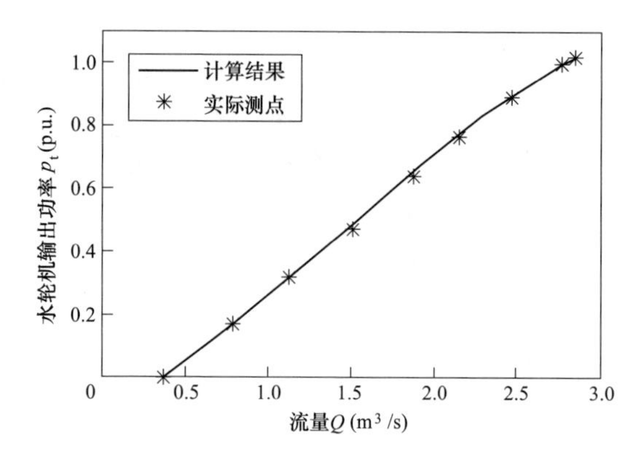

图 3-7　水轮机输出功率随流量变化的对比

由图 3-7 可见，采用这种方式获得的水轮机功率表达式其计算结果与实测数据具有较好的吻合度，较高的精度。

二、基于内部能量损失功率模型重构水轮机全特性

在第三章第一节已讨论过，生成水轮机全特性的目的是为了在甩负荷暂态计算过程中插值计算六个传递系数进而计算水轮机暂态功率。由于六个传递系数描述的水轮机功率属于线性化模型，这种计算过程本质上是分段线性化计算方法。本节采用前一节介绍的方法建立水轮机功率计算的精确模型，尝试利用精确模型直接计算水轮机暂态功率，这种方法属于非线性计算方法。详见文献［30］。

（一）阻力功率和广义机械功率的定义

根据公式（3-56），将水流功率作为水轮机主动功率，其余为阻力功率，有：

$$P_w = \gamma Q H_t \tag{3-89}$$

$$P_d = \Delta P_h + \Delta P_v + \Delta P_m + \Delta P_i \tag{3-90}$$

式中　P_w——进入水轮机的水流功率；

P_d——阻力功率。

显然，在上述定义下，水轮机输出功率为 $P_m = P_w - P_d$。

根据上一节的分析，阻力功率 ΔP_v、ΔP_h、ΔP_i 被定义为流量的单变量函数。与之对应的特征参数是在稳态工况下计算得到的，即在额定转速下得到的。在甩负荷暂态过程，机组转速急剧变化，转轮区域流态恶化使得这三项损失功率发生变化。假定三项损失功率随转速变化的增量项分别为 δP_v、δP_h、δP_i，则(3-90) 可改写为：

$$\begin{aligned} P_d &= (\Delta P_h + \delta P_h) + (\Delta P_v + \delta P_v) + \Delta P_m + (\Delta P_i + \delta P_i) \\ &= \Delta P_h + \Delta P_v + \Delta P_i + (\Delta P_m + \delta P_i + \delta P_h + \delta P_v) \end{aligned} \tag{3-91}$$

式（3-91）括号内的四项都与机组转速相关，仍然简记为 ΔP_m，称为广义

机械摩擦损失功率。

某一流量下机组达到飞逸工况，$P_w = P_d$，水流功率和阻力功率正好相等，即：

$$\begin{aligned}\Delta P_m &= \gamma Q H_t - \Delta P_v - \Delta P_h - \Delta P_i \\ &= \lambda Q_p H_t - \gamma Q_p H_t k_v - k_h Q_p^3 - F[Q_p - Q_z]\end{aligned} \tag{3-92}$$

式中　Q_p——飞逸工况下的流量；

Q_z——最优工况点的流量。

几点讨论：

(1) 式 (3-92) 的依据是飞逸工况水流功率与阻力功率相等导出的。从阻力功率的构成式 (3-91) 来看，容积损失、流道损失、撞击损失是流量的函数。飞逸工况的这种力矩平衡关系 $P_w = P_d$，实际上反映了机械摩擦损失与机组转速的内在联系。因此可根据机组飞逸特性曲线计算机械摩擦损失与机组转速的关系。

(2) 这里定义的机械摩擦损失功率 ΔP_m只与机械旋转速度有关。在机组并网运行条件下，机组转速变化较小，可近似认为机械摩擦损失功率不变。但是，在甩负荷暂态中，机组转速急剧变化，机械摩擦损失功率也有较大的变化。因此，甩负荷暂态过程中，需要建立机械摩擦损失功率与水头和转速的关系，即 $\Delta P_m = f(H, n)$。

(3) 获得机械摩擦损失功率 ΔP_m随机组转速变化规律后，从公式 (3-89) 和式 (3-91) 可分别计算暂态过程中水流主动功率和阻力功率的变化。

(4) 采用发电机三阶模型中的机组运动方程，并利用水轮机功率关系 $P_m = P_w - P_d$，然后可得到适用于大扰动和小扰动的机组运动方程：

$$T_j \frac{d\omega}{dt} = \frac{p_w}{\omega} - \frac{p_d}{\omega} - \frac{p_g}{\omega} - D(\omega - 1) \tag{3-93}$$

式中　T_j——机组惯性时间常数 (s)；

ω——机组角速度相对值；

p_w——水流功率相对值；

p_d——阻力功率相对值；

p_g——发电机功率相对值；

D——考虑发电机和线路特性后的等效阻尼系数。

在甩负荷暂态中，发电机电磁功率 $p_g = 0$，阻尼项的作用并入阻力功率 p_d 中，式 (3-93) 即可适用于甩负荷暂态过程。

(二) 水轮机出力全特性的重构方法

水轮机出力全特性的基本描述是：

$$P_t = f(Q, H) \tag{3-94}$$

由于水轮机模型综合特性仅提供部分水头 H 和流量 Q 下的特性，因此，需

对 H、Q 进行延伸或扩展得到较大水头和流量下的水轮机出力特性。在小开度方向，通常需将流量 Q 扩展到空载流量 Q_{nl}。受水轮机过流能力限制，最小水头水轮机流量不会超过 150%额定流量，大开度方向取 $Q=1.5Q_r$已能满足计算要求。因此，水轮机全特性的流量范围为（$Q_{nl}\sim1.5Q_r$）。水轮机水头 H 扩展，考虑甩负荷暂态过程中压力上升较大，不同水头段对压力上升有规范要求，最大不大于 50%额定水头 H_r。在最小水头启动过程中，会出现负压，水轮机端水头可能小于最小水头。因此，水轮机全特性中水头的范围选为（$0.9H_{min}\sim2H_r$）。

建立一类新的水轮机全特性，即：机械摩擦损失全特性，形式如下：

$$\Delta P_m=f(H,n) \tag{3-95}$$

水轮机水头的扩展范围与传统水轮机全特性一致，即（$0.9H_{min}\sim2H_r$）。暂态过程中机组转速有可能达到额定转速的 2 倍，因此，旋转机组转速的扩展范围为（$n_r\sim2n_r$）。

从飞逸特性可查出对应于每一开度的单位流量和单位转速。根据单位转速 $n_1'=nD_1/\sqrt{H}$，单位流量 $Q_1'=Q/(D_1^2\sqrt{H})$，给定 H，计算飞逸工况点流量、转速和广义机械摩擦损失。加入空载点流量和转速数据，建立（H，n）$\sim\Delta P_m$ 的关系。在暂态过程中，根据（H，n）插值计算机械摩擦损失功率 ΔP_m。

综上所述，水轮机全特性重构的步骤如下：

Step1：利用水轮机模型综合特性曲线在额定水头下计算特征参数 Q_{nl}、Q_z、k_h、ΔP_m。

Step2：提取撞击损失，拟合和修正撞击损失函数。

Step3：建立适用于任意水头的水轮机出力精确模型。

Setp4：利用精确模型计算额定转速下的水轮机出力全特性。

Step5：结合精确模型和飞逸特性曲线，计算提取机械摩擦损失全特性 $\Delta P_m=f(H,n)$。

（三）实例计算

某水电站装有 2 台混流式水轮机。引水系统包括隧洞、压力钢管，一管两机系统。引水系统总长约 620m。额定水头 $H_r=69$m，最大水头 $H_{max}=79$m，最小水头 $H_{min}=49.3$m，额定容量 $P_r=335\ 9$kW。

取 $k_v=0.0$。利用某型水轮机模型综合特性曲线在额定水头下计算特征参数。

1. 第一步：特征参数计算

（1）k_h的确定。

额定水头下，单位转速：$n_{10}'=70.786\ 9$(r/min)，单位流量：$Q_{10}'=0.660\ 6$(m^3/s)

在单位转速 $n_{10}'=70.786\ 9$(r/min) 线上，最高效率点两侧，取单位流量增量$\pm\Delta Q_{10}'$，查出两点对应效率。按水轮机出力公式 $P_t=9.81QH\eta$ 分别计算出最高效率点两侧出力 P_{t1}，P_{t2}，利用式（3-65）计算 k_h。为减小计算误差，本例中取单位流量增量$\pm\Delta Q'_{10}$从0.01～0.10m^3/s，共10个增量，分别计算出对应的k_h，然后取均值，得到$k_h=0.5388$。

（2）空载流量计算。

在模型综合特性上，$n'_{10}=70.7869$(r/min)，取一系列单位流量，查取相应的效率，计算出水轮机出力N_t。由于水轮机特性曲线缺乏小开度的特性，流量和出力变化需要向小开度延伸，获得低流量部分的出力和流量关系。为减少曲线拟合带来的计算误差，首先采用1次、2次、3次多项式进行拟合，分别求出出力为0时的流量，即空载流量。然后将三种拟合方式计算的空载流量取平均值，作为后续计算的空载流量值。进而，以该空载流量加入原始数据，采用三次多项式拟合得到出力拟合表达式：

$$N(Q)=-3.8913Q^3+19.1929Q^2+730.9058Q-447.3741 \tag{3-96}$$

空载流量$Q_{nl}=0.6033m^3/s$，相对开度$=Q_{nl}/Q_r=11.45\%$。

水轮机出力随流量变化如图3-8所示。

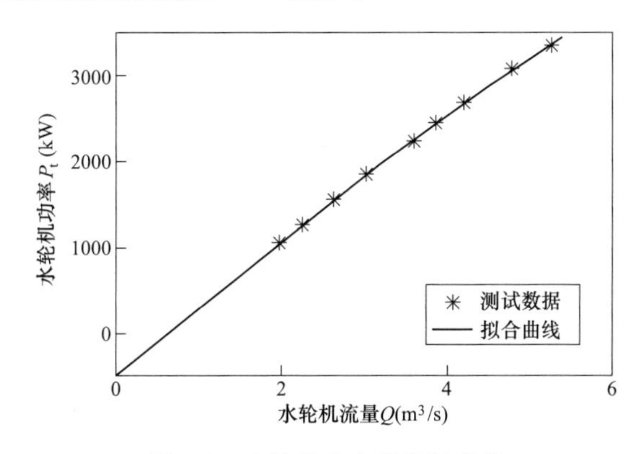

图3-8 水轮机出力随流量变化

（3）机械摩擦损失。

利用最高效率点参数，按式（3-67）计算额定转速下机械摩擦损失为$\Delta P_m=116.7398$(kW)。按水轮机额定出力换算为相对值，机组的机械摩擦损失3.48%P_r。

2. 第二步：撞击损失计算

根据Q-P拟合方程（3-96）和撞击损失提取方程（3-68），给定Q值，计算对应流量的撞击损失功率。分离出撞击损失随流量的变化数据。以$(Q-Q_z)$为变量进行拟合，撞击损失拟合函数为：

$$F(Q-Q_z)=3.3524(Q-Q_z)^3+28.9476(Q-Q_z)^2-7.3239(Q-Q_z) \tag{3-97}$$

获得水轮机撞击损失变化曲线如图3-9所示。

图3-9中标识的“测试数据”是指根据效率试验测试数据提取得到的数据，

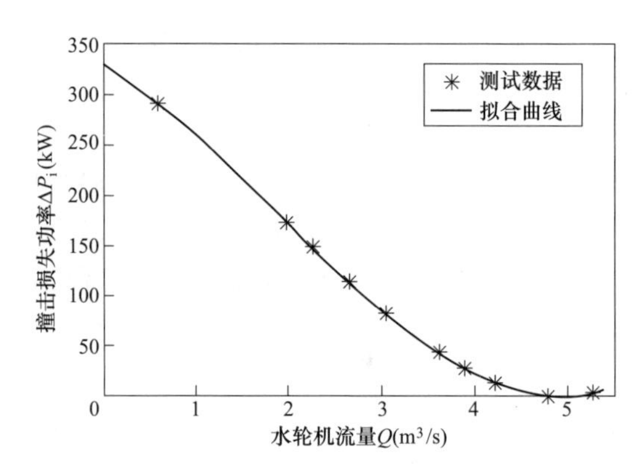

图 3-9　撞击损失功率随流量变化

并非真实测试得到。实际上，这部分损失也很难通过现场实测直接得到。

上述式（3-97）的撞击损失是在额定水头下得到的。然而，最高效率点流量Q_z与水轮机水头有关。如果每一水头下都要拟合撞击损失，则计算工作量太大，没有实际意义。由水轮机特性可知，水头增加，最高效率点流量增加，反之，水头减小，最高效率点流量减小。根据这一特性和数值计算分析，我们选取任一水头下的最高效率点流量修正为$Q_z/\sqrt{h_\Delta}$，记为$Q_{zH}=Q_z/\sqrt{h_\Delta}$。按这种方式修正后，任一水头下的最高效率点流量近似满足。

为了简化计算，任一水头下，仍采用额定水头下的撞击损失拟合公式进行计算。公式修正为：

$$F(Q-Q_{zH})=3.3524(Q-Q_{zH})^3+28.9476(Q-Q_{zH})^2-7.3239(Q-Q_{zH}) \tag{3-98}$$

为验证这种近似拟合的合理性，在最小水头，最大水头进行计算分析。结果如图 3-10 所示。

图 3-10 中，粗实线是按式（3-98）进行计算的结果。虚线是按最小、最大水头条件，分别计算得到的撞击损失曲线。带符号标识的曲线是根据水轮机模型综合特性曲线计算的数据。由图可见，不同水头下采用统一的公式拟合撞击损失，在低流量区误差约为$2\%P_r$。在水轮机甩负荷暂态中，水头上升较多，即偏离额定水头较多，低流量区出现的误差可能影响阻力功率的计算。为此，进一步处理偏离额定水头后撞击损失的误差。

根据本例给定的水轮机特性曲线，选择$H_{min}=49.3$m，$H=75.0$m，$H_{max}=79.5$m 三种水头，分别计算撞击损失。根据撞击损失误差趋势，选取撞击损失修正函数为：

$$\Delta F=\mathrm{sign}(H-H_r)\sqrt{H-H_r}(Q-Q_{nl})(Q-Q_{zH})^2+\left[F(Q_{nl}h_\Delta-Q_z)-F(Q_{nl}h_\Delta-Q_{zH})\right]\frac{Q-Q_{zH}}{Q_{nl}h_\Delta-Q_{zH}} \tag{3-99}$$

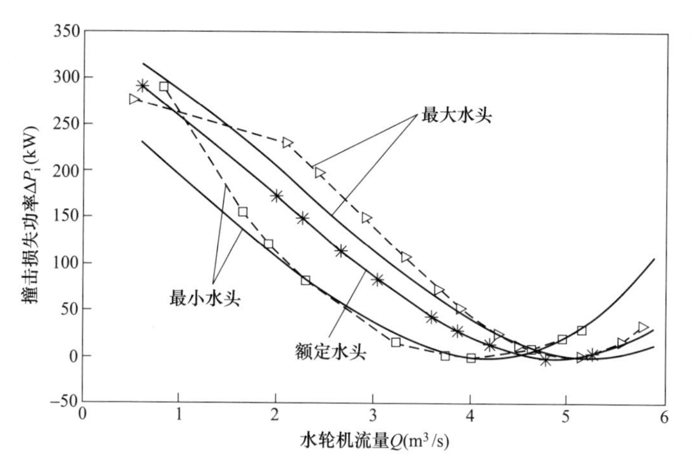

图 3-10 不同水头下撞击损失随流量变化

其中，撞击损失函数 F 仍然采用式（3-98）进行计算。Sign（$H-H_r$）是符号函数，$H>H_r$，取+号，$H<H_r$，取一号。

修正后的撞击损失函数为：

$$F'(Q-Q_{zH})=F(Q-Q_{zH})+\Delta F \tag{3-100}$$

按这一修正算法，计算撞击损失功率如图 3-11 所示。

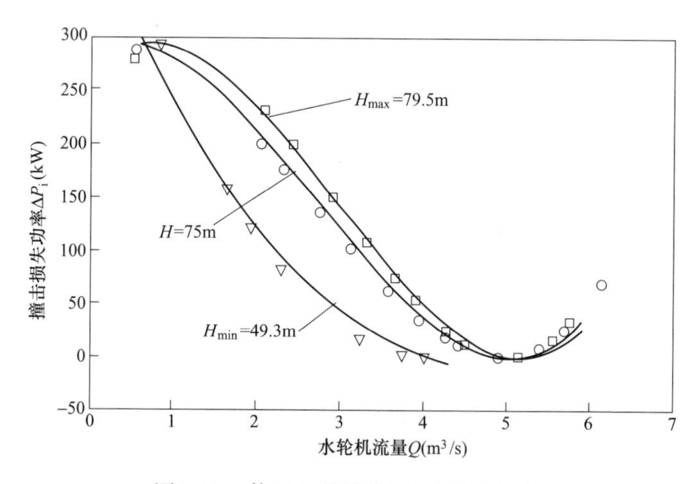

图 3-11 修正后的撞击损失随流量变化

图 3-11 表明，上述公式给出的修正算法是恰当的。

3. 第三步：水轮机暂态出力计算模型

水电站一管两机系统中，选择叉管较长的 1 号机为例。引水系统等效摩擦损失系数 $f_p=0.0924$，$H_r\ f_p/Q_r^2=0.2296$，$Q_z=4.7867$（m^3/s），代入式（3-74)得到水轮机出力计算模型。

$$P_t = 9.81(H_0 - 0.2296Q^2 - H_r h_q)Q - k_h Q^3 - \Delta P_m - F(Q - Q_z/\sqrt{h_\Delta}) - \Delta F \tag{3-101}$$

或者：

$$P_t = 9.81 H_t Q - k_h Q^3 - \Delta P_m - F(Q - Q_z/\sqrt{h_\Delta}) - \Delta F \tag{3-102}$$

式中，额定水头下的空载流量 $Q_{nl}=0.6033\text{m}^3/\text{s}$，最高效率点流量 $Q_z=4.7867$，水力损失系数 $k_h=0.5388$。

机组在空载和额定流量下，式（3-101）中引水系统水力损失项 $0.2296Q^2$ 造成的水力损失相差约 6.3m，水头变幅约 $9\%H_r$，所占比重较大。利用水轮机特性曲线插值是按同一水头计算单位转速的。为便于与水轮机特性曲线查值计算的水轮机出力进行比较，采用式（3-102）在同一水头下计算出力，忽略水力损失项的影响，保持水头恒定和计算的一致性。

以稳态工况进行计算检验，$\Delta h=0$。从水轮机特性曲线插值额定水头、最大水头、最小头下出力变化，计算对比如图 3-12 所示。图中特性曲线查值计算值用“*”表示，按式（3-102）的计算值用实线表示。

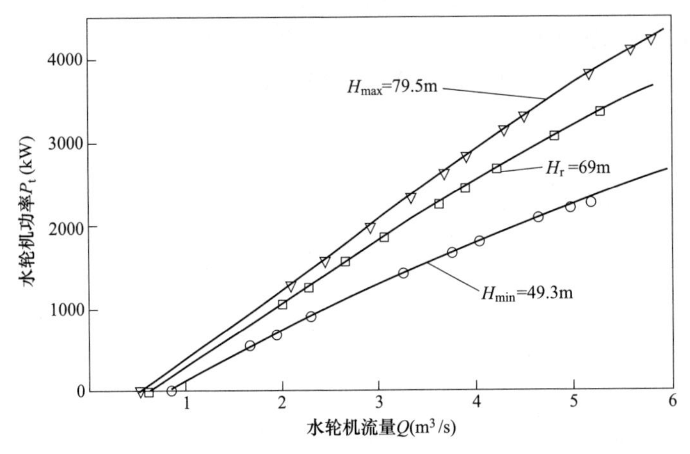

图 3-12　不同水头下水轮机出力随流量变化

传统的特性曲线插值计算不能得到低负荷区特性，本方法得到了全过程特性。计算式中，水轮机出力是流量 Q 的单变量函数，便于计算，计算精度高。

4. 第四步：全特性计算

根据已导出的水轮机出力计算式（3-102），按水头和流量扩展区间计算得到水轮机全特性，如图 3-13 所示。

图 3-13 中深色部分是从水轮机模型综合特性曲线查值计算的数据。

以水轮机模型综合特性曲线给定范围内的数据，进行计算对比，误差情况如图 3-14 所示。

本例的 $H_r=69\text{m}$，$Q_r=5.27\text{m}^3/\text{s}$ 从图 3-14 发现，当流量和水头同时偏离

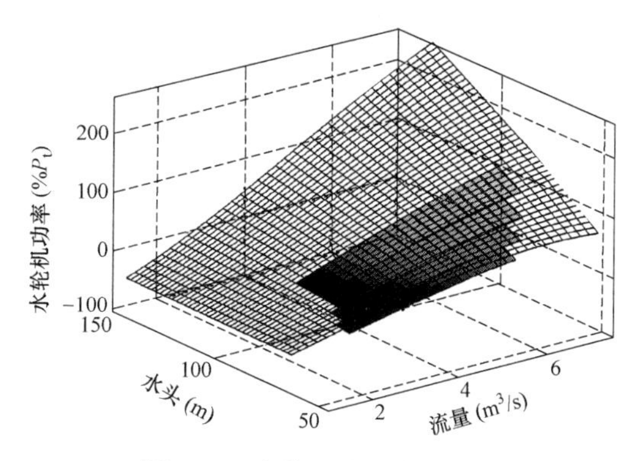

图 3-13　水轮机出力全特性图

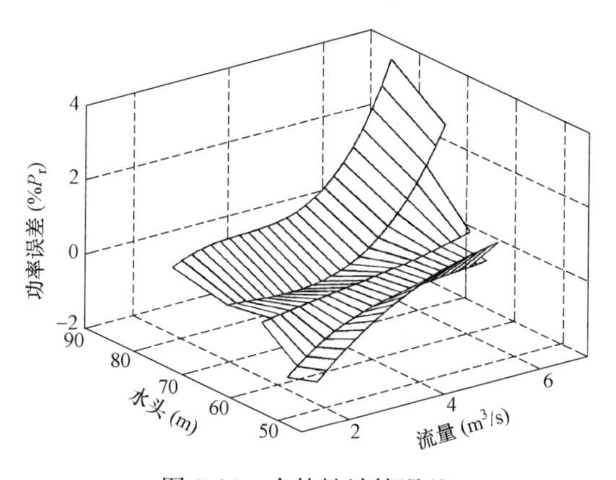

图 3-14　全特性计算误差

额定工况点较大时，误差显著增大，按本文提出的模型，计算结果与水轮机模型综合特性曲线查值计算结果，最大偏差约 3.8%P_r。额定流量以下区域，计算误差小于±1%P_r。本文提出的出力计算模型有较高的计算精度。

传统的水轮机全特性扩展的基本方法是以功率 0 点和飞逸工况点为依据进行数据插值和平滑。

5. 第五步：机械摩擦损失功率全特性

某一流量下机组达到飞逸工况，$P_w=P_d$。取 $k_v=0.0$，广义机械摩擦损失功率式（3-92）变为：

$$\Delta P_m = 9.81 Q_p H_t - k_h Q_p^3 - F[Q_p - Q_z/\sqrt{h_\Delta}] \tag{3-103}$$

式（3-103）表明，机械摩擦损失功率与飞逸工况的水头和流量有关。撞击损失与最高效率点流量有关，即与水轮机水头有关。因此，广义机械摩擦损失也与水头有关。

从飞逸特性可查出对应于每一开度的单位流量和单位转速。根据单位转速 $n_1'=nD_1\sqrt{H}$，单位流量 $Q_1'=Q/(D_1^2\sqrt{H})$，给定 H，计算飞逸工况点流量、转速和广义机械摩擦损失。加入空载点流量和转速数据，建立（H，n）～ ΔP_m 的关系。在暂态过程中，根据（H，n）插值计算机械摩擦损失功率 ΔP_m。

本例中，最小水头 49.3m，额定水头 69m，额定转速 600rmin，将（H，n）区域设定为（H：49～130，n：600～1200）。计算结果如图 3-15 所示。

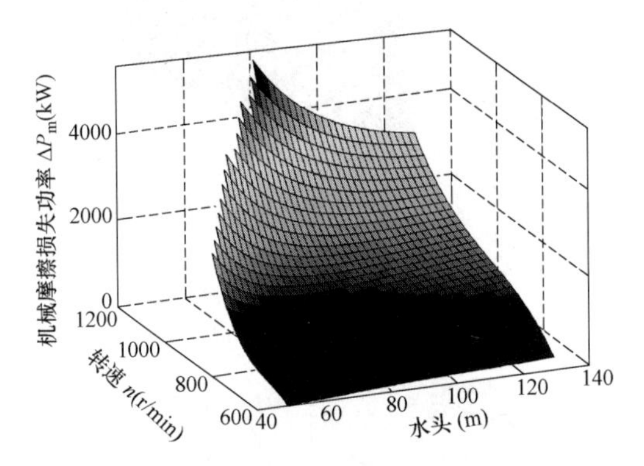

图 3-15　机械摩擦损失全特性

图 3-15 中，低水头区域，根据飞逸特性计算，最大转速低于 1200r/min。因此，图中左三角区域反映了转速上限。

上述计算中，已得到各项损失的计算方法。在甩负荷暂态中，可根据机组转速按式（3-93）计算机组转速变化。水轮机主动功率相对值 $p_w = \gamma QH/P_r$，H 近似为蜗壳末端水压。暂态过程中的 H，Q 可采用多种方式计算得到。本例中采用特征线方法计算得到。阻力功率除以 P_r 得到相对值 p_d。计算结果如图 3-16所示。

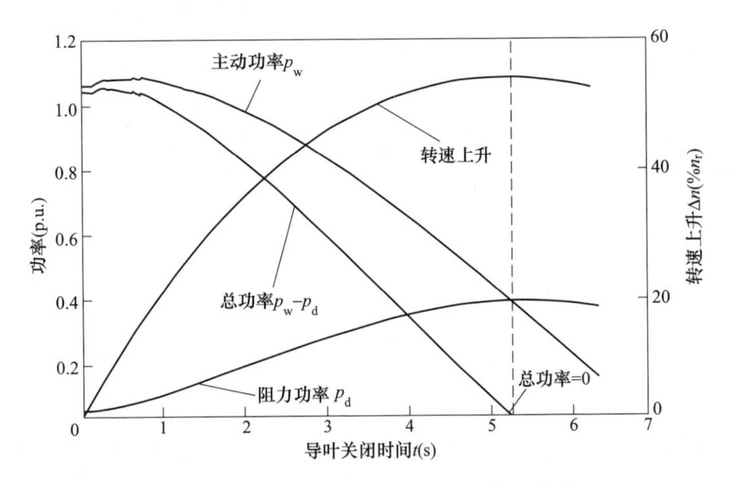

图 3-16　甩负荷暂态过程能量和转速变化

在水轮机总功率为 0 的点，在该点机组转速到达最大值。

空载以下，机械摩擦、撞击等损失变化复杂，难以计算，同时由于空载以下转速等各种特性准确计算也是不必要的。因此，暂态计算转速上升部分只计算导叶关闭到空载的时刻。

由于现场实测机组甩负荷转速上升值有困难。本文采用传统经验公式计算转速最大上升值作为参考验证。计算表明经验公式计算结果与本文计算数据基本一致。

几点讨论：

（1）水头偏离额定水头后，对撞击损失进行误差修正问题。为此对撞击损失修正和不修正两种情况进行计算分析，结果表明，两种计算的转速上升最大值相差约2%，误差不大。另一方面，从机械摩擦功率计算式（3-92）和阻力功率计算式（3-90）来看，撞击损失的代数关系是相减，这样撞击损失计算误差对阻力功率计算的影响减小了。因此，暂态计算中，可根据计算目的确定是否对撞击损失进行修正计算。

（2）在机组并网运行条件下，机组角速度变化很小，机械摩擦损失功率可近似为常数。在大扰动和小扰动情况下，采用统一的式（3-102）即可计算水轮机暂态出力。在甩负荷暂态中，机组角速度变化较大，需要式（3-102）结合机械摩擦损失全特性来计算水轮机暂态出力。从暂态计算的角度来看，实际上不再需要重构类似于传统形式的全特性 $P_t=f(H, Q)$。但是，机械摩擦损失全特性 $\Delta P_m=f(H, n)$ 是必须的。

（3）本节中从暂态能量变化的角度提出了阻力功率和机械摩擦损失全特性的概念，也给出了计算方法。但是，在理论上如何进行系统的论证尚需深入研究。

本节提出的重构水轮机全特性方法尽管需要首先确定各项损失功率，计算过程略显复杂，但是解决了两方面的问题：

（1）传统上采用稳态特性计算暂态出力的问题，建立适用于计算任意水头下的水轮机暂态出力模型，并具有很高的计算精度高。

（2）在一定程度上解决了传统水轮机全特性生成过程中，单位流量和单位力矩拟合误差不可控的问题。同时，机械摩擦损失全特性的建立，揭示了甩负荷暂态过程中机械摩擦损失的变化规律。

本节提出的机械摩擦损失计算方法应用于挪威科技大学 Francis-99 Workshop 试验机组的分析中，发现转轮在水体中旋转的内机械模型损失大于轴系其他摩擦损失，并对内机械摩擦损失的形成进行了简单的分析研究[31]。Francis-99 Workshop 提供完整的水轮机转轮资料和试验测试数据，免费提供给全球学者开展水轮机相关研究❶，有兴趣的学者可由以下链接进入，获取相关资料。

❶ Francis-99 Workshop 网址：https：//www. ntnu. edu/nvks/f99-third-workshop.

三、以有效水头表示的水轮机出力计算模型

水力机组过流部件中，水流变化最复杂的是水轮机出口与尾水管进口的衔接断面，即尾水管进口断面。该区域内的水力特性直接影响转轮的运行和稳定性。传统的分析方法，利用转轮出口速度三角形的变化进行定性的分析，与之相关的实测研究其重点也是尾水管内的压力脉动。

尾水管作为水轮机的一部分，对水轮机运行性能和稳定性的影响是明显的。将转轮、尾水管等部件的一些特性以可测参数的形式联系到水轮机力矩模型中，研究多种因素对水力机组运行的影响具有积极的意义。本节对水轮机转轮出口和尾水管进口处的水力特性进行分析，将转轮出口环流和静力真空以水头的形式引入水轮机力矩模型进行修正，使得该模型能够可反映尾水管水力特性的变化[32]。

（一）水轮机水头的传统描述

反击式水轮机装置原理如图 3-17 表示。

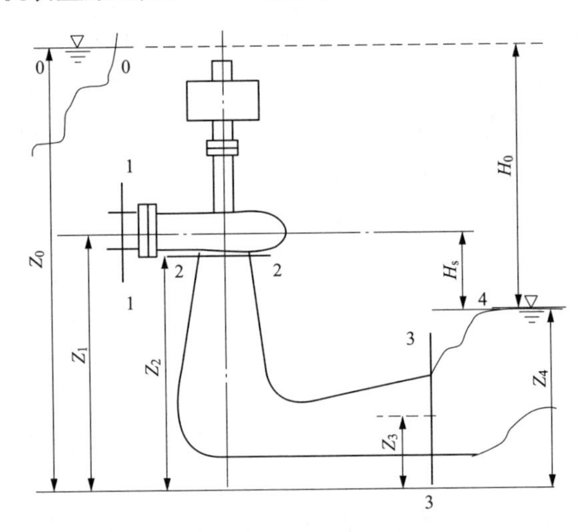

图 3-17　反击式水轮机装置原理图

图 3-17 中，Z 为各断面的位置高程（m），H_0是电站静水头（m），H_s是水轮机吸出高度（m）。

根据连续性流体的假设，可建立各断面的伯努利方程为：

断面 0 和断面 1：

$$Z_0=\left(Z_1+\frac{P_1}{\gamma}+\frac{V_1^2}{2g}\right)+h_{0-1} \tag{3-104}$$

断面 2 和断面 3：

$$Z_2+\frac{P_2}{\gamma}+\frac{V_2^2}{2g}=Z_3+\frac{P_3}{\gamma}+\frac{V_3^2}{2g}+h_{2-3} \tag{3-105}$$

断面 3 和断面 4：

$$\left(Z_3+\frac{P_3}{\gamma}+\frac{V_3^2}{2g}\right)=Z_4+h_{3-4} \tag{3-106}$$

式中 h_{0-1}、h_{2-3}、h_{3-4}——断面0—1、2—3、3—4之间的水力损失水头（m）；

P——断面上的压强（Pa）；

γ——水的重度（N/m^3）；

V——断面平均流速（m/s）；

g——重力加速度（m/s^2）。

水轮机的工作水头 H 定义为水轮机进出口断面单位重量水体的能量差，即图3-17中断面1和3之间的能量差：

$$H=\left(Z_1+\frac{P_1}{\gamma}+\frac{V_1^2}{2g}\right)-\left(Z_3+\frac{P_3}{\gamma}+\frac{V_3^2}{2g}\right)=H_0-h_{0-1}-h_{3-4} \tag{3-107}$$

如果进一步假设无尾水管，且忽略转轮的水力损失，下游尾水位于断面2处，则利用伯努利方程到的水轮机水头近似为：

$$H=H_0-h_{0-1} \tag{3-108}$$

式（3-108）中的 h_{0-1} 是水库进口到水轮机进口管道的水力损失，其形式与IEEE Working Group模型中假设无约束的尾水管，得到的水轮机水头的近似表达式是相同的。对于低水头水轮机，尾水管水力损失在水轮机水头中所占比有所增加，可采用式（3-107）的形式来修正水轮机水头。

对照式（3-107）和式（3-108）发现，有无尾水管相差的仅仅是尾水管出口至下游水面的损失部分。尾水管对于水轮机水头的影响，没有反映出来。

为了获得更多的细节，将转轮出口也纳入尾水管进口区域，研究该区域内复杂的流态对水轮机的影响。而水轮机水头是表征水轮机运行特性的一个重要参数，因此，将尾水管进口区域的水力特性以水头的形式表示出来是一种合理的选择。

（二）水力特性转换

在尾水管进口和转轮出口的衔接面上，水流流态比较复杂。该衔接面也是尾水管对转轮产生作用的作用面。

转轮叶片出口速度三角形的变化如图3-18所示。

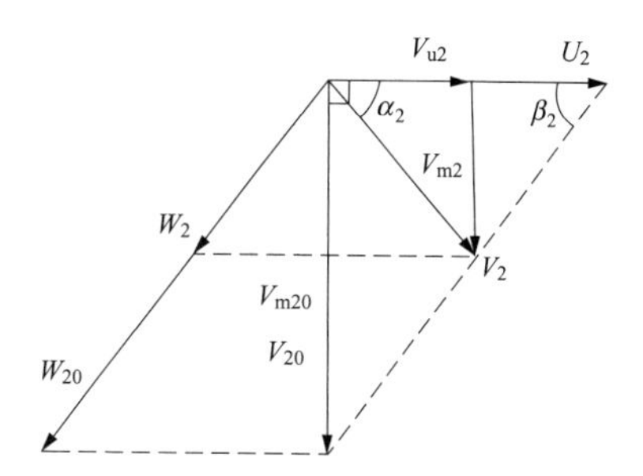

图3-18 转轮出口速度三角形的变化

图3-18中，W_2、V_2、U_2 分别是水流在叶片出口边的相对速度、绝对速度和圆周速度，V_{m2} 是轴面速度，V_{u2} 是绝对速度的圆周分量，下标0表示是在最优工况下的取值，α_2 是转轮出口绝对水流角，β_2 是转轮出口相对水流角。

水轮机的水力效率定义为：

$$H\eta_s = H_e = H - \Delta h \tag{3-109}$$

式中 Δh——水力损失，它是从转轮进口到转轮出口的水力损失，通常包括进、出口水流损失和在流道内的摩擦损失以及涡流损失；

H_e——水轮机的有效水头；

η_s——水力效率。

水轮机的环量形式的基本方程为：

$$H\eta_s = \frac{n}{60g}(\Gamma_1 - \Gamma_2) \tag{3-110}$$

式中 Γ_1、Γ_2——转轮进口和出口水流环量；

n——转轮旋转的机械转速。

由上述（3-109）和式（3-110）可得：

$$H - \Delta h = \frac{n}{60g}(\Gamma_1 - \Gamma_2) \tag{3-111}$$

假设1：忽略转轮流道内的摩擦水力损失，在最优工况点，水流进出口撞击损失近似为0，即 $\Delta h = 0$。

在最优工况点，水流法向出口，相应的出口环量为0，即 $\Gamma_{20} = 0$，由式(3-111)有：

$$H = \frac{n}{60g}\Gamma_{10} \tag{3-112}$$

式（3-111）表明，在最优工况下，水轮机水头可以近似采用转轮进口环量来表示。而从物理意义来看，此时的水轮机水头 H，实际上就是转轮进口处的水头值，其定义与式（3-108）给出的定义相同。

假设2：在非最优工况，忽略进口撞击损失和流道内的水力损失，损失集中在转轮出口处。

在这一假设下，$\Gamma_1 = \Gamma_{10}$，有：

$$\Delta h = \frac{n}{60g}\Gamma_2 \tag{3-113}$$

在最优工况下，假设转轮出口的轴面速度均匀分布，根据图3-18，在出口边半径为r处，非最优工况下有：

$$V_{u2} = U_2 - V_{m2}\mathrm{ctan}\beta_2 = U_2 - \frac{V_{m2}}{V_{m20}}U_2 = \frac{n\pi r}{30}\left(1 - \frac{Q}{Q_0}\right) \tag{3-114}$$

在半径 r 处的环量为：

$$\Gamma_r = \frac{2n\pi^2 r^2}{30}\left(1 - \frac{Q}{Q_0}\right) \tag{3-115}$$

定义出口环量的平均值为：

$$\Gamma_2 = \frac{\int_{r2}^{R2}\Gamma_r \mathrm{d}r}{R_2 - r_2} = \frac{2}{3}\,\frac{n\pi^2}{30}(R_2^2 + R_2 r_2 + r_2^2)\left(1 - \frac{Q}{Q_0}\right) \tag{3-116}$$

式中 R_2、r_2——转轮叶片出口边内外缘半径。

将式（3-116）代入（3-113），则水力损失可表示为：

$$\Delta h=\frac{1}{3g}\left(\frac{n\pi}{30}\right)^2(R_2^2+R_2r_2+r_2^2)\left(1-\frac{Q}{Q_0}\right) \tag{3-117}$$

在式（3-117）中，损失与流量呈线性关系，进一步的分析表明，该项损失具有速度水头损失的特征，即与流量的平方相关，因此将其修正为：

$$\Delta h=\frac{1}{3g}\left(\frac{n\pi}{30}\right)^2(R_2^2+R_2r_2+r_2^2)\left(1-\frac{Q}{Q_0}\right)^2 \tag{3-118}$$

在并网运行条件下机组旋转速度波动较小，可近似采用水轮机额定机械转速 n_0代替。若定义一个与转轮几何尺寸相关的系数 k_f 为：

$$k_f=\frac{1}{3g}\left(\frac{n_0\pi}{30}\right)^2(R_2^2+R_2r_2+r_2^2) \tag{3-119}$$

结合式（3-107），式（3-109）和式（3-118）水轮机有效水头可改写为：

$$H_e=H_0-k_f\left(1-\frac{Q}{Q_0}\right)^2-h_{0-1}-h_{3-4} \tag{3-120}$$

（三）尾水管进口真空的修正

在尾水管进口断面形成的真空以水头的形式作用于转轮。因此，在水轮机有效水头中应补充真空进行修正。

建立断面 2 和断面 4 的伯努利方程，可得出断面 2 的真空的表达式为：

$$\frac{P_a-P_2}{\gamma}=H_s+\frac{V_2^2-V_s^2}{2g}-h_{2-3}-h_{3-4} \tag{3-121}$$

下游水面速度 V_s可以近似为 0。

假设 3：转轮出口绝对速度中，仅轴面速度在尾水管进口处形成尾水管的动力真空。

则真空度可表示为：

$$H_v=\frac{P_a-P_2}{\gamma}=H_s+\frac{V_{2m}^2}{2g}-h_{2-3}-h_{3-4}=H_s+k_mQ^2-h_{2-3}-h_{3-4} \tag{3-122}$$

其中：$k_m=\dfrac{1}{2g}\dfrac{1}{\pi^2(R_2^2-r_2^2)^2}$

水轮机的有效水头等于转轮进口水头加上出口处的真空，再减去出口损失，即：

$$H_e=H_0+H_s-k_f\left(1-\frac{Q}{Q_0}\right)+k_mQ^2-h_{\sum} \tag{3-123}$$

其中：$h_{\sum}=h_{0-1}+h_{2-3}+h_{3-4}$

以额定水头 H_r和额定流量 Q_r分别作为水头和流量基值，将水力系统损失定义为

$$h'_{\sum}=f_{p\sum}q^2 \tag{3-124}$$

其中 $f_{p\Sigma}$ 包括了引水系统、尾水管以及尾水管出口到下游的整个水流流道的水头损失综合系数，q 是流量的相对值。

将式（3-123）表示成相对值形式：

$$h_e=h'_0-k'_f(1-q/q_0)^2+k'_m q^2-f_{p\sum}q^2 \tag{3-125}$$

其中，$h'_0=h_0+h_s$，h_e，h_0，h_s 是相应变量的相对值形式，$k'_f=k_f/H_r$，$k'_m=k_m Q_{r2}/H_r$。

（四）采用出力模型间接计算

对于实际运行机组，上述有效水头各部分的测量是困难的。为此，采用测量出力的方式来间接获得其水力特性的变化。

采用水轮机有效水头表示，则转轮获得的功率为 $h_e q$。在空载工况，转轮获得的机械功率全部用于克服机组的机械摩擦，即机械摩擦功率为：

$$p_f=h_{e-nl}q_{nl} \tag{3-126}$$

其中 $h_{e\text{-}nl}$ 为空载水头相对值，q_{nl} 为空载流量相对值，从转轮获得的机械功率中扣除机械摩擦损失功率，即为水轮机实际输出功率，即：

$$\begin{aligned}p_t&=h_e q-h_{e-nl}q_{nl}\\&=[h'_0-k'_f(1-q/q_0)^2+k'_m q^2-f_{p\sum}q^2]q-h_{e-nl}q_{nl}\end{aligned} \tag{3-127}$$

（五）仿真

某水电站装有混流式水轮机，在现场效率实测中，取得了水轮机的实际运行数据。以此为依据对所建模型进行仿真分析。

基本参数：$H_0=270.84\text{m}$，$H_r=266\text{m}$，$Q_r=2.8\text{m}^3/\text{s}$，

$N_r=6632\text{kW}$，$H_s=-0.2\text{m}$，$n_r=1000\text{rpm}$，$f_{p\Sigma}=0.0135$。最优工况点流量 $q_0=0.8917$，空载流量 $q_{nl}=0.1349$。

结构参数 $R_2=0.35$，$r_2=0.22$，计算出 $k'_f=0.345$，$k'_m=0.0337$。

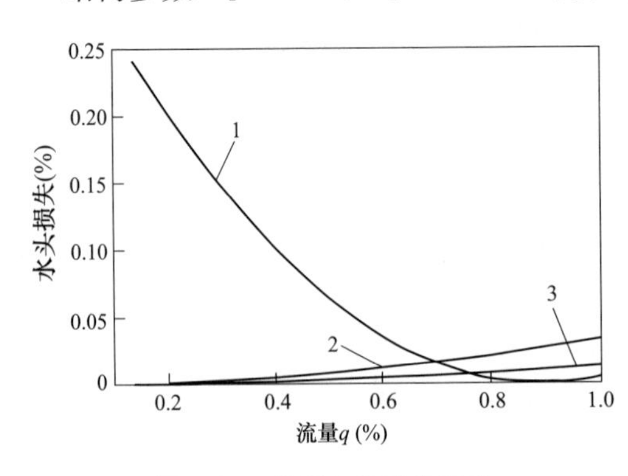

图 3-19　各项水头损失变化

各项水头损失随流量的变化如图 3-19 所示。

图 3-19 中，曲线 1 是转轮出口环流损失，曲线 2 是尾水管进口动力真空，曲线 3 是流道水力损失。

图 3-19 表明，在水头损失中，影响最大的是转轮出口环流造成的水力损失。因此，对该项是否合理做如下分析。

实测空载流量为 $q_{nl}=0.1349$，空载水头为 $h_{nl}=270.54/270.84=0.9989$。因此，实测的空载损失功率为：

$h_{nl}q_{nl}=0.1348$。根据式（3-107）计算的空载时，水轮机水头为 $h_{nl}=1.0179$，相应的空载损失功率为 0.136 8，与实测值是基本一致的。

以（3-126）式计算的机械摩擦损失功率为 0.104 8。其中包含了空载时，转轮进口撞击损失功率。若近似忽略其他流道水力损失，在空载工况，转轮出口环流所产生的功率损失为：

$$\Delta hq_{nl}=0.1348-0.1048=0.03 \tag{3-128}$$

则空载工况下，损失水头为 $\Delta h=0.2224$。这一结果与图 3-19 中给出的计算结果是基本一致的。

依据（3-127）计算水轮机出力，并与实测数据的比较如图 3-20 所示。

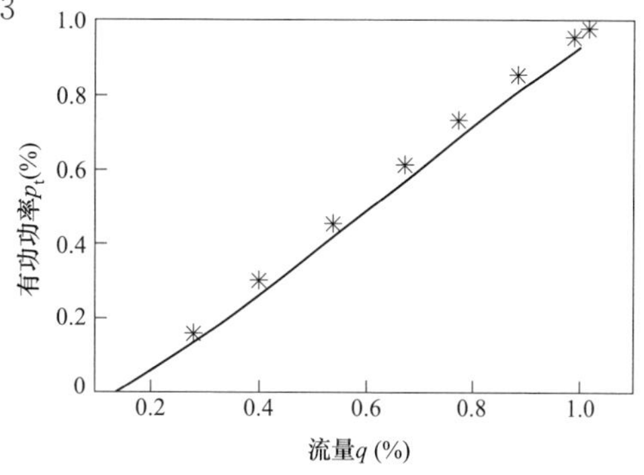

图 3-20 水轮机出力对比

图中，"＊"为实测数据点，实线为本文的计算值。两者之间存在一定的误差，产生误差的原因主要在于：在机械功率损耗 $h_{e\text{-}nl}q_{nl}$ 中，实际上包含了在空载工况下转轮进口的撞击损失。

本章小结

本章介绍的水轮机输出功率（或力矩）计算只包括了经典的、常用的描述方式、以及作者近年来的部分研究成果。其他学者的一些研究成果并未给出，例如：常近时提出的基于水轮机内特性的计算方法，基于实测数据的辨识模型[33,34]。辨识模型形式除传递函数形式外，也有多项式形式[35]、以及类似于六个传递函数形式的模型[36]，等等。

一般认为，水轮机出力全特性是依据模型综合特性得到的，其计算更准确一些。因此，水轮机全特性的研究也是水轮机特性研究的重要领域。由于水泵水轮机存在四象限特性，其全特性的研究异常活跃。而对于传统水轮机，有关水轮机出力全特性的研究报道较少。

近年来随着数值计算理论的发展，采用计算流体动力学（computational fluid dynamics，CFD）方法计算水力机械暂态过程中水轮机功率或力矩变化已进行了许多尝试，取得了许多有益的成果[37-41]。考虑本书是从控制角度研究水力机组的暂态问题，以 CFD 为基础的这些暂态计算成果仅供参考，不再进行介绍。

第四章　水力系统及水轮机微分方程建模

水电机组运动基本方程式（1-1）是在忽略机组轴系弹性变形、水轮机近似为刚性元件条件下建立的[42]。水轮机功率或力矩暂态变化由水力系统动态决定，水力系统对水轮机的作用主要以水轮机进出口端面水头和流量的变化来产生影响。不同形式复杂水力系统对水轮机的影响都是通过水轮机进出口断面水头和流量的变化来产生的。因此，通常将水力系统纳入水轮机一起进行建模，水轮机数学模型严格意义上是水力系统及水轮机模型。在研究水轮机功率或力矩模型时，暂态过程中水轮机水头和流量的计算是核心内容。

随着非线性理论的迅速发展，许多非线性理论应用于水电机组稳定与控制研究中，而非线性理论以一阶微分方程组为基础。水力系统暂态经典的描述模型是传递函数形式，在非线性理论中应用不便。为此，需将水力系统模型转化为微分方程形式，本章对多种情形下水力系统及水轮机微分方程的建模问题进行了介绍。

第一节　刚性水击微分方程模型

一、刚性水击微分代数模型

单机单管无调压井，刚性水击下非线性水轮机模型为：

$$\frac{dq}{dt}=\frac{1}{T_w}(h_0-f_pq^2-h) \tag{4-1}$$

$$q=y\sqrt{h} \tag{4-2}$$

$$p_t=A_th(q-q_{nl})-D_ty\Delta\omega \tag{4-3}$$

电液随动系统的微分方程形式为：

$$\frac{dy}{dt}=\frac{1}{T_y}(\Delta u-y+y_0) \tag{4-4}$$

式（4-1）～式（4-4）构成刚性水击下的非线性水轮机模型。

取 $x_1=q$、$x_2=y$，将上述 4 个方程整理后，可以写成仿射非线性方程的

形式。

$$\dot{x}=\boldsymbol{f}(\boldsymbol{x})+\boldsymbol{g}u \tag{4-5}$$

其中：

$$\boldsymbol{f}(\boldsymbol{x})=\begin{bmatrix}\dfrac{1}{T_{\mathrm{w}}}\left[h_0-\left(f_{\mathrm{p}}+\dfrac{1}{x_2^2}\right)x_1^2\right]\\ -\dfrac{1}{T_y}(x_2-y_0)\end{bmatrix},\boldsymbol{g}=\begin{bmatrix}0\\ \dfrac{1}{T_y}\end{bmatrix}$$

输出方程为：

$$p_{\mathrm{t}}=A_{\mathrm{t}}\frac{x_1^2}{x_2^2}(x_1-q_{\mathrm{nl}}) \tag{4-6}$$

实际计算中，首先采用式（4-5）计算出暂态过程中流量的变化，然后采用式（4-6）计算水轮机功率。

上述模型中，状态变量均为相对值形式，模型为非线性模型。

值得注意的是，模型中引入了电液随动系统的（有时也称主接力器）运行方程。在第一章中提到，水力系统的可控输入变量是导叶开度，也是水力系统及水轮机的可控输入变量。在这种形式的模型中，水力系统属于系统内部暂态，使得系统的可控性更加明确。

二、刚性水击微分方程模型

在第三章给出了刚性水击下从导叶开度到水轮机功率的传递函数式（3-30），即：

$$G_{\mathrm{ym}}(s)=\frac{\Delta p_{\mathrm{t}}}{\Delta y}=\frac{1-T_{\mathrm{w}}s}{1+0.5T_{\mathrm{w}}s} \tag{4-7}$$

显然 Δp_{t}、Δy 满足拉普拉斯变换的初始条件，式（4-7）可改写为微分方程形式：

$$\frac{\mathrm{d}\Delta p_{\mathrm{t}}}{\mathrm{d}t}=\frac{1}{0.5T_{\mathrm{w}}}\left(-\Delta p_{\mathrm{t}}+\Delta y-T_{\mathrm{w}}\frac{\mathrm{d}\Delta y}{\mathrm{d}t}\right) \tag{4-8}$$

主接力器微分方程式（4-4）的增量形式为：

$$\frac{\mathrm{d}\Delta y}{\mathrm{d}t}=\frac{1}{T_y}(\Delta u-\Delta y) \tag{4-9}$$

式（4-9）代入式（4-8），整理得到：

$$\frac{\mathrm{d}\Delta p_{\mathrm{t}}}{\mathrm{d}t}=\frac{2}{T_w}\left[-\Delta p_{\mathrm{t}}+\left(1+\frac{T_{\mathrm{w}}}{T_y}\right)\Delta y\right]-\frac{2}{T_y}\Delta u \tag{4-10}$$

令：$\Delta p_t=x_1$，$\Delta y=x_2$，$\Delta u=u$ 将上式与式（4-9）写成统一的形式如下：

$$\dot{\boldsymbol{x}}=\boldsymbol{f}(\boldsymbol{x})+\boldsymbol{g}u \tag{4-11}$$

其中：

$$\boldsymbol{f}(\boldsymbol{x})=\begin{bmatrix}\dfrac{2}{T_{\mathrm{w}}}\left[-x_1+\left(1+\dfrac{T_{\mathrm{w}}}{T_y}\right)x_2\right]\\ -\dfrac{1}{T_y}x_2\end{bmatrix},\boldsymbol{g}=\begin{bmatrix}-\dfrac{2}{T_y}\\ \dfrac{1}{T_y}\end{bmatrix}$$

上述方程的状态变量是增量形式，仍然属于增量线性化模型，只能适用于小扰动工况。

注意到：$p_t = p_{t0} + \Delta p_t$，$y = y_0 + \Delta y$，令新的状态变量为：$p_t = x_1$，$y = x_2$，则方程（4-11）可改写为相对值形式的非线性微分方程，即：

$$\dot{\boldsymbol{x}} = \boldsymbol{f}(\boldsymbol{x}) + \boldsymbol{g}u \tag{4-12}$$

其中：

$$\boldsymbol{f}(\boldsymbol{x}) = \begin{bmatrix} \dfrac{2}{T_w}\left[-(x_1 - p_{t0}) + \left(1 + \dfrac{T_w}{T_y}\right)(x_2 - y_0)\right] \\ -\dfrac{1}{T_y}(x_2 - y_0) \end{bmatrix}, \boldsymbol{g} = \begin{bmatrix} -\dfrac{2}{T_y} \\ \dfrac{1}{T_y} \end{bmatrix}$$

几点讨论：

（1）在文献［43］中给出与式（4-10）类似的形式，在电力系统涉及水轮机的相关研究中得到广泛的应用。对比发现，式（4-12）中 $\Delta p_t = (x_1 - p_{t0})$ 项在文献［43］中采用符号 p_m 表示，没有明确指出 p_m 是增量相对值，其含义应为 p_m 相对值。在文献［44］中，对这一问题进行了说明，实际上是假设稳态工况下 $p_{m0} = y_0$，则在类似于式（4-10）中，$-\Delta p_m + \Delta y = -p_m + y$，即这两项的增量相对值和相对值是相同的。由于空载工况的主接力器位移相对值不为 0，而额定工况点 $y_r = 1$，因此，这种假设仅仅在额定工况点附近近似成立。

（2）在主接力器运动方程中的控制量 u，从传递函数角度来看应该是增量 Δu，$u = u_0 + \Delta u$。这里假设调速器控制单元的输出是增量型输出，稳态工况下 $u_0 = 0$，$u = \Delta u$。如果调速器控制单元的输出是位置型输出，稳态工况下 $u_0 \neq 0$，那么上述方程中，输入控制应采用 Δu 表示。

（3）式（4-12）给出的刚性水击非线性微分方程，直接导出了水轮机功率微分方程，并将其作为状态变量成为非线性微分方程的一部分。而在第三章第三节导出的模型中，水轮机功率需要采用代数方程计算。相比之下，本节导出的微分方程应用于非线性控制理论更为方便。文献［45］在弹性水击下进行仿真研究，证明水轮机功率采用代数方程和微分方程计算是等价的。

第二节　弹性水击微分方程模型

一、微分方程建模

在第三章第一节的最后给出两种形式的弹性水击下主接力器位移增量到水轮机力矩增量的传递函数。利用该传递函数，采用线性系统经典理论，可将其转化得到微分方程模型[46]。这里选择式（3-19）的形式进行转换，该模型重新列出如下：

$$G_{ym}(s) = \frac{\Delta m_t}{\Delta y} = \frac{b_3 s^3 + b_2 s^2 + b_1 s + b_0}{s^3 + a_2 s^2 + a_1 s + a_0} \tag{4-13}$$

其中：$b_3=-\dfrac{e_ye}{e_{qh}}$；$b_2=\dfrac{3e_y}{h_\omega e_{qh}T_r}$；$b_1=-\dfrac{24e_ye}{e_{qh}T_r^2}$；$b_0=\dfrac{24e_y}{h_\omega e_{qh}T_r^3}$；$a_2=\dfrac{3}{h_\omega T_r e_{qh}}$；$a_1=\dfrac{24}{T_r^2}$；$a_0=\dfrac{24}{h_w T_r^3 e_{qh}}$；$e=\dfrac{e_{qy}}{e_y}e_h-e_{qh}$。

采用线性系统理论，将式（4-13）转化为状态方程形成。

由于输入 Δy 和输出 Δm_t是增量相对值，各阶导数满足拉普拉斯变换的零初始条件，式（4-113）改写为微分方程形式：

$$
\begin{aligned}
&(\Delta m_t)'''+a_2(\Delta m_t)''+a_1(\Delta m_t)'+a_0(\Delta m_t)=\\
&b_3(\Delta y)'''+b_2(\Delta y)''+b_1(\Delta y)'+b_0(\Delta y)
\end{aligned}
\tag{4-14}
$$

将状态变量取为输入和输出以及各阶导数的线性组合，即：

$$
\begin{cases}
x_1=\Delta m_t-\beta_0(\Delta y)\\
x_2=(\Delta m_t)'-\beta_0(\Delta y)'-\beta_1(\Delta y)\\
x_3=(\Delta m_t)''-\beta_0(\Delta y)''-\beta_1(\Delta y)'-\beta_2(\Delta y)\\
x_4=(\Delta m_t)'''-\beta_0(\Delta y)'''-\beta_1(\Delta y)''-\beta_2(\Delta y)'-\beta_3(\Delta y)
\end{cases}
\tag{4-15}
$$

式（4-15）进一步变为：

$$
\begin{cases}
a_0\Delta m_t=a_0x_1+a_0\beta_0(\Delta y)\\
a_1(\Delta m_t)'=a_1x_2+a_1\beta_0(\Delta y)'+a_1\beta_1(\Delta y)\\
a_2(\Delta m_t)''=a_2x_3+a_2\beta_0(\Delta y)''+a_2\beta_1(\Delta y)'+a_2\beta_2(\Delta y)\\
(\Delta m_t)'''=x_4+\beta_0(\Delta y)'''+\beta_1(\Delta y)''+\beta_2(\Delta y)'+\beta_3(\Delta y)
\end{cases}
\tag{4-16}
$$

式（4-16）等式两边直接相加，等式左边正好等于式（4-14）的等式左边，现在考察相加后等式右边应等于式（4-14）等式的右边，即：

$$
\begin{aligned}
&\{x_4+a_2x_3++a_1x_2++a_0x_1\}\\
&+\beta_0(\Delta y)'''+(\beta_1+a_2\beta_0)(\Delta y)''\\
&+(\beta_2+a_2\beta_1+a_1\beta_0)(\Delta y)'+(\beta_3+a_2\beta_2+a_1\beta_1+a_0\beta_0)(\Delta y)\\
&=b_3(\Delta y)'''+b_2(\Delta y)''+b_1(\Delta y)'+b_0(\Delta y)
\end{aligned}
\tag{4-17}
$$

令式（4-14）（Δy）对应导数的系数相等，可导出待定系数：

$$
\begin{cases}
\beta_0=b_3\\
\beta_1=b_2-a_2\beta_0\\
\beta_2=b_1-a_2\beta_1-a_1\beta_0\\
\beta_3=b_0-a_2\beta_2-a_1\beta_1-a_0\beta_0
\end{cases}
\tag{4-18}
$$

以及：

$$
x_4+a_2x_3++a_1x_2++a_0x_1=0 \tag{4-19}
$$

于是，由式（4-15）、式（4-16）、式（4-18）和式（4-19），有：

$$
\begin{cases}
\dot{x}_1=(\Delta m_t)'-\beta_0(\Delta y)'=x_2+\beta_1\Delta y\\
\dot{x}_2=(\Delta m_t)''-\beta_0(\Delta y)''-\beta_1(\Delta y)'=x_3+\beta_2\Delta y\\
\dot{x}_3=(\Delta m_t)'''-\beta_0(\Delta y)'''-\beta_1(\Delta y)''-\beta_2(\Delta y)'=-a_0x_1-a_1x_2-a_2x_3+\beta_3\Delta y
\end{cases}
\tag{4-20}
$$

写成矩阵形式：

$$\begin{bmatrix}\dot{x}_1\\ \dot{x}_2\\ \dot{x}_3\end{bmatrix}=\begin{bmatrix}0 & 1 & 0\\ 0 & 0 & 1\\ -a_0 & -a_1 & -a_2\end{bmatrix}\begin{bmatrix}x_1\\ x_2\\ x_3\end{bmatrix}+\begin{bmatrix}\beta_1\\ \beta_2\\ \beta_3\end{bmatrix}\Delta y \tag{4-21}$$

输出方程：

$$\Delta m_{\mathrm{t}}=x_1+\beta_0\Delta y \tag{4-22}$$

上述方程的输入是主接力器位移增量相对值，引入主接力器运动微分方程式的增量形式为：

$$\frac{\mathrm{d}\Delta y}{\mathrm{d}t}=\frac{1}{T_y}(\Delta u-\Delta y) \tag{4-23}$$

为了将力矩项纳入微分方程，用相对值 Δm_{t}作为新的状态变量取代 x_1。从式（4-20）的第一个方程得到：

$$(\Delta m_{\mathrm{t}})'=x_2+\beta_1\Delta y+\beta_0\frac{1}{T_y}(\Delta u-\Delta y)=x_2+(\beta_1-\beta_0\frac{1}{T_y})\Delta y+\beta_0\frac{1}{T_y}\Delta u \tag{4-24}$$

选取新的状态变量，$x_1=\Delta m_{\mathrm{t}}$，$x_4=\Delta y$，$x_2$，$x_3$ 不变，整理得到：

$$\dot{\boldsymbol{x}}=\boldsymbol{f}(\boldsymbol{x})+\boldsymbol{g}(\boldsymbol{x})\Delta u \tag{4-25}$$

$$\boldsymbol{f}(\boldsymbol{x})=\begin{bmatrix}x_2+c_1x_4\\ x_3+\beta_2x_4\\ -a_0x_1-a_1x_2-a_2x_3+c_2x_4\\ -c_yx_4\end{bmatrix},\boldsymbol{g}(\boldsymbol{x})=\begin{bmatrix}\beta_0c_y\\ 0\\ 0\\ c_y\end{bmatrix}$$

其中：$c_1=\beta_1-\beta_0c_y$，$c_2=a_0\beta_0+\beta_3$，$c_y=1/T_y$。

上述形式输入是调速器控制 u，输出是水轮机力矩增量 Δm_{t}，是增量形式的水轮机力矩微分方程。该模型仍然属于线性系统，只适用于小扰动研究。

重新选取相对值形式的状态变量，$x_1=m_t$，$x_4=y$，x_2，x_3 不变。根据平衡点条件 $\dot{\boldsymbol{x}}=\mathbf{0}$，输入控制为 0，获得式（4-25）各变量初值为：$x_{10}=m_{\mathrm{t0}}$，$x_{40}=y_0$，$x_{20}=0$，$x_{30}=0$。仍然取 $u=\Delta u$，将上式化成相对值形式的仿射非线性方程：

$$\dot{\boldsymbol{x}}=\boldsymbol{f}(\boldsymbol{x})+\boldsymbol{g}(\boldsymbol{x})u \tag{4-26}$$

$$\boldsymbol{f}(\boldsymbol{x})=\begin{bmatrix}x_2+c_1(x_4-y_0)\\ x_3+\beta_2(x_4-y_0)\\ -a_0x_1-a_1x_2-a_2x_3+c_2(x_4-y_0)+a_0m_{\mathrm{t0}}\\ -c_y(x_4-y_0)\end{bmatrix},\boldsymbol{g}(\boldsymbol{x})=\begin{bmatrix}\beta_0c_y\\ 0\\ 0\\ c_y\end{bmatrix}$$

式中　y_0——主接力器位移稳态初值。

式（4-26）的状态变量已变为相对值形式，该模型属于非线性模型，可用于大扰动和小扰动研究。

二、仿真研究

传递函数式（4-13）的系数中涉及 e_y，e_{qy}，e_h，e_{qh} 四个传递系数，这四个系数是随水轮机负荷工况点变化的。为了简化问题，采用 IEEE 系列模型的处理方法，近似取为 $e_y=1.0$，$e_{qy}=1.0$，$e_h=1.5$，$e_{qh}=0.5$。

式（4-13）是典型的传递函数，主接力器也是传递函数形式。因此，最方便的方法是采用 Simulink 建立非线性仿真模块，如图 4-1 所示。

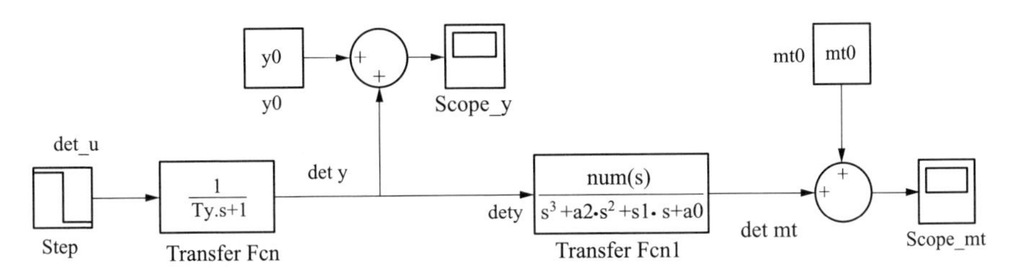

图 4-1　仿真结构图

式（4-26）是相对值形式的非线性模型，采用二阶龙格库塔法进行数值计算。

采用第二章第五节相同的数据进行仿真计算，主要参数为：管道长度 $L=600\text{m}$，管径 $D=2.0\text{m}$，额定流量 $Q_r=14.0\text{m}^3/\text{s}$，额定水头 $H_r=150\text{m}$，水击波速 $\alpha=1000\text{m/s}$。

初始工况：$m_{t0}=0.8(\text{pu})$，　$y_0=0.8214(\text{pu})$

给定控制阶跃：$u=-0.4$，水轮机力矩变化如图 4-2 所示。

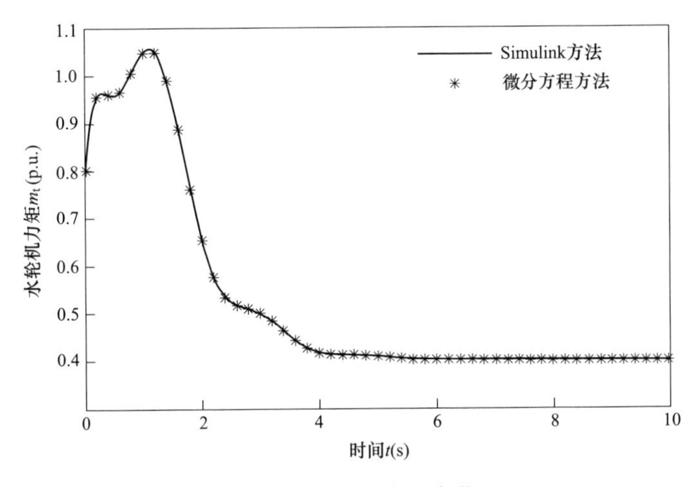

图 4-2　水轮机力矩变化

从图 4-2 来看，微分方程的计算结果与 Simulink 仿真计算是完全一致的。

该模型最大的优点是直接给出了力矩的微分方程，应用方便。

模型有两方面的不足：一是模型中的系数与水轮机传递系数有关，而传递系数与水轮机负荷工况有关，这种影响有待进一步分析；二是最初的传递函数已忽略了管道系统的水力损失，若引水系统较长，则对稳态误差有影响。

第三节　弹性水击非线性微分方程建模

弹性水击非线性微分方程，实际上是在 IEEE Working Group 推荐的非线性水轮机模型基础上，水力系统暂态采用弹性水击模型，并将其弹性水击模型从经典的传递函数形式转换为微分方程形式而构成的[47]。

一、微分方程模型

根据 IEEE Working Group（1992）推荐，单机单管无调压井、无约束尾水管，非线性水轮机模型如图 3-4。为便于讨论，重新给出，如图 4-3 所示。

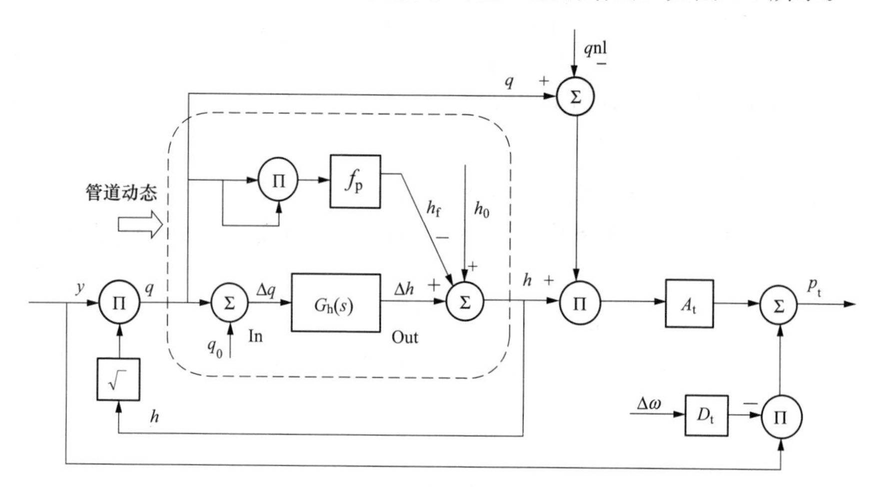

图 4-3　非线性水轮机结构框图

根据结构图，可直接写出以下方程：

$$p_t = A_t h(q - q_{nl}) - D_t y \Delta\omega \tag{4-27}$$

$$q = y\sqrt{h} \tag{4-28}$$

$$h = h_0 - f_p q^2 + \Delta h \tag{4-29}$$

$$\Delta h(s) = G_h(s)\Delta q = -Z_n \tanh(T_e s)\Delta q(s) \tag{4-30}$$

由于管道水力暂态 Δh 是采用传递函数形式给出，应用非线性分析和控制理论研究水轮机稳定与控制问题时，应用不方便。将式（4-30）中的双曲正切函数 tanh（$T_e s$）展开，取 $n=1$ 的简略表达式为：

$$\Delta h(s) = -Z_n \frac{\pi^2 T_e s + T_e^3 s^3}{\pi^2 + 4T_e^2 s^2}\Delta q(s) \tag{4-31}$$

令：

$$R(s)=\frac{1}{\pi^2+4T_e^2s^2}\Delta q(s) \tag{4-32}$$

则有：

$$\Delta h(s)=-Z_n\pi^2T_eR(s)s-Z_nT_e^3R(s)s^3 \tag{4-33}$$

根据拉氏变换初值定理：$\lim\limits_{t\to0+}r(t)=\lim\limits_{s\to\infty}sR(s)$，可知 $r(t)$ 的各阶导数初值为0。对式（4-31）、式（4-33）取拉氏反变换：

$$q=\pi^2r(t)+4T_e^2\ddot{r}(t)+q_0 \tag{4-34}$$

$$\Delta h=-Z_n\pi^2T_e\dot{r}(t)-Z_nT_e^3\dddot{r}(t) \tag{4-35}$$

令：$\overline{x}_1=r(t)$，$\overline{x}_2=\dot{r}(t)$，$\overline{x}_3=\ddot{r}(t)$，则式（4-35）可以写成状态方程形式：

$$\begin{cases}\dot{\overline{x}}_1=\overline{x}_2\\ \dot{\overline{x}}_2=\overline{x}_3\\ \dot{\overline{x}}_3=-\dfrac{\pi^2}{T_e^2}\overline{x}_2-\dfrac{1}{Z_nT_e^3}\Delta h\end{cases} \tag{4-36}$$

方程中的变量是偏差相对值。根据平衡点条件 $\dot{\overline{x}}=0$，$\overline{x}_{20}=0$、$\overline{x}_{30}=0$、$\overline{x}_{10}=\Delta h_0/Z_nT_e^3$。由于 Δh 是流量变化引起的水头变化偏差相对值，在初始稳态时为零，因此 $\overline{x}_{10}=0$。各变量初值为零，状态变量采用相对值 x_1、x_2、x_3 表示时，式（4-36）的形式不变，即：

$$\begin{cases}\dot{x}_1=x_2\\ \dot{x}_2=x_3\\ \dot{x}_3=-\dfrac{\pi^2}{T_e^2}x_2-\dfrac{1}{Z_nT_e^3}\Delta h\end{cases} \tag{4-37}$$

同样，式（4-34）改写成：

$$q=\pi^2x_1+4T_e^2x_3+q_0 \tag{4-38}$$

式中　q_0——流量初值相对值。

对（4-38）求导，并利用（4-37）得出：

$$\dot{q}=-3\pi^2x_2-\frac{4}{Z_nT_e}\Delta h \tag{4-39}$$

微分方程式（4-37）、式（4-39）中缺乏可控变量，而 Δh 是流量变化引起的水头变化。因此，可利用流量变量将可控变量主接力器位移 y 引入系统。

将式（4-28）代入式（4-29），整理得到：

$$\Delta h=-h_0+\left(f_p+\frac{1}{y^2}\right)q^2 \tag{4-40}$$

利用式（4-40），可以将微分方程式（4-37）和式（4-39）中的变量 Δh 消去，得到非线性微分方程描述模型。

由电液随动系统传递函数 $1/(1+T_y s)$，有：

$$\frac{\mathrm{d}y}{\mathrm{d}t}=\frac{1}{T_y}(u-y+y_0) \tag{4-41}$$

式中 u——近似为调速器控制回路输出信号；

T_y——主接力器时间常数（秒）；

y_0——主接力器位移初值相对值。

进一步选择变量，$x_4=q$，$x_5=y$。将方程式（4-37）、式（4-39）、式（4-41）写成统一形式：

$$\dot{\boldsymbol{x}}=\boldsymbol{f}(\boldsymbol{x})+\boldsymbol{g}u \tag{4-42}$$

$$\boldsymbol{f}(\boldsymbol{x})=\begin{bmatrix} x_2 \\ x_3 \\ -\dfrac{\pi^2}{T_e^2}x_2+\dfrac{1}{Z_n T_e^3}\left[h_0-\left(f_p+\dfrac{1}{x_5^2}\right)x_4^2\right] \\ -3\pi^2 x_2+\dfrac{4}{Z_n T_e}\left[h_0-\left(f_p+\dfrac{1}{x_5^2}\right)x_4^2\right] \\ -\dfrac{1}{T_y}(x_5-y_0) \end{bmatrix},\ \boldsymbol{g}=\begin{bmatrix} 0 \\ 0 \\ 0 \\ 0 \\ \dfrac{1}{T_y} \end{bmatrix}$$

上述非线性微分方程以调速器输出信号 u 为控制，可计算暂态中水轮机进口处水头和流量的变化，采用式（4-27）计算水轮机功率。非线性水轮机模型实际上由式（4-27）和式（4-42）共同构成的一个微分代数系统。

几点说明：

（1）从传递函数式（4-31）的形式来看是假分式，按照经典的线型系统理论，是不能将其转化为微分方程形式的，这也是长期以来弹性水击模型研究停止不前的主要原因。在一些文献中，为了避开这一问题，将传递函数反转为 $\Delta q(s)/\Delta h(s)$ 之后变为真分式，然后按照线性系统理论转化为微分方程。然而这种反转后其含义为：水压变化引起的流量变化，物理意义与实际情况不符。

（2）这里采用了孔口出流关系式（4-28）和水轮机水头式（4-29）导出暂态水压变化 Δh 的代数关系式（4-40）是解决这一问题的关键。也正是受这一代数关系的启发，可进一步将管道耦合水击的影响也引入系统微分方程之中[48,49]，使得在水轮机暂态特性研究中对水击因素的考虑从传统的刚性水击、弹性水击，延伸到了更精细的耦合水击。有关耦合水击的影响尚需进一步研究。

（3）式（4-42）中状态变量均为相对值形式，是非线性微分方程模型，适用于大扰动和小扰动。

（4）由于并网运行条件下，角速度变化相对值 $\Delta\omega$ 较小，而且由于水轮机转轮区域的水流阻尼系数 D_t 获得较困难，因此，通常忽略式（4-27）中最后一项的阻尼功率项。

二、仿真验证方法

由于实测数据获取困难，采用传递函数和特征线计算进行对比的方法来验证。验证的主要内容是水力系统的动态，即水轮机水头的暂态变化，在采用非线性微分方程描述后，其计算结果与传统的传递函数是否一致。

微分方程模型采用龙格库塔法进行计算，包含传递函数的水力动态通过建立 Simulink 模块进行仿真计算。

管道中传递函数的双曲函数 tanh（$T_e s$）展开形式为：

$$G_h(s)=-Z_n\frac{sT_e\prod_{n=1}^{n=\infty}\left[1+\left(\frac{sT_e}{n\pi}\right)^2\right]}{\prod_{n=1}^{n=\infty}\left[1+\left(\frac{2sT_e}{(2n-1)\pi}\right)^2\right]} \tag{4-43}$$

$n=1$：

$$G_h(s)=\frac{\Delta h(s)}{\Delta q(s)}=-Z_n\frac{sT_e(\pi^2+s^2T_e^2)}{\pi^2+4s^2T_e^2} \tag{4-44}$$

$n=2$：

$$G_h(s)=-Z_n\frac{sT_e(\pi^2+s^2T_e^2)\left(\pi^2+\frac{1}{4}s^2T_e^2\right)}{(\pi^2+4s^2T_e^2)\left(\pi^2+\frac{4}{9}s^2T_e^2\right)} \tag{4-45}$$

以图 4-3 结构为参照，采用 Simulink 建立非线性仿真模块如图 4-4 所示。

图 4-4 结构的说明：

（1）传递函数是增量线性化模型，用于描述非线性特性时涉及初值的设定。图 4-4 中采用预设初值的方法来实现，如模块 y_0、q_0。

（2）Simulink 只能对分子阶次不大于分母阶次的传递函数进行计算，而水力系统传递函数为假分式，需要对其进行分解。例如：$n=1$ 时的传递函数式（4-44)需分解为：

$$G_h(s)=-\left[\frac{1}{4}Z_nT_es+\frac{3}{4}Z_n\frac{sT_e\pi^2}{\pi^2+4s^2T_e^2}\right] \tag{4-46}$$

在 Simulink 中采用两路并联模块模拟。

（3）仿真中忽略水力阻尼，取 $D_t=0$，即图 4-4 中含 D_t的支路被忽略。

三、仿真研究

某电站一管两机系统，忽略分岔管之间的水力干扰，将其等效为单机单管系统。其特征参数为：$Z_n=1.5010$，$T_e=0.5155$s，$f_p=0.0166$。其他参数：$H_r=312$m，$Q_r=53.5$m^3/s，$N_r=150$MW，$n_r=333.3$(r/min)，$h_0=1.0166$，$A_t=1.1364$，$q_{nl}=0.12$，$T_y=0.5$。

初始工况：$p_m=0.8$，$y_0=0.7361$，$q_0=0.8201$。

将管道特征参数、机组特征参数和初值设置到图 4-4 的相应模块中。

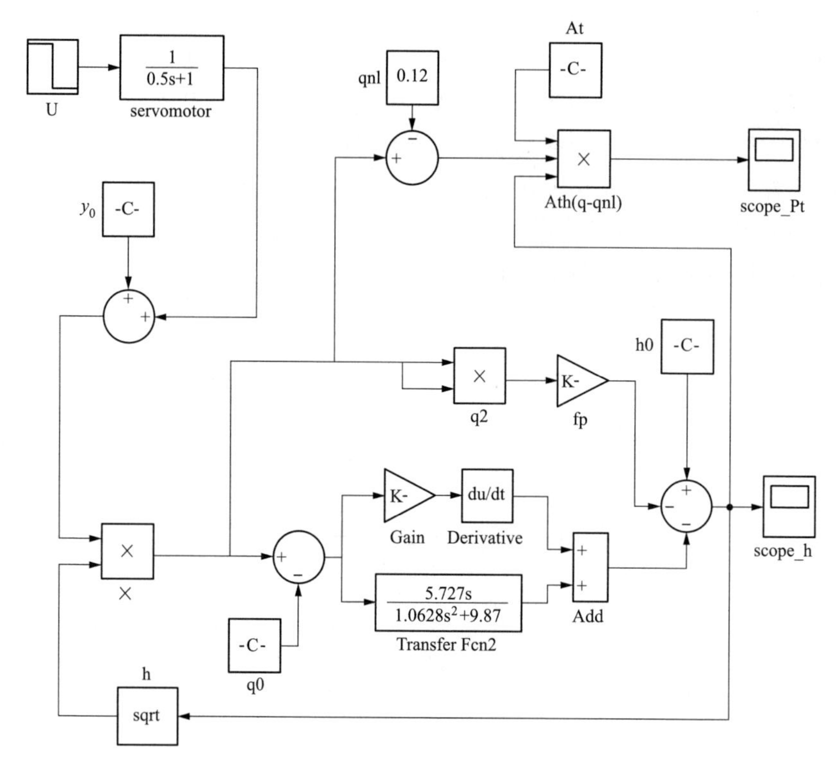

图 4-4　非线性仿真模块

1. 增减负荷

调速器控制信号 u 阶跃输出，$u=0.15$，水轮机水头变化如图 4-5 所示。

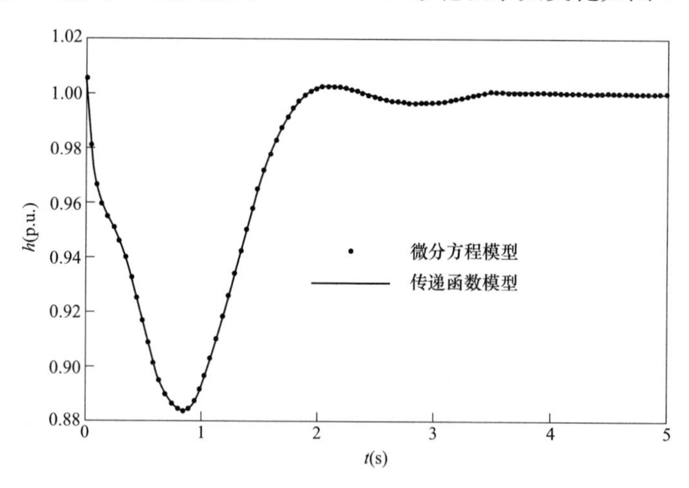

图 4-5　$u=0.15$，水头变化对比

若反向阶跃，阶跃输出 $u=-0.4$，水轮机水头变化如图 4-6 所示。

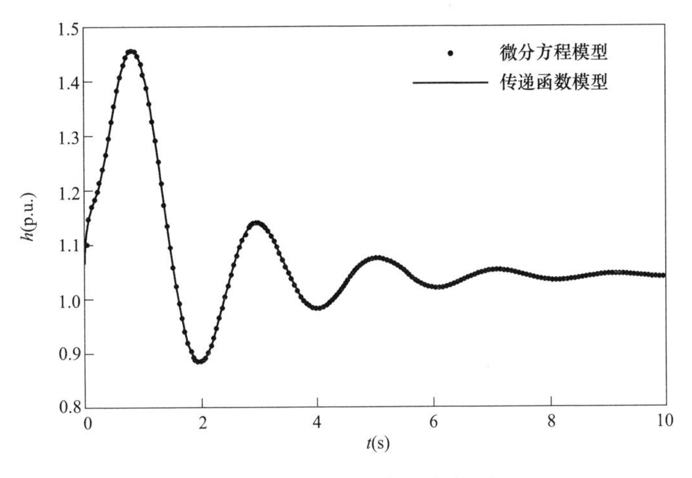

图 4-6 **$u=-0.4$**，水头变化对比

图 4-5、图 4-6 表明，在增、减负荷情况下，水轮机水头的变化，微分方程模型与传递函数模型两者的计算结果是完全相同的。其原因在于水力系统微分方程是基于 $n=1$ 时，tanh（$T_e s$）的展开形式进行推导的。另一方面也说明，这种方法转换传递函数为微分方程形式的过程中没有信息的丢失。

按上述方法计算出水轮机水头和流量变化之后，两者方法均采用式（4-27）的代数方程计算水轮机出力的暂态变化。

水力系统传递函数是增量形式的模型，转化得到的微分方程模型变量是相对值形式，为非线性模型，拓展了应用范围。

采用相对值形式表示水轮机出力。阶跃输入 $u=-0.4$，水轮机出力的变化如图 4-7 所示。

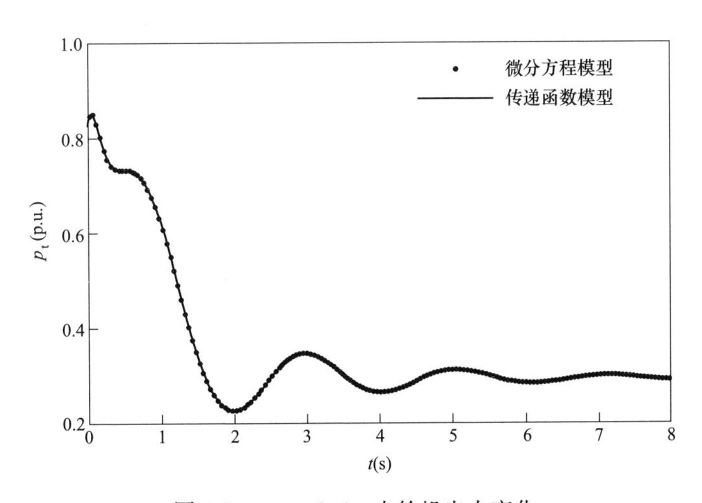

图 4-7 **$u=-0.4$**，水轮机出力变化

图 4-7 表明，由于微分方程算法和传递函数算法得到的水轮机水头变化是一致的，因此，两种方法计算得到的水轮机机械功率也是一致的。

2. 与高阶传递函数的对比

在双曲函数展开式中，取 $n=2$ 时，将传递函数（4-45）进行分解，得到如下形式，并替换图 4-4 中的传递函数部分。

$$G_h(s)=\frac{9}{64}Z_nT_es+\frac{9}{64}Z_nT_e\frac{55\pi^4s+40T_e^2\pi^2s^3}{9\pi^4+40s^2T_e^2\pi^2+16s^4T_e^4} \tag{4-47}$$

反向阶跃，阶跃输出 $u=-0.4$，水轮机水头变化如图 4-8，水轮机出力 p_t 的响应如图 4-9。

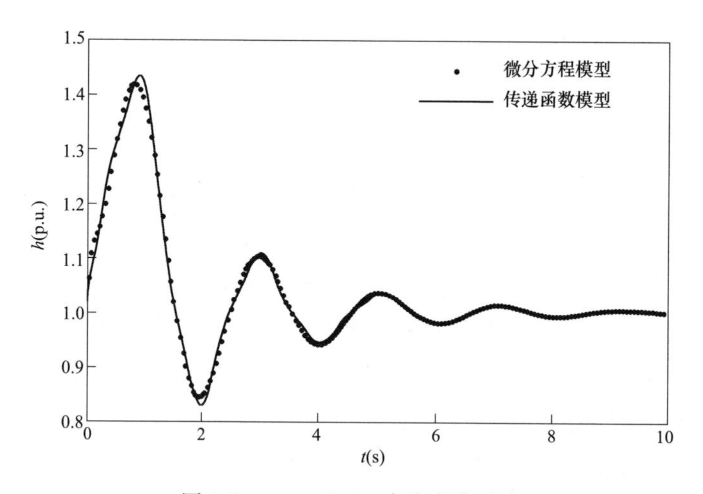

图 4-8 **$u=-0.4$**，水头变化对比

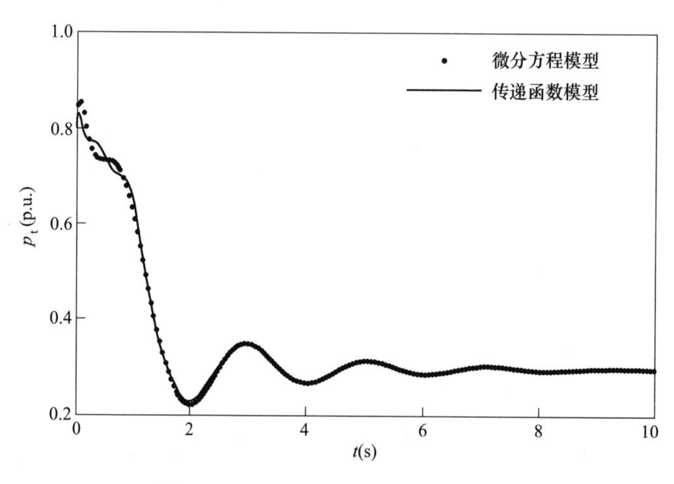

图 4-9 **$u=-0.4$**，水轮机出力变化

由图 4-8、图 4-9 可见，采用高阶（$n=2$）传递函数进行计算，水轮机水头

的计算误差较小。由于暂态中水轮机流量也在变化，依据水头和流量计算水轮机出力时，在第一秒内水轮机出力有一定的误差，但随后的计算误差也很小。从水力机组控制器设计和研究水轮机组暂态行为的角度来看，能满足研究所需的要求。因此，在进行模型转换时，选择水力暂态为 $n-1$ 的模型是恰当的，所建立的模型具有普适性。

3. 不同传递函数形式的对比

水力系统暂态微分方程是基于 tanh（$T_e s$）的展开形式导出的，该类模型主要为国外学者所熟悉。若水力暂态传递函数采用国内学者较熟悉的形式，即：

$$G_h(s)=\frac{b_3s^3+b_2s^2+b_1s+b_0}{a_2s^2+a_1s+a_0} \tag{4-48}$$

其中：$b_3=-T_r^3h_\omega^2$；$b_2=-3T_r^2h_\omega h_f$；$b_1=-24T_rh_\omega^2$；$b_0=-24T_rh_\omega h_f$；$a_2=3T_r^2h_\omega$；$a_1=6T_rh_f$；$a_0=24h_\omega$；T_r 为水击相长(s)，其值与前述的 T_e 之间的关系为 $T_r=2T_e$。h_ω 为水管特征系数，其值与前述的 Z_n 之间关系为 $h_\omega=Z_n/2$。

同样，将式（4-48）分解为两部分，替换图 4-4 中的水力系统传递函数部分。

反向阶跃，阶跃输出 $u=-0.4$，水轮机水头变化如图 4-10，水轮机出力 p_m 的响应如图 4-11。

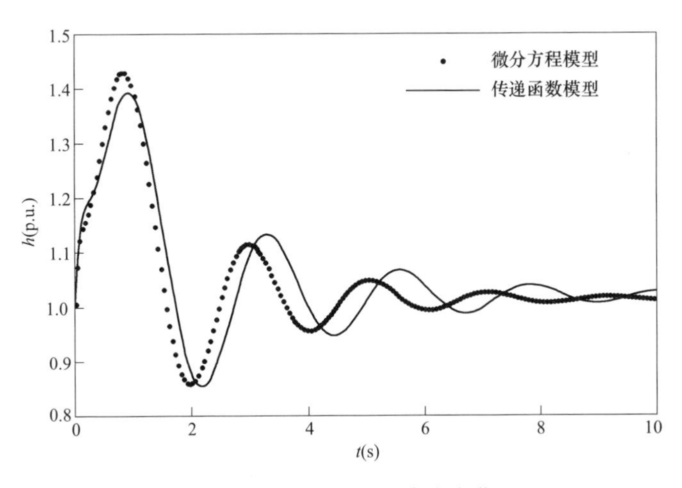

图 4-10　$u=-0.4$，水头变化

图 4-10 和图 4-11 中，两种算法计算的水轮机水头和出力虽然存在一定的误差，但是在反映其暂态过程及其特征方面两者是基本一致的。两种方式存在误差的原因在第二章第五节中已进行过分析，主要是由于水力暂态推导过程中采用不同的简化造成的。

在第二章第六节，经过分析后给出了推荐的水力系统模型，本节就是基于该传递函数模型进行非线性微分方程建模的。仿真结果表明，水轮机微分代数

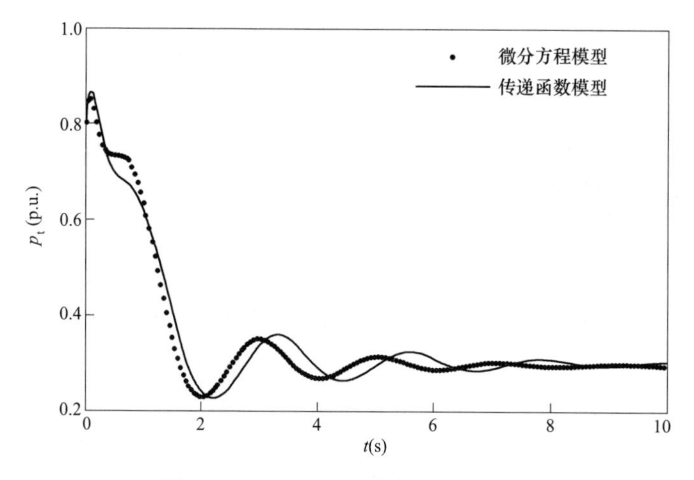

图 4-11　$u=-0.4$，水轮机出力变化

系统的可以较好地反映水轮机暂态过程的主要特征，能满足研究水轮机暂态行为的应用中，且形式简单、应用方便。

第四节　一管多机系统刚性水击微分方程模型

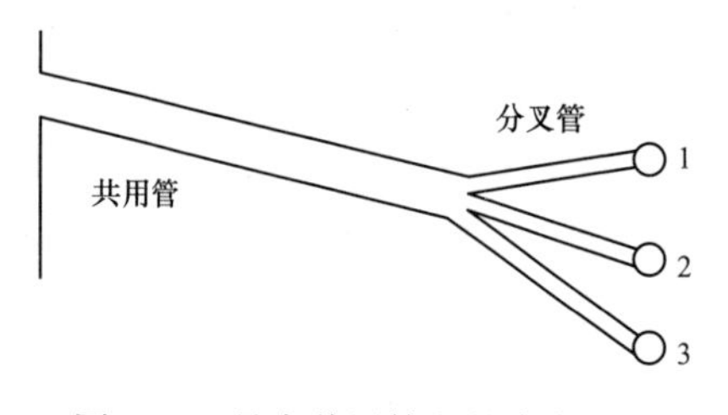

图 4-12　具有共用管段的水力系统

一管多机水力系统如图 4-12 所示。

复杂水力系统的分析，应从水头和流量的基本特征入手。依据上图，参照单机单管的水头变化描述方式，忽略摩擦损失水头，可写出以下方程：

共用管水力动态：

$$h_p = h_0 + \Delta h_{qT} \tag{4-49}$$

$$\Delta h_{qT} = -Z_{nT} \Delta q_T \tanh(T_{eT} s) \tag{4-50}$$

$$q_T = \sum_{i=1}^{n} q_i \tag{4-51}$$

第 i 段分岔钢管水力动态：

$$h_{ti} = h_p + \Delta h_{qi} \tag{4-52}$$

$$\Delta h_{qi} = -Z_{ni} \Delta q_i \tanh(T_{ei} s) \tag{4-53}$$

式中　h_0——静水头相对值；

h_p——分叉点水头相对值；

Δh_{qT}——共用管中暂态水压相对值；

f_T——共用管的摩擦损失系数；

h_{ti}——i 支路末端水头，即末端水轮机水头；

Δh_{qi}——i 支路管道中暂态水压相对值；

f_{pi}——i 支路管道的摩擦损失系数；

Z_{nT}、Z_{ni}——共用管和岔管部分的水流涌浪阻抗的规格化值；

T_{eT}、T_{ei}——共用管和钢管部分的弹性时间常数（s），这两个参数的定义方式与第二章的定义相同。

若分叉管采用刚性水击，公式（4-53）改写为：

$$\frac{dq_i}{dt}=-\frac{1}{T_{wi}}\Delta h_{qi}=-\frac{1}{T_{wi}}(-h_p+h_{ti}) \tag{4-54}$$

其中，$T_{wi}=Z_{ni}T_{ei}$ 是分叉管 i 的水流惯性时间常数。

从式（4-51）还可得到流量增量也满足类似的关系，即：

$$\Delta q_T=\sum_{i=1}^{n}\Delta q_i \tag{4-55}$$

若共用管采用刚性水击，结合式（4-51），式（4-50）改写为：

$$\frac{d\Delta q_T}{dt}=\frac{dq_T}{dt}=\left(\frac{dq_1}{dt}+\frac{dq_2}{dt}+\cdots+\frac{dq_i}{dt}\right)=-\frac{1}{T_{wT}}(h_p-h_0) \tag{4-56}$$

利用式（4-56）中分叉点水压 h_p 消去（4-54）中的 h_p，得到：

$$T_{wi}\frac{dq_i}{dt}+T_{wT}\left(\frac{dq_1}{dt}+\frac{dq_2}{dt}+\cdots+\frac{dq_i}{dt}\right)=h_0-h_{ti} \tag{4-57}$$

若系统为一管三机系统，式（4-57）写成矩阵形式如下：

$$\begin{bmatrix} T_{w1}+T_{wT} & T_{wT} & T_{wT} \\ T_{wT} & T_{w2}+T_{wT} & T_{wT} \\ T_{wT} & T_{wT} & T_{w3}+T_{wT} \end{bmatrix}\begin{bmatrix} \dfrac{dq_1}{dt} \\ \dfrac{dq_2}{dt} \\ \dfrac{dq_3}{dt} \end{bmatrix}=\begin{bmatrix} h_0-h_{t1} \\ h_0-h_{t2} \\ h_0-h_{t3} \end{bmatrix} \tag{4-58}$$

利用上述方程可计算暂态过程分叉管流量变化，需要与各机组对应的导叶运行方程和功率方程结合才能构成真正的水轮机模型。这里直接给出第 i 台水轮机的刚性水击下微分代数模型如下：

$$\begin{bmatrix} \dfrac{dq_1}{dt} \\ \dfrac{dq_2}{dt} \\ \dfrac{dq_3}{dt} \end{bmatrix}=A^{-1}\begin{bmatrix} h_0-h_{t1} \\ h_0-h_{t2} \\ h_0-h_{t3} \end{bmatrix} \tag{4-59}$$

$$\frac{dy_i}{dt}=\frac{1}{T_{yi}}(\Delta u_i-y_i+y_{0i}) \tag{4-60}$$

$$q_i=y_i\sqrt{h_{ti}} \tag{4-61}$$

$$p_{ti}=A_{ti}h_{ti}(q-q_{nli})-D_{tii}y_i\Delta\omega_i \tag{4-62}$$

其中，$A=\begin{bmatrix} T_{w1}+T_{wT} & T_{wT} & T_{wT} \\ T_{wT} & T_{w2}+T_{wT} & T_{wT} \\ T_{wT} & T_{wT} & T_{w3}+T_{wT} \end{bmatrix}$。

几点说明：

（1）水头基值采用水轮机额定水头 H_r(m)，流量基值选择水轮机额定流量 $Q_r(m^3/s)$。这是因为，在水电站内具有共用引水管的几台水力机组，通常情况下其额定容量是相同的，正如文献［50］所讨论的，采用机组单元额定工况参数作为基值，可以方便后续研究中与发电机模型的连接。在本章最后一节会看到，这种基值定义方式也是多机系统定义的需要。

（2）参照式（2-98），共用管水力涌浪阻抗系数的定义为：

$$Z_{nT}=\frac{\alpha_T}{gA_T}\frac{Q_{T0}}{H_{T0}} \tag{4-63}$$

式中 α_T——共用管段的水击波速；

A_T——共用管段的断面面积。

从定义的形式来看，Q_{T0}、H_{T0} 实际上是指共用管的流量基值和水头基值。由于一管多机系统中，研究的主体还是水轮机，因此，采用与水轮机部分相同的基值。

选择 Q_r、H_r 为基值，则 $Q_{T0}=nQ_r$，n 是分叉管数量。则式（4-63）应变为：

$$Z_{nT}=\frac{\alpha_T}{gA_T}\frac{nQ_r}{H_r} \tag{4-64}$$

（3）上述刚性水击下推导一管多机微分方程时，忽略了管道水力损失项。文献［51］进行类似的推导，考虑水力损失情况下得到的方程形式上与式（4-58）是相似的。

（4）上述推导过程从（4-54）开始按微分方程进行的推导，若按传递函数进行推导，同样可以得到与刚性水击类似的每台机组导叶开度到水轮机力矩的传递函数模型[52]。在一管多机刚性水击下，水轮机力矩部分的处理还有一些其他的方法，这里不再罗列。

第五节　一管多机系统弹性水击微分方程模型

一管多机系统的核心问题是共用管段中水力耦合的处理，若考虑弹性水击，水力耦合的影响更加复杂。本节考虑弹性水击，提出一种共用管水力耦合解耦方法，以分岔管状态变量近似计算水力耦合，建立多机形式的微分方程模型，并进行仿真分析。本节的内容来自文献［53］。

一、一管多机水力系统

考虑弹性水击时，依据图 4-12，共用管出口处暂态水头 h_s 相对值：

$$h_{s}=h_{0}-f_{pT}q_{T}^{2}+\Delta h_{qT} \tag{4-65}$$

$$\Delta h_{qT}=-Z_{nT}\Delta q_{T}\tanh(T_{eT}s) \tag{4-66}$$

第 i 段分岔管末端水轮机暂态水头：

$$h_{t(i)}=h_{s}-f_{p(i)}q_{(i)}^{2}+\Delta h_{q(i)} \tag{4-67}$$

$$\Delta h_{q(i)}=-Z_{n(i)}\Delta q_{(i)}\tanh(T_{e(i)}s) \tag{4-68}$$

式中 Z_{nT}、$Z_{n(i)}$——共用管和第 i 路岔管的水力涌浪阻抗的规格化值，定义 $Z_{0T}=\alpha_{T}Q_{r}/(A_{T}a_{g}H_{r})$，$Z_{n(i)}=\alpha_{(i)}Q_{r}/(A_{(i)}a_{g}H_{r})$；

A_{T}、$A_{(i)}$——共用管和第 i 路岔管断面面积（m^2）；

α_{T}、$\alpha_{(i)}$——共用管和第 i 路岔管水击波速（m/s）；

a_{g}——重力加速度（m/s^2）；

T_{eT}、$T_{e(i)}$——共用管和第 i 路岔管的弹性时间常数（s），定义为：$T_{eT}=L_{T}/\alpha_{T}$，$T_{e(i)}=L_{(i)}/\alpha_{(i)}$；$L_{T}$、$L_{(i)}$分别是共用管和第 i 路岔管段长度（m）；

h_{s}、$h_{t(i)}$——共用管出口处和第 i 路岔管的水轮机水头相对值；

h_{qT}、$h_{q(i)}$——共用管和第 i 路岔管流量变化引起的动态水头相对值；

Δq_{T}、$\Delta q_{(i)}$——共用管和第 i 段分岔管流量增量相对值，定义为 $\Delta q_{T}=q_{T}-q_{T0}$，$\Delta q_{(i)}=q_{(i)}-q_{(i0)}$，$q_{T}$、$q_{(i)}$ 分别是共用管和第 i 段分岔管流量瞬时值；

q_{T0}、$q_{(i0)}$——共用管和第 i 段分岔管流量初值相对值；

f_{pT}、$f_{p(i)}$——共用管和第 i 段分岔管摩擦损失系数。

在水力损失系数的计算中忽略共用管结构的复杂性，将共用管简化为等效的等截面圆管。共用管水力损失包括沿程损失和共用管进口断面的局部损失，其水力损失系数简记为 f_{pT}。同样，忽略分岔管的结构复杂性，将其简化为等截面的圆管。分岔管水力损失包括分岔进口局部水力损失和沿程损失，其损失系数简记为 $f_{p(i)}$。

共用管流量等于各分岔管流量之和：

$$q_{T}=\sum_{i=1}^{n}q_{(i)} \tag{4-69}$$

利用流量连续方程（4-69），式（4-66）的动态水头改写为：

$$\begin{aligned}\Delta h_{qT}&=-Z_{nT}\Delta q_{T}\tanh(T_{eT}s)\\&=-Z_{nT}\Delta q_{(1)}\tanh(T_{eT}s)-Z_{nT}\Delta q_{(2)}\tanh(T_{eT}s)-L-Z_{nT}\Delta q_{(n)}\tanh(T_{eT}s)\\&=\sum_{i=1}^{n}\Delta h_{q(i)T}\end{aligned} \tag{4-70}$$

式中 $\Delta h_{q(i)T}$——定义为第 i 段分岔管中流量变化时，在共用管段中引起的动态水头变化相对值。

式（4-70）表明，共用管中暂态水头的变化等于各分岔管流量变化在共用管中引起的暂态水头变化之和。这是因为，流量引起的管道动态水头变化采用传递函数描述，如式（4-66）和式（4-68），意味着将管道水力动态视为线性系统，式（4-70）正是线性系统叠加原理的表现形式。因此，式（4-70）反映了的共用管水力耦合的本质。

结合式（4-65）、式（4-70），第 i 段岔管的水轮机暂态水头式（4-67）可以进一步写成：

$$h_{t(i)}=h_0-f_{pT}q_T^2-f_{p(i)}q_{(i)}^2+\sum_{i=1}^{n}\Delta h_{q(i)T}+\Delta h_{q(i)} \tag{4-71}$$

反映管路暂态特性的传递函数 tanh（$T_{eT}s$）在各分项中保持不变，其幅值特性与各分岔管流量变化有关。这一特性为后续简化处理提供了可能。

式（4-71）给出了水轮机暂态水头的组成成分和构成，物理概览清晰。

二、多机微分方程

根据孔口出流原理，第 i 台水轮机流量为：

$$q_{(i)}=\frac{1}{y_{r(i)}}y_{(i)}\sqrt{h_{t(i)}} \tag{4-72}$$

将式（4-72）代入方程（4-71），整理得到：

$$\Delta h_{q(i)}=-\left[h_0-f_{pT}q_T^2-\left(f_{p(i)}+\frac{y_{r(i)}^2}{y_{(i)}^2}\right)q_{(i)}^2+\sum_{i=1}^{n}\Delta h_{q(i)T}\right] \tag{4-73}$$

采用本章第三节相同的方法，将分岔管水力暂态转化成微分方程形式。式（4-68）中的 tanh（$T_{e(i)}s$）展开，略去高次项，得到：

$$\Delta h_{q(i)}(s)=-Z_{n(i)}\frac{\pi^2T_{e(i)}s+T_{e(i)}^3s^3}{\pi^2+4T_{e(i)}^2s^2}\Delta q_{(i)}(s) \tag{4-74}$$

令：

$$R(s)=\frac{1}{\pi^2+4T_{e(i)}^2s^2}\Delta q_{(i)}(s) \tag{4-75}$$

则有：

$$\Delta h_{q(i)}(s)=-Z_{n(i)}\pi^2T_{e(i)}R(s)s-Z_{n(i)}T_{e(i)}^3R(s)s^3 \tag{4-76}$$

根据拉氏变换初值定理：$\lim\limits_{t\to0+}r(t)=\lim\limits_{s\to\infty}sR(s)$，可知 $r(t)$、$r'(t)$、$r''(t)$ 的初值为 0。对式（4-75）、式（4-76）取拉氏反变换：

$$q_{(i)}=\pi^2r(t)+4T_{e(i)}^2r''(t)+q_{(i)0} \tag{4-77}$$

$$\Delta h_{q(i)}=-Z_{n(i)}\pi^2T_{e(i)}r'(t)-Z_{n(i)}T_{e(i)}^3r'''(t) \tag{4-78}$$

其中　$q_{(i)0}$——第 i 段分岔管流量 $q_{(i)}$ 的初值相对值。

令：$v_{1(i)}=r(t)$，$v_{2(i)}=r'(t)$，$v_{3(i)}=r''(t)$，则式(4-78)可以写成状态方程形式：

$$\begin{cases}\dot v_{1(i)}=v_{2(i)}\\ \dot v_{2(i)}=v_{3(i)}\\ \dot v_{3(i)}=-\dfrac{\pi^2}{T_{e(i)}^2}v_{2(i)}-\dfrac{1}{Z_{n(i)}T_{e(i)}^3}\Delta h_{q(i)}\end{cases} \tag{4-79}$$

$$q_{(i)}=\pi^2 x_1+4T_{e(i)}^2 x_3+q_{(i)0} \tag{4-80}$$

式（4-76）也可写成如下形式：

$$h_{q(i)}=-Z_{n(i)}\pi^2 T_{e(i)} x_{2(i)}-Z_{n(i)} T_{e(i)}^3 \dot{x}_{3(i)} \tag{4-81}$$

上述方程是从传递函数转换得到的，变量 $v_{1(i)}$、$v_{2(i)}$、$v_{3(i)}$是偏差相对值形式。根据平衡点条件分析，各变量初值为 0。因此，采用一组相对值变量 $x_{1(i)}$、$x_{2(i)}$、$x_{3(i)}$时，具有式（4-79）～式（4-81）相同的形式。在后续部分，各变量均采用相对值形式表示。

对式（4-80）求导，并利用式（4-81），得出：

$$\frac{\mathrm{d}q_{(i)}}{\mathrm{d}t}=-3\pi^2 x_2-\frac{4}{Z_{n(i)} T_{e(i)}}\Delta h_{q(i)} \tag{4-82}$$

电液伺服系统的运动方程为：

$$\frac{\mathrm{d}y_{(i)}}{\mathrm{d}t}=\frac{1}{T_{y(i)}}(u_{(i)}-y_{(i)}+y_{0(i)}) \tag{4-83}$$

式中 $u_{(i)}$——第 i 台机组调速器控制回路输出控制信号；

$T_{y(i)}$——第 i 台机组主接力器时间常数（s）；

$y_{(i)}$、$y_{0(i)}$——第 i 台机组主接力器位移相对值和初值。

利用式（4-81）代入上述式（4-79）和式（4-82），消去变量 $\Delta h_{q(i)}$。

取 $x_{4(i)}=q_{(i)}$，$x_{5(i)}=y_{(i)}$，则由式（4-79）、式（4-82）、式（4-83）构成了第 i 号水轮机的微分方程模型如下：

$$\dot{\boldsymbol{x}}_{(i)}=\boldsymbol{f}_{(i)}(\boldsymbol{x})+\boldsymbol{g}_{(i)} u_{(i)} \tag{4-84}$$

$$\boldsymbol{f}_{(i)}(\boldsymbol{x})=\begin{bmatrix} x_{2(i)} \\ x_{3(i)} \\ -\dfrac{\pi^2}{T_{e(i)}^2} x_{2(i)}+\dfrac{1}{Z_{n(i)} T_{e(i)}^3}\left[h_0-f_{pT} q_T^2-\left(f_{p(i)}+\dfrac{y_{r(i)}^2}{y_{(i)}^2}\right) q_{(i)}^2+\sum_{i=1}^{n}\Delta h_{q(i)T}\right] \\ -3\pi^2 x_{2(i)}+\dfrac{4}{Z_{n(i)} T_{e(i)}}\left[h_0-f_{pT} q_T^2-\left(f_{p(i)}+\dfrac{y_{r(i)}^2}{y_{(i)}^2}\right) q_{(i)}^2+\sum_{i=1}^{n}\Delta h_{q(i)T}\right] \\ -\dfrac{1}{T_{y(i)}}(x_{5(i)}-y_{0(i)}) \end{bmatrix},$$

$$\boldsymbol{g}_{(i)}=\begin{bmatrix} 0 \\ 0 \\ 0 \\ 0 \\ \dfrac{1}{T_{y(i)}} \end{bmatrix}$$

式（4-84）即为一管多机条件下的多机系统微分方程。

方程（4-84）从形式上看，类似于单机单管弹性水击的微分方程模型。在暂态水头部分包括了共用管摩擦损失水头 $f_{pT}q_{T^2}$ 和暂态水头 $\sum_{i=1}^{n}\Delta h_{q(i)T}$ 。这两部分反映了共用管中的水力耦合作用，其中暂态水头起主导作用。这种形式也反映了复杂水力系统化简的基本思想，即：复杂水力动态折算到水轮机进口断面水头的变化。

计算获得管道水力动态后，采用下式计算暂态过程中第 i 台水轮机水头 $h_{t(i)}$ 的变化：

$$h_{t(i)}=\left(\frac{y_{r(i)}}{y_{(i)}}q_{(i)}\right)^2 \tag{4-85}$$

水轮机出力的计算可采用 IEEE Working Group 模型的代数方程：

$$p_{t(i)}=A_{t(i)}h_{t(i)}(q_{(i)}-q_{nl(i)}) \tag{4-86}$$

式中 $A_{t(i)}$——第 i 台机组的水轮机增益系数；

$q_{nl(i)}$——第 i 台机组的水轮机空载流量标幺值。

上述式（4-84）、式（4-85）、式（4-86）构成了一管多机系统的微分代数系统模型。

在多机形式的水轮机微分方程（4-84）中，水力耦合是计算的关键问题。为了便于比较，结合式（4-68）和式（4-81），重写如下：

$$\Delta h_{q(i)}=-Z_{n(i)}\Delta q_{(i)}\tanh(T_{e(i)}s)=-Z_{n(i)}\pi^2T_{e(i)}x_{2(i)}-Z_{n(i)}T_{e(i)}^3\dot{x}_{3(i)} \tag{4-87}$$

式中 $x_{2(i)}$、$x_{3(i)}$——第 i 路分叉管水力暂态计算的状态变量。

从式（4-87）的形式来看，暂态水头的变化与第 i 段分岔管的特征参数 $Z_n(i)$ 和 $T_e(i)$相关。显然，若管路特征参数不同，其暂态水头应该具有相同的形式。若采用共用管的特征参数，其形式为：

$$-Z_{nT}\Delta q_{(i)}\tanh(T_{eT}s)=-Z_{nT}\pi^2T_{eT}x_{2(i)}-Z_{nT}T_{eT}^3\dot{x}_{3(i)} \tag{4-88}$$

对照式（4-70），式（4-88）即为第 i 段分叉管流量变化在共用管中引起的暂态水头变化 $\Delta h_{q(i)T}$ 。于是式（4-70）可以改写为如下的形式：

$$\begin{aligned}\Delta h_{qT}&=\sum_{i=1}^{n}\Delta h_{q(i)T}\\&=-Z_{nT}\Delta q_{(1)}\tanh(T_{eT}s)-Z_{nT}\Delta q_{(2)}\tanh(T_{eT}s)-\cdots-Z_{nT}\Delta q_{(n)}\tanh(T_{eT}s)]\\&=-Z_{nT}\pi^2T_{eT}\sum_{i=1}^{n}x_{2(i)}-Z_{nT}T_{eT}^3\sum_{i=1}^{n}\dot{x}_{3(i)}\end{aligned} \tag{4-89}$$

将式（4-89）代入式（4-84）得到多机形式的一管多机系统微分方程。

水力耦合表达式（4-89）中第二项是分岔管状态变量的微分形式，计算中可以采用最简单的微分离散化方式进行计算。然而，仿真研究中发现，该微分项的存在对计算稳定性影响较大，可能造成计算不稳定。对这一问题结合以下仿真进行分析说明。

关于基值相关的几点讨论：

（1）水力浪涌阻抗规格化值是水力系统重要的特征参数，为避免歧义这里进行一些分析。根据定义水力涌浪规格化值为：

$$Z_n = \frac{\alpha}{Ag}\frac{Q_r}{H_r} \tag{4-90}$$

正是在 Q_r 这一基值下，式（4-66）、式（4-68）式右边各项相对值的形式才是传统意义下的各机组的流量相对值。因此，共用管中的 Z_n 仍然选择单台水轮机额定流量 Q_r 为基值进行计算。

（2）根据流体力学原理，圆形断面管道中每米水头损失为：

$$I = \frac{N^2}{R^{4/3}}V^2 = \frac{N^2}{(D/4)^{4/3}}\left(\frac{4Q}{\pi D^2}\frac{Q_r}{Q_r}\right)^2 \tag{4-91}$$

式中 I——单位长度上的水头损失（m/m）；

N——粗糙系数，钢管取 0.012～0.014，旧钢管可以取到 0.018，塑料管取 0.009，隧洞取 0.03～0.04；

V——流速（m/s）；

R——水力半径（m）；

D——圆管直径（m）。

同样，在水力损失系数也采用 H_r 为基值进行折算，管道中总的水力损失表示为：

$$h_f = \frac{H_f}{H_r} = LI = \frac{N^2}{R^{4/3}}V^2 = \frac{LN^2}{(D/4)^{4/3}}\left(\frac{4Q_r}{\pi D^2}\right)^2\frac{1}{H_r}\left(\frac{Q}{Q_r}\right)^2 = f_p q^2 \tag{4-92}$$

$$f_p = L\frac{0.014^2}{(D/4)^{4/3}}\left(\frac{4Q_r}{\pi D^2}\right)^2\frac{1}{H_r} \tag{4-93}$$

显然，以这种方式表示的管道摩擦损失系数 f_p 与管道中的流量无关，其流量的变化主要通过式（4-92）中流量相对值 q 来体现。这种定义方式，保证了共用管中流量相对值满足叠加原理，方便进行各种处理。

三、仿真研究

1. 仿真系统

某水电站引水系统为一管二机系统，采用管路等效处理方法将共用管和分岔管分别简化为相应的等截面圆管。考虑共用管进口和分叉管处的局部水力损失，水力系统特征参数，计算结果列于表 4-1 中。

表 4-1　　水力系统特征参数

参数	$L_{(i)}$（m）	D（m）	$Z_{n(i)}$	$T_{e(i)}$（s）	$f_{p(i)}$
共用管	517	4.6	1.051 8	0.517 0	0.003 47
分岔管 1	50	2.98	2.506 2	0.050 0	0.004 554
分岔管 2	50	2.98	2.506 2	0.050 0	0.004 554

分岔管末端安装有水轮发电机组，两台机组具有相同的特性和参数：$h_r=$

1，$q_r=1$，$p_r=1$，$q_{nl}=0.12$，$y_r=1.0$，$T_y=0.5$s，$A_t=1.1364$。两台机组配置相同的调速和励磁控制器，调速器采用典型并联PID，主要参数：$K_P=5.0$，$K_I=2.5$，$K_D=1.5$，$b_p=0.04$，励磁采用机端电压的RI控制，$K'_P=1.0$，$K'_I=1.5$。

采用经典的管道特征线计算方法进行计算验证。共用管和分岔管水击波速都取为1000m/s，取计算步长$\Delta t=0.001$s。钢管末端按阀门边界条件处理。

仿真工况：两台机组初始工况$p_{m(1)}=1.0$，$p_{m(2)}=1.0$。1号机调整功率为$p_{m(1)}=0.5$，2号机保持负荷不变。

2. 微分项的影响

首先忽略式（4-89）中的微分项，并代入微分方程组（4-84），采用二阶龙格库塔法进行计算，时间间隔取为$\Delta t=0.001$s。获得两台机导叶动作规律后，将其作为特征线计算方法中的阀门动作规律，采用经典的特征线方法计算管道系统的压力变化。

从计算结果中提取状态变量$x_{3(i)}$，两路分岔管状态变量$x_{3(i)}$的变化如图4-13所示。

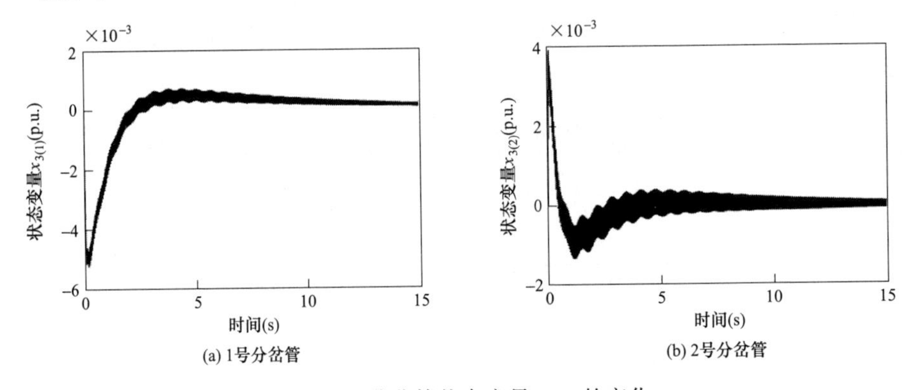

图4-13　分岔管状态变量$x_{3(i)}$的变化

从图4-13来看，各个分岔管状态变量x_3在数值上并不是很大，但是，由于暂态过程中存在频率很高的震颤，进行微分运算时，其数值剧烈变化。若在公式（4-20）中包含微分项，微分项的这种剧烈变化，导致迭代计算不收敛。初步分析发现状态变量x_3的这种高频震颤是由于分岔管过短，水击波从管道末端到管道分岔点频繁往返造成的。

为了解决这一问题，从以下几方面进行了仿真研究：

（1）在微分方程（4-84）的迭代计算中，将迭代时间步长取为$\Delta t=0.0001$（s），方程式（4-84）中关于x_3的微分项采用基于泰勒级数的三阶离散化方法进行离散。在相同工况下进行仿真，计算结果迅速发散并中断计算。以更小的离散时间来改善计算稳定性不能解决这一问题。

（2）仿真系统其他参数不变，仅修改共用管和分岔管长度进行仿真。仿真尝试中发现，状态变量 $x_{3(i)}$ 的振荡与共用管的相对长度密切相关。如果共用管的相对长度减小，$x_{3(i)}$ 的振荡也随之减小。这里选择共用管长度为 $L=217\text{m}$，分岔管长度为 $L_{01}=L_{02}=350\text{m}$。方程（4-84）中关于 x_3 的微分项采用基于泰勒级数的三阶离散化方法进行离散。在相同条件下进行仿真计算，计算结果如图 4-14所示。

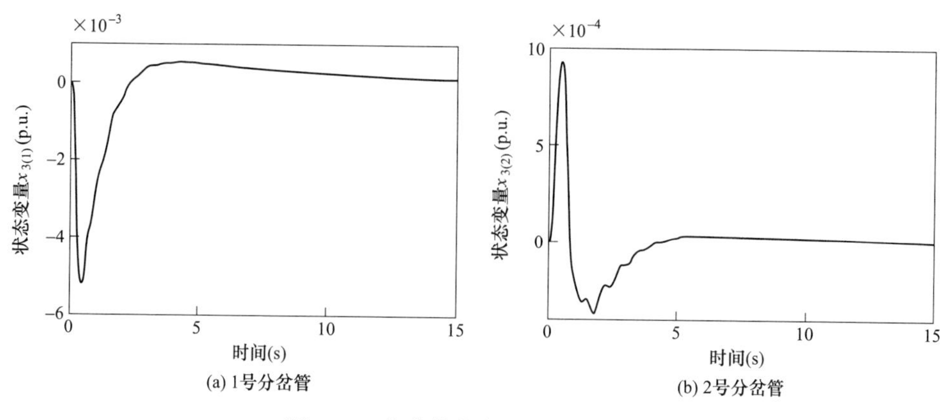

图 4-14　分岔管状态变量 $x_{3(i)}$ 的变化

图 4-14 中状态变量 $x_{3(i)}$ 的振荡明显减小，此时，微分方程组式（4-84）可以得到收敛的计算结果。

然而，从实际工程来看，采用一管多机系统是考虑物理场地的布置以及经济性等因素，一般情况下都是共用管较长分岔管较短，极少出现共用管相对较短的情况。因此，从计算稳定的角度，考虑忽略方程式（4-89）中的微分项。忽略微分项对计算机结果的影响，采用经典的特征线方向进行计算验证。

根据上述分析，忽略水力耦合表达式（4-89）中的微分项，并代入式（4-84）得到多机形式的一管多机微分方程如下：

$$\dot{\boldsymbol{x}}_{(i)}=\boldsymbol{f}_{(i)}(\boldsymbol{x})+\boldsymbol{g}_{(i)}\boldsymbol{u}_{(i)} \tag{4-94}$$

$$\boldsymbol{f}_{(i)}(\boldsymbol{x})=\begin{bmatrix} x_{2(i)} \\ x_{3(i)} \\ -\dfrac{\pi^2}{T_{\mathrm{e}(i)}^2}x_{2(i)}+\dfrac{1}{Z_{\mathrm{n}(i)}T_{\mathrm{e}(i)}^3}\left[h_0-f_{\mathrm{pC}}q_{\mathrm{C}}^2-\left(f_{\mathrm{p}(i)}+\dfrac{y_{\mathrm{r}(i)}^2}{y_{(i)}^2}\right)q_{(i)}^2-Z_{\mathrm{nC}}\pi^2T_{\mathrm{eC}}\sum_{i=1}^{n}x_{2(i)}\right] \\ -3\pi^2x_{2(i)}+\dfrac{4}{Z_{\mathrm{n}(i)}T_{\mathrm{e}(i)}}\left[h_0-f_{\mathrm{pC}}q_{\mathrm{C}}^2-\left(f_{\mathrm{p}(i)}+\dfrac{y_{\mathrm{r}(i)}^2}{y_{(i)}^2}\right)q_{(i)}^2-Z_{\mathrm{nC}}\pi^2T_{\mathrm{eC}}\sum_{i=1}^{n}x_{2(i)}\right] \\ -\dfrac{1}{T_{y(i)}}(x_{5(i)}-y_{0(i)}) \end{bmatrix},$$

$$
\boldsymbol{g}_{(i)}=\begin{bmatrix}0\\0\\0\\0\\\dfrac{1}{T_{y(i)}}\end{bmatrix}
$$

3. 模型验证

由于现场试验较困难，这里仍然采用经典的特征线方法进行计算验证，在相同的仿真工况进行仿真。首先采用微分方程进行计算，得到两台机组的导叶开度暂态变化之后，将其作为特征线计算方法中的阀门边界，再进行特征线方法计算，计算结果如图 4-15 所示。

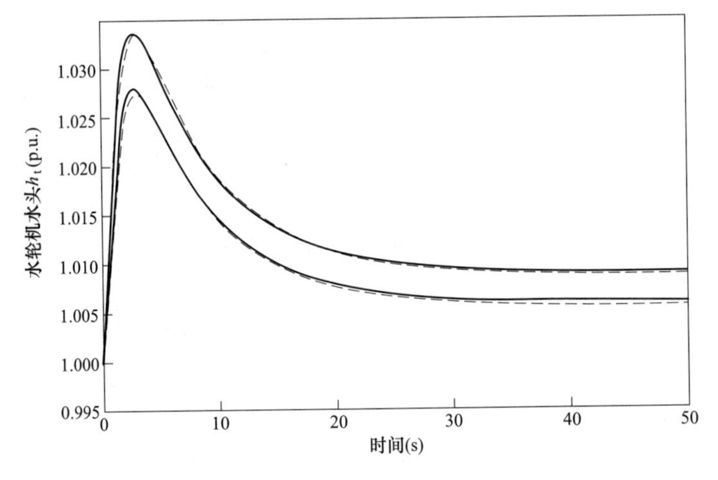

图 4-15 水轮机水头变化

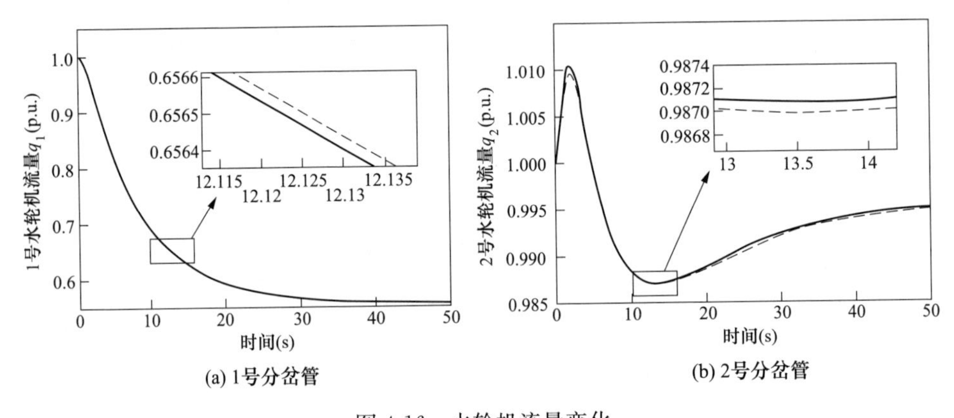

图 4-16 水轮机流量变化

图 4-16 中实线是特征线方法的计算结果，虚线是采用式(4-94)进行计算的结果。

在图4-15和图4-16中，微分方程计算的水轮机水头和流量与特征线方法计算的结果非常接近。复杂水力系统对水轮机的影响最终以水轮机进口断面水头和流量的变化而产生影响。因此，微分方程计算结果中水轮机水头和流量两个主要参数都与特征线方法计算结果高度吻合，表明所提出的微分方程具有较高的计算精度。

进一步检验稳态水头的计算误差。根据管道参数和水轮机功率特性，按照传统的水力学方法计算进入稳态后的水头误差和流量误差，并以此作为理论值。比较结果如表4-2。

表4-2 水轮机水头和流量的稳态误差

计算方法＼机组	1号机组				2号机组			
	$h_{t(1)}$(p. u.)	误差(%)	$q_{(1)}$(p. u.)	误差(%)	$h_{t(2)}$(p. u.)	误差(%)	$q_{(2)}$(p. u.)	误差(%)
微分方程	1.008 71	0.116 2	0.556 991	−0.001 6	1.005 59	0.314 3	0.994 744 2	0.004 4
特征线方法	1.008 87	0.132 3	0.557 038	0.006 8	1.005 92	0.037 1	0.994 908	0.020 9
理论计算值	1.007 54	0	0.557 0	0	1.005 55	0	0.994 7	0

显然，一管多机微分方程模型具有较高的精度，能够满足控制设计和稳定性分析的需要。

4. 功率调节的影响

建立水电站一管多机系统微分方程的目的是研究多机协同控制和稳定性奠定基础。这里考察水力耦合对功率调节的影响。

仿真工况1：两台机组初始工况 $p_{m(1)}=1.0$，$p_{m(2)}=1.0$。1号机调整功率为 $p_{m(1)}=0.5$，2号机保持负荷不变。两台水轮机功率变化如图4-17所示。

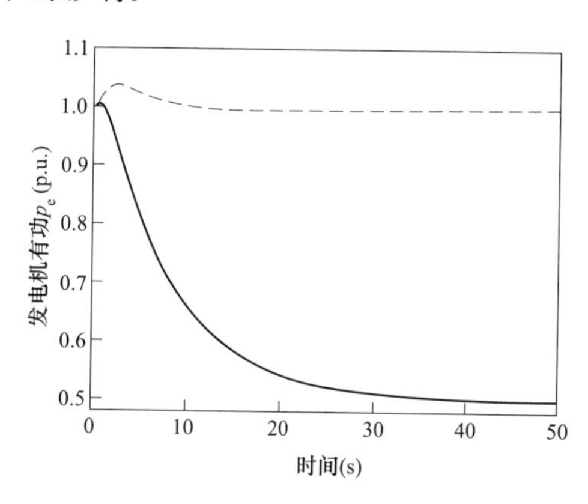

图4-17 工况1发电机有功变化

仿真工况2：两台机组初始工况 $p_{m(1)}=1.0$，$p_{m(2)}=1.0$。1号机调整功率为 $p_{m(1)}=0.5$，2号机保持负荷不变，$t=20$s，2号机组也进行功率调节，2号机调整功率为 $p_{m(2)}=0.6$。两台水轮机功率变化如图4-18所示。

图4-17中，当1号机组进行功能调节时，受共用管水力耦合的影响2号机初始阶段出现相反趋势的功率波动。图4-17中波动最大幅值达到0.038 05(p. u.)，即大约为额定功率的3%。由于2号机组有功的反向波动，也导致1号机组在初始阶段出现了0.005 1(p. u.)，即大约0.5%额定功率的反向波动。

图 4-18 中,$t=20\text{s}$ 时刻,2 号机组进行调节的时候,受共用管水力耦合的影响,1 号机组的有功也有类似的反向调节。

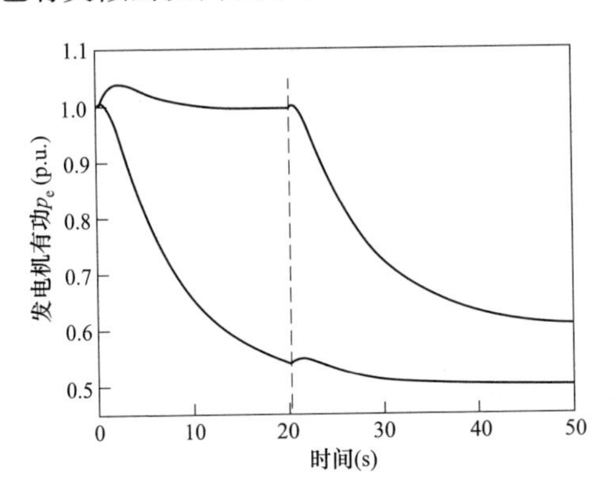

图 4-18　工况 2 发电机有功变化

第六节　一管多机带隧洞和调压井的弹性水击解耦模型

一管多机带隧洞和调压井代表了复杂水力系统的典型结构。本节仅对上游隧洞和调压井的情形进行分析,对于具有下游隧洞和调压井的情形可采用类似的处理方法。本节在上一节的基础上,进一步将具有水力耦合的隧洞、调压井水力暂态进行解耦,给出以机组单元状态变量描述的多机形式的微分方程模型[54]。

一、复杂水力系统

为了获得可以直接应用的计算模型,选择如图 4-19 所示的复杂水力系统进行建模。

图 4-19 中,在调压井之后有 n 路钢管,每路钢管末端有 m 根分岔管,机组总的台数为 $n\times m$ 台。水力系统动态包括隧洞、调压井、共用管道和分岔管四部分,每一段都有其相应的描述方程。以水轮机额定流量 Q_r 和额定水头 H_r 为基值,将各部分水力参数采用相对值形式描述。

隧洞部分采用刚性水击描述。

图 4-19 中各部分的描述方式中,各变量均为相对值形式,q_T 是隧洞流量的相对值。根据刚性水击传递函数形式,可以直接写出隧洞水力动态方程如下:

$$h_s=h_0-f_{pT}q_T^2+\Delta h_T \tag{4-95}$$

$$\frac{d\Delta q_T}{dt}=-\frac{1}{T_{wT}}\Delta h_T \tag{4-96}$$

式中　h_s——调压井处的水头相对值;

f_{pT}——隧洞内的水力损失系数;

Δh_T——隧洞流量变化在隧洞出口断面引起的水头动态变化相对值;

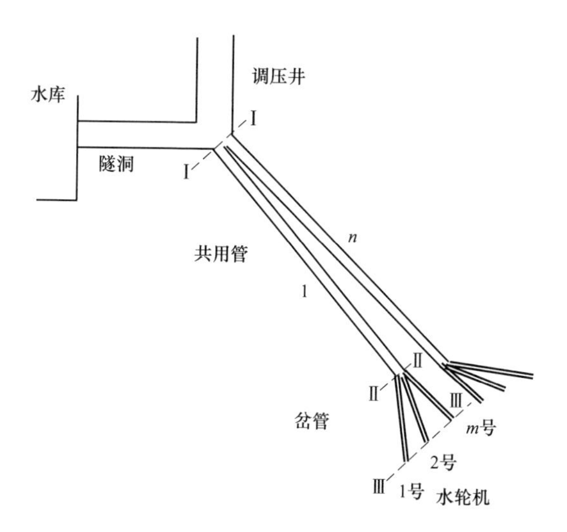

图 4-19　水力系统

T_{wT}——隧洞段的水流惯性时间常数。

这里只考虑最简单的直筒式调压井，其动态描述方程为：

$$\Delta h_s = \frac{1}{C_s}\int \Delta q_s \mathrm{d}t - f_{0s}\Delta q_s |\Delta q_s| \tag{4-97}$$

式中　Δh_s——调压井水头增量相对值；

Δq_s——调压井流量增量相对值；

C_s——调压井的储能常数（s），定义为：$C_s = A_s H_r / Q_r$，A_s 是调压井断面面积（m^2）；

f_{0s}——调压井的摩擦损失系数。

对式（4-97）求导，得到：

$$\frac{\mathrm{d}\Delta h_s}{\mathrm{d}t} = \Delta q_s \frac{1}{C_s} - 2 f_{0s} |\Delta q_s| \frac{\mathrm{d}\Delta q_s}{\mathrm{d}t} \tag{4-98}$$

在式（4-98）中，第二项是调压井暂态中流量变化引起的阻力损失，其值通常很小。在后面的实例中，系数为 $f_{0s} = 8.7\times 10^{-6}$，为简化问题，忽略摩擦损失项，则有：

$$\frac{\mathrm{d}\Delta h_s}{\mathrm{d}t} = \frac{1}{C_s}\Delta q_s \tag{4-99}$$

在调压井处的流量平衡方程为：

$$q_s = q_T - \sum_{i=1}^{n\times m} q_{(i)} \tag{4-100}$$

二、多机微分方程

与第五节的一管多机系统进行对比，在图 4-19 中多出了隧洞和调压井两部分。从理论上看，只需将隧洞和调压井的微分方程加入到一管多机微分方程系统中，即可构建该系统的微分方程模型。为此需要将隧洞和调压井水力动态转化为多机形式。

令：

$$\Delta q_{\mathrm{T}}=\sum_{i=1}^{n\times m}\Delta q_{\mathrm{T}(i)} \tag{4-101}$$

式中　$\Delta q_{\mathrm{T}(i)}$——第 i 台机组流量变化在隧洞中引起的流量变化相对值。

式（4-95）改写为：

$$\begin{aligned}h_{\mathrm{s}}&=h_{0}-f_{\mathrm{pT}}(q_{\mathrm{T0}}+\Delta q_{\mathrm{T}})^{2}+\Delta h_{\mathrm{T}}\\&=h_{0}-f_{\mathrm{pT}}q_{\mathrm{T0}}^{2}-f_{\mathrm{pT}}(2q_{\mathrm{T0}}+\Delta q_{\mathrm{T}})\Delta q_{\mathrm{T}}+\Delta h_{\mathrm{T}}\\&=h_{\mathrm{s0}}+\Delta h_{\mathrm{s}}\end{aligned} \tag{4-102}$$

即：

$$h_{\mathrm{s0}}=h_{0}-f_{\mathrm{pT}}q_{\mathrm{T0}}^{2} \tag{4-103}$$

$$\Delta h_{\mathrm{s}}=-f_{\mathrm{pT}}(2q_{\mathrm{T0}}+\Delta q_{\mathrm{T}})\Delta q_{\mathrm{T}}+\Delta h_{\mathrm{T}} \tag{4-104}$$

式（4-103）实际上是式（4-95）的稳态形式，稳态工况下暂态水头 $\Delta h_{\mathrm{T}}=0$。

若将式（4-104）分解为多机形式，流量增量的二次项不好处理，可忽略该项，流量增量的二次项取值为 0。显然，若调整幅度 Δq_{T} 较大的时候，会引起隧洞中摩擦损失水头计算的误差，摩擦损失减小，调压井水位出现偏高的误差。

于是，式（4-104）进一步改写为：

$$\begin{aligned}\Delta h_{\mathrm{T}}&=2f_{\mathrm{pT}}q_{\mathrm{T_0}}\Delta q_{\mathrm{T}}+\Delta h_{\mathrm{s}}\\&=2f_{\mathrm{pT}}q_{\mathrm{T_0}}\sum_{i=1}^{n\times m}\Delta q_{\mathrm{T}(i)}+\sum_{i=1}^{n\times m}\Delta h_{\mathrm{s}(i)}\\&=\sum_{i=1}^{n\times m}[2f_{\mathrm{pT}}q_{\mathrm{T_0}}\Delta q_{\mathrm{T}(i)}+\Delta h_{\mathrm{s}(i)}]\end{aligned} \tag{4-105}$$

利用式（4-105）和式（4-101），将方程（4-96）写成如下形式：

$$\sum_{i=1}^{n\times m}\frac{\mathrm{d}\Delta q_{\mathrm{T}(i)}}{\mathrm{d}t}=-\frac{1}{T_{\mathrm{wT}}}\sum_{i=1}^{n\times m}[2f_{\mathrm{pT}}q_{\mathrm{T_0}}\Delta q_{\mathrm{T}(i)}+\Delta h_{\mathrm{s}(i)}] \tag{4-106}$$

于是，有：

$$\frac{\mathrm{d}\Delta q_{\mathrm{T}(i)}}{\mathrm{d}t}=-\frac{1}{T_{\mathrm{wT}}}[2f_{\mathrm{pT}}q_{\mathrm{T_0}}\Delta q_{\mathrm{T}(i)}+\Delta h_{\mathrm{s}(i)}] \tag{4-107}$$

在调压井处的流量平衡方程式（4-100）改写为：

$$\Delta q_{\mathrm{s}}=\Delta q_{\mathrm{T}}-\sum_{i=1}^{n\times m}\Delta q_{(i)}=\sum_{i=1}^{n\times m}\Delta q_{\mathrm{T}(i)}-\sum_{i=1}^{n\times m}\Delta q_{(i)}=\sum_{i=1}^{n\times m}[\Delta q_{\mathrm{T}(i)}-\Delta q_{(i)}] \tag{4-108}$$

若令：$\Delta q_{\mathrm{s}}=\sum_{k=1}^{n+m}\Delta q_{\mathrm{s(k)}}$，则有：

$$\Delta q_{\mathrm{s}(i)}=\Delta q_{\mathrm{T}(i)}-\Delta q_{(i)} \tag{4-109}$$

式中　$\Delta q_{s(i)}$——第 i 路分岔管流量变化在调压井中引起的流量变化。

式（4-109）表明，单一机组流量变化在调压井断面处也满足流量连续性方程。

假设暂态过程中，调压井水头的波动可视为各分岔管流量变化在调压井中引起的水头波动之和，即 $\Delta h_s=\sum_{i=1}^{n\times m}\Delta h_{s(i)}$，式（4-99）改写为：

$$\frac{\mathrm{d}\Delta h_s}{\mathrm{d}t}=\sum_{i=1}^{n\times m}\frac{\mathrm{d}\Delta h_{s(i)}}{\mathrm{d}t}=\frac{1}{C_s}\sum_{i=1}^{n\times m}\Delta q_{s(i)} \tag{4-110}$$

于是，有：

$$\frac{\mathrm{d}\Delta h_{s(i)}}{\mathrm{d}t}=\frac{1}{C_s}[\Delta q_{T(i)}-\Delta q_{(i)}] \tag{4-111}$$

参照第五节，选取状态变量 $x_{4(i)}=q_{(i)}$，$x_{5(i)}=y_{(i)}$，$x_{6(i)}=\Delta q_{T(i)}$，，$x_7=\Delta h_{s(i)}$，结合式(4-92)、式(4-107)和式(4-111)，得到统一的微分方程如下：

$$\dot{\boldsymbol{x}}_{(i)}=\boldsymbol{f}_{(i)}(x)+\boldsymbol{g}_{(i)}\boldsymbol{u}_{(i)} \tag{4-112}$$

$$\boldsymbol{f}_{(i)}(\boldsymbol{x})=\begin{bmatrix} x_{2(i)} \\ x_{3(i)} \\ -\dfrac{\pi^2}{T_{e(i)}^2}x_{2(i)}+\dfrac{1}{Z_{n(i)}T_{e(i)}^3}\left[h_s-f_{pC}q_C^2-\left(f_{p(i)}+\dfrac{y_{r(i)}^2}{y_{(i)}^2}\right)x_{4(i)}^2-Z_{nC}\pi^2T_{eC}\sum_{i=1}^{m}x_{2(i)}\right] \\ -3\pi^2x_{2(i)}+\dfrac{4}{Z_{n(i)}T_{e(i)}}\left[h_s-f_{pC}q_C^2-\left(f_{p(i)}+\dfrac{y_{r(i)}^2}{y_{(i)}^2}\right)x_{4(i)}^2-Z_{nC}\pi^2T_{eC}\sum_{i=1}^{m}x_{2(i)}\right] \\ -\dfrac{1}{T_{y(i)}}(x_{5(i)}-y_{0(i)}) \\ -\dfrac{1}{T_{wT}}[2f_{pT}q_{T0}x_{6(i)}+x_{7(i)}] \\ \dfrac{1}{C_s}[x_{6(i)}-(x_{4(i)}-x_{40(i)})] \end{bmatrix},$$

$$\boldsymbol{g}_{(i)}=\begin{bmatrix} 0 \\ 0 \\ 0 \\ 0 \\ \dfrac{1}{T_{y(i)}} \\ 0 \\ 0 \end{bmatrix}$$

同时,需采用以下代数方程：

$$\begin{cases} h_{s}=h_{s0}+\sum_{i=1}^{n\times m}x_{7(i)} \\ q_{T}=q_{T0}+\sum_{i=1}^{n+m}x_{6(i)} \\ h_{t(i)}=[\frac{y_{r(i)}}{x_{5(i)}}x_{4(i)}]^{2} \\ p_{t(i)}=A_{t(i)}h_{t(i)}[x_{4(i)}-q_{nl(i)}] \end{cases} \tag{4-113}$$

上述式（4-111）和式（4-112）构成了带调压井的一管多机微分代数系统。

几点说明：

（1）式（4-112）中，共用管道特征参数 f_{pc}、Z_{nc}、T_{ec}没有给出用于区分的标识符号。在计算时需要区分，例如，参照图 4-19，$1\leqslant i\leqslant m$ 时，机组是第 1 条公用管末端的机组，则应采用第 1 条公用管的参数进行计算；若 $m+1\leqslant i\leqslant m+m$时，机组是第 2 条公用管末端的机组，则应采用第 2 条公用管的参数进行计算。

（2）关于隧洞水流惯性时间常数的说明。

根据第四章第五节节分析，参见式（4-90），采用单一水轮机额定流量 Q_r为基值计算管道特征参数时，共用管中流量相对值满足叠加原理，使得共用管和分岔管的分析计算保持一致。在隧洞特征参数计算时，采用相同的计算处理方法，此时计算的隧洞特征参数与传统方法计算结果有所不同。例如，在后面的仿真例子中，有两根共用管，每根共用管分岔为两根支管连接 2 台水轮机，共有 4 台水轮机，隧洞水流惯性时间常数 $T_w=T_{eT}*Z_{nT}$ 进行计算，其数值是传统方式计算的 T_w数值的四分之一。从数学上看，这种计算方式下，相当于隧洞水流惯性时间常数是按单一机组额定流量进行计算的结果。

（3）在式（4-113）中，调压井处的水头近似为一管多机系统中的静态水头。若隧洞引水系统过长，会使得调压井水位波动幅度过大，等效于水轮机水头变动幅度大。此时，应根据水轮机水头对空载流量进行修正。参照空载点水流能量关系式（3-57），水轮机功率表达式修正为：

$$p_{t(i)}=A_{t(i)}h_{t(i)}\left(q_{(i)}-\frac{q_{nl(i)}}{1+\Delta h_{s}}\right) \tag{4-114}$$

三、仿真研究

1. 水力系统基本参数

LBG 电站水力系统布置及基本参数为：水库进水口至调压井为引水隧洞，直径 8m、长度 9328m；调压井高 65.8m、内径 13m；调压井后两根直径 4.6m 的压力钢管，第一根的长度为 517m、第二根的长度 490m，其末端又各自分为两根直径由进口处的 3.2m 过渡到 2.2m 的岔管连接 4 台水轮机。仿真中编号 1 号和 2 号机组共用一根共管，3 号、4 号机组共用另一根共管。

不考虑引水系统布局的复杂性，忽略局部损失。引水系统特征参数计算值见表 4-3。

表 4-3　　　　引水系统主要参数

参数	L_i	Z_n	T_e	α	f_p
引水隧洞	9328	0.4354	7.4505	1252	0.01210
共用管 1	517	1.05178	0.5170	1000	0.00279
共用管 2	490	1.05178	0.4900	1000	0.00265
1 号机岔管	50	2.50615	0.0500	1000	0.00274
2 号机岔管	30	2.50615	0.0300	1000	0.00164
3 号机岔管	50	2.50615	0.0500	1000	0.00274
4 号机岔管	30	2.50615	0.0300	1000	0.00164

水轮机参数：$H_r=312m$，$Q_r=53.5m^3/s$，$P_r=150MW$，$n_r=333.3r/min$，隧洞水流惯性时间常数 $T_w=3.24376$ (s)，调压井参数：$C_s=774.06$ (s)。

水轮机调速器采用典型的并联 PID 结构，控制参数为：$K_p=5.0$，$K_D=1.5$，$K_I=2.5$，$bp=0.04$，控制器执行周期 40ms。励磁控制器采用无功的 PI 控制，$K_{PI}=1.0$，$K_{II}=1.5$，控制器执行周期 20ms。4 台机组具有相同的特征及参数。

验证方法仍然采用经典的特征线计算方法进行验证。在管道特征参数计算中，水击波速没有进行严格的计算，其取值仅仅为了计算方便，例如，隧洞波速取为 1252m/s，计算时间间隔 0.001s，正好可将隧洞计算断面划分为 7450 个断面。只要在特征线方法和上述微分方程方法计算中采用相同的水击波速，对于计算结果的比较而言是没有影响的。

2. 仿真工况

四台机组共用管和分叉管长度不同，管道水力损失不同。初值计算时，设定四台机组都运行在额定负荷，扣除水力损失后，水头略有不同。设定 1 号机水头为 $h_{t(1)}=1.0$(p. u.)，以此为基准求解初值。

仿真工况 1：电站 4 台机组带额定负荷运行。设定在 $t=1$s 时刻，1 号机给定负荷 $p_{t(1)}=0.5p_r$，其余机组负荷保持不变。

考察调压井水位的变化，微分方程和特征线方法计算的调压井水位变化如图 4-20。

500s 时刻，系统基本进入稳态后，调压井水位误差为 0.004 874，即 0.487 4%。仿真中 1 号机组功率调节幅度为 0.5 (p. u.)，由于调压井水头有所上升，等效于各台机组水头有所上升，为保持其他机组输出功率不变，流量也有所减小，各机组 500s 时刻的流量分别减小：0.477 5、0.065 4、0.062 0、0.061 9，总的流量减小为：0.666 8，对应省略项为 $f_{pT}\times\Delta q^2=0.00538$，即 0.538%。因此，误差

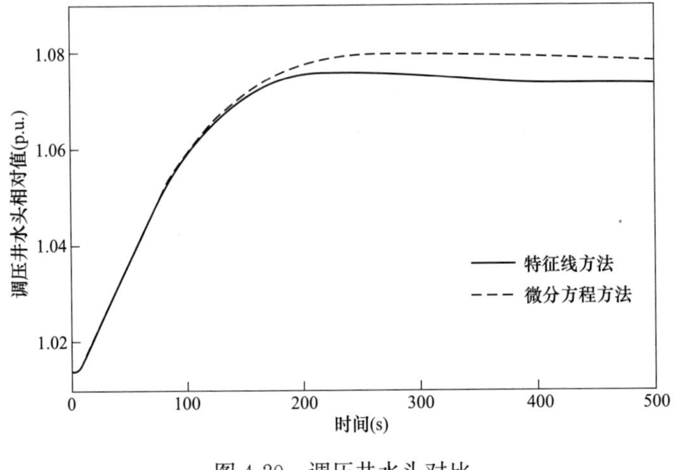

图 4-20 调压井水头对比

是由于式（4-105）中忽略流量增量的二次项 $f_{pT}\times\Delta q^2$引起的。

调压井流量变化如图 4-21 所示。

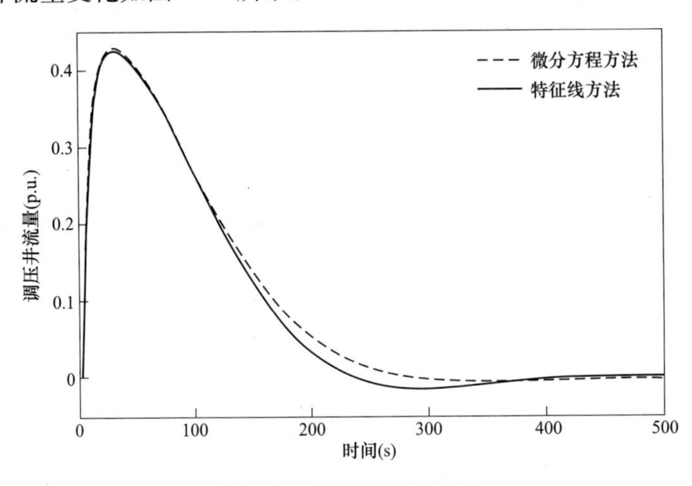

图 4-21 调压井流量变化

图 4-21、图 4-22 中，调压井流量和隧洞流量在暂态过程的中期，微分方程计算方法和特征线方法的计算结果有一定的误差。分析后认为，在多机微分方程建模中，隧洞采用了简化的刚性水击模型，而特征线方法计算时，相当于是考虑弹性水击情况下的计算，因此，两者在暂态过程中流量的变化有一定的误差，但是进入稳态后的流量是基本一致的。

截取前 200s 的计算数据，多机微分方程计算结果如图 4-23 和 4-24 所示。

水力耦合的干扰主要在起始阶段，位于一号共用管的 2 号机组受到的水力耦合作用较大，其水轮机水头变化趋势与 1 号机组的基本一致。二号共同管道的 3 号和 4 号机组受到的水力干扰主要是由于调压井水位波动引起的，其变化趋

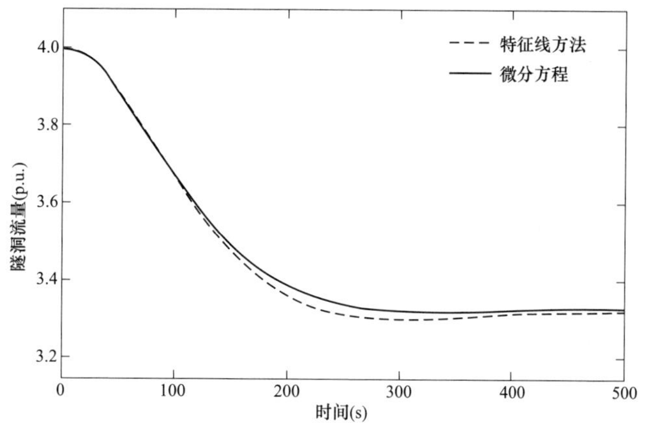

图 4-22 隧洞流量变化

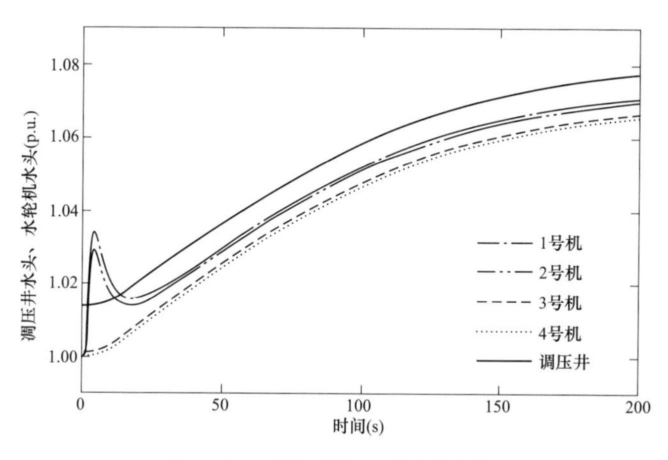

图 4-23 多机微分方程计算结果

势与调压井水位变化是一致的，不受一号共用管水力耦合的直接影响。另外，暂态过程经历大约 30s 之后，4 台机组水轮机水头的变化主要随调压井水位的变化而变化。这个结果与实际水力系统的分析是一致的。

从图 4-24 的初值来看，由于设定 1 号机组的水头为 $h_{t(1)}=1.0$(pu) 为基值，其余机组的水头略有变化，其主要原因是由于各机管线长度不同，初始工况水力损失不同造成的。

另外，图中的调压井水头实际上是调压井的测压管水头，以额定水头 H_r 为基值折算得到的相对水头值。

在相同计算工况下，1 号机和 2 号机的水轮机水头变化如图 4-25 所示，3 号机和 4 号机的水轮机水头变化如图 4-26 所示。

从图 4-25、图 4-26 来看，微分方程计算的结果与经典特征线计算得到的结果是一致的。其中图 4-26 中，调压井水位的变化两种方式计算结果在暂态过程

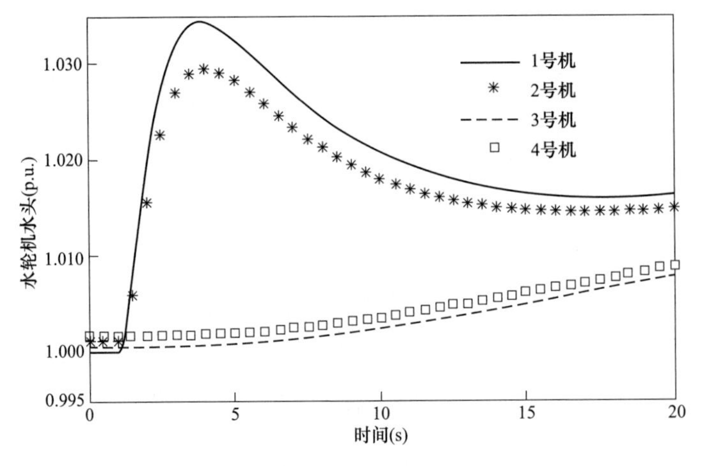

图 4-24　四台机组水轮机水头变化

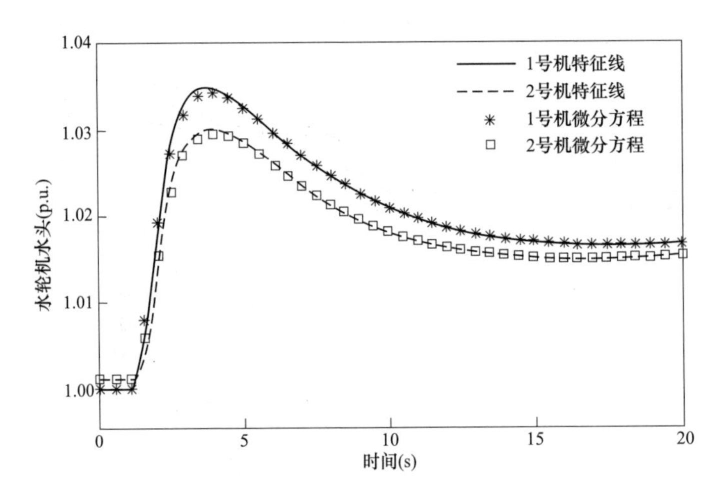

图 4-25　1 号机、2 号机水轮机水头变化对比

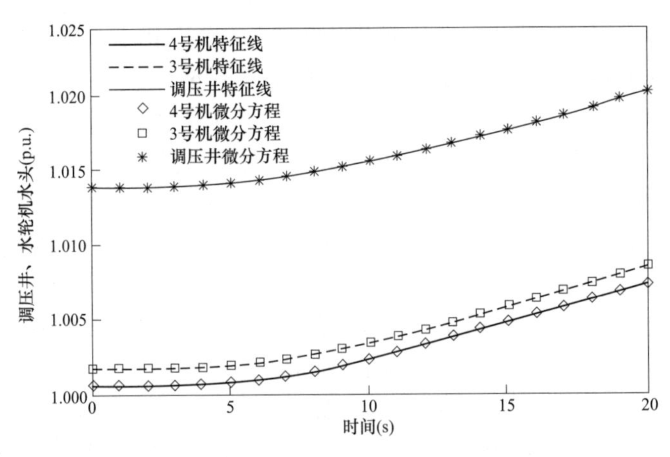

图 4-26　3 号机、4 号机水轮机水头变化对比

初期是完全一致的。

在上述仿真工况下，发电机功率变化如图 4-27 所示：

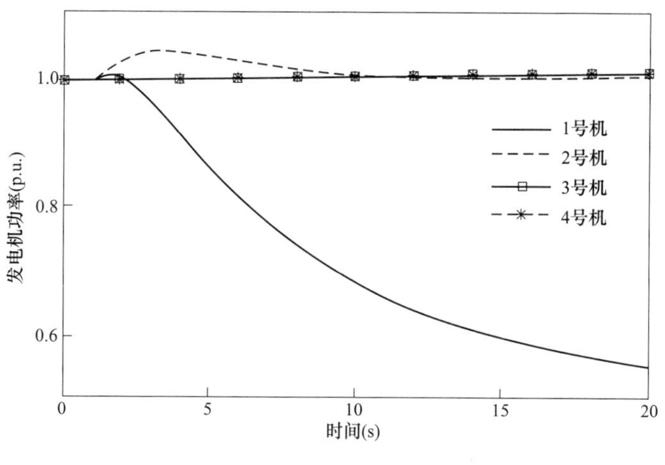

图 4-27 发电机功率变化

图 4-27 中，1 号机组进行功率调节时，对共用管另一侧的 2 号机组有功影响相对较大，而另一共用管上的 3 号 4 号机组的有功变化很小，且 3 号和 4 号机组的有功变化基本相同。进一步给出 3 号和 4 号机有功功率变化如图 4-28 所示。

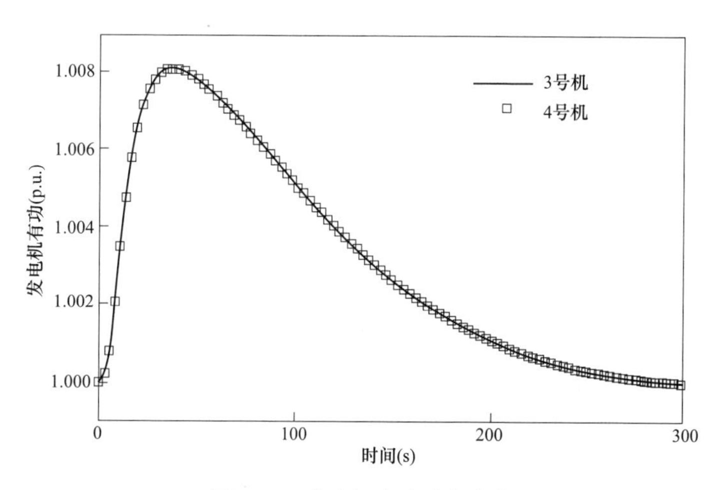

图 4-28 发电机有功功率变化

图 4-28 表明，处于另一共用管的 3 号、4 号机组的有功功率也有所变动，只是幅度较小，最大约为 0.8%，其变化趋势类似于调压井流量的变化趋势。分析后发现，这种变化是由于调压井水头变化引起水轮机水头变化，而仿真设定 3 号、4 号机组给定功率不变，因此，3 号、4 号机组根据水头变化调整自身流量，进而引起有功波动，与调压井流量变化趋势基本一致。

上述仿真中，调压井水头并没有出现预期的波动现象，其主要原因是引水隧洞太长，其波动周期过长。为了验证这一问题，在其他参数不变的情况下，将隧洞长度直接修改为 932m，采用多机微分方程进行仿真计算，调压井水头和水轮机水头变化如图 4-29 所示。

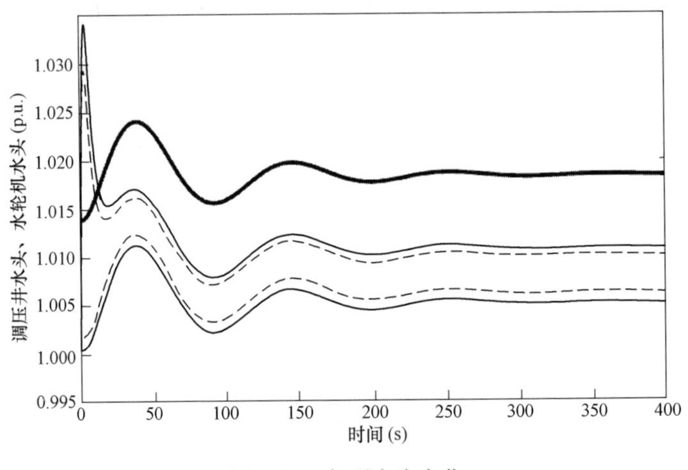

图 4-29　各项水头变化

通过上述仿真对比，表明本节推导中关于调压井和隧洞部分的多机处理是正确的，该模型具有的计算精度能够满足机组稳定分析好控制设计的需求。

本章小结

水力系统及水轮机模型是水电机组暂态特性研究的关键，根据研究目的不同，研究者采用不同复杂程度的数学模型。有关机组暂态研究中采用的模型多数是刚性水击模型，考虑弹性水击条件的模型在逐步增多，而引入耦合水击的模型暂无文献报道。尽管对于何种情况下应采用何种模型，尚无明确的要求。但是，模型越详细对系统暂态的描述就越细致，只是应用其他理论进行研究时可能使得分析计算难度增加。许多研究都表明，水力系统和水轮机不同详细程度的模型对机组和电网的影响有所不同[55—63]。近年来的研究趋势试图从机组侧探索改善电力系统稳定性，因而，在水轮机调节系统分析中采用更精确的水力系统及水轮机模型仍然在不断的探索中，例如：水力系统分段精细化建模[64]，直接利用管道特征线方程来计算水力耦合和管道末端水头[65]，在考虑上下游均有联通管的复杂水系统中采用管道动态基本方程进行计算水力耦合的多机系统仿真计算[66]，等等。

对于复杂水力系统的建模问题近年来研究也较多，特别是弹性水击条件下的建模问题。为了避开水力系统不同形式都要进行建模的问题，我们尝试将复杂水力系统其他单元（调压井、水力耦合）的影响作为单机单管系统的附加输

入控制项[67,68]，进而形成水力系统标准模型。这种所谓的标准模型中，其水力耦合项仍保持为隐含形式，一些应用中也参照了这种模式[69]，总的来看仍然不方便。为此，在最新研究中考虑以多机微分方程形成给出，可实现水力系统及水轮机与发电机多机系统的连接构建水电站局部多机系统模型。

第五章　水轮机广义哈密顿建模

本章简单介绍了广义哈密顿理论基础和广义哈密顿实现理论，即由微分方程模型转化为广义哈密顿模型。本章给出的几种形式的水轮机广义哈密顿模型建模过程和分析，都是采用广义哈密顿实现理论进行建模的，推导和分析方法相同。有关广义哈密顿建模问题，涉及较多的数学推导有一定的难度。

第一节　广义哈密顿建模理论简介

广义哈密顿理论是非线性理论的重要分支，理论的系统性和严谨的数学描述对于多数工科学生而言是困难的。这里仅仅介绍本章用到的一些广义哈密顿的基本概念和内容。对于一些复杂理论的内容只是给出最直接的解释或计算表达式，读者可直接套用，避开这些理论知识瓶颈的限制，更详细的内容可参考相关书籍。

一、广义哈密顿系统简介

考查系统：

$$\dot{\boldsymbol{x}}=\boldsymbol{f}(\boldsymbol{x})+\boldsymbol{g}(\boldsymbol{x})\boldsymbol{u} \tag{5-1}$$

其中，状态变量 $\boldsymbol{x}\in\boldsymbol{R}^n$，$\boldsymbol{g}(\boldsymbol{x})$是输入矩阵，$\boldsymbol{u}\in\boldsymbol{R}^n$是控制输入，$m<n$。

如果存在一个适当的坐标卡及一个哈密顿函数 $H(x)$，使得系统（5-1）可以表示为：

$$\dot{\boldsymbol{x}}=\boldsymbol{T}(\boldsymbol{x})\frac{\partial H}{\partial x}+\boldsymbol{g}(\boldsymbol{x})\boldsymbol{u} \tag{5-2}$$

则称系统（5-1）有一个广义哈密顿实现，其中 $\boldsymbol{T}(\boldsymbol{x})$是相应于伪泊松括号的结构矩阵。

结构矩阵 $\boldsymbol{T}(\boldsymbol{x})$进一步分解为：

$$\boldsymbol{T}(\boldsymbol{x})=\boldsymbol{J}(\boldsymbol{x})+\boldsymbol{P}(\boldsymbol{x})=\boldsymbol{J}(\boldsymbol{x})-\boldsymbol{R}(\boldsymbol{x})+\boldsymbol{S}(\boldsymbol{x}) \tag{5-3}$$

式中　$\boldsymbol{J}(\boldsymbol{x})$——反对称矩阵；

$\boldsymbol{P}(\boldsymbol{x})$——对称矩阵；

$\boldsymbol{R}(\boldsymbol{x})$和$\boldsymbol{S}(\boldsymbol{x})$——对称半正定矩阵。

若式（5-3）的分解中，$\boldsymbol{S}(\boldsymbol{x})=0$，则称系统（5-2）是一个耗散实现，且有以下的耗散哈密顿控制系统标准形式：

$$\dot{\boldsymbol{x}}=[\boldsymbol{J}(\boldsymbol{x})-\boldsymbol{R}(\boldsymbol{x})]\frac{\partial H}{\partial x}+\boldsymbol{g}(\boldsymbol{x})\boldsymbol{u} \tag{5-4}$$

在式（5-3）的分解下，系统的能量流为：

$$\begin{aligned}\frac{\mathrm{d}H}{\mathrm{d}t}&=\frac{\partial H}{\partial x}\frac{\mathrm{d}x}{\mathrm{d}t}\\&=\frac{\partial^{\mathrm{T}}H}{\partial \boldsymbol{x}}\left[\boldsymbol{T}(\boldsymbol{x})\frac{\partial H}{\partial \boldsymbol{x}}+\boldsymbol{g}(\boldsymbol{x})\boldsymbol{u}\right]\\&=\frac{\partial^{\mathrm{T}}H}{\partial \boldsymbol{x}}[\boldsymbol{J}(\boldsymbol{x})-\boldsymbol{R}(\boldsymbol{x})+\boldsymbol{S}(\boldsymbol{x})]\frac{\partial H}{\partial \boldsymbol{x}}+\frac{\partial^{\mathrm{T}}H}{\partial \boldsymbol{x}}\boldsymbol{g}(\boldsymbol{x})\boldsymbol{u}\\&=-\frac{\partial^{\mathrm{T}}H}{\partial \boldsymbol{x}}\boldsymbol{R}(\boldsymbol{x})\frac{\partial H}{\partial \boldsymbol{x}}+\frac{\partial^{\mathrm{T}}H}{\partial \boldsymbol{x}}\boldsymbol{S}(\boldsymbol{x})\frac{\partial H}{\partial \boldsymbol{x}}+y^{\mathrm{T}}\boldsymbol{u}\end{aligned} \tag{5-5}$$

哈密顿函数 $H(\boldsymbol{x})$是系统的能量，能量流是指能量随时间的变化。式（5-5）第一项是系统内部的能量耗散，第二项是系统内部产生的能量，第三项是外部提供的能量。其中 $\boldsymbol{y}$ 是哈密顿系统的自然输出，定义为：

$$\boldsymbol{y}=\boldsymbol{g}^{\mathrm{T}}(\boldsymbol{x})\frac{\partial H}{\partial \boldsymbol{x}} \tag{5-6}$$

显然，广义哈密顿系统是一种具有内部能量耗散、同时与外部具有能量交换的系统。这一特征使得它可以用于描述多数物理系统。

几点说明：

（1）任意矩阵均可分解为对称矩阵和非对称矩阵。

例如，式（5-2）中的任意 $n\times n$ 矩阵 $\boldsymbol{T}(\boldsymbol{x})$，做如下变换：

$$\boldsymbol{J}(\boldsymbol{x})=\frac{1}{2}[\boldsymbol{T}(\boldsymbol{x})-\boldsymbol{T}^{\mathrm{T}}(\boldsymbol{x})]$$

$$\boldsymbol{R}(\boldsymbol{x})=-\frac{1}{2}[\boldsymbol{T}(\boldsymbol{x})+\boldsymbol{T}^{\mathrm{T}}(\boldsymbol{x})]$$

显然，$\boldsymbol{J}(\boldsymbol{x})$满足 $\boldsymbol{J}(\boldsymbol{x})=-\boldsymbol{J}^{\mathrm{T}}(\boldsymbol{x})$是反对称矩阵，$\boldsymbol{R}(\boldsymbol{x})$满足 $\boldsymbol{R}(\boldsymbol{x})=\boldsymbol{R}^{\mathrm{T}}(\boldsymbol{x})$是对称矩阵。式（5-3）就是由此变换导出的。

（2）在式（5-5）推导过程中用到了反对称矩阵的性质，即 $\frac{\partial^{\mathrm{T}}H}{\partial \boldsymbol{x}}\boldsymbol{J}(\boldsymbol{x})\frac{\partial H}{\partial \boldsymbol{x}}=0$。

（3）从式（5-5）可以看出，含 $\boldsymbol{R}(\boldsymbol{x})$项为负，该项能量随时间逐渐减小，因此，$\boldsymbol{R}(\boldsymbol{x})$称为耗散项，也称为阻尼矩阵。

（4）从式（5-5）各项能量的构成还可以看出，若系统内部不产生能量，$\boldsymbol{S}(\boldsymbol{x})=0$，则系统的运行由内部耗散能量和外部输入能量决定。进一步地，若没有外部输入能量，则系统的能量变化最终将趋于0，亦即进入平衡态。这就是耗散系统的能量流概念。

二、广义哈密顿的正交分解实现理论

考虑如下的非线性系统：

$$\dot{\boldsymbol{x}}=\boldsymbol{f}(\boldsymbol{x})+\boldsymbol{g}(\boldsymbol{x})\boldsymbol{u} \tag{5-7}$$

定理 1：对于任给的正定函数 $\boldsymbol{H}(\boldsymbol{x})$，在任一点 $\boldsymbol{x}\neq\boldsymbol{0}$ 处，系统（5-7）可分解为：

$$\dot{\boldsymbol{x}}=[\boldsymbol{J}(\boldsymbol{x})+\boldsymbol{P}(\boldsymbol{x})]\frac{\partial H}{\partial \boldsymbol{x}}+\boldsymbol{g}(\boldsymbol{x})\boldsymbol{u} \tag{5-8}$$

其中：

$$\boldsymbol{P}(\boldsymbol{x})=\frac{\langle \boldsymbol{f}(\boldsymbol{x}),\nabla H\rangle}{\|\nabla H\|^2}\frac{\partial H}{\partial \boldsymbol{x}}I_{\mathrm{n}} \tag{5-9}$$

是对称矩阵；

$$\boldsymbol{J}(\boldsymbol{x})=\frac{1}{\|\nabla H\|^2}\left[\boldsymbol{f}_{\mathrm{td}}(\boldsymbol{x})\frac{\partial^{\mathrm{T}} H}{\partial \boldsymbol{x}}-\frac{\partial H}{\partial \boldsymbol{x}}\boldsymbol{f}_{\mathrm{td}}^{\mathrm{T}}(\boldsymbol{x})\right] \tag{5-10}$$

是反对称阵，$\boldsymbol{I}_{\mathrm{n}}$为 n 阶单位阵，$<\ >$为内积运算，并且：

$$\boldsymbol{f}_{\mathrm{td}}(\boldsymbol{x})=\boldsymbol{f}(\boldsymbol{x})-\boldsymbol{f}_{\mathrm{gd}}(\boldsymbol{x}) \tag{5-11}$$

$$\boldsymbol{f}_{\mathrm{gd}}(\boldsymbol{x})=\frac{<\boldsymbol{f}(\boldsymbol{x}),\nabla H>}{\|\nabla H\|^2}\frac{\partial H}{\partial \boldsymbol{x}} \tag{5-12}$$

注：$\nabla H=\frac{\partial H}{\partial \boldsymbol{x}}$，$\|\nabla H\|^2=<\nabla H,\nabla H>=\left(\frac{\partial H}{\partial x_1}\right)^2+\left(\frac{\partial H}{\partial x_2}\right)^2+\cdots+\left(\frac{\partial H}{\partial x_n}\right)^2$。

证明：从式（5-11）有李导数变换如下：

$$\begin{aligned}
L_{f_{\mathrm{td}}}H(\boldsymbol{x})&=<\boldsymbol{f}_{\mathrm{td}}(\boldsymbol{x}),\nabla H>\\
&=<\boldsymbol{f}(\boldsymbol{x})-\boldsymbol{f}_{\mathrm{gd}}(\boldsymbol{x}),\nabla H>\\
&=<\boldsymbol{f}(\boldsymbol{x}),\nabla H>-<\boldsymbol{f}_{\mathrm{gd}}(x),\nabla H>\\
&=<\boldsymbol{f}(\boldsymbol{x}),\nabla H>-\frac{<\boldsymbol{f}(\boldsymbol{x}),\nabla H>}{\|\nabla H\|^2}<\frac{\partial H}{\partial \boldsymbol{x}},\nabla H>\\
&=<\boldsymbol{f}(\boldsymbol{x}),\nabla H>-\frac{<\boldsymbol{f}(\boldsymbol{x}),\nabla H>}{\|\nabla H\|^2}<\nabla H,\nabla H>\\
&=<\boldsymbol{f}(\boldsymbol{x}),\nabla H>-<\boldsymbol{f}(\boldsymbol{x}),\nabla H>\\
&=0
\end{aligned}$$

从式（5-10）得到：

$$\begin{aligned}
\boldsymbol{J}(\boldsymbol{x})\frac{\partial H}{\partial \boldsymbol{x}}&=\frac{1}{\|\nabla H\|^2}\left[\boldsymbol{f}_{\mathrm{td}}(\boldsymbol{x})\frac{\partial^{\mathrm{T}} H}{\partial \boldsymbol{x}}-\frac{\partial H}{\partial \boldsymbol{x}}\boldsymbol{f}_{\mathrm{td}}^{\mathrm{T}}(\boldsymbol{x})\right]\frac{\partial H}{\partial \boldsymbol{x}}\\
&=\frac{1}{\|\nabla H\|^2}\boldsymbol{f}_{\mathrm{td}}(\boldsymbol{x})\frac{\partial^{\mathrm{T}} H}{\partial \boldsymbol{x}}\frac{\partial H}{\partial \boldsymbol{x}}-\frac{1}{\|\nabla H\|^2}\frac{\partial H}{\partial \boldsymbol{x}}\boldsymbol{f}_{\mathrm{td}}^{\mathrm{T}}(x)\frac{\partial H}{\partial \boldsymbol{x}}\\
&=\frac{1}{\|\nabla H\|^2}\boldsymbol{f}_{\mathrm{td}}(\boldsymbol{x})\|\nabla H\|^2-\frac{1}{\|\nabla H\|^2}\frac{\partial H}{\partial \boldsymbol{x}}L_{f_{\mathrm{td}}}H(\boldsymbol{x})\\
&=\boldsymbol{f}_{\mathrm{td}}(\boldsymbol{x})
\end{aligned}$$

则，从式（5-11）有：

$$f(x)=f_{td}(x)+f_{gd}(x)=J(x)\frac{\partial H}{\partial x}+P(x)\frac{\partial H}{\partial x}=[J(x)+P(x)]\frac{\partial H}{\partial x}$$

证毕#

系统（5-8）是一种哈密顿实现。

上述证明过程的第一步比较详细，目的是给出李导数的运算规则。有关李导数可参考相关书籍，本书中用到的仅仅是这一简单的运算规则。

三、广义哈密顿耗散实现

在系统（5-8）中，对称矩阵 $\boldsymbol{P}(\boldsymbol{x})$可进一步分解为：

$$\boldsymbol{P}(\boldsymbol{x})=-\boldsymbol{R}(\boldsymbol{x})+\boldsymbol{S}(\boldsymbol{x}) \tag{5-13}$$

式中　$\boldsymbol{R}(\boldsymbol{x})$——对称半正定矩阵；

$\boldsymbol{S}(\boldsymbol{x})$——对称矩阵。

则系统（5-8）可进一步写成：

$$\dot{\boldsymbol{x}}=[\boldsymbol{J}(\boldsymbol{x})-\boldsymbol{R}(\boldsymbol{x})+\boldsymbol{S}(\boldsymbol{x})]\frac{\partial H}{\partial \boldsymbol{x}}+\boldsymbol{g}(\boldsymbol{x})\boldsymbol{u} \tag{5-14}$$

定理2：如果存在一个正定函数 $H(x)$满足 $L_{g(x)}H(\boldsymbol{x})\neq 0(\boldsymbol{x}\neq 0)$，则系统(5-8)有一个反馈耗散实现，$H(\boldsymbol{x})$就是它的哈密顿函数。系统可实现以下形式为：

$$\dot{\boldsymbol{x}}=[\bar{\boldsymbol{J}}(\boldsymbol{x})-\boldsymbol{R}(\boldsymbol{x})]\frac{\partial H}{\partial \boldsymbol{x}}+\boldsymbol{g}(\boldsymbol{x})v \tag{5-15}$$

其中：

$$\bar{\boldsymbol{J}}(\boldsymbol{x})=\boldsymbol{J}(\boldsymbol{x})+\boldsymbol{J}_1(\boldsymbol{x}) \tag{5-16}$$

$$\boldsymbol{J}_1(\boldsymbol{x})=\frac{1}{L_g H(\boldsymbol{x})}\left[\boldsymbol{S}(\boldsymbol{x})\frac{\partial H}{\partial \boldsymbol{x}}\boldsymbol{g}^{\mathrm{T}}(\boldsymbol{x})-\boldsymbol{g}(\boldsymbol{x})\nabla H^{\mathrm{T}}(\boldsymbol{x})\boldsymbol{S}(\boldsymbol{x})\right] \tag{5-17}$$

控制律为：

$$\boldsymbol{u}=\frac{1}{L_g H(\boldsymbol{x})}\left[L_g H(\boldsymbol{x})\boldsymbol{v}-\nabla H^{\mathrm{T}}(\boldsymbol{x})\boldsymbol{S}(\boldsymbol{x})\nabla H(\boldsymbol{x})\right] \tag{5-18}$$

式中　$\boldsymbol{v}$——新的控制律。

证明：将式（5-18）代入式（5-14），整理：

$$\dot{\boldsymbol{x}}=[\boldsymbol{J}(\boldsymbol{x})-\boldsymbol{R}(\boldsymbol{x})+\boldsymbol{S}(\boldsymbol{x})]\frac{\partial H}{\partial \boldsymbol{x}}+\boldsymbol{g}(\boldsymbol{x})\frac{1}{L_g H(\boldsymbol{x})}\left[L_g H(\boldsymbol{x})\boldsymbol{v}-\nabla H^{\mathrm{T}}(\boldsymbol{x})\boldsymbol{S}(\boldsymbol{x})\nabla H(\boldsymbol{x})\right]$$

$$=[\boldsymbol{J}(\boldsymbol{x})-\boldsymbol{R}(\boldsymbol{x})]\frac{\partial H}{\partial \boldsymbol{x}}+\boldsymbol{S}(\boldsymbol{x})\frac{\partial H}{\partial \boldsymbol{x}}-\frac{1}{L_g H(\boldsymbol{x})}\boldsymbol{g}(\boldsymbol{x})\nabla H^{\mathrm{T}}(\boldsymbol{x})\boldsymbol{S}(\boldsymbol{x})\nabla H(\boldsymbol{x})$$

$$+\boldsymbol{g}(\boldsymbol{x})\boldsymbol{v}=[\boldsymbol{J}(\boldsymbol{x})-\boldsymbol{R}(\boldsymbol{x})]\frac{\partial H}{\partial \boldsymbol{x}}+$$

$$\frac{1}{L_g H(\boldsymbol{x})}\left[\boldsymbol{S}(\boldsymbol{x})\frac{\partial H}{\partial \boldsymbol{x}}L_g H(\boldsymbol{x})-\boldsymbol{g}(\boldsymbol{x})\nabla H^{\mathrm{T}}(\boldsymbol{x})\boldsymbol{S}(\boldsymbol{x})\nabla H(\boldsymbol{x})\right]+\boldsymbol{g}(\boldsymbol{x})\boldsymbol{v}$$

$$=[\boldsymbol{J}(\boldsymbol{x})-\boldsymbol{R}(\boldsymbol{x})]\frac{\partial H}{\partial \boldsymbol{x}}+\frac{1}{L_g H(\boldsymbol{x})}$$

$$\left[\boldsymbol{S}(\boldsymbol{x})\frac{\partial H}{\partial \boldsymbol{x}}\boldsymbol{g}^{\mathrm{T}}(\boldsymbol{x})-\boldsymbol{g}(\boldsymbol{x})\nabla H^{\mathrm{T}}(\boldsymbol{x})\boldsymbol{S}(\boldsymbol{x})\nabla H(\boldsymbol{x})\right]+\boldsymbol{g}(\boldsymbol{x})\boldsymbol{v}$$

令：

$$\boldsymbol{J}_1(\boldsymbol{x})=\frac{1}{L_g H(\boldsymbol{x})}\left[\boldsymbol{S}(\boldsymbol{x})\frac{\partial H}{\partial \boldsymbol{x}}\boldsymbol{g}^{\mathrm{T}}(\boldsymbol{x})-\boldsymbol{g}(\boldsymbol{x})\nabla H^{\mathrm{T}}(\boldsymbol{x})\boldsymbol{S}(\boldsymbol{x})\right] \tag{5-19}$$

则有：

$$\begin{aligned}\dot{\boldsymbol{x}}&=[\boldsymbol{J}(\boldsymbol{x})+\boldsymbol{J}_1(\boldsymbol{x})-\boldsymbol{R}(\boldsymbol{x})]\frac{\partial H}{\partial \boldsymbol{x}}+\boldsymbol{g}(\boldsymbol{x})\boldsymbol{v}\\&=[\bar{\boldsymbol{J}}(\boldsymbol{x})-\boldsymbol{R}(\boldsymbol{x})]\frac{\partial H}{\partial \boldsymbol{x}}+\boldsymbol{g}(\boldsymbol{x})\boldsymbol{v}\end{aligned}$$

证毕#

这一节的基础理论给出较简单，也缺少分析说明，目的只是给出一些基本结论和推导方法。对于理论的理解将在后续结合水力系统及水轮机的建模进行分析说明。这里给出的广义哈密顿耗散实现方法，详细内容可参见文献[70]。

第二节　刚性水击水轮机哈密顿模型

一、基本模型

单机单管刚性水击下非线性水轮机模型重新列出：

$$\dot{\boldsymbol{x}}=\boldsymbol{f}(\boldsymbol{x})+\boldsymbol{g}u \tag{5-20}$$

其中：

$$\boldsymbol{f}(\boldsymbol{x})=\begin{bmatrix}\dfrac{1}{T_w}\left[h_0-\left(f_p+\dfrac{1}{x_2^2}\right)x_1^2\right]\\-\dfrac{1}{T_y}(x_2-y_0)\end{bmatrix},\ \boldsymbol{g}=\begin{bmatrix}0\\\dfrac{1}{T_y}\end{bmatrix}$$

输出方程为：

$$p_t=A_t\frac{x_1^2}{x_2^2}(x_1-q_{nl})-D_t x_2\Delta\omega \tag{5-21}$$

其中，$x_1=q$、$x_2=y$。

式（5-21）中用到了孔口出流的相对值关系，$(x_1/x_2)^2=(q/y)^2=h$。

二、哈密顿函数选取

与传统微分方程模型对比，哈密顿系统式（5-4）最具优势的是结构矩阵和阻尼矩阵揭示了系统内部的结构信息，结构矩阵揭示了系统内部参数之间的关联特性，阻尼矩阵揭示了状态变量在系统端口上的阻尼特性，输入矩阵反映了系统与外部输入之间的联系渠道[71]。从哈密顿系统的形式来看，哈密顿函数选取不同，结构矩阵和阻尼矩阵就不同，所揭示的内部动力学关联信息就不同。因此，哈密顿函数的选取是哈密顿建模的关键。

从理论上讲，可从系统的拉格朗日函数导出哈密顿函数。实际应用中，由于系统动力学行为的复杂性，要从理论上导出系统的哈密顿函数在多数情况下

是困难的。水力系统及水轮机系统，难以通过水力系统和水轮机的动力学方程得到系统的哈密顿函数。为此，从水轮机的工作原理与能量转转换关系、并遵循哈密顿函数所具有物理和数学性质，来构造系统的哈密顿函数。

在构造系统的密顿函数时，应遵循以下基本原则：

（1）能量函数要能够反应系统能量的构成。

（2）为了方便与发电机系统的连接，水轮机哈密顿系统的自然输出与机组的实际输出相近。

（3）哈密顿系统的能量流与实际系统一致。

（4）保证系统的哈密顿函数的海森（Hessian）矩阵在平衡点处正定，以保证基于李雅普诺夫函数方法在水轮机控制中的应用。

选择不同的哈密顿函数，其结构矩阵以及系统的自然输出都不同。为使得实现后的哈密顿系统自然输出与实际输出一致或者方便转化，选取哈密顿函数为：

$$H(x)=T_yA_t\frac{x_1^2}{x_2}(x_1-q_{nl})+\frac{1}{2}T_yD_t\Delta\omega x_2^2 \tag{5-22}$$

上述哈密顿函数的意义：系统能量包括管道末端水流的能量、机组空载能量、转速变化引起的阻尼能量三部分。T_y、A_t在这里作为折算系数，$H(\boldsymbol{x})$具有能量的量纲。

在机组并网带负荷运行中$x_1>q_{nl}$，$\Delta\omega$很小。这样选择的哈密顿函数，为正定函数，输出方程为：

$$\begin{cases}y_1=\boldsymbol{g}^{\mathrm{T}}(\boldsymbol{x})\dfrac{\partial H}{\partial \boldsymbol{x}}\\p_t=-y_1\end{cases} \tag{5-23}$$

y_1为哈密顿系统的自然输出，系统的实际输出是p_t。

直接给出哈密顿函数的变换表达式：

$$\nabla_{x1}H=\frac{\partial H(\boldsymbol{x})}{\partial x_1}=T_yA_t\frac{1}{x_2}(3x_1^2-2x_1q_{nl})$$

$$\nabla_{x2}H=\frac{\partial H(\boldsymbol{x})}{\partial x_2}=-T_y\left[A_t\frac{x_1^2}{x_2^2}(x_1-q_{nl})-D_t\Delta\omega x_2\right]=-T_yp_t$$

$$y_1=\boldsymbol{g}^{\mathrm{T}}(\boldsymbol{x})\frac{\partial H}{\partial \boldsymbol{x}}=\begin{bmatrix}0 & \dfrac{1}{T_y}\end{bmatrix}\begin{bmatrix}\dfrac{\partial H}{\partial x_1}\\\dfrac{\partial H}{\partial x_2}\end{bmatrix}=\frac{1}{T_y}\frac{\partial H}{\partial x_2}=-p_t$$

三、正交分解实现

采用本章第一节介绍的正交分解实现方法，将式（5-20）转化为广义哈密顿系统形式。

令：

$$Z=\frac{\langle \boldsymbol{f}(\boldsymbol{x}),\nabla H\rangle}{\|\nabla H\|^2} \tag{5-24}$$

其中，<·，·>为内积运算，$\|\nabla H\|^2=\left(\frac{\partial H}{\partial x_1}\right)^2+\left(\frac{\partial H}{\partial x_2}\right)^2$。

根据定理2，对于并网运行的机组 $\boldsymbol{x}\neq\boldsymbol{0}$。在任一点把 $\boldsymbol{f}(\boldsymbol{x})$沿梯度方向和切面方向分解。

沿梯度方向向量为：

$$\boldsymbol{f}_{\mathrm{td}}(\boldsymbol{x})=\boldsymbol{f}(\boldsymbol{x})-\frac{\langle\boldsymbol{f}(\boldsymbol{x}),\nabla H\rangle}{\|\nabla H\|^2}\frac{\partial H}{\partial\boldsymbol{x}}=\begin{bmatrix}f_1-Z\nabla_{x1}H\\f_2-Z\nabla_{x2}H\end{bmatrix}\tag{5-25}$$

有：

$$\boldsymbol{J}(\boldsymbol{x})=\frac{1}{\|\nabla H\|^2}[\boldsymbol{f}_{\mathrm{td}}(\boldsymbol{x})\nabla H^{\mathrm{T}}-\nabla H\boldsymbol{f}_{\mathrm{td}}^{\mathrm{T}}(\boldsymbol{x})]=$$

$$\frac{1}{\|\nabla H\|^2}\begin{bmatrix}0&f_1(\boldsymbol{x})\nabla_{x2}H-f_2(\boldsymbol{x})\nabla_{x1}H\\-f_1(\boldsymbol{x})\nabla_{x2}H+f_2(\boldsymbol{x})\nabla_{x1}H&0\end{bmatrix}\tag{5-26}$$

$$\boldsymbol{P}(\boldsymbol{x})=\frac{\langle\boldsymbol{f}(\boldsymbol{x}),\nabla H\rangle}{\|\nabla H\|^2}\boldsymbol{I}_2=\begin{bmatrix}Z&0\\0&Z\end{bmatrix}\tag{5-27}$$

式中 I_2——2×2单位矩阵。

仿射非线性方程（5-20）可转化为：

$$\dot{\boldsymbol{x}}=[\boldsymbol{J}(\boldsymbol{x})+\boldsymbol{P}(\boldsymbol{x})]\frac{\partial H}{\partial\boldsymbol{x}}+\boldsymbol{g}(\boldsymbol{x})\boldsymbol{u}\tag{5-28}$$

式中 $\boldsymbol{J}(\boldsymbol{x})$——反对称矩阵；

$\boldsymbol{P}(\boldsymbol{x})$——对称矩阵。

正交分解实现，仅仅是一种形式上的转化，系统的输入渠道等外部联系保持不变。式（5-28）展开后即可得到原来的系统（5-20），即哈密顿系统的微分方程部分在数学上等价于传统微分方程描述。其主要优点在于提供了系统内部参数关联、输入渠道作用机制等信息。

四、能量流分析

对称矩阵 $\boldsymbol{P}(\boldsymbol{x})$可以进一步分解为对称半正定矩阵 $\boldsymbol{R}(\boldsymbol{x})$和 $\boldsymbol{S}(\boldsymbol{x})$。首先分解变量 Z：

$$Z=\frac{\langle\boldsymbol{f}(\boldsymbol{x}),\nabla H\rangle}{\|\nabla H\|^2}=-r(\boldsymbol{x})+s(\boldsymbol{x})\tag{5-29}$$

其中：

$$r(\boldsymbol{x})=\frac{A_{\mathrm{t}}\frac{x_1^2}{x_2}q_{\mathrm{nl}}+D_{\mathrm{t}}\Delta\omega x_2^2+y_0p_{\mathrm{t}}}{\|\nabla H\|^2}=\frac{-f_2(x)\nabla_{x2}H+A_{\mathrm{t}}\frac{x_1^3}{x_2}}{\|\nabla H\|^2}\tag{5-30}$$

$$s(\boldsymbol{x})=\frac{f_1(\boldsymbol{x})\nabla_{x1}H+A_{\mathrm{t}}\frac{x_1^3}{x_2}}{\|\nabla H\|^2}\tag{5-31}$$

即：

$$\boldsymbol{P}(\boldsymbol{x})=-\boldsymbol{R}(\boldsymbol{x})+\boldsymbol{S}(\boldsymbol{x}) \tag{5-32}$$

$$\boldsymbol{R}(\boldsymbol{x})=\begin{bmatrix} r(\boldsymbol{x}) & 0 \\ 0 & r(\boldsymbol{x}) \end{bmatrix} \tag{5-33}$$

$$\boldsymbol{S}(\boldsymbol{x})=\begin{bmatrix} s(\boldsymbol{x}) & 0 \\ 0 & s(\boldsymbol{x}) \end{bmatrix} \tag{5-34}$$

上式分解很重要，正确的选择$\boldsymbol{R}(\boldsymbol{x})$、$\boldsymbol{S}(\boldsymbol{x})$将使得哈密顿系统能量流分析中的物理概念与实际系统一致。

系统能量流为：

$$\begin{aligned}\frac{\mathrm{d}H}{\mathrm{d}t}&=\frac{\partial^{\mathrm{T}}H}{\partial\boldsymbol{x}}\frac{\mathrm{d}\boldsymbol{x}}{\mathrm{d}t}\\&=\frac{\partial^{\mathrm{T}}H}{\partial\boldsymbol{x}}\left\{[\boldsymbol{J}(\boldsymbol{x})-\boldsymbol{R}(\boldsymbol{x})+\boldsymbol{S}(\boldsymbol{x})]\frac{\partial H}{\partial\boldsymbol{x}}+g(x)u\right\}\\&=\frac{\partial^{\mathrm{T}}H}{\partial\boldsymbol{x}}\boldsymbol{J}(\boldsymbol{x})\frac{\partial H}{\partial\boldsymbol{x}}-\frac{\partial^{\mathrm{T}}H}{\partial\boldsymbol{x}}\boldsymbol{R}(\boldsymbol{x})\frac{\partial H}{\partial\boldsymbol{x}}+\frac{\partial^{\mathrm{T}}H}{\partial\boldsymbol{x}}\boldsymbol{S}(\boldsymbol{x})\frac{\partial H}{\partial\boldsymbol{x}}+\frac{\partial^{\mathrm{T}}H}{\partial\boldsymbol{x}}g(x)u\\&=-\frac{\partial^{\mathrm{T}}H}{\partial\boldsymbol{x}}\boldsymbol{R}(\boldsymbol{x})\frac{\partial H}{\partial\boldsymbol{x}}+\frac{\partial^{\mathrm{T}}H}{\partial\boldsymbol{x}}\boldsymbol{S}(\boldsymbol{x})\frac{\partial H}{\partial\boldsymbol{x}}+u^{\mathrm{T}}y_1\end{aligned} \tag{5-35}$$

第一项为耗散，第二项为系统内部能源产生的能量，第三项为外部提供的能量。

系统能量耗散：

$$\frac{\partial^{\mathrm{T}}H}{\partial\boldsymbol{x}}R(\boldsymbol{x})\frac{\partial H}{\partial\boldsymbol{x}}=A_{\mathrm{t}}\frac{x_1^2}{x_2}q_{\mathrm{nl}}+D_{\mathrm{t}}\Delta\omega x_2^2+y_0p_{\mathrm{t}}=x_2(A_{\mathrm{t}}hq_{\mathrm{nl}}+D_{\mathrm{t}}\Delta\omega y+\frac{y_0}{x_2}p_{\mathrm{t}}) \tag{5-36}$$

式(5-36)表明:系统耗散能量包括机组克服各种阻力所需的空载能耗和由于转速变化产生的阻尼功率。第三项水轮机输出机械功率 p_{t}也被折算为系统的耗散能量。

系统内部产生的能量：

$$\frac{\partial^{\mathrm{T}}H}{\partial\boldsymbol{x}}\boldsymbol{S}(\boldsymbol{x})\frac{\partial H}{\partial\boldsymbol{x}}=f_1(\boldsymbol{x})\nabla_{x1}H+A_{\mathrm{t}}\frac{x_1^3}{x_2}=\frac{\mathrm{d}x_1}{\mathrm{d}t}\frac{\partial H}{\partial x_1}+x_2A_{\mathrm{t}}hq \tag{5-37}$$

本节所描述的系统结构中，外部接口仅有输入控制和输出功率通道。而水力系统动态，是以管道端面参数方式作为系统内部的能量输入接口，即作为内部能量供给系统，式（5-37）第二项正好反映了这一情况。第一项表示能量沿流量（$x_1=q$）方向的梯度与流量变化率的乘积，表示流量变化产生的惯性能量。

由于存在 T_y、A_{t}的折算关系，上述各项能量可以理解为广义能量。在广义能量描述下，能量流的变化与实际物理系统是一致的，物理意义明确。

五、反馈耗散实现

系统（5-28）中，$\boldsymbol{P}(\boldsymbol{x})$不能保证为负定矩阵，在基于能量的哈密顿函数方法中应用受到限制。为此，需要进一步转化为耗散形式。

由于李导数：$L_g H = \langle \boldsymbol{g}(\boldsymbol{x}), \nabla H \rangle = g_2(x)\nabla_{x_2} H \neq 0$，系统有一个反馈耗散实现。选择控制律为：

$$u = \frac{1}{L_g H}[L_g H \boldsymbol{v} - \nabla H^{\mathrm{T}} \boldsymbol{S}(\boldsymbol{x}) \nabla H] = u_{\mathrm{p}} - \frac{1}{g_2 \nabla_{x_2} H} s(\boldsymbol{x}) \, \| \nabla H \|^2 \tag{5-38}$$

新的控制为：

$$u_{\mathrm{p}} = u + \frac{1}{g_2 \nabla_{x_2} H} s(\boldsymbol{x}) \, \| \nabla H \|^2 = u + T_y \frac{f_1(\boldsymbol{x}) \nabla_{x_1} H + A_{\mathrm{t}} \dfrac{x_1^3}{x_2}}{\nabla_{x_2} H} = u + u_{\mathrm{p}}' \tag{5-39}$$

其中，$u_{\mathrm{p}}' = T_y \dfrac{f_1(\boldsymbol{x}) \nabla_{x_1} H + A_{\mathrm{t}} x_1^3 / x_2}{\nabla_{x_2} H}$。

代入系统（5-28），整理有：

$$\dot{\boldsymbol{x}} = [\boldsymbol{J}(\boldsymbol{x}) + \boldsymbol{J}_1(\boldsymbol{x}) - \boldsymbol{R}(\boldsymbol{x})] \frac{\partial H}{\partial \boldsymbol{x}} + \boldsymbol{g}(\boldsymbol{x}) u_{\mathrm{p}} \tag{5-40}$$

其中：

$$\boldsymbol{J}_1(\boldsymbol{x}) = \frac{1}{L_g H}[\boldsymbol{S}(\boldsymbol{x}) \nabla H \, \boldsymbol{g}^{\mathrm{T}}(\boldsymbol{x}) - \boldsymbol{g}(\boldsymbol{x}) \nabla H^{\mathrm{T}} \boldsymbol{S}(\boldsymbol{x})] = \frac{s(\boldsymbol{x})}{\nabla_{x_2} H} \begin{bmatrix} 0 & \nabla_{x_1} H \\ -\nabla_{x_1} H & 0 \end{bmatrix} \tag{5-41}$$

把反对称矩阵 $\boldsymbol{J}(\boldsymbol{x})$ 和 $\boldsymbol{J}_1(\boldsymbol{x})$ 的合并在一起：

$$\bar{\boldsymbol{J}}(\boldsymbol{x}) = \boldsymbol{J}(\boldsymbol{x}) + \boldsymbol{J}_1(\boldsymbol{x}) = \begin{bmatrix} 0 & J_{12} \\ -J_{12} & 0 \end{bmatrix} \tag{5-42}$$

其中：

$$J_{12} = \frac{f_1(\boldsymbol{x}) + \nabla_{x_1} H r(\boldsymbol{x})}{\nabla_{x_2} H} \tag{5-43}$$

系统（5-40）可进一步简化为：

$$\dot{\boldsymbol{x}} = [\bar{\boldsymbol{J}}(\boldsymbol{x}) - \boldsymbol{R}(\boldsymbol{x})] \frac{\partial H}{\partial \boldsymbol{x}} + \boldsymbol{g}(\boldsymbol{x}) \boldsymbol{u}_{\mathrm{p}} \tag{5-44}$$

式（5-44）即为非线性水轮机系统的哈密顿耗散实现。

将上述哈密顿各项表达式汇总如下：

系统的哈密顿函数式（5-22）：

$$H(\boldsymbol{x}) = T_y A_{\mathrm{t}} \frac{x_1^2}{x_2}(x_1 - q_{\mathrm{nl}}) + \frac{1}{2} T_y D_{\mathrm{t}} \Delta\omega x_2^2 \tag{5-45}$$

哈密顿标准形式：

$$\begin{bmatrix} \dot{\boldsymbol{x}}_1 \\ \dot{\boldsymbol{x}}_2 \end{bmatrix} = \begin{bmatrix} r(\boldsymbol{x}) & C_{\mathrm{T}}(\boldsymbol{x}) \\ -C_{\mathrm{T}}(\boldsymbol{x}) & r(\boldsymbol{x}) \end{bmatrix} \begin{bmatrix} \dfrac{\partial H}{\partial x_1} \\ \dfrac{\partial H}{\partial x_2} \end{bmatrix} + \begin{bmatrix} 0 \\ \dfrac{1}{T_y} \end{bmatrix} \boldsymbol{u}_{\mathrm{p}} \tag{5-46}$$

其中，$C_{\mathrm{T}}(\boldsymbol{x})=\dfrac{f_1(\boldsymbol{x})+\nabla_{x_1}Hr(\boldsymbol{x})}{\nabla_{x_2}H}$，$r(x)=\dfrac{-f_2(\boldsymbol{x})\nabla_{x_2}H+A_{\mathrm{t}}x_1^3/x_2}{\|\nabla H\|^2}$，

$u_{\mathrm{p}}=u+T_y\dfrac{f_1(\boldsymbol{x})\nabla_{x_1}H+A_{\mathrm{t}}x_1^3/x_2}{\nabla_{x_2}H}$。

六、耗散模型分析

非线性水轮机的耗散模型是通过构造控制（5-39）获得的，本质上是一种反馈等效方法，即寻找一个状态反馈来抵消结构矩阵中的非耗散项。如图 5-1 所示。

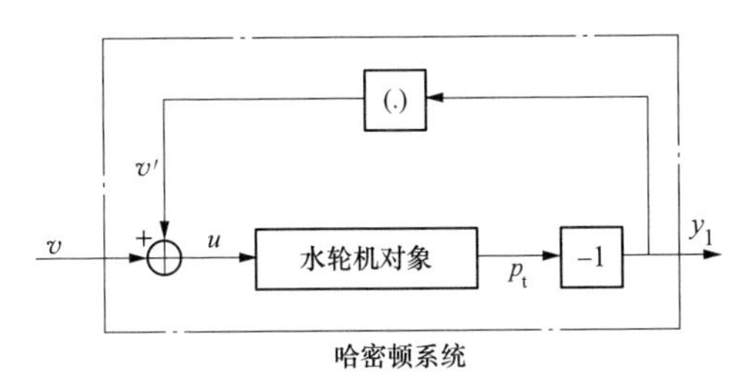

图 5-1 模型的变化

对象结构的变化：

$$[\bar{\boldsymbol{J}}(\boldsymbol{x})-\boldsymbol{R}(\boldsymbol{x})]\frac{\partial H}{\partial \boldsymbol{x}}=\begin{bmatrix}f_1(\boldsymbol{x})\\ f_2(\boldsymbol{x})-\dfrac{s(\boldsymbol{x})\|\nabla H\|^2}{\nabla_{x_2}H}\end{bmatrix}\tag{5-47}$$

对照原始模型（5-1），变量 x_1 由于相应的输入渠道项为 0，其结构 $f_1(\boldsymbol{x})$ 没有变化。变量 x_2 由于输入渠道项不为 0，结构发生了变化。注意到：

$$s(\boldsymbol{x})\|\nabla H\|^2=\frac{dx_1}{dt}\frac{\partial H}{\partial x_1}+x_2A_{\mathrm{t}}hq\tag{5-48}$$

由式（5-47）和式（5-48）可知，在耗散模型中，系统内部供给能量 $s(\boldsymbol{x})\|\nabla H\|^2$ 被折算为系统结构的组成部分。从这一点看，哈密顿耗散模型对系统结构的反映更全面。

控制（5-20）改写成：

$$u_{\mathrm{p}}=u+\frac{1}{y_1}s(\boldsymbol{x})\|\nabla H\|^2=u+u_{\mathrm{p}}'\tag{5-49}$$

反馈项经输入渠道进入系统部分：

$$u_{\mathrm{p}}'\boldsymbol{g}_2(\boldsymbol{x})=\frac{1}{\nabla_{x_2}H}s(\boldsymbol{x})\|\nabla H\|^2\tag{5-50}$$

反馈 u_{p}' 中的 $s(x)\|\nabla H\|^2$，正是系统的内部能量供给项。对照系统结构变化，耗散实现以反馈等价方式抵消系统的内部能量供给，使得系统成为无源系统。其中 $f_1\nabla_{x_1}H=\dfrac{\mathrm{d}x_1}{\mathrm{d}t}\dfrac{\partial H}{\partial x_1}$ 反映的是流量变化引起的内部惯性能量变化，是水力系统动态的主要成分，抵消这一项，对改善水轮机过渡过程是有利的。

七、水轮机哈密顿函数的进一步讨论

从稳定性角度讨论水轮机哈密顿函数选择的合理性。

哈密顿函数的海森矩阵为：

$$\frac{\partial^2 H}{\partial \boldsymbol{x}^2}=\begin{bmatrix} T_y A_t \dfrac{1}{x_2}(6x_1-2q_{nl}) & -T_y A_t \dfrac{1}{x_2^2}(3x_1^2-2x_1 q_{nl}) \\ -T_y A_t \dfrac{1}{x_2^2}(3x_1^2-2x_1 q_{nl}) & 2T_y A_t \dfrac{x_1^2}{x_2^3}(x_1-q_{nl})+T_y D_t \Delta\omega \end{bmatrix} \tag{5-51}$$

在给定的任意平衡点有 $\Delta\omega=0$，计算海森矩阵各阶主子式。

一阶主子式：

$$A_1=T_y A_t \frac{1}{x_2}(6x_1-2q_{nl}) \tag{5-52}$$

二阶主子式：

$$\begin{aligned} A_2&=\begin{vmatrix} T_y A_t \dfrac{1}{x_2}(6x_1-2q_{nl}) & -T_y A_t \dfrac{1}{x_2^2}(3x_1^2-2x_1 q_{nl}) \\ -T_y A_t \dfrac{1}{x_2^2}(3x_1^2-2x_1 q_{nl}) & 2T_y A_t \dfrac{x_1^2}{x_2^3}(x_1-q_{nl}) \end{vmatrix} \\ &=\left(T_y A_t \frac{x_1}{x_2^2}\right)^2\left[3x_1\left(x_1-\frac{4}{3}q_{nl}\right)\right] \end{aligned} \tag{5-53}$$

当 $x_1>\dfrac{4}{3}q_{nl}$ 时，海森矩阵为正定矩阵。

海森矩阵正定 ⇔ 在给定的平衡点取极小值[71]。在实际带负荷运行中，$x_1=q>4q_{nl}/3$ 通常是能满足的，这样选择的哈密顿函数在任意给定的平衡点（$x_1=q>4q_{nl}/3$）取极小值。这一性质使得水轮机与发电机连接后的模型具有良好的能量性质，在基于哈密顿控制的一系列处理中，保证了在给定平衡点总的哈密顿函数取极小的条件。

几点讨论：

（1）哈密顿函数选取的四条原则是我们在研究刚性水击下水力系统及水轮机建模过程中归纳总结出来的，没有给出严格的理论分析和证明。针对实际应用系统，选取不同的哈密顿函数可得到不同结构和阻尼矩阵表示的哈密顿系统，尽管不同的哈密顿系统在数学上是等价的，但是所揭示的系统结构信息不同，如何正确分析所建立的广义哈密顿系统是否合理是另一个尚需探讨的理论问题。在本节中尝试从哈密顿系统的能量流、耗散模型等几方面进行了分析，目的也是为分析所建立的哈密顿模型的合理性。

（2）第 2 条原则实际上就是系统接口原则，这里明确指出是为了与发电机

模型进行连接。从输出表达式（5-23）来看：$y_1=\boldsymbol{g}^{\mathrm{T}}(\boldsymbol{x})\dfrac{\partial H}{\partial \boldsymbol{x}}=\begin{bmatrix}0 & \dfrac{1}{T_y}\end{bmatrix}\begin{bmatrix}\dfrac{\partial H}{\partial x_1}\\ \dfrac{\partial H}{\partial x_2}\end{bmatrix}=\dfrac{1}{T_y}\dfrac{\partial H}{\partial x_2}=-p_t$，$p_t$是水轮机输出机械功率，也是与发电机连接的接口参数。为保持接口的一致性，取哈密顿函数为$H(\boldsymbol{x})=\int -T_y p_t \mathrm{d}x_2$，即对输出积分得到的。研究表明，对于单输入系统，采用这种方式处理是恰当的[72]。文献［73］结合本节的刚性水击水轮机哈密顿建模对几条原则进行了分析。

(3) 从能量流分析来看，在$\boldsymbol{P}(\boldsymbol{x})=-\boldsymbol{R}(\boldsymbol{x})+\boldsymbol{S}(\boldsymbol{x})$这一步的分解有一定的技巧性。恰当的分解，后续能量耗散和系统内部能量分析中，才能保证能量流与实际物理系统的一致性。

(4) 关于海森矩阵式（5-49）正定等效于哈密顿函数$H(x)$在平衡点取极小值的问题，可借助一元函数极值的概念来理解。

考虑函数$F(x,t)$，在平衡点x_0，有$\dfrac{\mathrm{d}F}{\mathrm{d}t}\Big|_{x=x_0}=0$，即$F(x,t)$不随时间变化称为平衡点。此时，若$\dfrac{\mathrm{d}^2F}{\mathrm{d}t^2}\Big|_{x=x_0}<0$，纯数学上理解，函数$F(x)$在$x_0$点取极小值。哈密顿函数$H(x)$是多变量函数，其二阶偏导数称为海森矩阵，其极值概念与函数极值是相似的。

哈密顿函数选择原则（4）提到的保证海森矩阵正定，是为基于能量的李雅普诺夫应用准备的，哈密顿函数在适当的条件下可作为李雅普诺夫函数，用于分析和判断系统的稳定性。

第三节　弹性水击的水轮机哈密顿模型Ⅰ

一、微分方程模型

根据第三章的推导，单机单管、弹性水击下水轮机非线性微分方程为：

$$\dot{\boldsymbol{x}}=\boldsymbol{f}(\boldsymbol{x})+\boldsymbol{g}(\boldsymbol{x})u \tag{5-54}$$

$$\boldsymbol{f}(\boldsymbol{x})=\begin{bmatrix}x_2\\ x_3\\ -\dfrac{\pi^2}{T_e^2}x_2-\dfrac{1}{Z_nT_e^3}\left(f_p+\dfrac{1}{x_5^2}\right)x_4^2\\ -3\pi^2x_2-\dfrac{4}{Z_nT_e}\left(f_p+\dfrac{1}{x_5^2}\right)x_4^2\\ -\dfrac{1}{T_y}(x_5-y_0)\end{bmatrix},\ \boldsymbol{g}(\boldsymbol{x})=\begin{bmatrix}0\\0\\0\\0\\ \dfrac{1}{T_y}\end{bmatrix}$$

水轮机出力的代数计算，采用包含内部能量损失的水轮机出力方程，即：

$$p_{t}=A'_{t}\gamma\frac{y_{r}^{2}x_{4}^{2}}{x_{5}^{2}}(x_{4}-q_{nl})-A'_{t}k'_{h}(x_{4}^{3}-q_{nl}^{3})+\Delta p_{z0}[e^{-n_{1}(q_{z}-x_{4})^{2}}-e^{-n_{1}(q_{z}-q_{nl})^{2}}] \tag{5-55}$$

式（5-55）中的参数含义同前。

方程（5-54）、（5-55）构成了弹性水击下非线性水轮机的微分代数系统。

二、哈密顿正交分解实现

为使得哈密顿系统的自然输出在形式上接近水轮机的自然输出，方便与发电机连接。从哈密顿系统自然输出的形式考虑，选择如下形式的哈密顿函数：

$$H(\boldsymbol{x})=T_{y}A'_{t}\gamma\frac{y_{r}^{2}x_{4}^{2}}{x_{5}}(x_{4}-q_{nl})+T_{y}A'_{t}k'_{h}(x_{4}^{3}-q_{nl}^{3})x_{5}-T_{y}\Delta p_{z0}[e^{-n1(q_{z}-x_{4})^{2}}-e^{-n1(q_{z}-q_{nl})^{2}}]x_{5}+\frac{1}{2}(x_{1}^{2}+x_{2}^{2}+x_{3}^{2}) \tag{5-56}$$

几点说明：

（1）由于哈密顿函数的选取采用接口一致性原则，从输出表达式积分得到，水轮机功率表达式的选取对后续推导过程没有影响。这里选用式（5-56）的较为复杂的功率表达式会增加部分推导步骤的难度，其推导步骤和方法与第二节是相同的。

（2）最后一项，表示在暂态过程中的由中间变量 x_1、x_2、x_3 产生的能量。从微分方程式（5-54）的推导来看，x_1、x_2、x_3 是水力暂态中的状态变量，其能量描述暂未找到恰当的方法，这里采用最简单的二次型表示。这种表示方法可能在所导出的哈密顿系统中结构矩阵和阻尼矩阵元素的形式产生影响，其合理性问题暂不考虑。另一方面，增加这部分是为了使得系统的所有状态变量在哈密顿函数中均有一定的成分，能更好反映系统能量的变化。

（3）变量 x_4、x_5 代表的是水轮机流量和导叶开度，在机组启动运行后，$x_4>0$，$x_5>0$，且机组并网带负荷运行时 $q>q_{nl}$，第一项为正，第三项撞击损失为负值，因此所选择的哈密顿函数为正定函数。

所定义的哈密顿系统的自然输出：

$$y_{H}=\boldsymbol{g}^{T}(\boldsymbol{x})\frac{\partial H}{\partial \boldsymbol{x}}=-p_{t} \tag{5-57}$$

与机组实际输出相差一个负号，方便与发电机连接，这是在哈密顿函数选择中特意构造的。

采用正交分解实现方法将系统（5-54）转化为哈密顿系统。

注意到：

$$\frac{\partial H}{\partial x_{1}}(\boldsymbol{x})=x_{1}\ ;\ \frac{\partial H}{\partial x_{2}}(\boldsymbol{x})=x_{2}\ ;\ \frac{\partial H}{\partial x_{3}}(\boldsymbol{x})=x_{3}\ ;$$

$$\frac{\partial H}{\partial x_{4}}f_{4}(\boldsymbol{x})=\frac{\partial H}{\partial q}\frac{\mathrm{d}q}{\mathrm{d}t}\ ;\ \frac{\partial H}{\partial x_{5}}(\boldsymbol{x})=-T_{y}p_{t}$$

记：

$$\|\nabla H\|^2=\left(\frac{\partial H}{\partial x_1}\right)^2+\left(\frac{\partial H}{\partial x_2}\right)^2+\left(\frac{\partial H}{\partial x_3}\right)^2+\left(\frac{\partial H}{\partial x_4}\right)^2+\left(\frac{\partial H}{\partial x_5}\right)^2 \quad (5\text{-}58)$$

$$Z=\frac{\langle f(\boldsymbol{x}),\nabla H\rangle}{\|\nabla H\|^2} \quad (5\text{-}59)$$

在机组并网运行条件下 $\boldsymbol{x}\neq\boldsymbol{0}$，把 $\boldsymbol{f}(\boldsymbol{x})$沿梯度方向和切面方向分解。沿梯度方向向量为：

$$\boldsymbol{f}_{\mathrm{td}}(\boldsymbol{x})=\boldsymbol{f}(\boldsymbol{x})-\frac{\langle \boldsymbol{f}(\boldsymbol{x}),\nabla H\rangle}{\|\nabla H\|^2}\frac{\partial H}{\partial \boldsymbol{x}}=\begin{bmatrix} f_1-Z\nabla_{x1}H \\ f_2-Z\nabla_{x2}H \\ f_3-Z\nabla_{x3}H \\ f_4-Z\nabla_{x4}H \\ f_5-Z\nabla_{x5}H \end{bmatrix} \quad (5\text{-}60)$$

有：

$$\overline{\boldsymbol{J}}(\boldsymbol{x})=\frac{1}{\|\nabla H\|^2}[\boldsymbol{f}_{\mathrm{td}}(\boldsymbol{x})\nabla H^{\mathrm{T}}-\nabla H\boldsymbol{f}_{\mathrm{td}}{}^{\mathrm{T}}(\boldsymbol{x})]=\frac{1}{\|\nabla H\|^2}$$

$$\begin{bmatrix} 0 & \nabla_{x2}Hf_1-\nabla_{x1}Hf_2 & \nabla_{x3}Hf_1-\nabla_{x1}Hf_3 & \nabla_{x4}Hf_1-\nabla_{x1}Hf_4 & \nabla_{x5}Hf_1-\nabla_{x1}Hf_5 \\ \nabla_{x1}Hf_2-\nabla_{x2}Hf_1 & 0 & \nabla_{x3}Hf_2-\nabla_{x2}Hf_3 & \nabla_{x4}Hf_2-\nabla_{x2}Hf_4 & \nabla_{x5}Hf_2-\nabla_{x2}Hf_5 \\ \nabla_{x1}Hf_3-\nabla_{x3}Hf_1 & \nabla_{x2}Hf_3-\nabla_{x3}Hf_2 & 0 & \nabla_{x4}Hf_3-\nabla_{x3}Hf_4 & \nabla_{x5}Hf_3-\nabla_{x3}Hf_5 \\ \nabla_{x1}Hf_4-\nabla_{x4}Hf_1 & \nabla_{x2}Hf_4-\nabla_{x4}Hf_2 & \nabla_{x3}Hf_4-\nabla_{x4}Hf_3 & 0 & \nabla_{x5}Hf_4-\nabla_{x4}Hf_5 \\ \nabla_{x1}Hf_5-\nabla_{x5}Hf_1 & \nabla_{x2}Hf_5-\nabla_{x5}Hf_2 & \nabla_{x3}Hf_5-\nabla_{x5}Hf_3 & \nabla_{x4}Hf_5-\nabla_{x5}Hf_4 & 0 \end{bmatrix}$$

(5-61)

$$\boldsymbol{P}(\boldsymbol{x})=\frac{\langle \boldsymbol{f}(\boldsymbol{x}),\nabla H\rangle}{\|\nabla H\|^2}\boldsymbol{I}_5 \quad (5\text{-}62)$$

式中　$\boldsymbol{I}_5$——5×5 单位矩阵。

仿射非线性方程（5-54）可转化为哈密顿模型：

$$\dot{\boldsymbol{x}}=[\overline{\boldsymbol{J}}(\boldsymbol{x})+\boldsymbol{P}(\boldsymbol{x})]\frac{\partial H}{\partial \boldsymbol{x}}+\boldsymbol{g}(\boldsymbol{x})\boldsymbol{u} \quad (5\text{-}63)$$

式中　$\overline{\boldsymbol{J}}(\boldsymbol{x})$——反对称矩阵；

　　$\boldsymbol{P}(\boldsymbol{x})$——对称矩阵。

三、反馈耗散实现

哈密顿系统（5-63）中，$\boldsymbol{P}(\boldsymbol{x})$不能保证为负定矩阵，在基于能量的哈密顿函数方法中应用受到限制。为此，需要进一步转化为耗散形式。

对称矩阵 $\boldsymbol{P}(\boldsymbol{x})$需作进一步分解，$\boldsymbol{P}(\boldsymbol{x})$中的变量 $\boldsymbol{Z}$ 可分解为：

$$\begin{aligned} Z&=\frac{1}{\|\nabla H\|^2}\sum_{i=1}^{5}f_i\nabla_{xi}H \\ &=\frac{1}{\|\nabla H\|^2}\left[\frac{\mathrm{d}}{\mathrm{d}t}\left(\frac{1}{2}x_1^2+\frac{1}{2}x_2^2+\frac{1}{2}x_3^2\right)+\frac{\partial H}{\partial x_4}\frac{\mathrm{d}x_4}{\mathrm{d}t}+x_5p_{\mathrm{t}}-y_0p_{\mathrm{t}}\right] \end{aligned}$$

$$=-r(\boldsymbol{x})+s(\boldsymbol{x}) \tag{5-64}$$

其中：

$$r(\boldsymbol{x})=\frac{1}{\|\nabla H\|^{2}}$$

$$\left\{A_{\mathrm{t}}'\gamma\frac{y_{\mathrm{r}}^{2}x_{4}^{2}}{x_{5}}q_{\mathrm{nl}}+A_{\mathrm{t}}'k_{\mathrm{h}}'(x_{4}^{3}-q_{\mathrm{nl}}^{3})x_{4}-x_{5}\Delta p_{z0}\left[e^{-n1(q_{z}-x_{4})2}-e^{-n1(q_{z}-q_{\mathrm{nl}})2}\right]+y_{0}p_{\mathrm{t}}\right\} \tag{5-65}$$

$$s(\boldsymbol{x})=\frac{1}{\|\nabla H\|^{2}}\left\{A_{\mathrm{t}}'\gamma\frac{y_{\mathrm{r}}^{2}x_{4}^{3}}{x_{5}}+\frac{\partial H}{\partial q}\frac{\mathrm{d}q}{\mathrm{d}t}+\frac{\mathrm{d}}{\mathrm{d}t}\left(\frac{1}{2}x_{1}^{2}+\frac{1}{2}x_{2}^{2}+\frac{1}{2}x_{3}^{2}\right)\right\} \tag{5-66}$$

则 $\boldsymbol{P}(\boldsymbol{x})$可进一步分解为对称半正定矩阵 $\boldsymbol{R}(\boldsymbol{x})$和 $\boldsymbol{S}(\boldsymbol{x})$：

$$\boldsymbol{P}(\boldsymbol{x})=-\boldsymbol{R}(\boldsymbol{x})+\boldsymbol{S}(\boldsymbol{x}) \tag{5-67}$$

$$\boldsymbol{R}(\boldsymbol{x})=r(\boldsymbol{x})\boldsymbol{I}_{5} \tag{5-68}$$

$$\boldsymbol{S}(\boldsymbol{x})=s(\boldsymbol{x})\boldsymbol{I}_{5} \tag{5-69}$$

系统（5-63）可改写为：

$$\dot{\boldsymbol{x}}=[\overline{\boldsymbol{J}}(\boldsymbol{x})+\boldsymbol{S}(\boldsymbol{x})-\boldsymbol{R}(\boldsymbol{x})]\frac{\partial H}{\partial\boldsymbol{x}}+\boldsymbol{g}(\boldsymbol{x})\boldsymbol{u} \tag{5-70}$$

由于李导数：$L_{\mathrm{g}}H=\langle\boldsymbol{g}(\boldsymbol{x}),\nabla\boldsymbol{H}\rangle=g_{5}(x)\nabla_{x5}H=-p_{\mathrm{m}}\neq0$，系统有一个反馈耗散实现。

选择控制律为：

$$u=\frac{1}{L_{\mathrm{g}}H}[L_{\mathrm{g}}Hu_{\mathrm{p}}-\nabla\boldsymbol{H}^{\mathrm{T}}\boldsymbol{S}(\boldsymbol{x})\nabla\boldsymbol{H}]=u_{\mathrm{p}}+\frac{1}{p_{\mathrm{m}}}s(\boldsymbol{x})\|\nabla H\|^{2} \tag{5-71}$$

新的控制为：

$$u_{\mathrm{p}}=u-\frac{1}{p_{\mathrm{m}}}s(\boldsymbol{x})\|\nabla H\|^{2} \tag{5-72}$$

将式（5-71）代入系统（5-70），整理有：

$$\dot{\boldsymbol{x}}=[\overline{\boldsymbol{J}}(\boldsymbol{x})+\boldsymbol{J}_{1}(\boldsymbol{x})-\boldsymbol{R}(\boldsymbol{x})]\frac{\partial H}{\partial\boldsymbol{x}}+\boldsymbol{g}(\boldsymbol{x})u_{\mathrm{p}} \tag{5-73}$$

其中：

$$\boldsymbol{J}_{1}(\boldsymbol{x})=\frac{1}{L_{\mathrm{g}}H}[\boldsymbol{S}(\boldsymbol{x})\nabla H\,\boldsymbol{g}^{\mathrm{T}}(\boldsymbol{x})-\boldsymbol{g}(\boldsymbol{x})\nabla H^{\mathrm{T}}\boldsymbol{S}(\boldsymbol{x})]$$

$$=-\frac{s(\boldsymbol{x})}{p_{\mathrm{m}}}\frac{1}{T_{y}}\begin{bmatrix}0&0&0&0&\nabla_{x1}H\\0&0&0&0&\nabla_{x2}H\\0&0&0&0&\nabla_{x3}H\\0&0&0&0&\nabla_{x4}H\\-\nabla_{x1}H&-\nabla_{x2}H&-\nabla_{x3}H&\nabla_{x4}H&0\end{bmatrix} \tag{5-74}$$

把反对称矩阵 $\overline{\boldsymbol{J}}(x)$和 $J_{1}(x)$的合并在一起：

$$J(\boldsymbol{x})=\overline{\boldsymbol{J}}(\boldsymbol{x})+\boldsymbol{J}_1(\boldsymbol{x})=\frac{1}{\|\nabla H\|^2}\begin{bmatrix}0 & J_{12} & J_{13} & J_{14} & J_{15}\\ -J_{12} & 0 & J_{23} & J_{24} & J_{25}\\ -J_{13} & -J_{23} & 0 & J_{34} & J_{35}\\ -J_{14} & -J_{24} & -J_{34} & 0 & J_{45}\\ -J_{15} & -J_{25} & -J_{35} & -J_{45} & 0\end{bmatrix} \tag{5-75}$$

其中：

$J_{12}=\nabla_{x2}Hf_1-\nabla_{x1}Hf_2$；$J_{13}=\nabla_{x3}Hf_1-\nabla_{x1}Hf_3$；$J_{14}=\nabla_{x4}Hf_1-\nabla_{x1}Hf_4$；

$J_{23}=\nabla_{x3}Hf_2-\nabla_{x2}Hf_3$；$J_{24}=\nabla_{x4}Hf_2-\nabla_{x2}Hf_4$；$J_{34}=\nabla_{x4}Hf_3-\nabla_{x3}Hf_4$；

$J_{15}=\nabla_{x5}Hf_1-\nabla_{x1}Hf_5-\dfrac{\nabla_{x1}H}{p_{\mathrm{m}}T_y}s(\boldsymbol{x})\ \|\nabla H\|^2$；

$J_{25}=\nabla_{x5}Hf_2-\nabla_{x2}Hf_5-\dfrac{\nabla_{x2}H}{p_{\mathrm{m}}T_y}s(\boldsymbol{x})\ \|\nabla H\|^2$

$J_{35}=\nabla_{x5}Hf_3-\nabla_{x3}Hf_5-\dfrac{\nabla_{s3}H}{p_{\mathrm{m}}T_y}s(\boldsymbol{x})\ \|\nabla H\|^2$；$J_{45}=\nabla_{x5}Hf_4-\nabla_{x4}Hf_5-\dfrac{\nabla_{x4}H}{p_{\mathrm{m}}T_y}s(\boldsymbol{x})\ \|\nabla H\|^2$

则哈密顿系统可进一步为以下标准形式：

$$\dot{\boldsymbol{x}}=[\boldsymbol{J}(\boldsymbol{x})-\boldsymbol{R}(\boldsymbol{x})]\frac{\partial H}{\partial \boldsymbol{x}}+\boldsymbol{g}(\boldsymbol{x})u_{\mathrm{p}} \tag{5-76}$$

式（5-76）即为弹性水击下水轮机系统的哈密顿耗散实现。

将模型（5-76）展开即可得到原微分方程（5-54），哈密顿模型的微分方程部分在数学上等价于传统微分方程。但是，其结构矩阵 $\boldsymbol{J}(\boldsymbol{x})$ 反映了系统内部参数互联结构，阻尼矩阵 $\boldsymbol{R}(\boldsymbol{x})$ 反映了系统端口上的阻尼特性，输入矩阵 $\boldsymbol{g}(\boldsymbol{x})$ 反映了系统与外部环境的联系机制。因此，与传统微分方程描述相比，哈密顿模型给出了系统运动的动力学关联机制，包含了更多的信息。

上述推导中，基本上采用的是符号表达式形式，这一表达形式可以作为五阶微分方程转化成哈密顿模型的一种公式化方法，以简化其他类型五阶系统的推导工作。

四、哈密顿模型的简化

上述哈密顿模型形式显然过于复杂，为了简化，从系统的哈密顿函数进行分析。在哈密顿函数中，最后三项是关于中间变量 x_1、x_2、x_3 的二次型形式。从推导可知，这三个变量是变换中引入的中间变量，它们的稳态值为 0。为简化，在哈密顿函数中忽略该三项，则有：$\nabla_{x1}H=0$，$\nabla_{x2}H=0$，$\nabla_{x3}H=0$。上述哈密顿模型各项变化如下：

哈密顿函数：

$$H(x)=T_yA'_t\gamma\frac{y_r^2x_4^2}{x_5}(x_4-q_{nl})+T_yA'_tk'_h(x_4^3-q_{nl}^3)x_5-$$
$$T_y\Delta p_{z0}\left[e^{-n1(q_z-x_4)^2}-e^{-n1(q_z-q_{nl})^2}\right]x_5 \tag{5-77}$$

哈密顿方程基本形式不变：

$$\dot{\boldsymbol{x}}=[\boldsymbol{J}(\boldsymbol{x})-\boldsymbol{R}(\boldsymbol{x})]\frac{\partial H}{\partial \boldsymbol{x}}+\boldsymbol{g}(\boldsymbol{x})u_p \tag{5-78}$$

其中：

$$\boldsymbol{J}(\boldsymbol{x})=\frac{1}{\|\nabla H\|^2}\begin{bmatrix}0 & 0 & 0 & \nabla_{x4}Hf_1 & \nabla_{x5}Hf_1\\ 0 & 0 & 0 & \nabla_{x4}Hf_2 & \nabla_{x5}Hf_2\\ 0 & 0 & 0 & \nabla_4Hf_3 & \nabla_{x5}Hf_3\\ -\nabla_{x4}Hf_1 & -\nabla_{x4}Hf_2 & -\nabla_{x4}Hf_3 & 0 & J_{45}\\ -\nabla_{x5}Hf_1 & -\nabla_{x5}Hf_2 & -\nabla_{x5}Hf_3 & -J_{45} & 0\end{bmatrix} \tag{5-79}$$

其中：$J_{45}=\nabla_{x5}Hf_4-\nabla_{x4}Hf_5-\dfrac{\nabla_{x4}H}{p_mT_y}s(\boldsymbol{x})\|\nabla H\|^2$

$$\boldsymbol{R}(\boldsymbol{x})=r(\boldsymbol{x})\boldsymbol{I}_5 \tag{5-80}$$

其中的 $r(\boldsymbol{x})$保持不变，仍然为表达式（5-81）。

随着系统复杂性增加，所建立的广义哈密顿的阶数将增加，哈密顿结构表达式将会更加复杂，使得系统结构分析更困难，结构简化是非常必要的。上述简化方法，忽略哈密顿函数中的二次型，可能造成部分信息丢失。文献［73］提出了一种基于仿真计算的简化方法，即：基于原系统微分方程模型进行时域仿真，利用仿真过程暂态变化数据计算结构矩阵中的子表达式及关联因子，找到对系统影响较大的关联因子，忽略明显较小的子表达式和关联因子，以达到简化系统的目的。该方法特别适合于高阶复杂系统的简化。

五、耗散模型分析

1. 结构变化

展开哈密顿模型（5-78）的系统矩阵部分，整理得：

$$[\boldsymbol{J}(\boldsymbol{x})-\boldsymbol{R}(\boldsymbol{x})]\frac{\partial H}{\partial \boldsymbol{x}}=\begin{bmatrix}f_1\\ f_2\\ f_3\\ f_4\\ f_5+\dfrac{1}{p_mT_y}s(\boldsymbol{x})\|\nabla H\|^2\end{bmatrix} \tag{5-81}$$

式（5-81）与变换前的系统对比可知，系统内部供给的能量 $s(\boldsymbol{x})\|\nabla H\|^2$ 被作为系统结构的一部分。在耗散模型中，内部能量供给被作为系统内部结构

的一部分。因此，这种描述方法能较好地反映非线性水轮机的动力学行为。

2. 反馈问题

耗散实现后新的控制（5-72）式为：

$$u_{\mathrm{p}}=u-\frac{1}{p_{\mathrm{m}}}s(\boldsymbol{x})\ \|H(\boldsymbol{x})\|^{2} \tag{5-82}$$

附加反馈项经输入渠道进入系统部分为：

$$-g_{4}(\boldsymbol{x})\frac{1}{p_{\mathrm{m}}}s(\boldsymbol{x})\ \|\nabla H\|^{2}=-\frac{1}{T_{y}p_{\mathrm{m}}}s(\boldsymbol{x})\ \|\nabla H\|^{2} \tag{5-83}$$

式（5-83）表明，通过反馈刚好抵消了系统结构增加的内部能量供应部分，使得系统成为无源系统。这正是反馈耗散实现的本质特征。

另一方面，从反馈的构造来看，附加反馈项 $s(\boldsymbol{x})\ \|H(\boldsymbol{x})\|^{2}/p_{\mathrm{m}}$ 是关于状态变量 $\boldsymbol{x}$ 的函数。在水轮机暂态过程中，状态变量的获取是困难的，这一问题尚需作进一步的分析研究。

3. 哈密顿函数

为考察本文给出的哈密顿函数是否恰当，采用一个电站的实例进行仿真。在调速器控制 u 阶跃输入下，水轮机出力变化如图 5-2 所示，水轮机暂态过程中哈密顿函数的变化如图 5-3 所示。

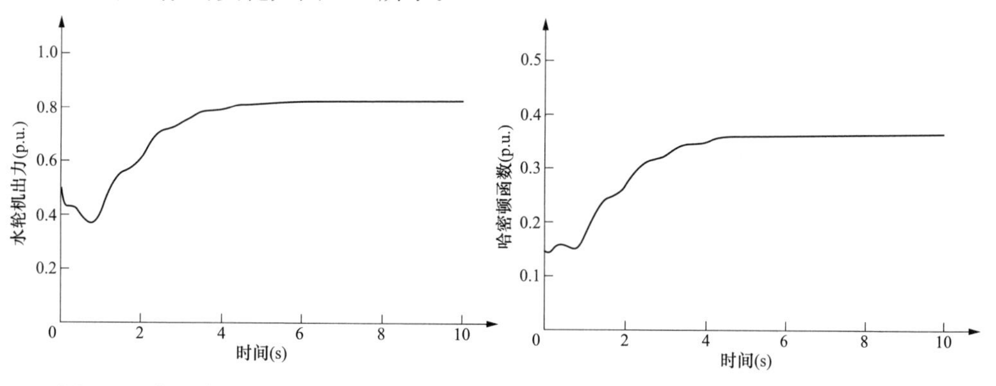

图 5-2　阶跃输入下水轮机出力的变化

图 5-3　阶跃输入下哈密顿函数的变化

对比图 5-2 和图 5-3 可见，哈密顿函数的变化与水轮机出力的变化基本趋势是相近的，表明所选取的哈密顿函数能够能较好地反映系统能量的变化。

第四节　弹性水击的水轮机哈密顿模型Ⅱ

一、基本模型

在第四章第二节已导出单机单管弹性水击下水轮机力矩非线性微分方程如下：

$$\dot{\boldsymbol{x}}=\boldsymbol{f}(\boldsymbol{x})+\boldsymbol{g}(\boldsymbol{x})u \tag{5-84}$$

$$f(x)=\begin{bmatrix} x_2+c_1(x_4-y_0) \\ x_3+\beta_2(x_4-y_0) \\ -a_0x_1-a_1x_2-a_2x_3+c_2(x_4-y_0)+a_0m_{t0} \\ -c_y(x_4-y_0) \end{bmatrix},\ g(x)=\begin{bmatrix} \beta_0c_y \\ 0 \\ 0 \\ c_y \end{bmatrix}$$

状态变量 $\boldsymbol{x}=[m_t\ x_2\ x_3\ y]^{\mathrm{T}}, c_y=1/T_y$。

系统的自然输出是水轮机力矩 m_t，而模型中已将 m_t作为状态变量 x_1。

二、正交分解实现

根据哈密顿函数选择原则中的接口一致性原则，所选择的哈密顿函数应满足如下关系式：

$$\boldsymbol{g}^{\mathrm{T}}(\boldsymbol{x})\frac{\partial H}{\partial \boldsymbol{x}}=m_t \tag{5-85}$$

展开式（5-85）：

$$\beta_0c_y\frac{\partial H}{\partial x_1}+c_y\frac{\partial H}{\partial x_4}=m_t=x_1 \tag{5-86}$$

式（5-86）中存在变量 x_1和 x_4，不能采用第三节仅存在单变量情况下的积分方式导出。这里采用观察法和试算法，得到哈密顿函数如下：

$$H(\boldsymbol{x})=T_y(x_1x_4-\frac{1}{2}\beta_0x_4^2) \tag{5-87}$$

从哈密顿函数有：$\dfrac{\partial H(\boldsymbol{x})}{\partial x_1}=T_yx_4$，$\dfrac{\partial H(\boldsymbol{x})}{\partial x_4}=T_y(x_1-\beta_0x_4)$。代入（5-86）验证：

$$y=\boldsymbol{g}(\boldsymbol{x})^{\mathrm{T}}\frac{\partial H}{\partial \boldsymbol{x}}=\beta_0c_yT_yx_4+c_yT_y(x_1-\beta_0x_4)=x_1=m_t \tag{5-88}$$

几点讨论：

（1）从上述哈密顿函数获取来看，若输入矩阵 $\boldsymbol{g}(\boldsymbol{x})$存在多个非零元素，在哈密顿系统自然输出与系统输出的等价关系式（5-85）中包括多个变量的偏导数，如式（5-86），这种情况下哈密顿函数导出有一定的困难。

（2）根据定义 $\beta_0=b_3=-\dfrac{e_y}{e_{qh}}\left(\dfrac{e_{qy}}{e_y}e_h-e_{qh}\right)$，用实际参数计算知 $\beta_0<0$；x_1、x_4为运行工况点水轮机力矩、导叶开度相对值均大于零。所选择的哈密顿函数为正。

令：

$$Z=\frac{<f(\boldsymbol{x}),\nabla H>}{\|\nabla H\|^2} \tag{5-89}$$

$<\cdot,\cdot>$为内积运算，$\|\nabla H\|^2=\left(\dfrac{\partial H}{\partial x_1}\right)^2+\left(\dfrac{\partial H}{\partial x_4}\right)^2$

对于并网运行的机组 $\boldsymbol{x}\neq\mathbf{0}$。在任一点 $\boldsymbol{x}\neq\mathbf{0}$ 处，把 $\boldsymbol{f}(\boldsymbol{x})$沿梯度方向和切面方向分解。沿梯度方向向量为：

$$\boldsymbol{f}_{\mathrm{td}}(\boldsymbol{x})=\boldsymbol{f}(\boldsymbol{x})-\frac{\langle \boldsymbol{f}(\boldsymbol{x}),\nabla H\rangle}{\|\nabla H\|^2}\frac{\partial H}{\partial \boldsymbol{x}}=\begin{bmatrix} f_1-Z\nabla_{x1}H \\ f_2 \\ f_3 \\ f_4-Z\nabla_{x4}H \end{bmatrix} \tag{5-90}$$

有：

$$\boldsymbol{J}(\boldsymbol{x})=\frac{1}{\|\nabla H\|^2}[\boldsymbol{f}_{\mathrm{td}}(\boldsymbol{x})\nabla H^{\mathrm{T}}-\nabla H\boldsymbol{f}_{\mathrm{td}}^{\mathrm{T}}(\boldsymbol{x})]$$

$$=\frac{1}{\|\nabla H\|^2}\begin{bmatrix} 0 & -\nabla_{x1}Hf_2 & -\nabla_{x1}Hf_3 & \nabla_{x4}Hf_1-\nabla_{x1}Hf_4 \\ \nabla_{x1}Hf_2 & 0 & 0 & \nabla_{x4}Hf_2 \\ \nabla_{x1}Hf_3 & 0 & 0 & \nabla_{x4}Hf_3 \\ -\nabla_{x4}Hf_1+\nabla_{x1}Hf_4 & -\nabla_{x4}Hf_2 & -\nabla_{x4}Hf_3 & 0 \end{bmatrix} \tag{5-91}$$

$$\boldsymbol{P}(\boldsymbol{x})=\frac{\langle \boldsymbol{f}(\boldsymbol{x}),\nabla H\rangle}{\|\nabla H\|^2}\boldsymbol{I}_4=\begin{bmatrix} Z & 0 & 0 & 0 \\ 0 & Z & 0 & 0 \\ 0 & 0 & Z & 0 \\ 0 & 0 & 0 & Z \end{bmatrix} \tag{5-92}$$

式中 $\boldsymbol{I}_4$—— 4×4 单位矩阵。

仿射非线性方程可实现为：

$$\dot{\boldsymbol{x}}=[\boldsymbol{J}(\boldsymbol{x})+\boldsymbol{P}(\boldsymbol{x})]\frac{\partial H}{\partial \boldsymbol{x}}+\boldsymbol{g}(\boldsymbol{x})\boldsymbol{u} \tag{5-93}$$

式中 $\boldsymbol{J}(\boldsymbol{x})$——反对称矩阵；

$\boldsymbol{P}(\boldsymbol{x})$——对称矩阵。

三、能量流分析

对称矩阵 $\boldsymbol{P}(\boldsymbol{x})$ 可以进一步分解为对称半正定矩阵 $\boldsymbol{R}(\boldsymbol{x})$ 和 $\boldsymbol{S}(\boldsymbol{x})$。首先分解变量 $\boldsymbol{Z}$：

$$Z=\frac{\langle \boldsymbol{f}(\boldsymbol{x}),\nabla H\rangle}{\|\nabla H\|^2}=\frac{1}{c_y}\frac{x_2x_4+(x_4-y_0)(\beta_1x_4-c_yx_1)}{\|\nabla H\|^2}=-r(\boldsymbol{x})+s(\boldsymbol{x}) \tag{5-94}$$

其中：$r(\boldsymbol{x})=\dfrac{x_1x_4}{\|\nabla H\|^2}$，$s(\boldsymbol{x})=\dfrac{1}{c_y}\dfrac{x_2x_4+\beta_1x_4(x_4-y_0)+c_yx_1y_0}{\|\nabla H\|^2}$

即：

$$\boldsymbol{P}(\boldsymbol{x})=-\boldsymbol{R}(\boldsymbol{x})+\boldsymbol{S}(\boldsymbol{x}) \tag{5-95}$$

$$\boldsymbol{R}(\boldsymbol{x})=\begin{bmatrix} r(\boldsymbol{x}) & 0 & 0 & 0 \\ 0 & r(\boldsymbol{x}) & 0 & 0 \\ 0 & 0 & r(\boldsymbol{x}) & 0 \\ 0 & 0 & 0 & r(\boldsymbol{x}) \end{bmatrix},\ \boldsymbol{S}(\boldsymbol{x})=\begin{bmatrix} s(\boldsymbol{x}) & 0 & 0 & 0 \\ 0 & s(\boldsymbol{x}) & 0 & 0 \\ 0 & 0 & s(\boldsymbol{x}) & 0 \\ 0 & 0 & 0 & s(\boldsymbol{x}) \end{bmatrix}$$

系统能量耗散：

$$\left(\frac{\partial H}{\partial \boldsymbol{x}}\right)^{\mathrm{T}} \boldsymbol{R}(\boldsymbol{x}) \frac{\partial H}{\partial \boldsymbol{x}} = x_4 x_1 \tag{5-96}$$

式表明水轮机输出机械力矩（机械能量）作为系统的耗散能量。

系统内部产生的能量：

$$\left(\frac{\partial H}{\partial \boldsymbol{x}}\right)^{\mathrm{T}} \boldsymbol{S}(\boldsymbol{x}) \frac{\partial H}{\partial \boldsymbol{x}} = \frac{1}{c_y} x_2 x_4 + \frac{1}{c_y} \beta_1 x_4 (x_4 - y_0) + x_1 y_0 \tag{5-97}$$

模型所描述的系统结构中，外部接口仅有输入控制和输出功率通道。而水力系统动态，是以管道端面参数方式作为系统内部的能量输入接口，即作为内部能量供给系统，上式第三项的 $x_1 = m_t$ 反映了内部能量供给问题。第二项表示由于导叶（也位于系统内部）开度变化产生的能量变化，第一项的 x_2 表示力矩变化产生的内部能量加速，可以理解为惯性能量。

上述各项能量可以理解为广义能量。在广义能量描述下，能量流的变化与实际物理系统是一致的。

四、反馈耗散实现

$\boldsymbol{P}(\boldsymbol{x})$不能保证为负定矩阵，在基于能量的哈密顿函数方法中应用受到限制。为此，需要进一步转化为耗散形式。

李导数：$L_g H = \langle \boldsymbol{g}(\boldsymbol{x}), \nabla H \rangle = g_1(\boldsymbol{x}) \nabla_{x1} H + g_4(\boldsymbol{x}) \nabla_{x4} H = x_1 \neq 0$，系统有一个反馈耗散实现。

选择控制律为：

$$u = \frac{1}{L_g H} \left[L_g H v - \nabla H^{\mathrm{T}} \boldsymbol{S}(\boldsymbol{x}) \nabla H \right] = u_p - \frac{1}{x_1} s(\boldsymbol{x}) \parallel \nabla H \parallel^2 \tag{5-98}$$

新的控制为：

$$u_p = u + \frac{1}{x_1} \frac{1}{c_y} \left[x_2 x_4 + \beta_1 x_4 (x_4 - y_0) + c_y x_1 y_0 \right] \tag{5-99}$$

代入系统（5-93），整理有：

$$\dot{\boldsymbol{x}} = \left[\boldsymbol{J}(\boldsymbol{x}) + \boldsymbol{J}_1(\boldsymbol{x}) - \boldsymbol{R}(\boldsymbol{x}) \right] \frac{\partial H}{\partial \boldsymbol{x}} + \boldsymbol{g}(\boldsymbol{x}) u_p \tag{5-100}$$

其中：

$$\begin{aligned}
\boldsymbol{J}_1(\boldsymbol{x}) &= \frac{1}{L_g H} \left[\boldsymbol{S}(\boldsymbol{x}) \nabla H \, \boldsymbol{g}^{\mathrm{T}}(\boldsymbol{x}) - \boldsymbol{g}(\boldsymbol{x}) \nabla H^{\mathrm{T}} \boldsymbol{S}(\boldsymbol{x}) \right] \\
&= \frac{s(\boldsymbol{x})}{x_1} \begin{bmatrix} 0 & 0 & 0 & c_y \nabla_{x1} H - \beta_0 c_y \nabla_{x4} H \\ 0 & 0 & 0 & 0 \\ 0 & 0 & 0 & 0 \\ -c_y \nabla_{x1} H + \beta_0 c_y \nabla_{x4} H & 0 & 0 & 0 \end{bmatrix}
\end{aligned} \tag{5-101}$$

把反对称矩阵 $\boldsymbol{J}(\boldsymbol{x})$和 $\boldsymbol{J}_1(\boldsymbol{x})$的合并在一起：

$$\overline{\boldsymbol{J}}(\boldsymbol{x}) = \boldsymbol{J}(\boldsymbol{x}) + \boldsymbol{J}_1(\boldsymbol{x})$$

$$=\frac{1}{\|\nabla H\|^2}\begin{bmatrix} 0 & -\nabla_{x1}Hf_2 & -\nabla_{x1}Hf_3 & J_z \\ \nabla_{x1}Hf_2 & 0 & 0 & \nabla_{x4}Hf_2 \\ \nabla_{x1}Hf_3 & 0 & 0 & \nabla_{x4}Hf_3 \\ -J_z & -\nabla_{x4}Hf_2 & -\nabla_{x4}Hf_3 & 0 \end{bmatrix} \quad (5\text{-}102)$$

其中：$J_z=\nabla_{x4}Hf_1-\nabla_{x1}Hf_4+\frac{s(x)}{x_1}c_y(\nabla_{x1}H-\beta_0\nabla_{x4}H)\|\nabla H\|^2$

系统（5-100）可进一步简化为：

$$\dot{\boldsymbol{x}}=[\bar{\boldsymbol{J}}(\boldsymbol{x})-\boldsymbol{R}(\boldsymbol{x})]\frac{\partial H}{\partial \boldsymbol{x}}+\boldsymbol{g}(\boldsymbol{x})u_{\mathrm{p}} \quad (5\text{-}103)$$

式（5-103）即为弹性水击下水轮机系统的哈密顿耗散实现，哈密顿函数为式（5-87）。

将模型（5-103）展开即可得到原微分方程（5-84）。哈密顿系统的微分方程部分在数学上等价于传统微分方程，其结构矩阵反映了系统内部参数互联结构，阻尼矩阵反映了系统端口上的阻尼特性，输入渠道矩阵反映了系统与外部环境的联系机制。

五、耗散模型分析

考察结构上的变化：

$$[\bar{\boldsymbol{J}}(\boldsymbol{x})-\boldsymbol{R}(\boldsymbol{x})]\frac{\partial H}{\partial \boldsymbol{x}}=\begin{bmatrix} \frac{1}{\|\nabla H\|^2}J_Z\nabla_{x4}H-r(x)\nabla_{x1}H \\ f_2 \\ f_3 \\ -\frac{1}{\|\nabla H\|^2}J_Z\nabla_{x1}H-r(x)\nabla_{x4}H \end{bmatrix} \quad (5\text{-}104)$$

$$\begin{aligned}
&\frac{1}{\|\nabla H\|^2}J_Z\nabla_{x4}H-r(x)\nabla_{x1}H \\
&=\frac{\nabla_{x4}Hf_1-\nabla_{x1}Hf_4}{\|\nabla H\|^2}\nabla_{x4}H+\frac{s(x)}{x_1}c_y(\nabla_{x1}H-\beta_0\nabla_{x4}H)\nabla_{x4}H-r(x)\nabla_{x1}H \\
&=f_1-\nabla_{x1}H[-r(x)+s(x)]+\frac{s(x)}{x_1}c_y(\nabla_{x1}H-\beta_0\nabla_{x4}H)\nabla_{x4}H-r(x)\nabla_{x1}H \\
&=f_1+\frac{s(x)}{x_1}[-\nabla_{x1}H\beta_0x_4-c_y\beta_0(\nabla_{x4}H)^2] \\
&=f_1-\frac{\beta_0c_y}{x_1}s(x)\|\nabla H\|^2
\end{aligned}$$

式（5-104）第二项表明，系统内部供给的能量 $s(\boldsymbol{x})\|\nabla H\|^2$ 被作为系统结构的一部分。

$$-\frac{1}{\|\nabla H\|^2}J_Z\nabla_{x1}H-r(x)\nabla_{x4}H$$

$$=-\frac{\nabla_{x4}Hf_1-\nabla_{x1}Hf_4}{\|\nabla H\|^2}\nabla_{x1}H-\frac{s(\boldsymbol{x})}{x_1}c_y(\nabla_{x1}H-\beta_0\nabla_{x4}H)\nabla_{x1}H-r(x)\nabla_{x4}H$$

$$=-\frac{\nabla_{x4}Hf_1-\nabla_{x1}Hf_4}{\|\nabla H\|^2}\nabla_{x1}H-\frac{s(\boldsymbol{x})}{x_1}c_y(\nabla_{x1}H-\beta_0\nabla_{x4}H)\nabla_{x1}H-r(x)\nabla_{x4}H$$

$$=f_4-\frac{1}{x_1}c_ys(\boldsymbol{x})\|\nabla H\|^2$$

上式第二项同样表明系统内部供给的能量 $s(\boldsymbol{x})\|\nabla H\|^2$ 被作为系统结构的一部分。这一分析与刚性水击下系统结构的变化类似。

反馈项经输入渠道进入系统部分：

对应变量 x_1：$g_1(x)\frac{1}{x_1}s(\boldsymbol{x})\|\nabla H\|^2=\beta_0c_y\frac{1}{x_1}s(\boldsymbol{x})\|\nabla H\|^2$

对应变量 x_4：$g_4(x)\frac{1}{x_1}s(\boldsymbol{x})\|\nabla H\|^2=c_y\frac{1}{x_1}s(\boldsymbol{x})\|\nabla H\|^2$

通过反馈刚好抵消了系统结构增加的内部能量供应部分。

第五节　三种水轮机哈密顿模型的比较

三种水轮机哈密顿控制模型基于不同的假设条件，采用相同的方法和思路导出。为便于比较，第二节的 IEEE 刚性水击下的水轮机模型简称为刚性模型，第三节 IEEE 弹性水击下水轮机模型简称为弹性模型Ⅰ，第四节以六个传递系数描述的弹性水击下水轮机模型称为弹性模型Ⅱ。从以下几个方面进行比较。

一、能量函数

在选择系统的哈密顿函数时，为使得哈密顿系统的自然输出接近水轮机的自然输出，以便实现与发电机系统的连接。

1. 能量函数的形式

刚性模型和弹性模型Ⅰ的形式是类似的，都是从水轮机功率表达式间接导出的。实际上，水轮机及水力系统微分方程是单输入系统，输入渠道矩阵 $\boldsymbol{g}(\boldsymbol{x})$ 的秩为 1，可利用哈密顿系统自然输出方程 $\boldsymbol{y}=\boldsymbol{g}^{\mathrm{T}}(\boldsymbol{x})\partial H/\partial\boldsymbol{x}$ 积分得到哈密顿函数。在弹性模型Ⅰ中，选取的水轮机有功计算表达式是比较复杂的包含内部能量损失的模型，是为了说明采用不同的水轮机有功表达式，均可采用相似的方法进行变换。

弹性模型Ⅱ在形式上不同于上述两种，主要原因是该模型从线性化模型演变而来。

三种模型的自然输出：刚性模型：$-p_{\mathrm{m}}$；弹性模型Ⅰ：$-p_{\mathrm{m}}$；弹性模型Ⅱ：m_{t}。

在标幺表示下，并网运行机组的角速度 $\omega\approx1$，$p_{\mathrm{m}}\approx m_{\mathrm{t}}$。三种模型的自然输出是相同的，相差一个负号，都可方便地与发电机连接。

2. 能量函数的物理意义

刚性模型式（5-22）和弹性模型Ⅰ式（5-56）定义的哈密顿函数中，系统能量包括管道末端水流的能量、机组空载能量、转速变化引起的阻尼能量三部分，较好的刻画了系统能量的构成。

弹性模型Ⅱ式（5-88）定义的能量函数中，主要包括了水轮机力矩，对系统能量的描述不够完整。

二、结构变化

采用哈密顿耗散实现方法转化为耗散形式之后，三种模型具有共同的特点：将系统内部供应的能量和内部动态变化均作为系统结构的一部分，与原系统共同构成系统结构描述。这表明，哈密顿系统比传统微分方程提供了更详细的系统内部特性和动力学关联机制。

弹性模型Ⅰ和刚性模型相比，在结构中多出了表征水流弹性所产生的内部动态部分 $s(\boldsymbol{x})\nabla_{x4}H$ 和 $s(\boldsymbol{x})\nabla_{x1}H$。在弹性模型Ⅱ中，没有直接反映水流弹性的结构变化项，而是以内部供给能量的方式间接描述。

三、能量流

由于能量流中存在换算因子，各能量均采用广义能量描述，三种模型的能量对比：

1. 能量耗散

刚性模型：空载能耗，转速变化产生的阻尼功率，水轮机输出机械功率。

弹性模型Ⅰ：空载能耗，转速变化产生的阻尼功率，水轮机输出机械功率。

弹性模型Ⅱ：水轮机输出机械力矩。

2. 内部能量供给

刚性模型：输入水轮机的水流能量，流量变化产生的惯性能量。

弹性模型Ⅰ：输入水轮机的水流能量，流量变化产生的惯性能量。

弹性模型Ⅱ：输入水轮机的机械力矩（水流），导叶开度变化产生的能量变化，力矩变化产生的内部能量加速（惯性能量）。

在内部能量供给方面，三种模型基本相同。

四、耗散实现中的反馈

在反馈耗散实现中，三种模型的反馈尽管各自不同，但是反馈补偿机制完全相同：通过输入渠道补偿（抵消）系统结构描述中增加的内部能量供给部分。

五、哈密顿方程形式

从哈密顿方程的形式上看，刚性模型形式较简单，而弹性模型形式相对复杂。弹性模型下方程各项仍需要作进一步的分析，并作简化处理，以方便应用研究。这一工作有待于在今后的研究中进行。

刚性模型和弹性模型Ⅰ基于 IEEE Working Group 模型，尽管在力矩输出中存在一定误差，但是当系统结构一定时，模型结构参数不随工况变化，应用较方便。弹性模型Ⅱ，基于水轮机特性曲线获得较准确的力矩输出，在工况变化不大的情况下，采用该模型应该是比较理想的。但当工况变化大时，需分段获得六个传递系统，应用不方便。

六、仿真对比

在导叶开度初值 $y=0.5$(p.u.)相同的条件下，阶跃输入 $u=0.3$，对三种模型的哈密顿函数进行仿真，结果见图 5-4。

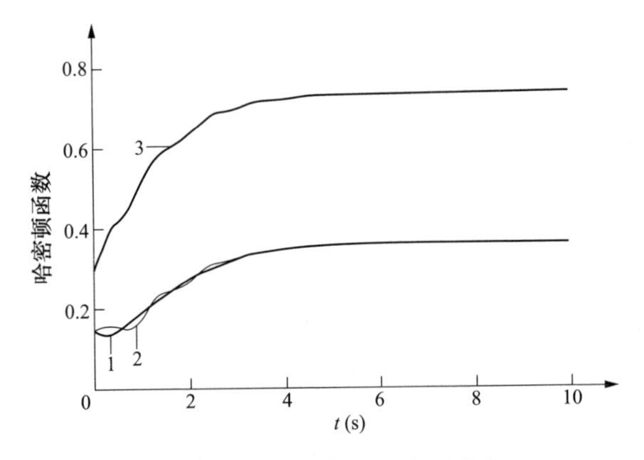

图 5-4　哈密顿函数的阶跃响应

图 5-4 中曲线 1 为刚性水击模型的哈密顿函数响应，曲线 2 为弹性模型Ⅰ的哈密顿函数响应，曲线 3 为弹性模型Ⅱ的哈密顿函数响应。三种模型的能量函数基本上都能反映系统能量的变化方向和大小。正如本节能量函数分析中指出的弹性模型Ⅱ对系统能量描述不够完整。图中曲线 3 在初始阶段没有反映出水击效应。这一点有待在建模中选择哈密顿函数时作进一步的改进。

本章小结

传统哈密顿体系是从拉格朗日体系通过定义广义动量构建一组正则方程得到的偶数维系统。直到近二十年，具有能量耗散的哈密顿系统才引起重视。Van der Schaft 给出了带耗散的哈密顿控制系统标准形式[74]，程代展 1998 年提出了广义哈密顿系统的控制模型[75]，定义伪 Poisson 流形，突破了对结构矩阵的限制，使得广义哈密顿系统可用于描述具有内部能量耗散和与外界具有能量交换的多数物理系统。此后，广义哈密顿理论得到了迅速的发展。

广义哈密顿理论应用的基本前提是基于物理系统的微分方程模型转化为广义哈密顿模型。建模哈密顿模型有两种途径，一是基于系统的拉格朗日描述采用经典的动力学理论转化为广义哈密顿系统，这种方法导出的哈密顿系统无论是能量函数还是结构和阻尼矩阵物理概念清晰。在第六章发电机哈密顿建模就是采用这一方法进行推导得出的[76]。然而，实际物理系统的这种转化具有相当

的难度；二是基于已有的系统微分方程模型采用数学方法将其转换广义哈密顿模型，也称为广义哈密顿实现方法。这种方法从数学角度来看，多数物理系统几乎能都能够按照固定的模式实现转换，得到相应的广义哈密顿模型，例如文献［77］从发电机微分方程（3 阶、5 阶模型）出发，导出了发电机励磁系统的哈密顿函数和控制模型，等等。然而，其主要问题在于广义哈密顿函数的选取，若哈密顿函数选取不当，所获得的结构和阻尼矩阵揭示的内部动力学信息可能不恰当，也就是丧失了广义哈密顿模型相对于传统微分方程模型的优势。哈密顿实现理论所得到的控制模型不依赖于坐标，能量函数的物理意义仍然不明确。新的哈密顿实现方法仍处在不断的研究和探索之中。

本章采用的哈密顿建模方法是广义哈密顿正交分解和耗散实现方法。为了分析哈密顿函数选取的合理性，从系统的能量流、耗散特性等几方面进行了分析。即使如此，所建立的哈密顿模型其结构和阻尼矩阵形式似乎也不是很理想。若能从最基础的动力学理论进行推导得出广义哈密顿模型，可能对水力系统及水轮机内部结构耦合特性会有更深刻的认识，这是今后改进的方向。

此外，经典哈密顿系统是偶数维的，而广义哈密顿系统可扩展到奇数维，并不代表所建立的广义哈密顿系统一定是奇数维的。例如，本章第二、第四节的广义哈密顿系统是偶数维的，而第三章的广义哈密顿系统是奇数维的。

第六章　发电机数学模型

有关发电机数学模型的经典推导和分析详见文献［3，4］。本章主要从经典的拉格朗日动力学角度分析发电机的建模问题，目的之一是为后续哈密顿建模奠定基础。为了不分散读者的注意力，在动力学和发电机相关理论的介绍方面仅给出了直接应用的表达式，详细、系统的说明可阅读其他书籍。

第一节　动力学基础

一、拉格朗日系统和哈密顿系统

完整系统的拉格朗日方程为：

$$\frac{\mathrm{d}}{\mathrm{d}t}\left(\frac{\partial T}{\partial \dot{x}_j}\right)-\frac{\partial T}{\partial x_j}=F_j \quad j=1,2,\cdots,n \tag{6-1}$$

式中　x_j——广义坐标；

$\dot{x}_j$——广义速度；

F_j——广义外力；

T——系统的动能，动能 T 是 $\boldsymbol{x}$、$\dot{\boldsymbol{x}}$、t 的函数，即 $T(\boldsymbol{x},\dot{\boldsymbol{x}},t)$，$\boldsymbol{x}$、$\dot{\boldsymbol{x}}$ 是向量。

广义外力按其成因可以区分为有势外力和一般外力，一般外力采用 F'_j 表示，有势力外力用 F_{jp}表示，则有：

$$F_{jp}=F'_j+F_{jp} \tag{6-2}$$

$$F_{jp}=-\frac{\partial V}{\partial x_j} \tag{6-3}$$

式中　V——系统的势能，势能 V 是 $\boldsymbol{x}$、t 的函数，即 $V(\boldsymbol{x},t)$。

引入拉格朗日函数：

$$L(\boldsymbol{x},\dot{\boldsymbol{x}},t)=T-V \tag{6-4}$$

从式（6-4）得到动能 $T=L+V$，代入式（6-1）：

$$\frac{\mathrm{d}}{\mathrm{d}t}\left(\frac{\partial L}{\partial \dot{x}_j}\right)+\frac{\mathrm{d}}{\mathrm{d}t}\left(\frac{\partial V}{\partial \dot{x}_j}\right)-\frac{\partial L}{\partial x_j}-\frac{\partial V}{\partial x_j}=F'_j+F_{j\mathrm{p}} \tag{6-5}$$

注意到势能 $V(\boldsymbol{x},t)$ 中没有速度变量，$\partial V/\partial \dot{\boldsymbol{x}}_j=0$，再利用式（6-3），得到：

$$\frac{\mathrm{d}}{\mathrm{d}t}\left(\frac{\partial L}{\partial \dot{x}_j}\right)-\frac{\partial L}{\partial x_j}=F'_j \quad j=1,2,\cdots,n \tag{6-6}$$

式（6-6）称为完整系统的拉格朗日方程。

保守系统在运动以及变化的过程中，机械能始终不向外流失，动能、势能之和为一恒定值。

当外力全部为有势力时，式（6-6）变为：

$$\frac{\mathrm{d}}{\mathrm{d}t}\left(\frac{\partial L}{\partial \dot{x}_j}\right)-\frac{\partial L}{\partial x_j}=0 \quad j=1,2,\cdots,n \tag{6-7}$$

对于非保守系统，引进耗散函数 R（系统各部分损耗之和），在拉格朗日函数中再加上二次型的阻尼力，即：

$$L(x,\dot{x},t)=T-V+R \tag{6-8}$$

二次型的阻尼力为：

$$F_{j\mathrm{R}}=\frac{\partial R}{\partial x_j} \tag{6-9}$$

其中，$R=\frac{1}{2}\dot{x}^{\mathrm{T}}C\dot{x}=\frac{1}{2}\sum_{i=1}^{n}\sum_{j=1}^{n}C_{ij}\dot{x}_i\dot{x}_j$。

则，拉格朗日方程式（6-6）变为：

$$\frac{\mathrm{d}}{\mathrm{d}t}\left(\frac{\partial L}{\partial \dot{x}_j}\right)-\frac{\partial L}{\partial x_j}-\frac{\partial R}{\partial \dot{x}_j}=F'_j \quad j=1,2,\cdots,n \tag{6-10}$$

定义广义动量：

$$p_i=\frac{\partial L(x_i,\dot{x}_i,t)}{\partial \dot{x}_i} \tag{6-11}$$

取哈密顿函数为：

$$H(\boldsymbol{x},\boldsymbol{p},t)=\boldsymbol{p}^{\mathrm{T}}\dot{x}-L(x,\dot{x},t) \tag{6-12}$$

则式（6-9）可用一组对偶变量（$\boldsymbol{x}$，$\boldsymbol{p}$）表示成以下形式：

$$\dot{x}=\frac{\partial H}{\partial \boldsymbol{p}} \tag{6-13}$$

$$\dot{p}=-\frac{\partial H}{\partial \boldsymbol{x}} \tag{6-14}$$

上述方程称为哈密顿正则方程。

几点说明：

（1）在上述运算中，需特别注意 $\dot{x}$ 虽然其物理含义是广义速度，但是在动能 $T(\boldsymbol{x},\dot{\boldsymbol{x}},t)$、拉格朗日函数 $L(\boldsymbol{x},\dot{\boldsymbol{x}},t)$、哈密顿函数 $H(\boldsymbol{x},\dot{\boldsymbol{x}},t)$ 中是作为状态向量，$\dot{\boldsymbol{x}}=[\dot{\boldsymbol{x}}_1,\dot{\boldsymbol{x}}_2,\cdots,\dot{\boldsymbol{x}}_n]$。

(2) 由于 $\boldsymbol{x}$ 和 $\boldsymbol{p}$ 互为对偶，在分析动力学中称为正则变量，若将（$\boldsymbol{x}$，$\boldsymbol{p}$）均作为状态变量，则由方程（6-13）和方程（6-14）构成的哈密顿系统是 $2n$ 个一阶微分方程组。实际上传统的哈密顿系统就是由式（6-13）和式（6-14）构成的，这也就是传统哈密顿系统是偶数维的由来。

这里仅仅给出在后续建模中所需的基本概念，更多细节可参考分析动力学相关书籍。

二、机电耦合动力学

机电耦联系统就是机械过程与电磁过程相互作用相互联系的系统，主要特征是机械能和电磁能的转换。机电耦联系统分析动力学提供了非常有效的工具，它将表征系统的电磁量和机械力学量形式上看成是等同的，通过机电比拟关系和各自的理论体系建立耦联系统的分析模型。

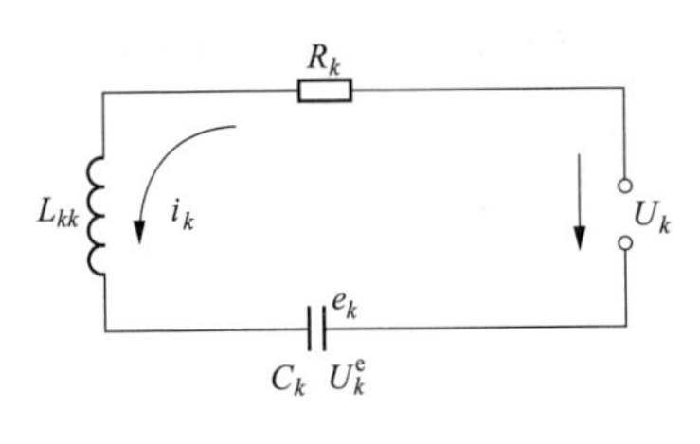

图 6-1 第 k 个回路

1. 基于能量表达的电路方程

研究图 6-1 所示的 m 个回路构成的系统。图中，R_k、C_k、L_{kk}、e_k、U_k^e、i_k、U_k 分别为第 k 个回路的电阻、电容、电感、电容器电荷、电容器电势、回路电流、外电压。

取广义坐标为：$[e_1\ e_2 \cdots e_3]^{\mathrm{T}}$，广义速度为：$[\dot{e}_1 \dot{e}_2 \cdots \dot{e}_k]^{\mathrm{T}}$，则 m 个回路的总电场能量为：

$$W_{\mathrm{e}} = \frac{1}{2} \sum_{k=1}^{m} \frac{e_k^2}{C_k} \tag{6-15}$$

m 个回路的总磁场能为：

$$W_{\mathrm{m}} = \frac{1}{2} \sum_{k,r=1}^{m} L_{kr} i_k i_r \tag{6-16}$$

回路磁链为：

$$\psi_{\mathrm{k}} = \sum_{r=1}^{m} L_{kr} i_r \tag{6-17}$$

显然有：

$$U_k^{\mathrm{e}} = \frac{\partial W_{\mathrm{e}}}{\partial e_k} \tag{6-18}$$

$$\psi_k = \frac{\partial W_{\mathrm{m}}}{\partial i_k} \tag{6-19}$$

$$U_k^i = -\frac{\mathrm{d}\psi_k}{\mathrm{d}t} \tag{6-20}$$

根据基尔霍夫电压定理有：

$$U_k + U_k^i = R_{\mathrm{a}} i_k + U_k^{\mathrm{e}} \tag{6-21}$$

引入耗散函数：

$$\frac{\partial F_e}{\partial i_k}=R_k i_k \tag{6-22}$$

将上述各项表达式直接代入式（6-21），整理得到第 k 个回路的能量方程为：

$$\frac{d}{dt}\left(\frac{\partial W_m}{\partial i_k}\right)+\frac{\partial W_e}{\partial e_k}+\frac{\partial F_e}{\partial i_k}=U_k \tag{6-23}$$

从形式上看，式（6-23）与式（6-10）的形式非常相似。

2. 统一的 Lagrange-Maxwell 方程

麦克斯韦在 1873 年第一次运用拉格朗日方程描述了机电耦联系统的动力学问题，称为的拉格朗日-麦克斯韦（Lagrange-Maxwell）方程。它用统一的观点描述机电耦联系统，获得了统一的机电耦联系统动力学方程。

在机电系统中，机械系统能量包括动能 T 和势能 V，电气系统中包括电场能量 W_e 和磁场能量 W_m。同时包括机械和电气的系统中，取机电系统统一的拉格朗日函数为：

$$L=T-V+W_m-W_e \tag{6-24}$$

耗散函数为：

$$F=F_m+F_e \tag{6-25}$$

其中，F_m、F_e 分别是机械系统和电气系统中的耗散函数。

则式（6-10）、式（6-23）可以写成统一的形式：

$$\begin{aligned}&\frac{d}{dt}\left(\frac{\partial L}{\partial \dot{e}_k}\right)-\frac{\partial L}{\partial e_k}+\frac{\partial F}{\partial \dot{e}_k}=U_k\\&\frac{d}{dt}\left(\frac{\partial L}{\partial \dot{x}_j}\right)-\frac{\partial L}{\partial x_j}+\frac{\partial F}{\partial \dot{x}_j}=F'_j\end{aligned} \tag{6-26}$$

这就是著名的 Lagrange-Maxwell 方程，它建立了机械系统和电气系统的类比关系。为了便于后续对比分析，将常用的机电类比关系[78]列在表 6-1 中。

表 6-1　机械系统与电磁系统的类比关系

统一名称	机械系统		电磁系统	
	平移运动	定轴转动	电荷变量	磁链变量
广义坐标	位移 x_k	角位移 θ_k	电荷 q_j	磁链 ψ_j
广义速度	速度 $v_k=\dot{x}_k$	角速度 $\omega_k=\dot{\theta}_k$	电流 $i_j=\dot{q}_k$	电压 $u_j=\dot{\psi}_j$
广义力	力 f_k	力矩 T_k	电势 U_j	电流 I_j
惯性元件	质量 M_k	转动惯量 J_k	电感 L_j	电容 C_j
广义动能	动能 $M_k v_k^2$	转动能 $J_k \omega_k^2$	磁能 $L_j i_j^2/2$	电能 $C_j u_j^2/2$
弹性元件	弹簧常数 K_k	扭簧系数 α_k	倒电容 $1/C_j$	倒电感 $1/L_j$

续表

统一名称	机械系统		电磁系统	
	平移运动	定轴转动	电荷变量	磁链变量
广义位能	位能 $\frac{1}{2}K_{k}x_{k}^{2}$	位能 $\frac{1}{2}\alpha_{k}\theta_{k}^{2}$	电能 $\frac{1}{2}q_{j}^{2}/C_{j}$	磁能 $\frac{1}{2}\psi_{j}^{2}/L_{j}$
损耗系数	阻尼系数 D_{k}	摩擦系数 β_{k}	电阻 R_{j}	电导 G_{j}
耗损函数	损耗 $\frac{1}{2}D_{k}v_{k}^{2}$	损耗 $\frac{1}{2}\beta_{k}\omega_{k}^{2}$	损耗 $\frac{1}{2}R_{j}i_{j}^{2}$	损耗 $\frac{1}{2}G_{j}u_{j}^{2}$

第二节　发电机的拉格朗日方程

拉格朗日体系的核心是分析系统的能量关系，在确定系统的能量函数和外力之后，即可利用拉格朗日方程建立系统的运动方程。为此，首先建立各部分的能量函数。

一、发电机能量函数

采用理想电机假设，电机绕组用集中参数的电感和电阻表示，转子逆时针旋转为正方向。采用 X_{ad}基值系统作标幺处理和派克变换后，发电机定转子磁链标幺方程为[4]：

$$\begin{bmatrix}\boldsymbol{\psi}_{dq0}\\ \boldsymbol{\psi}_{fDQ}\end{bmatrix}=\begin{bmatrix}\psi_{d}\\ \psi_{q}\\ \psi_{0}\\ \psi_{f}\\ \psi_{D}\\ \psi_{Q}\end{bmatrix}=\begin{bmatrix}X_{d} & 0 & 0 & X_{ad} & X_{ad} & 0\\ 0 & X_{q} & 0 & 0 & 0 & X_{aq}\\ 0 & 0 & X_{0} & 0 & 0 & 0\\ X_{ad} & 0 & 0 & X_{f} & X_{ad} & 0\\ X_{ad} & 0 & 0 & X_{ad} & X_{D} & 0\\ 0 & X_{aq} & 0 & 0 & 0 & X_{Q}\end{bmatrix}\begin{bmatrix}-i_{d}\\ -i_{q}\\ -i_{0}\\ i_{f}\\ i_{D}\\ i_{Q}\end{bmatrix}$$

$$=\begin{bmatrix}\boldsymbol{X}_{SS} & \boldsymbol{X}_{SR}\\ \boldsymbol{X}_{RS} & \boldsymbol{X}_{RR}\end{bmatrix}\cdot\begin{bmatrix}-\boldsymbol{i}_{dqo}\\ \boldsymbol{i}_{fDQ}\end{bmatrix}\tag{6-27}$$

其中：

$$\boldsymbol{X}_{SS}=\begin{bmatrix}X_{d} & 0 & 0\\ 0 & X_{q} & 0\\ 0 & 0 & X_{0}\end{bmatrix},\boldsymbol{X}_{SR}=\begin{bmatrix}X_{ad} & X_{ad} & 0\\ 0 & 0 & X_{aq}\\ 0 & 0 & 0\end{bmatrix},$$

$$\boldsymbol{X}_{RS}=\begin{bmatrix}X_{ad} & 0 & 0\\ X_{ad} & 0 & 0\\ 0 & X_{aq} & 0\end{bmatrix},\boldsymbol{X}_{RR}=\begin{bmatrix}X_{f} & X_{ad} & 0\\ X_{ad} & X_{D} & 0\\ 0 & 0 & X_{Q}\end{bmatrix}$$

分别写成转子磁链和定子磁链方程如下：

$$\boldsymbol{\psi}_{dq0}=\begin{bmatrix}\psi_{d}\\ \psi_{q}\\ \psi_{0}\end{bmatrix}=\begin{bmatrix}-X_{d}i_{d}+X_{ad}i_{f}+X_{ad}i_{D}\\ -X_{q}i_{q}+X_{aq}i_{Q}\\ X_{0}i_{0}\end{bmatrix}=\boldsymbol{X}_{SS}(-\boldsymbol{i}_{dqo})+\boldsymbol{X}_{SR}\,\boldsymbol{i}_{fDQ}\tag{6-28}$$

$$\boldsymbol{\psi}_{\mathrm{fDQ}}=\begin{bmatrix}\psi_{\mathrm{f}}\\ \psi_{\mathrm{D}}\\ \psi_{\mathrm{Q}}\end{bmatrix}=\begin{bmatrix}-X_{\mathrm{ad}}i_{\mathrm{d}}+X_{\mathrm{f}}i_{\mathrm{f}}+X_{\mathrm{ad}}i_{\mathrm{D}}\\ -X_{\mathrm{ad}}i_{\mathrm{d}}+X_{\mathrm{ad}}i_{\mathrm{f}}+X_{\mathrm{ad}}i_{\mathrm{D}}\\ -X_{\mathrm{aq}}i_{\mathrm{q}}+X_{\mathrm{Q}}i_{\mathrm{Q}}\end{bmatrix}=\boldsymbol{X}_{\mathrm{RS}}(-\boldsymbol{i}_{\mathrm{dqo}})+\boldsymbol{X}_{\mathrm{RR}}\,\boldsymbol{i}_{\mathrm{fDQ}}\tag{6-29}$$

下标 d、q、0 表示定子 d、q、0 轴参数，下标 f、D、Q 表示分别表示励磁绕组、转子 d、q 轴等值阻尼绕组参数，$\boldsymbol{X}_{\mathrm{SS}}$、$\boldsymbol{X}_{\mathrm{RR}}$、$\boldsymbol{X}_{\mathrm{SR}}$、$\boldsymbol{X}_{\mathrm{RS}}$是电抗矩阵，其中 $\boldsymbol{X}_{\mathrm{SR}}=\boldsymbol{X}_{\mathrm{RS}}^{\mathrm{T}}$。

上式中各参数均为标幺参数，忽略了下标“*”。

按机电比拟关系，电磁系统的磁链、磁能相当于机械系统的动量、动能，各阻抗支路对应的外电压就是非保守广义力。取电磁系统的广义速度为：$\boldsymbol{i}_{\mathrm{fDQ}}=[i_{\mathrm{f}}\ i_{\mathrm{D}}\ i_{\mathrm{Q}}]^{\mathrm{T}}$、$-\boldsymbol{i}_{\mathrm{dq0}}=[-i_{\mathrm{d}}-i_{\mathrm{q}}-i_{0}]^{\mathrm{T}}$，则发电机系统的磁能 W_{mG}可表示为：

$$W_{\mathrm{mG}}=\frac{1}{2}[-\boldsymbol{i}_{\mathrm{dq0}}^{\mathrm{T}}\quad \boldsymbol{i}_{\mathrm{fDQ}}^{\mathrm{T}}]\times\begin{bmatrix}\boldsymbol{X}_{\mathrm{SS}} & \boldsymbol{X}_{\mathrm{SR}}\\ \boldsymbol{X}_{\mathrm{RS}} & \boldsymbol{X}_{\mathrm{RR}}\end{bmatrix}\begin{bmatrix}-\boldsymbol{i}_{\mathrm{dq0}}\\ \boldsymbol{i}_{\mathrm{fDQ}}\end{bmatrix}\tag{6-30}$$

耗散函数：

$$F_{\mathrm{dG}}=\frac{1}{2}[-\boldsymbol{i}_{\mathrm{dq0}}^{\mathrm{T}}\quad \boldsymbol{i}_{\mathrm{fDQ}}^{\mathrm{T}}]\times\begin{bmatrix}\boldsymbol{r}_{\mathrm{abc}} & 0\\ 0 & \boldsymbol{r}_{\mathrm{fDQ}}\end{bmatrix}\begin{bmatrix}-\boldsymbol{i}_{\mathrm{dq0}}\\ \boldsymbol{i}_{\mathrm{fDQ}}\end{bmatrix}\tag{6-31}$$

$\boldsymbol{r}$ 为各绕组电阻标幺值，其中 $\boldsymbol{r}_{\mathrm{abc}}=[r_{\mathrm{a}}\ r_{\mathrm{b}}\ r_{\mathrm{c}}]^{\mathrm{T}}$，这里取 $r_{\mathrm{a}}=r_{\mathrm{b}}=r_{\mathrm{c}}$。

系统中无等效的电容元件，系统电能为零。

在旋转坐标系 d、q、0 下去观察静止的定子 abc 绕组，两者之间存在相对运动，在 d、q 绕组中产生速度电动势 $\omega\psi_{\mathrm{q}}$和 $\omega\psi_{\mathrm{d}}$，作为广义力。根据机电类比关系，电磁系统的电动势就是系统的非保守力外力。因此，有以下对应关系：

d 轴：$u_{\mathrm{d}}+\omega\psi_{\mathrm{q}}$；

q 轴：$u_{\mathrm{q}}-\omega\psi_{\mathrm{d}}$；

0 轴：u_{0}；

f 绕组：u_{f}；

D 绕组：u_{D}；

Q 绕组：u_{Q}。

相应的拉格朗日方程为：

$$\frac{\mathrm{d}}{\mathrm{d}t_{*}}\left[\frac{\partial W_{\mathrm{mG}}}{\partial(-\boldsymbol{i}_{\mathrm{dq0}})}\right]+\frac{\partial F_{\mathrm{dG}}}{\partial(-\boldsymbol{i}_{\mathrm{dq0}})}=\begin{bmatrix}u_{\mathrm{d}}+\omega\psi_{\mathrm{q}}\\ u_{\mathrm{q}}-\omega\psi_{\mathrm{d}}\\ u_{0}\end{bmatrix}\tag{6-32}$$

$$\frac{\mathrm{d}}{\mathrm{d}t_{*}}\left(\frac{\partial W_{\mathrm{mG}}}{\partial\boldsymbol{i}_{\mathrm{fDQ}}}\right)+\frac{\partial F_{\mathrm{dG}}}{\partial\boldsymbol{i}_{\mathrm{fDQ}}}=\begin{bmatrix}u_{\mathrm{f}}\\ u_{\mathrm{D}}\\ u_{\mathrm{Q}}\end{bmatrix}\tag{6-33}$$

式中 u_{d}、u_{q}、u_{0}——发电机定子 d、q、0 轴电压分量；

ω——角速度，各参数均为标幺值。

需要注意的是，在常规的拉格朗日方程中，时间单位是 s。但是，在标幺系统中，电感基值是采用标幺时间定义的，以标幺系统建立的系统的磁能 W_{mG}、耗散函数 F_{dG}、广义动量 $\frac{\partial L}{\partial(-\boldsymbol{i}_{dq0})}$、$\frac{\partial L}{\partial \boldsymbol{i}_{fDQ}}$ 都是以标幺时间为基准的。与文献［4］给出的标幺电压方程形成进行对比后，发现若将拉格朗日方程形式中的时间采用标幺时间表示，可保持形式上的一致性。因此，在上述是式（6-32）、式（6-33）的时间采用“t_*”表示，其含义为标幺时间，$t_*=\omega_B t$。

拉格朗日方程中的时间采用标幺时间表示后，其形式不变，可理解为拉格朗日方程的广义形式。容易验证，上述方程展开后，即可得到发电机电压方程。

展开式（6-32）：

$$\frac{\mathrm{d}}{\mathrm{d}t_*}[\boldsymbol{X}_{SS}(-\boldsymbol{i}_{dq0})+\boldsymbol{X}_{SR}\boldsymbol{i}_{fDQ}]+\boldsymbol{r}_{abc}(-\boldsymbol{i}_{dq0})=\frac{\mathrm{d}}{\mathrm{d}t}[\boldsymbol{\psi}_{dq0}]+\boldsymbol{r}_{abc}(-\boldsymbol{i}_{dq0})=\begin{bmatrix}u_d+\omega\psi_q\\u_q-\omega\psi_d\\u_0\end{bmatrix}$$

即：

$$\begin{cases}u_d=\dfrac{\mathrm{d}\psi_d}{\mathrm{d}t_*}-\omega\psi_q-i_d r_a\\u_q=\dfrac{\mathrm{d}\psi_q}{\mathrm{d}t_*}+\omega\psi_d-i_b r_b\\u_0=\dfrac{\mathrm{d}\psi_0}{\mathrm{d}t_*}-i_0 r_c\end{cases}\tag{6-34}$$

式（6-34）即为 d、q、0 坐标下的标幺定子电压方程式。

展开式（6-33）：

$$\frac{\mathrm{d}}{\mathrm{d}t_*}[\boldsymbol{X}_{RR}\boldsymbol{i}_{fDQ}+\boldsymbol{X}_{RS}(-\boldsymbol{i}_{dq0})]+\boldsymbol{r}_{fDQ}\boldsymbol{i}_{fDQ}=\frac{\mathrm{d}}{\mathrm{d}t}[\boldsymbol{\Psi}_{fDQ}]+\boldsymbol{r}_{fDQ}\boldsymbol{i}_{fDQ}=\begin{bmatrix}u_f\\u_D\\u_Q\end{bmatrix}$$

即：

$$\begin{cases}u_f=\dfrac{\mathrm{d}\psi_f}{\mathrm{d}t_*}+i_f r_f\\u_D(=0)=\dfrac{\mathrm{d}\psi_D}{\mathrm{d}t_*}+i_D r_D\\u_Q(=0)=\dfrac{\mathrm{d}\psi_Q}{\mathrm{d}t_*}+i_Q r_Q\end{cases}\tag{6-35}$$

式（6-35）即为 d、q、0 坐标下的标幺转子电压方程。

为了便于后续推导中使用，仍将式（6-35）写成矩阵形式：

$$\begin{bmatrix}\boldsymbol{u}_{dq0}\\\boldsymbol{u}_{fDQ}\end{bmatrix}=\frac{\mathrm{d}}{\mathrm{d}t_*}\begin{bmatrix}\boldsymbol{\psi}_{dq0}\\\boldsymbol{\psi}_{fDQ}\end{bmatrix}+\begin{bmatrix}\boldsymbol{S}_{dq0}\\\boldsymbol{0}\end{bmatrix}+\begin{bmatrix}\boldsymbol{r}_{dq0}&\boldsymbol{0}\\\boldsymbol{0}&\boldsymbol{r}_{fDQ}\end{bmatrix}\begin{bmatrix}-\boldsymbol{i}_{dq0}\\\boldsymbol{i}_{fDQ}\end{bmatrix}\tag{6-36}$$

$$\boldsymbol{S}_{dq0}=\begin{bmatrix}-\omega\psi_{q}\\ \omega\psi_{d}\\ 0\end{bmatrix} \tag{6-37}$$

二、线路能量函数

三相对称参数的输电线路采用集中参数的“Π”型等值阻抗支路，r_s、X_s、X_m分别为线路各相的集中参数电阻、自感和两相互感，如图 6-2 所示。

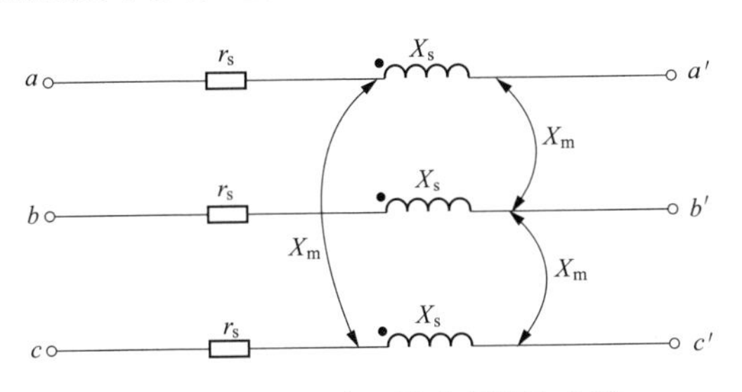

图 6-2　三相输电线路的阻抗支路

为区别于发电机方程，线路部分各参数均加下标“ L ”表示，磁链方程为：

$$\boldsymbol{\psi}_{dq0L}=\begin{bmatrix}X_{dl} & 0 & 0\\ 0 & X_{ql} & 0\\ 0 & 0 & X_{0l}\end{bmatrix}\times\begin{bmatrix}i_{dL}\\ i_{qL}\\ i_{0L}\end{bmatrix}=\boldsymbol{L}_{dq0L}\boldsymbol{i}_{dq0L} \tag{6-38}$$

式中，$X_{dl}=X_{ql}=X_s-X_m=X_L$ 等于工频下的线路正序电抗标幺值，$X_{0l}=X_s+2X_m$等于工频下的线路零序电抗标幺值[13]。

利用机电比拟关系，选 i_{dL}、i_{ql}、i_{0l}为广义速度，线路的磁能为：

$$W_{mL}=\frac{1}{2}\boldsymbol{i}_{dq0L}^{T}\boldsymbol{L}_{dq0L}\boldsymbol{i}_{dq0L}=\frac{1}{2}\begin{bmatrix}i_{dL} & i_{qL} & i_{0L}\end{bmatrix}^{T}\times\begin{bmatrix}X_{L} & 0 & 0\\ 0 & X_{L} & 0\\ 0 & 0 & X_{0l}\end{bmatrix}\times\begin{bmatrix}i_{dL}\\ i_{qL}\\ i_{0L}\end{bmatrix} \tag{6-39}$$

耗散函数：

$$F_{dL}=\frac{1}{2}r_s(i_{dL}^2+i_{qL}^2+i_{0L}^2) \tag{6-40}$$

与发电机类似，经派克变换后，在 d、q 轴上，还存在感应的速度电动势$\omega\psi_{qL}$和$-\omega\psi_{dL}$。因此，线路上的非保守的广义力，记为 $u_{dL}+\omega\psi_{qL}$、$u_{qL}-\omega\psi_{qL}$、u_{0L}，其中 u_{dL}、u_{qL}、u_{0L}是线路上的电压降。

同样，以标幺时间为基值的系统中，拉格朗日系统中的时间应采用标幺时间。因此，对线路子系统，拉格朗日方程为：

$$\frac{d}{dt_*}\left(\frac{\partial W_{mL}}{\partial i_{dq0L}}\right)+\frac{\partial F_{dL}}{\partial \boldsymbol{i}_{dq0L}}=\begin{bmatrix}u_{dL}+\omega\psi_{qL}\\ u_{qL}-\omega\psi_{dL}\\ u_{0L}\end{bmatrix} \tag{6-41}$$

方程展开后，就是线路在 $dq0$ 坐标下的标幺电磁暂态模型。

$$\frac{\mathrm{d}}{\mathrm{d}t_*}(\boldsymbol{L}_{\mathrm{dq0L}}\boldsymbol{i}_{\mathrm{dq0L}})+r_\mathrm{s}\boldsymbol{i}_{\mathrm{dq0L}}=\begin{bmatrix}u_{\mathrm{dL}}+\omega\psi_{\mathrm{qL}}\\u_{\mathrm{qL}}-\omega\psi_{\mathrm{dL}}\\u_{\mathrm{0L}}\end{bmatrix}$$

即：

$$\begin{cases}u_{\mathrm{dL}}=p\psi_{\mathrm{dL}}-\omega\psi_{\mathrm{qL}}+r_\mathrm{s}i_{\mathrm{dL}}\\u_{\mathrm{qL}}=p\psi_{\mathrm{qL}}+\omega\psi_{\mathrm{qL}}+r_\mathrm{s}i_{\mathrm{qL}}\\u_{\mathrm{0L}}=p\psi_{\mathrm{0L}}+r_\mathrm{s}i_{\mathrm{0L}}\end{cases} \tag{6-42}$$

三、机组转动部分的能量函数

转动部分包括水轮机、主轴、发电机转子。忽略轴系偏心，取旋转机械角位移 θ_m(rad) 为广义坐标，则机组转动动能为：

$$T=\frac{1}{2}J\left(\frac{\mathrm{d}\theta_\mathrm{m}}{\mathrm{d}t}\right)^2=\frac{1}{2}J\omega_\mathrm{m}^2 \tag{6-43}$$

式中 J——转动部分的转动惯量（$\mathrm{kg\cdot m^2}$）；

ω_m——机械角速度（rad/s）。

忽略轴系的弯曲、扭转，相应的势能为零；忽略摩阻损失，相应的耗散能为零。水轮机出力为：$N=\omega_\mathrm{m}T_\mathrm{m}$，电磁功率为：$P_\mathrm{e}=\omega_\mathrm{m}T_\mathrm{e}$。根据分析动力学原理可知，在功率表达式中，广义速度的系数项就是广义力。所以水轮机力矩 T_m 和电磁力矩 T_e 就是非保守的广义力，此时有拉格朗日方程为：

$$\frac{\mathrm{d}}{\mathrm{d}t}\left(\frac{\partial T}{\partial\omega_\mathrm{m}}\right)=T_\mathrm{m}-T_\mathrm{e} \tag{6-44}$$

定义机组惯性时间常数为：

$$T_j=\frac{J\omega_{\mathrm{mB}}^2}{S_{\mathrm{aB}}} \tag{6-45}$$

设发电机定子绕组容量基值 S_{aB}，机组机械角速度基值为 ω_{mB}，则力矩基值为：

$$T_\mathrm{B}=\frac{S_{\mathrm{aB}}}{\omega_{\mathrm{mB}}} \tag{6-46}$$

方程式（6-44）除以力矩基值 T_B，则方程右边就是标幺力矩 m_t、m_g。方程左边的能量函数中：

$$\frac{T}{S_{\mathrm{aB}}}=\frac{1}{2}\frac{J\omega_{\mathrm{mB}}^2}{S_{\mathrm{aB}}}\frac{\omega_\mathrm{m}^2}{\omega_{\mathrm{mB}}^2}=\frac{1}{2}T_j\omega_*^2 \tag{6-47}$$

ω_* 为角速度标幺值。

方程式（6-44）除以力矩基值 T_B，可改写为：

$$\frac{\mathrm{d}}{\mathrm{d}t}\left[\frac{\partial(T/S_{\mathrm{aB}})}{\partial\omega_\mathrm{m}/\omega_{\mathrm{mB}}}\right]=\frac{\mathrm{d}}{\mathrm{d}t}\left[\frac{\partial(T_j\omega_*^2/2)}{\partial\omega_*}\right]=T_j\frac{\mathrm{d}\omega_*}{\mathrm{d}t}=m_\mathrm{t}-m_\mathrm{g} \tag{6-48}$$

为了便于后续构建统一的拉格朗日函数，上述式（6-47）所描述的转动动能已经是标幺形式了。式（6-48）也采用标幺时间形式改写为：

$$T_{j*}\frac{\mathrm{d}\omega_*}{\mathrm{d}t_*}=m_{\mathrm{t}}-m_{\mathrm{g}} \tag{6-49}$$

式（6-49）中，$T_{j*}=T_j\omega_{\mathrm{B}}$称为标幺惯性时间常数。

于是，以标幺时间为基准的动能可写为：

$$T_*=\frac{1}{2}T_{j*}\omega_*^2 \tag{6-50}$$

式（6-50）的合理性可代入拉格朗日方程进行验证，如式（6-48）的验证过程。

直接给出标幺形式下的电磁力矩标幺值为：

$$m_{\mathrm{g}}=\psi_{\mathrm{d}}i_{\mathrm{q}}-\psi_{\mathrm{q}}i_{\mathrm{d}} \tag{6-51}$$

上述是采用机械角位移θ_{m}为广义坐标导出的，与采用电角度θ为广义坐标导出的机组运动方程形式是一致的。实际上，取电角度为θ，电角速度基值为ω_{B}，在标幺变换下，机械角速度标幺值与电角速度标幺是相等的。在实际应用中，一般取电角度和电角速度为变量。因此，在后续推导中，直接替换为电角度θ和电角速度标幺值。

$$\frac{\mathrm{d}\theta}{\mathrm{d}t}=\omega \tag{6-52}$$

式（6-52）中，电角度θ是d轴领先a轴的电角度，即使在稳态，θ也是一个以同步速度为角频率的变量。因此，实际转子运动方程采用转子q轴相对于同步旋转坐标系（xy坐标系）的实轴x的角位移δ来代替θ作为状态变量（见图6-3)。

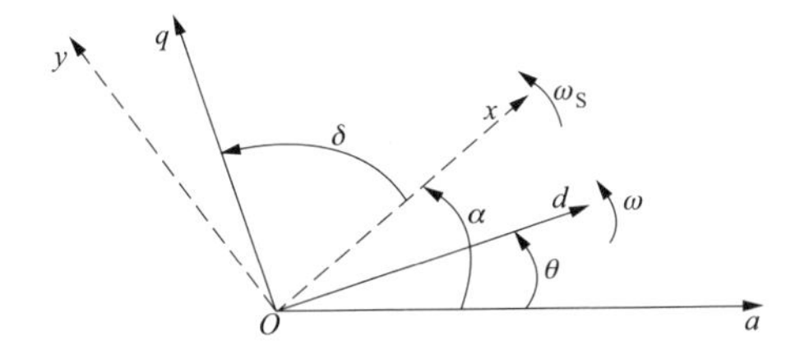

图6-3 三相输电线路的阻抗支路

设$t=0$时，同步坐标系x轴领先静止坐标a轴角度为α_0，则在任一时刻t，x轴领先a轴的角度为：

$$\alpha=\omega_{\mathrm{s}}t+\alpha_0 \tag{6-53}$$

式中 ω_{s}——同步角速度，即ω_{B}。

定义转子q轴领先x轴的角度为δ，则有：

$$\delta=\frac{\pi}{2}-(\alpha-\theta) \tag{6-54}$$

式中 $(\alpha-\theta)$——x轴领先d轴的电角度。

从上述两式可得到：

$$\theta = \delta + \omega_s t + \alpha_0 - \frac{\pi}{2} \tag{6-55}$$

从而，有：

$$\frac{d\theta}{dt} = \frac{d\delta}{dt} + \omega_S = \omega \tag{6-56}$$

改写为：

$$\frac{d\delta}{dt} = \omega_B(\omega_* - 1) \tag{6-57}$$

或写成标幺时间形式：

$$\frac{d\delta}{dt_*} = \omega_* - 1 \tag{6-58}$$

四、发电机的 Lagrange-Maxwell 方程组

通常发电机机端通过线路连接变压器，再通过线路连接到电网母线。变压器的电磁暂态模型与线路阻抗支路的电磁暂态模型类似。如果忽略变压器接线方式以及其他网络元件的影响，将发电机机端至电网母线简化为线路模型，并将其集成到发电机模型中，可简化发电机组的分析研究。

电网则采用 xy 同步坐标，电网母线电压为 U_s。根据 xy-dq 坐标关系可知，U_s的 d、q 轴分量分别为[4]：

$$U_d = \frac{X_q}{X_{q\Sigma}} U_s \sin\delta \tag{6-59}$$

$$U_q = \frac{X'_d}{X'_{d\Sigma}} U_s \cos\delta + \frac{X_L}{X'_{d\Sigma}} E'_q \tag{6-60}$$

$$i_d = \frac{E'_q - U_s \cos\delta}{X'_{d\Sigma}} \tag{6-61}$$

$$i_q = \frac{1}{X_{q\Sigma}} U_s \sin\delta \tag{6-62}$$

其中，$X_{q\Sigma} = X_q + X_L$，$X'_{d\Sigma} = X'_d + X_L$。

零轴分量单独处理，记为 U_0。

在线路部分中的电压定义为压降，则线路上的广义力为：

d 轴：$u_d - U_d + \omega\psi_{ql}$；

q 轴：$u_q - U_q - \omega\psi_{dl}$；

0 轴：$u_0 - U_0$。

其中，δ 是功角（rad），其余参数均为标幺值。

u_d是发电机机端电压的 d 轴分量，$u_d - U_d$就是发电机机端至母线的 d 轴电压分量差。u_q是发电机机端电压的 q 轴分量，$u_q - U_q$就是发电机机端至母线的 q 轴电压分量差。

发电机与网络接口后，取广义速度为 ω、$-i_d$、$-i_q$、$-i_0$、i_f、i_D、i_Q，

则发电机总的能量函数就等于发电机能量函数、转动部分能量函数、线路能量函数三部分直接相加。

统一的拉格朗日函数为：

$$L = L_g + W_{mG} + W_{ml} = \frac{1}{2}T_{j*}\omega^2 + \frac{1}{2}[-\boldsymbol{i}_{dq0}^T \quad \boldsymbol{i}_{fDQ}^T] \times \begin{bmatrix} \boldsymbol{X}_{SS} + L_{dq0l} & \boldsymbol{X}_{SR} \\ \boldsymbol{X}_{RS} & \boldsymbol{X}_{RR} \end{bmatrix} \times \begin{bmatrix} -\boldsymbol{i}_{dq0} \\ \boldsymbol{i}_{fDQ} \end{bmatrix} \tag{6-63}$$

在式（6-63）中，在拉格朗日函数中各项均为标幺值，因此省略了角速度标幺的下标“$*$”，用 ω 表示角速度标幺值。

耗散函数为：

$$F = F_{dG} + F_{dl} = \frac{1}{2}[-\boldsymbol{i}_{dq0}^T \quad \boldsymbol{i}_{fDQ}^T] \times \begin{bmatrix} \boldsymbol{r}_{abc} + \boldsymbol{r}_s & 0 \\ 0 & \boldsymbol{r}_{fDQ} \end{bmatrix} \times \begin{bmatrix} -\boldsymbol{i}_{dq0} \\ \boldsymbol{i}_{fDQ} \end{bmatrix} \tag{6-64}$$

对应于广义速度 ω 的广义力为：

$$f_1 = m_t - m_g \tag{6-65}$$

选择与发电机电流方向一致，则 d、q、0 轴对应的广义力等于发电机和线路相应的电压差，即广义力之差：

d 轴：

$$f_d = (u_d + \omega\psi_q) - (u_d - U_d + \omega\psi_{ql}) = U_d + \omega\psi_{q\Sigma} \tag{6-66}$$

q 轴：

$$f_q = (u_q - \omega\psi_d) - (u_q - U_q - \omega\psi_{dl}) = U_q - \omega\psi_{d\Sigma} \tag{6-67}$$

0 轴：

$$f_0 = U_{s0} \tag{6-68}$$

其中：$\psi_{d\Sigma} = \psi_d - \psi_{dl} = X_d(-i_d) - X_L i_{dL} = (X_d + X_L)(-i_d) = X_{d\Sigma}(-i_d)$，

$\psi_{q\Sigma} = \psi_q - \psi_{al} = X_a(-i_a) - X_L i_{qL} = (X_q + X_L)(-i_q) = X_{q\Sigma}(-i_q)$

合成上述各子系统，得到集成发电机的统一的 Lagrange-Maxwell 方程组为：

$$\frac{d}{dt_*}\left(\frac{\partial L}{\partial \omega}\right) = m_t - m_g \tag{6-69}$$

$$\frac{d}{dt_*}\left[\frac{\partial L}{\partial(-\boldsymbol{i}_{dq0})}\right] + \frac{\partial F}{\partial(-\boldsymbol{i}_{dq0})} = \begin{bmatrix} f_d \\ f_q \\ f_0 \end{bmatrix} \tag{6-70}$$

$$\frac{d}{dt_*}\left(\frac{\partial L}{\partial \boldsymbol{i}_{fDQ}}\right) + \frac{\partial F}{\partial \boldsymbol{i}_{fDQ}} = \begin{bmatrix} u_f \\ u_D \\ u_Q \end{bmatrix} \tag{6-71}$$

方程展开即可得到发电机电压方程和机组运动方程。

几点说明：

（1）由于拉格朗日函数采用的时间单位是标幺时间，广义动量 $\frac{\partial L}{\partial \omega}$、

$\frac{\partial L}{\partial(-\boldsymbol{i}_{dq0})}$、$\frac{\partial L}{\partial \boldsymbol{i}_{fDQ}}$ 也是采用的标幺时间，在对时间 t(s) 求导时，应将其先转化成时间单位为（s）的量再求导，如式（6-65）：

$$\frac{\mathrm{d}}{\mathrm{d}t}\left(\frac{1}{\omega_B}\frac{\partial L}{\partial \omega}\right)=\frac{\mathrm{d}}{\omega_B \mathrm{d}t}\left(\frac{\partial L}{\partial \omega}\right)=\frac{\mathrm{d}}{\mathrm{d}t_*}\left(\frac{\partial L}{\partial \omega}\right) \tag{6-72}$$

（2）发电机基本模型是在理想电机假设下，根据基本电磁关系导出，采用发电机实用参数表示，并经 Park 变换和标幺处理得到的。它包括 6 个电压微分方程、两个转子运动微分方程、六个磁链代数方程和一个电磁转矩方程，如果单独考虑零轴绕组，则在计及 d、q、f、D、Q 五个绕组的电磁过渡过程以及转子机械过渡过程时，电机为七阶模型。这个最基本的发电机模型也称为派克方程模型，模型中只考虑有一个阻尼绕组的情况，如果有多个阻尼绕组，模型阶数相应增加。如果网络元件采用电磁暂态模型与之接口，可用于过电压、冲击电流、瞬时力矩及次同步振荡等研究中。实际应用中，发电机多数采用二阶、三阶、五阶实用模型，忽略定子绕组暂态，网络元件采用准稳态模型与之接口。

第三节　实用参数表示的发电机模型

将发电机模型中的转子变量折算到定子侧的实用物理量表示，可以在定子侧进行分析和度量。采用实用物理量描述的模型称为实用模型。

这里简介两种实用模型：

（1）忽略定子绕组暂态（定子电压方程中 $p\psi_d=p\psi_q=0$），并忽略阻尼绕组作用，只计及励磁绕组暂态和转子动态的三阶模型。状态变量：E'_q，ω，δ。

（2）忽略定子绕组暂态（定子电压方程中 $p\psi_d=p\psi_q=0$），但计及阻尼绕组 D、Q 以及励磁绕组暂态和转子动态的五阶模型。状态变量：$E_q{}'$，E''_d，E''_q，ω，δ。

一、运算电抗和实用参数

首先给出运算电抗和实用参数的表达式。

1.q 轴运算电抗及实用参数

（1）q 轴同步电抗 X_q：电机稳态运行时定子 q 轴电路呈现的内电抗，且：

$$X_q=X_1+X_{aq} \tag{6-73}$$

X_1 为定子 q 绕组漏抗，X_{aq} 为定子 q 轴电枢反应电抗。

（2）q 轴超瞬变电抗 X''_q：

$$X''{}_q=X_q-\frac{X_{aq}^2}{X_Q} \tag{6-74}$$

（3）q 轴开路超瞬变时间常数 T''_{q0}：

$$T''_{q0}=\frac{X_Q}{r_Q} \tag{6-75}$$

(4) q 轴短路超瞬变时间常数 T''_q：

$$T''_q = \frac{X_Q - X_{aq}^2/X_q}{r_Q} \tag{6-76}$$

且有：$\dfrac{T''_q}{T''_{q0}} = \dfrac{X''_q}{X_q}$

2. d 轴运算电抗及实用参数

(1) q 轴同步电抗 X_d：定义为电机稳态运行时定子 d 轴电路呈现的内电抗，即：

$$X_d = X_1 + X_{ad} \tag{6-77}$$

X_1为定子 d 绕组漏抗，X_{ad}为定子 d 轴电枢反应电抗。

(2) d 轴瞬变电抗 X'_d：

$$X'_d = X_d - \frac{X_{ad}^2}{X_f} \tag{6-78}$$

(3) d 轴超瞬变电抗 X''_d：

$$X''_d = X_d - \frac{X_{ad}^2(X_D - 2X_{ad} + X_f)}{X_D X_f - X_{ad}^2} \tag{6-79}$$

(4) d 轴开路暂态时间常数 T'_{d0}：

$$T'_{d0} = \frac{X_f}{r_f} \tag{6-80}$$

(5) q 轴短路暂态时间常数 T'_d：

$$T'_d = \frac{X_f - X_{ad}^2/X_d}{r_f} \tag{6-81}$$

有：$\dfrac{T'_d}{T'_{d0}} = \dfrac{X'_d}{X_d}$

(6) d 轴开路次暂态时间常数 T''_{d0}：

$$T''_{d0} = \frac{X_D - X_{ad}^2/X_f}{r_D} \tag{6-82}$$

(7) d 轴短路次暂态时间常数 T''_d：

$$T''_d = \frac{X_{D1} + (1/X_{f1} + 1/X_{ad} + 1/X_1)^{-1}}{r_D} \tag{6-83}$$

有：$\dfrac{T'_d}{T'_{d0}} = \dfrac{X''_d}{X'_d}$

上述时间常数单位为弧时，若要化为以 s 为单位，需要乘以 $1/\omega_B$。

若已知三相同步电机的 X_1、X_d、X_q、X'_d、X''_d、X''_q、T'_{d0}、T''_{d0}、T''_{q0} 参数，可逐步求得派克方程中所需的电抗参数和电阻参数，具体如下：

(1) $X_{ad} = X_d - X_1$；

(2) $X_{aq} = X_q - X_1$；

(3) $X_f = \dfrac{X_{ad}^2}{X_d - X'_d}$；

(4) $X''_d = X'_d - \dfrac{(X'_d - X_1)^2}{(X'_d - X_1) + X_{D1}}$；

(5) $X_Q = \dfrac{X_{aq}^2}{X_q - X''_q}$；

(6) $r_f = \dfrac{X_f}{\omega_B T'_{d0}}$；

(7) $r_D = \dfrac{X_{D1} + X'_d - X_1}{\omega_B T''_{d0}}$；

(8) $r_Q = \dfrac{X_Q}{\omega_B T''_{q0}}$。

二、三阶实用模型

基本假设：忽略定子绕组暂态（定子电压方程中 $p\psi_d = p\psi_q = 0$），并忽略阻尼绕组作用，只计及励磁绕组暂态和转子动态的三阶模型。状态变量：E'_q，ω，δ。

根据上述假设，忽略定子绕组暂态，$p\psi_d = p\psi_q = 0$，近似取 $\omega \approx 1$，从式（6-35）有：

$$u_d = -\psi_q - i_d r_a \tag{6-84}$$

$$u_q = \psi_d - i_b r_b \tag{6-85}$$

忽略阻尼绕组作用，计及励磁绕组暂态。取 $i_D = 0$，$i_Q = 0$，定子侧仅剩下励磁绕组暂态方程。

$$\frac{d\psi_f}{dt_*} = u_f - i_f r_f \tag{6-86}$$

为了消去转子励磁绕组的变量 i_f，u_f，ψ_f，引入三个定子侧的等效变量。

定子励磁电动势 E_f 为：

$$E_f = X_{ad}\frac{u_f}{r_f} \tag{6-87}$$

电机 q 轴空载电动势 E_q为：

$$E_q = X_{ad} i_f \tag{6-88}$$

电机 q 轴瞬变电动势 E'_q为：

$$E'_q = \frac{X_{ad}}{X_f}\psi_f \tag{6-89}$$

对照式（6-86）与式（6-89），为消去励磁磁链，在式（6-86）两边同时乘以 $\dfrac{X_{ad}}{X_f} \times \dfrac{X_f}{r_f}$，并注意到，$T'_{d0}\omega_B = X_f / r_f$，此时 T'_{d0} 时间单位为 s，则：

$$T'_{d0}\omega_B \frac{dE'_q}{dt_*} = T'_{d0}\frac{dE'_q}{dt} = E_f - E_q \tag{6-90}$$

根据磁链方程，有：

$$\psi_{\mathrm{d}}=-X_{\mathrm{d}}i_{\mathrm{d}}+X_{\mathrm{ad}}i_{\mathrm{f}} \tag{6-91}$$

$$\psi_{\mathrm{f}}=-X_{\mathrm{ad}}i_{\mathrm{d}}+X_{\mathrm{f}}i_{\mathrm{f}} \tag{6-92}$$

$$\psi_{\mathrm{q}}=-X_{\mathrm{q}}i_{\mathrm{q}} \tag{6-93}$$

式（6-91）两边乘以 $X_{\mathrm{ad}}/X_{\mathrm{f}}$，则：

$$E'_{\mathrm{q}}=-\frac{X_{\mathrm{ad}}^{2}}{X_{\mathrm{f}}}i_{\mathrm{d}}+X_{\mathrm{ad}}i_{\mathrm{f}} \tag{6-94}$$

由于 $X'_{\mathrm{d}}=X_{\mathrm{d}}-\dfrac{X_{\mathrm{ad}}^{2}}{X_{\mathrm{f}}}$，则上式可改写为：

$$E'_{\mathrm{q}}=X'_{\mathrm{d}}i_{\mathrm{d}}+\psi_{\mathrm{d}} \tag{6-95}$$

或者：

$$E'_{\mathrm{q}}=E_{\mathrm{q}}-(X_{\mathrm{d}}-X'_{\mathrm{d}})i_{\mathrm{d}} \tag{6-96}$$

从上式得到 E_{q}代入式（6-90），得到：

$$T'_{\mathrm{d0}}\frac{\mathrm{d}E'_{\mathrm{q}}}{\mathrm{d}t}=-E'_{\mathrm{q}}-(X_{\mathrm{d}}-X'_{\mathrm{d}})i_{\mathrm{d}}+E_{\mathrm{f}} \tag{6-97}$$

式（6-97）即为转子 f 绕组暂态方程。

利用式（6-60）消去式（6-97）中的 i_{d}：

$$T'_{\mathrm{d0}}\frac{\mathrm{d}E'_{\mathrm{q}}}{\mathrm{d}t}=-\frac{X_{\mathrm{d}\sum}}{X'_{\mathrm{d}\sum}}E'_{\mathrm{q}}+\frac{X_{\mathrm{ad}}^{2}U_{\mathrm{s}}\cos\delta}{X_{\mathrm{f}}X'_{\mathrm{d}\sum}}+E_{\mathrm{f}} \tag{6-98}$$

机组运动方程式（6-64）改写为：

$$T_{j*}\frac{\mathrm{d}\omega}{\mathrm{d}t_{*}}=m_{\mathrm{t}}-m_{\mathrm{g}} \tag{6-99}$$

三阶模型中忽略了 D、Q 阻尼绕组的作用，其作用采用在转子运动方程中增加阻尼项来近似，即：

$$T_{j*}\frac{\mathrm{d}\omega}{\mathrm{d}t_{*}}=m_{\mathrm{t}}-m_{\mathrm{g}}-D(\omega-1) \tag{6-100}$$

其中，D 称为阻尼系数，$D(\omega-1)$ 阻尼项用于等效 D、Q 阻尼绕组在动态过程中的阻尼作用以及转子运动中的机械阻尼。

另一运动方程保持不变：

$$\frac{\mathrm{d}\delta}{\mathrm{d}t_{*}}=\omega-1 \tag{6-101}$$

上述式（6-97）、式（6-99）、式（6-100）构成了发电机三阶微分方程模型，写成统一的形式，并将时间单位修改为 s，得到：

$$\begin{cases}\dfrac{\mathrm{d}\delta}{\mathrm{d}t}=\omega_{\mathrm{B}}(\omega-1)\\[2ex]\dfrac{\mathrm{d}\omega}{\mathrm{d}t}=\dfrac{1}{T_{j}}[m_{\mathrm{t}}-m_{\mathrm{g}}-D(\omega-1)]\\[2ex]\dfrac{\mathrm{d}E'_{\mathrm{q}}}{\mathrm{d}t}=\dfrac{1}{T'_{\mathrm{d0}}}[-\dfrac{X_{\mathrm{d}\sum}}{X'_{\mathrm{d}\sum}}E'_{\mathrm{q}}+\dfrac{X_{\mathrm{ad}}^{2}U_{\mathrm{s}}cos\delta}{X_{\mathrm{f}}X'_{\mathrm{d}\sum}}+E_{\mathrm{f}}]\end{cases} \tag{6-102}$$

式（6-102）中的 T'_{d0} 时间单位是 s。就是应用最广泛的发电机三阶模型。

将 d、q 磁链和电流表达式代入式（6-51），整理得到发电机电磁力矩表达式：

$$m_g = \psi_d i_q - \psi_q i_d = (E'_q - X'_d i_d) i_q + X_q i_q i_d = E'_q i_q - (X'_d - X_q) i_d i_q \tag{6-103}$$

发电机连接单机无穷大系统时，d、q 轴电流的形式是式（6-61）、式（6-62），代入上式：

$$\begin{aligned} m_g &= E'_q \frac{1}{X_{q\Sigma}} U_s \sin\delta - (X'_d - X_q) \frac{E'_q - U_s\cos\delta}{X'_{d\Sigma}} \frac{1}{X_{q\Sigma}} U_s \sin\delta \\ &= E'_q \frac{1}{X_{q\Sigma}} U_s \sin\delta - (X'_{d\Sigma} - X_{q\Sigma}) \frac{E'_q - U_s\cos\delta}{X'_{d\Sigma} X_{q\Sigma}} U_s \sin\delta \\ &= \frac{U_s \sin\delta}{X'_{d\Sigma}} E'_q + \frac{1}{2}\left(\frac{1}{X_{q\Sigma}} - \frac{1}{X'_{d\Sigma}}\right) U_s^2 \sin 2\delta \end{aligned} \tag{6-104}$$

为了应用方便，直接给出常用的发电机有功、无功表达式：

在并网运行条件下，角速度标幺值近似不变，发电机有功标幺等于电磁力矩标幺，即：

$$p_e = \frac{U_s \sin\delta}{X'_{d\Sigma}} E'_q + \frac{1}{2}\left(\frac{1}{X_{q\Sigma}} - \frac{1}{X'_{d\Sigma}}\right) U_s^2 \sin 2\delta \tag{6-105}$$

发电机无功标幺值：

$$Q_e = \frac{U_s \cos\delta}{X'_{d\Sigma}} E'_q - \frac{1}{2} U_s^2 \left(\frac{1}{X_{q\Sigma}} + \frac{1}{X'_{d\Sigma}}\right) + \frac{1}{2} U_s^2 \left(\frac{1}{X_{q\Sigma}} - \frac{1}{X'_{d\Sigma}}\right) \cos 2\delta \tag{6-106}$$

三、五阶实用模型

基本假设：忽略定子绕组暂态（定子电压方程中 $p\psi_d = p\psi_q = 0$），计及阻尼绕组 D、Q 以及励磁绕组暂态和转子动态的五阶模型。状态变量：E'_q，E''_d，E''_q，ω，δ。

引入两个新的实用变量，取代转子变量。

q 轴超瞬变电动势 E''_q：

$$E''_q = \frac{X_{ad}}{X_f X_D - X_{ad}^2} (X_{D1} \psi_f + X_{f1} \psi_D) \tag{6-107}$$

d 轴超瞬变电动势 E''_d：

$$E''_d = -\frac{X_{aq}}{X_Q} \psi_Q \tag{6-108}$$

阻尼绕组 D、Q 以及励磁绕组暂态重写式（6-35）：

$$\frac{d\psi_f}{dt_*} = u_f - i_f r_f \tag{6-109}$$

$$\frac{d\psi_D}{dt_*} = -i_D r_D \tag{6-110}$$

$$\frac{d\psi_Q}{dt_*} = -i_Q r_Q \tag{6-111}$$

磁链方程：

$$\psi_{d}=-X_{d}i_{d}+X_{ad}i_{f}+X_{ad}i_{D} \tag{6-112}$$

$$\psi_{f}=-X_{ad}i_{d}+X_{f}i_{f}+X_{ad}i_{D} \tag{6-113}$$

$$\psi_{D}=-X_{ad}i_{d}+X_{ad}i_{f}+X_{D}i_{D} \tag{6-114}$$

$$\psi_{q}=-X_{q}i_{q}+X_{aq}i_{Q} \tag{6-115}$$

$$\psi_{Q}=-X_{aq}i_{q}+X_{Q}i_{Q} \tag{6-116}$$

将式（6-116）代入式（6-108），并利用式（6-115）得到 i_Q 代入，得到：

$$E''_{d}=\frac{X_{aq}^{2}}{X_{Q}}i_{q}-X_{aq}i_{Q}=-\psi_{q}-\left(X_{q}-\frac{X_{aq}^{2}}{X_{Q}}\right)i_{q}=-\psi_{q}-X''_{q}i_{q} \tag{6-117}$$

式（6-111）两边乘以 $-\dfrac{X_{aq}}{X_{q}}\times\dfrac{X_{Q}}{r_{Q}}$，注意到 $T''_{q0}=\dfrac{X_{Q}}{r_{Q}}$，$E''_{d}=-\dfrac{X_{aq}}{X_{Q}}\psi_{Q}$ 得到：

$$T''_{q0}\frac{dE''_{d}}{dt_{*}}=X_{aq}i_{Q}=-E''_{d}+\frac{X_{aq}^{2}}{X_{Q}}i_{q}=-E''_{d}+(X_{q}-X''_{q})i_{q} \tag{6-118}$$

式（6-109）两边乘以 $\dfrac{X_{ad}}{X_{f}}\times\dfrac{X_{f}}{r_{f}}$，注意到 $T'_{d0}=\dfrac{X_{f}}{r_{f}}$、式（6-89）$E'_{q}=\dfrac{X_{ad}}{X_{f}}\psi_{f}$、式（6-88）$E_{q}=X_{ad}i_{f}$、式（6-87）$E_{f}=X_{ad}\dfrac{u_{f}}{r_{f}}$，得到：

$$T'_{d0}\frac{dE'_{q}}{dt_{*}}=E_{f}-E_{q} \tag{6-119}$$

首先，从式（6-103）解出 ψ_D：

$$\psi_{D}=\frac{1}{X_{f1}}\frac{X_{f}X_{D}-X_{ad}^{2}}{X_{ad}}E''_{q}-\frac{X_{D1}}{X_{f1}}\psi_{f}=\frac{1}{X_{f}-X_{ad}}\frac{X_{f}X_{D}-X_{ad}^{2}}{X_{ad}}E''_{q}-\frac{X_{D}-X_{ad}}{X_{f}-X_{ad}}\frac{X_{f}}{X_{ad}}E'_{q}$$

注意到：

$$(X_{f}-X_{ad})X_{ad}=X_{f}(X_{ad}-X_{ad}^{2}/X_{f})=X_{f}(X_{ad}+X'_{d}-X_{d})=X_{f}(X'_{d}-X_{1});$$

$$X''_{d}-X'_{d}=X_{d}-X'_{d}-\frac{X_{ad}^{2}(X_{D}-2X_{ad}+X_{f})}{X_{D}X_{f}-X_{ad}^{2}}=-\frac{X_{ad}^{2}}{X_{f}}\frac{(X_{f}-X_{ad})^{2}}{X_{D}X_{f}-X_{ad}^{2}}$$

$$=-X_{f}\frac{(X'_{d}-X_{1})^{2}}{X_{D}X_{f}-X_{ad}^{2}};$$

$$\Rightarrow X_{D}X_{f}-X_{ad}^{2}=X_{f}\frac{(X'_{d}-X_{1})^{2}}{X'_{d}-X''_{d}}$$

由上式得到 X_D，进一步地：

$$X_{D}-X_{ad}=\frac{X_{ad}^{2}}{X_{f}}+\frac{(X'_{d}-X_{1})^{2}}{X'_{d}-X''_{d}}-X_{ad}$$

$$=(X_{d}-X'_{d})+\frac{(X'_{d}-X_{1})^{2}}{X'_{d}-X''_{d}}-X_{ad}=\frac{(X'_{d}-X_{1})(X''_{d}-X_{1})}{X'_{d}-X''_{d}}$$

将上述关系代入，得到：

$$\psi_{D}=\frac{X'_{d}-X_{1}}{X'_{d}-X''_{d}}E''_{q}-\frac{X''_{d}-X_{1}}{X'_{d}-X''_{d}}E'_{q} \tag{6-120}$$

将上式代入式（6-112），两边乘以 $\dfrac{X'_{d}-X_{1}}{r_{D}}$，注意到 $T''_{d0}=\dfrac{X_{D}X_{f}-X^{2}_{ad/}}{r_{D}X_{f}}$，得到：

$$T''_{d0}\frac{dE''_{q}}{dt_{*}}=\frac{X''_{d}-X_{1}}{X'_{d}-X_{1}}T''_{d0}\frac{dE'_{q}}{dt_{*}}-i_{D}(X'_{d}-X_{1}) \tag{6-121}$$

现在，利用磁链方程（6-113）和（6-114），得到：

$$\begin{bmatrix}i_{f}\\ i_{D}\end{bmatrix}=\begin{bmatrix}X_{f} & X_{ad}\\ X_{ad} & X_{D}\end{bmatrix}-1\begin{bmatrix}\psi_{f}+X_{ad}i_{d}\\ \psi_{D}+X_{ad}i_{d}\end{bmatrix}$$

$$=\frac{1}{X_{f}X_{D}-X^{2}_{ad}}\begin{bmatrix}X_{D}\psi_{f}+X_{D}X_{ad}i_{d}-X_{ad}\psi_{D}-X^{2}_{ad}i_{d}\\ -X_{ad}\psi_{f}+X_{f}X_{ad}i_{d}+X_{f}\psi_{D}-X^{2}_{ad}i_{d}\end{bmatrix} \tag{6-122}$$

上式代入磁链方程（6-112），得到：

$$\psi_{d}=-X_{ad}i_{d}+\frac{X_{ad}}{X_{f}X_{D}-X^{2}_{ad}}[X_{D1}\psi_{f}+X_{f1}\psi_{D}+X_{ad}i_{d}(X_{D}+X_{f}-2X_{ad})] \tag{6-123}$$

由 E''_{q}和 X''_{q}，式（6-123）改写为：

$$\psi_{d}=E''_{q}-\left[X_{d}-\frac{X^{2}_{ad}}{X_{f}X_{D}-X^{2}_{ad}}(X_{D}+X_{f}-2X_{ad})\right]i_{d}=E''_{q}-X''_{d}i_{d} \tag{6-124}$$

将上式代入（6-122），得到：

$$i_{D}=\frac{1}{X'_{d}-X_{1}}(E'_{q}-E_{q})+i_{d}=\frac{1}{X'_{d}-X_{1}}[E''_{q}-E'_{q}+(X'_{d}-X_{1})i_{d}] \tag{6-125}$$

$$E_{q}=\frac{X_{d}-X_{1}}{X'_{d}-X_{1}}E'_{q}-\frac{X_{d}-X'_{d}}{X'_{d}-X_{1}}E''_{q}+\frac{(X_{d}-X')(X''_{d}-X_{1})}{X'_{d}-X_{1}}i_{d} \tag{6-126}$$

式（6-126）代入式（6-119）：

$$T'_{d0}\frac{dE'_{q}}{dt_{*}}=E_{f}-\frac{X_{d}-X_{1}}{X'_{d}-X_{1}}E'_{q}+\frac{X_{d}-X'_{d}}{X'_{d}-X_{1}}E''_{q}-\frac{(X_{d}-X')(X''_{d}-X_{1})}{X'_{d}-X_{1}}i_{d} \tag{6-127}$$

在实用计算中，有时取 $i_{d}\approx\dfrac{E'_{q}-E''_{q}}{X'_{d}-X''_{d}}$（仅在 $i_{D}=0$ 时严格成立），则式（6-127）进一步化为：

$$T'_{d0}\frac{dE'_{q}}{dt_{*}}=E_{f}-(E'_{q}-X_{dr}E'_{q}+X_{dr}E''_{q}) \tag{6-128}$$

其中，$X_{dr}=\dfrac{X_{d}-X'_{d}}{X''_{d}-X'_{d}}$。

式（6-125）、式（6-128）代入式（6-121），整理得到：

$$T''_{d0}\frac{dE''_{q}}{dt_{*}}=\frac{X''_{d}-X_{1}}{X'_{d}-X_{1}}\frac{T''_{d0}}{T'_{d0}}[E_{f}-(E'_{q}-X_{dr}E'_{q}+X_{dr}E''_{q})]-$$

$$[E''_q - E'_q + (X'_d - X_1)i_d] \tag{6-129}$$

在计及 D、Q 绕组暂态的时候，$T''_{d0} \ll T'_{d0}$，因此上式第一项可近似忽略，则有：

$$T''_{d0}\frac{dE''_q}{dt_*} = -E''_q + E'_q - (X'_d - X_1)i_d \tag{6-130}$$

将式（6-117）的 ψ_q、式（6-124）的 ψ_d 代入机组运动方程，有：

$$T_j\frac{d\omega}{dt} = T_m - [E''_q i_q + E''_d i_d - (X''_d - X''_q)i_d i_q] \tag{6-131}$$

转子运动方程保持不变：

$$\frac{d\delta}{dt_*} = \omega - 1 \tag{6-132}$$

上述式（6-132）、式（6-131）、式（6-130）、式（6-128）、式（6-118）构成了发电机五阶微分方程模型。

上述推导中采用的时间常数 T'_{d0}、T''_{d0}、T''_{q0} 都是按照标幺时间进行推导的，标幺时间乘以 $1/\omega_B$ 转化为 s，正好与微分项的 $t_* = \omega_B t$ 抵消，对应方程形式不变。五阶模型的时间统一采用 s 为单位，统一形式如下。

$$\begin{cases} \dfrac{d\delta}{dt} = \omega_B(\omega - 1) \\ T_j\dfrac{d\omega}{dt} = T_m - [E''_q i_q + E''_d i_d - (X''_d - X''_q)i_d i_q] - D(\omega - 1) \\ T'_{d0}\dfrac{dE'_q}{dt_*} = E_f - (E'_q - X_{dr}E'_q + X_{dr}E''_q) \\ T''_{d0}\dfrac{dE''_q}{dt} = -E''_q + E'_q - (X'_d - X_1)i_d \\ T''_{q0}\dfrac{dE''_d}{dt} = -E''_d + (X_q - X''_q)i_q \end{cases} \tag{6-133}$$

在五阶模型中已经考虑了 D、Q 阻尼绕组的作用，在机组运动方程中不需要添加阻尼项[79]。注意到，式（6-129）是才是严格计及中 D、Q 绕组暂态的表达式，为了简化微分方程形式，并考虑 $T''_{d0} \ll T'_{d0}$，在式（6-129）中第一项被忽略了。因此，仍然采用在机组运动方程中增加等效阻尼项来近似 D、Q 阻尼绕组的作用。

式（6-133）中的电流应采用已定义的状态变量来替换。

第四节 发电机线性化模型

非线性理论的发展和应用已成为各领域的研究热点。然而，在某些应用场合线性系统理论仍有独特的优势，例如：在涉及阻尼的水轮发电机控制设计研究中，一直沿用发电机线性化模型。经典的发电机线性化模型是由单机无穷大发电机三阶模型加上励磁系统一阶模型构成的四阶系线性统。该线性化模型的推导比较复杂，而且采用了随工况变化的六个传递系数来描述，学习理解困难、应用也不方便。

本节以单机无穷大系统发电机三阶非线性模型为基础，采用雅克比仿真直接进行线性化，然后结合励磁系统一阶模型构成四阶线性系统。

一、线性化方法

假设线性系统为：

$$\dot{\boldsymbol{x}}=\boldsymbol{f}(\boldsymbol{x},\boldsymbol{u}) \tag{6-134}$$

用 x_0表示初始状态向量，u_0是平衡点的初始输入，满足：

$$\dot{\boldsymbol{x}}=\boldsymbol{f}(\boldsymbol{x}_0,\boldsymbol{u}_0) \tag{6-135}$$

对上述系统施加微扰动，有：$\boldsymbol{x}=\boldsymbol{x}_0+\Delta\boldsymbol{x}$，$\boldsymbol{u}=\boldsymbol{u}_0+\Delta\boldsymbol{u}$，新的状态也必须满足方程，即：

$$\dot{\boldsymbol{x}}+\Delta\dot{\boldsymbol{x}}=\boldsymbol{f}(\boldsymbol{x}_0+\Delta\boldsymbol{x}_0,\boldsymbol{u}_0+\Delta\boldsymbol{u}_0) \tag{6-136}$$

由于扰动较小，可采用泰勒级数展开。当忽略高阶项之后，第 i 个状态方程的泰勒级数展开式为：

$$\begin{aligned}\dot{\boldsymbol{x}}_i&=\dot{\boldsymbol{x}}_{i0}+\Delta\dot{\boldsymbol{x}}_i=f_i(x_0+\Delta x,u_0+\Delta u]\\&=f_i(x_0,u_0)+\frac{\partial f_i}{\partial x_1}\Delta x_1+\cdots+\frac{\partial f_i}{\partial x_n}\Delta x_n+\frac{\partial f_i}{\partial u_1}\Delta u_1+\cdots+\frac{\partial f_i}{\partial u_r}\Delta u_r\end{aligned} \tag{6-137}$$

由于 $\dot{\boldsymbol{x}}_{i0}=f_i(x_0,u_0)$，于是，有：

$$\Delta\dot{\boldsymbol{x}}_i=\frac{\partial f_i}{\partial x_1}\Delta x_1+\cdots+\frac{\partial f_i}{\partial x_n}\Delta x_n+\frac{\partial f_i}{\partial u_1}\Delta u_1+\cdots+\frac{\partial f_i}{\partial u_r}\Delta u_r \tag{6-138}$$

$i=1$，2，3，…，n，写成矩阵形式：

$$\Delta\dot{\boldsymbol{x}}=\boldsymbol{A}\Delta\boldsymbol{x}+\boldsymbol{B}\Delta\boldsymbol{u} \tag{6-139}$$

$$\boldsymbol{A}=\begin{bmatrix}\frac{\partial f_1}{\partial x_1}&\cdots&\frac{\partial f_1}{\partial x_n}\\\vdots&\cdots&\vdots\\\frac{\partial f_n}{\partial x_1}&\cdots&\frac{\partial f_n}{\partial x_n}\end{bmatrix},\boldsymbol{B}=\begin{bmatrix}\frac{\partial f_1}{\partial u_1}&\cdots&\frac{\partial f_1}{\partial u_r}\\\vdots&\cdots&\vdots\\\frac{\partial f_n}{\partial u_1}&\cdots&\frac{\partial f_n}{\partial u_r}\end{bmatrix}$$

二、发电机模型直接线性化

将发电机电磁力矩表达式（6-104）代入发电机三阶模型式（6-102），即：

$$\begin{cases}\dfrac{d\delta}{dt}=\omega_B(\omega-1)\\\dfrac{d\omega}{dt}=\dfrac{1}{T_j}\left[m_t-\dfrac{U_s\sin\delta}{X'_{d\sum}}E'_q-\dfrac{1}{2}\left(\dfrac{1}{X_{q\sum}}-\dfrac{1}{X'_{d\sum}}\right)U_s^2\sin2\delta-D(\omega-1)\right]\\\dfrac{dE'_q}{dt}=\dfrac{1}{T'_{d0}}\left[-\dfrac{X_{d\sum}}{X'_{d\sum}}E'_q+\dfrac{X_{ad}^2U_s\cos\delta}{X_fX'_{d\sum}}+E_f\right]\end{cases} \tag{6-140}$$

利用雅可比方法，在平衡点（δ_0，ω_0，$E_{q0}{}'$）进行线性化，直接写出其线性化模型如下：

$$\begin{bmatrix}\frac{\mathrm{d}\Delta\delta}{\mathrm{d}t}\\\frac{\mathrm{d}\Delta\omega}{\mathrm{d}t}\\\frac{\mathrm{d}\Delta E'_{\mathrm{q}}}{\mathrm{d}t}\end{bmatrix}=\begin{bmatrix}0 & \omega_{\mathrm{B}} & 0\\-\frac{1}{T_j}\frac{U_{\mathrm{s}}\cos\delta_0}{X'_{\mathrm{d}\sum}}E'_{\mathrm{q0}}-\frac{1}{T_j}\left(\frac{1}{X_{\mathrm{q}\sum}}-\frac{1}{X'_{\mathrm{d}\sum}}\right)U_{\mathrm{s}}^2\cos2\delta_0 & -\frac{1}{T_j}D & -\frac{1}{T_j}\frac{U_{\mathrm{s}}\sin\delta_0}{X'_{\mathrm{d}\sum}}\\-\frac{1}{T'_{\mathrm{d0}}}\frac{X_{\mathrm{ad}}^2U_{\mathrm{s}}\sin\delta_0}{X_{\mathrm{f}}X'_{\mathrm{d}\sum}} & 0 & -\frac{1}{T'_{\mathrm{d0}}}\frac{X_{\mathrm{d}\sum}}{X'_{\mathrm{d}\sum}}\end{bmatrix}$$

$$\times\begin{bmatrix}\Delta\delta\\\Delta\omega\\\Delta E'_{\mathrm{q}}\end{bmatrix}+\begin{bmatrix}0\\0\\\frac{1}{T'_{\mathrm{d0}}}\end{bmatrix}\times\Delta E_{\mathrm{f}} \tag{6-141}$$

一阶励磁系统传递函数为：

$$\Delta E_{\mathrm{f}}=\frac{K_E}{1+T_{\mathrm{E}}s}\Delta U_{\mathrm{t}} \tag{6-142}$$

改写成微分方程形式：

$$\frac{\mathrm{d}\Delta E_{\mathrm{f}}}{\mathrm{d}t}=-\frac{1}{T_{\mathrm{E}}}\Delta E_{\mathrm{f}}-\frac{K_E}{T_{\mathrm{E}}}\Delta U_{\mathrm{t}} \tag{6-143}$$

发电机机端电压 $U_{\mathrm{t}}=\sqrt{U_{\mathrm{d}}+U_{\mathrm{q}}}$ ，采用泰勒级数在平衡点展开，忽略高次项之后，有增量相对值形式：

$$\Delta U_{\mathrm{t}}=\frac{1}{U_{\mathrm{t0}}}U_{\mathrm{d0}}\Delta U_{\mathrm{d}}+\frac{1}{U_{\mathrm{t0}}}U_{\mathrm{q0}}\Delta U_{\mathrm{q}} \tag{6-144}$$

同样的方法，将接入无穷大系统后发电机机端电压的 d、q 轴电压分量式（6-59）、式（6-60）进行线性化，得到：

$$\Delta U_{\mathrm{d}}=\frac{X_{\mathrm{q}}}{X_{\mathrm{q}\sum}}U_{\mathrm{s}}\cos\delta_0\Delta\delta \tag{6-145}$$

$$\Delta U_{\mathrm{q}}=-\frac{X'_{\mathrm{d}}}{X'_{\mathrm{d}\sum}}U_{\mathrm{s}}\sin\delta_0\Delta\delta+\frac{X_{\mathrm{L}}}{X'_{\mathrm{d}\sum}}\Delta E'_{\mathrm{q}} \tag{6-146}$$

将上述结果代入式（6-143），即：

$$\begin{aligned}\frac{\mathrm{d}\Delta E_{\mathrm{f}}}{\mathrm{d}t}=&-\frac{K_{\mathrm{E}}}{T_{\mathrm{E}}}\frac{U_{\mathrm{s}}}{U_{\mathrm{t0}}}(U_{\mathrm{d0}}\frac{X_{\mathrm{q}}}{X_{\mathrm{q}\sum}}\cos\delta_0-U_{\mathrm{q0}}\frac{X'_{\mathrm{d}}}{X'_{\mathrm{d}\sum}}\sin\delta_0)\\&\Delta\delta-\frac{K_{\mathrm{E}}}{T_{\mathrm{E}}}\frac{U_{\mathrm{q0}}}{U_{\mathrm{t0}}}\frac{X_{\mathrm{L}}}{X'_{\mathrm{d}\sum}}\Delta E'_{\mathrm{q}}-\frac{1}{T_{\mathrm{E}}}\Delta E_{\mathrm{f}}\end{aligned} \tag{6-147}$$

式（6-147）与式（6-141）合并写成四阶状态方程形式：

$$\begin{bmatrix}\frac{d\Delta\delta}{dt}\\ \frac{d\Delta\omega}{dt}\\ \frac{d\Delta E'_q}{dt}\\ \frac{d\Delta E_f}{dt}\end{bmatrix}=\begin{bmatrix}0 & \omega_B & 0 & 0\\ -\frac{1}{T_j}\frac{U_s\cos\delta_0}{X'_{d\sum}}E'_{q0}-\frac{1}{T_j}\left(\frac{1}{X_{q\sum}}-\frac{1}{X'_{d\sum}}\right)U_s^2\cos2\delta_0 & -\frac{1}{T_j}D & -\frac{1}{T_j}\frac{U_s\sin\delta_0}{X'_{d\sum}} & 0\\ -\frac{1}{T'_{d0}}\frac{X_{ad}^2U_s\sin\delta_0}{X_fX'_{d\sum}} & 0 & -\frac{1}{T'_{d0}}\frac{X_{d\sum}}{X'_{d\sum}} & \frac{\omega_B}{T'_{d0}}\\ -\frac{K_E}{T_E}\frac{U_s}{U_{t0}}(U_{d0}\frac{X_q}{X_{q\sum}}\cos\delta_0-U_{q0}\frac{X'_d}{X'_{d\sum}}\sin\delta_0) & 0 & -\frac{K_E}{T_E}\frac{U_s}{U_{t0}}\frac{X_L}{X'_{d\Sigma}}\cos\delta_0 & -\frac{1}{T_E}\end{bmatrix}$$

$$\times\begin{bmatrix}\Delta\delta\\ \Delta\omega\\ \Delta E'_q\\ \Delta E_f\end{bmatrix} \tag{6-148}$$

方程的验证，在文献［4］中给出的发电机四阶线性化模型如下：

$$\begin{bmatrix}\frac{d\Delta\delta}{dt}\\ \frac{d\Delta\omega}{dt}\\ \frac{d\Delta E'_q}{dt}\\ \frac{d\Delta E_f}{dt}\end{bmatrix}=\begin{bmatrix}0 & \omega_B & 0 & 0\\ -\frac{1}{T_j}K_1 & -\frac{1}{T_j}D & -\frac{1}{T_j}K_2 & 0\\ -\frac{K_4}{T'_{d0}} & 0 & -\frac{K_3}{T'_{d0}} & \frac{1}{T'_{d0}}\\ -\frac{K_EK_5}{T_E} & 0 & -\frac{K_EK_6}{T_E} & -\frac{1}{T_E}\end{bmatrix}\times\begin{bmatrix}\Delta\delta\\ \Delta\omega\\ \Delta E'_q\\ \Delta E_f\end{bmatrix} \tag{6-149}$$

从矩阵的结构来看，两者的形式是一致的。将其中六个系数的展开进行对比。

$$K_1=\frac{U_s\sin\delta_0}{X'_{d\Sigma}}(X_q-X'_d)I_{q0}+\frac{U_s\cos\delta_0}{X_{q\Sigma}}[E'_{q0}+(X_q-X'_d)I_{d0}]$$

$$=\frac{U_s^2}{X'_{d\Sigma}X_{q\Sigma}}(X_q-X'_d)\ \sin^2\delta_0+U_s^2\sin2\delta_0+\frac{U_s\cos\delta_0}{X_{q\Sigma}}$$

$$\left[E'_{q0}+\frac{X_{q\Sigma}-X'_{d\Sigma}}{X'_{d\Sigma}}(E'_{q0}-U_s\cos\delta_0)\right]$$

$$=\frac{U_s\cos\delta_0}{X'_{d\Sigma}}E'_{q0}+\left(\frac{1}{X'_{q\Sigma}}-\frac{1}{X'_{d\Sigma}}\right)U_s^2\cos2\delta_0$$

$$K_2=I_{q0}+\frac{1}{X'_{d\Sigma}}(X_q-X'_d)I_{q0}=\frac{X_{q\Sigma}}{X'_{d\Sigma}}I_{q0}=\frac{U_d}{X'_{d\Sigma}}=\frac{U_s\sin\delta_0}{X'_{d\Sigma}}$$

$$K_3=1+\frac{1}{X'_{d\Sigma}}(X_d-X'_d)=\frac{X_{d\Sigma}}{X'_{d\Sigma}}$$

$$K_4=\frac{1}{X'_{d\Sigma}}(X_d-X'_d)U_s\sin\delta_0=\frac{X_{ad}^2}{X'_{d\Sigma}X_f}U_s\sin\delta_0$$

$$K_5=-\frac{U_s\sin\delta_0}{X'_{d\Sigma}}\frac{U_{q0}}{U_{t0}}X'_d+\frac{U_s\cos\delta_0}{X_{q\Sigma}}\frac{U_{d0}}{U_{t0}}X_q=\frac{U_s}{U_{t0}}\left(\frac{X_q}{X_{q\Sigma}}U_{d0}\cos\delta_0-\frac{X'_d}{X'_{d\Sigma}}U_{q0}\sin\delta_0\right)$$

$$K_6=\frac{U_{q0}}{U_{t0}}-\frac{1}{X'_{d\Sigma}}\frac{U_{q0}}{U_{t0}}X'_d=\frac{1}{U_{t0}}\left(1-\frac{X'_d}{X'_{d\Sigma}}\right)U_{q0}=\frac{U_s}{U_{t0}}\frac{X_L}{X'_{d\Sigma}}\cos\delta_0$$

将六个系数代入方程进行对比，从发电机非线性微分方程直接线性化得到的模型与文献[4]导出的线性化模型是完全一致的。

U_d和U_q是发电机机端电压的 d、q 轴分量，假设其矢量与U_t的夹角为 α，$\tan\alpha=U_d/U_q$，则 $U_d=U_t\cos\alpha$，$U_q=U_t\sin\alpha$。这里的 α 不能与发电机功角 δ 混淆。

上述发电机线性化模型是经典模型，其传递函数框图形式如图 6-4 所示。

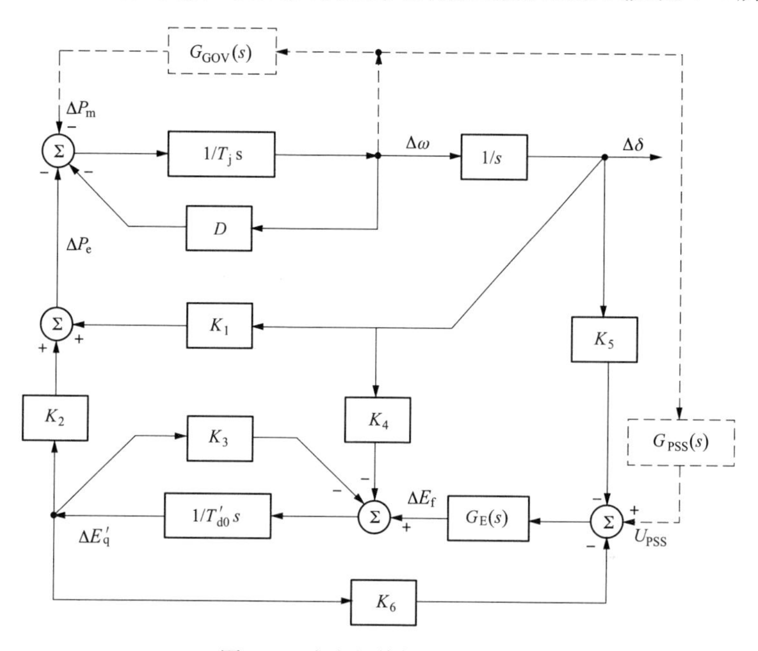

图 6-4　发电机线性化模型框图

图 6-4 中，$G_{GOV}(s)$是调速器控制单元传递函数，$G_{PSS}(s)$是电力系统稳定器（PSS）的传递函数。图中虚线连接清晰地给出了调速器和 PSS 与发电机之间的信号流关系。

本章小结

发电机非线性模型研究方面，近几十年来几乎没有新的变化。在引入广义哈密顿理论之后，传统的发电机模型形式上从微分方程转化为广义哈密顿形式。这一问题在下一章继续讨论。

发电机模型与电网接口后，可导出常用的线性化模型。主要有以下几种。

1. Phillips-Heffron 模型

发电机采用三阶实用模型，用阻尼系数 D 近似等效阻尼绕组作用，在单机无穷大系统下，导出了以 k_1-k_6 为模型系数的线性化模型，并且可用方框图形式表示出来。该模型发表于 1952 年[80]，在 20 世纪 60 年代末以后得到广泛的应用。将该模型推广到多机系统即可到发电机采用三阶动态描述的多机系统线性化模型，通过系数矩阵 k_1-k_6 清楚地表现出各发电机之间的耦合关系。

随着电力系统控制技术的进步和小扰动研究的深入，常规多机系统 Phillips-Heffron 模型被推广到了一些新的研究课题，出现了多种形式的多机线性化模型[81,82]。

2. 计及阻尼绕组作用的电力系统线性化模型

考虑到用等效阻尼系数 D 来近似阻尼绕组动态，存在一定的误差。一些学者认为应采用计及阻尼绕组动态的详细模型，以提高小扰动计算的精度，例如，包含阻尼绕组作用的单机无穷大系统线性模型[3]，在计及阻尼绕组的五阶模型基础上导出了降阶的线性化模型[83]，单机无穷大系统次暂态小扰动模型也计及了阻尼绕组的作用[84]，计及阻尼绕组作用的单机无穷大系统线性化 C_1-C_{12} 模型[85]，k_1-k_6 模型与 C_1-C_{12} 模型的分析对比[86]，等等。

3. 独立运行同步发电机线性化模型

水轮发电机组投产前带模拟负荷进行试验或小型机组带地方负荷运行都是发电机的独立运行方式，这时多采用包含转子机械惯性时间常数和负荷调节系数的一阶动态模型。这种简化模型用于空载下调速系统的性能分析具有一定的合理性，在水轮机调节系统分析中应用较普遍。一阶模型中的负荷调节系数(e_n)在数值上等价于三阶发电机模型中的等效阻尼系数 D。这一问题可通过转化一阶传递函数模型为机组运动方程形式，然后与三阶发电机模型进行对比得到。

发电机线性化模型主要应用于分析电力系统小扰动稳定性和设计控制器(励磁、PSS 等)。小扰动的研究方法主要有基于线性时不变系统控制理论的分析方法，如模型的可控性、可观性，研究系统振荡模式(或特征根)的特性，电磁力矩分析法(同步力矩和阻尼力矩)[87,88]，等等。

在发电机模型中，无论是线性还是非线性模型，阻尼系数 D 都是一个影响暂态特性的重要的参数。有关阻尼系数 D 的形成机理[89]、检测计算方法[90]、以及阻尼控制策略的研究一直是研究的热点问题，值得读者关注。

在 IEEE 标准[91]中，对电力系统(大、小扰动)稳定分析中，发电机模型的简化、参数定义、线性化、饱和等一系列问题进行了说明。在 IEEE 2002 年的新标准[92]中，对参数定义等问题没有变化，主要增加了磁饱和方面的内容。详细内容可参考这两份标准。

单机无穷大系统发电机三阶非线性模型早就存在，从理论上看，利用经典的雅可比方法即可得到线性化模型。然而，为什么不能直接利用雅可比方法，而要采用复杂的推导出线性化模型呢。第四节的推导证明两种方式得到的线性化模型是一致的。然而是否还有更深层的因素作者没考虑到呢，这一问题读者可进行一些思考。

第七章　水轮发电机广义哈密顿模型

本章从发电机拉格朗日体系出发，采用机电分析动力学方法进行严格的推导，首先导出发电机广义哈密顿系统的基本形式，之后进行不同的简化得到几种形式的发电机哈密顿模型。推导中涉及部分矩阵和向量运算方面的知识，可参考相关书籍。

第一节　水轮发电机哈密顿建模

一、从拉格朗日函数到哈密顿函数

定义广义动量为：

$$p_i = \frac{\partial L(x_i, \dot{x}_i, t)}{\partial \dot{x}_i} \tag{7-1}$$

式中　x_i——广义坐标；

$\dot{x}_i$——广义速度。

在第六章第二节已经给出了发电机系统的 Lagrange-Maxwell 方程组的各项能量、外力的表达式，本节直接利用这些结果，推导发电机的广义哈密顿系统。

将系统的拉格朗日函数式（6-58）和耗散函数式（6-59）再次列出：

$$L = \frac{1}{2} T_{j*} \omega^2 + \frac{1}{2} [-\boldsymbol{i}_{dq0}^{T} \quad \boldsymbol{i}_{fDQ}^{T}] \times \begin{bmatrix} \boldsymbol{X}_{SS} + L_{dq01} & \boldsymbol{X}_{SR} \\ \boldsymbol{X}_{RS} & \boldsymbol{X}_{RR} \end{bmatrix} \times \begin{bmatrix} -\boldsymbol{i}_{dq0} \\ \boldsymbol{i}_{fDQ} \end{bmatrix} \tag{7-2}$$

$$F = \frac{1}{2} [-\boldsymbol{i}_{dq0}^{T} \quad \boldsymbol{i}_{fDQ}^{T}] \times \begin{bmatrix} \boldsymbol{r}_{abc} + \boldsymbol{r}_{s} & 0 \\ 0 & \boldsymbol{r}_{fDQ} \end{bmatrix} \times \begin{bmatrix} -\boldsymbol{i}_{dq0} \\ \boldsymbol{i}_{fDQ} \end{bmatrix} \tag{7-3}$$

选取广义速度为：$\dot{x} = [\omega \quad -i_d \quad -i_q \quad -i_0 \quad i_f \quad i_D \quad i_Q]$，简记为 $\dot{x} = [\omega \quad -\boldsymbol{i}_{dq0}^{T} \quad \boldsymbol{i}_{fDQ}^{T}]$。

由于 $\boldsymbol{X}_{SS}$、$\boldsymbol{X}_{SR}$、$\boldsymbol{X}_{RS}$、$\boldsymbol{X}_{RR}$、$\boldsymbol{L}_{dq01}$ 都是对称阵。根据式（7-1）的定义，得到对应各广义速度的广义动量表达式：

$$p_{\omega}=\frac{\partial L}{\partial \omega}=T_{j*}\omega \tag{7-4}$$

$$\begin{bmatrix} \boldsymbol{p}_{\mathrm{dq0}} \\ \boldsymbol{p}_{\mathrm{fDQ}} \end{bmatrix}=\begin{bmatrix} \boldsymbol{X}_{\mathrm{SS}}+L_{\mathrm{dq0l}} & \boldsymbol{X}_{\mathrm{SR}} \\ \boldsymbol{X}_{\mathrm{RS}} & \boldsymbol{X}_{\mathrm{RR}} \end{bmatrix}\times\begin{bmatrix} -\boldsymbol{i}_{\mathrm{dq0}} \\ \boldsymbol{i}_{\mathrm{fDQ}} \end{bmatrix}=\begin{bmatrix} \boldsymbol{\psi}_{\mathrm{dq0}\Sigma} \\ \boldsymbol{\psi}_{\mathrm{fDQ}} \end{bmatrix} \tag{7-5}$$

其中：$\boldsymbol{\psi}_{\mathrm{dq0}\Sigma}=[\boldsymbol{\psi}_{\mathrm{d}}-\boldsymbol{\psi}_{\mathrm{dl}} \quad \boldsymbol{\psi}_{\mathrm{q}}-\boldsymbol{\psi}_{ql} \quad \boldsymbol{\psi}_{0}-\boldsymbol{\psi}_{01}]^{\mathrm{T}}$，广义动量就是对应的磁链。

定义系统的哈密顿函数为：

$$H=\boldsymbol{p}\dot{\boldsymbol{q}}-L \tag{7-6}$$

在哈密顿函数中，采用广义动量形式来描述。

首先考查动能项：

$$p_{\omega}\omega-L_{\omega}=T_{j*}\omega^{2}-\frac{1}{2}T_{j*}\omega^{2}=\frac{1}{2}T_{j*}\omega^{2}=\frac{1}{2}\frac{p_{\omega}^{2}}{T_{j*}} \tag{7-7}$$

从式（7-5）可将广义速度表达为广义动量的形式：

$$\begin{bmatrix} -\boldsymbol{i}_{\mathrm{dq0}} \\ \boldsymbol{i}_{\mathrm{fDQ}} \end{bmatrix}=\begin{bmatrix} \boldsymbol{X}_{\mathrm{SS}}+\boldsymbol{L}_{\mathrm{dq0l}} & \boldsymbol{X}_{\mathrm{SR}} \\ \boldsymbol{X}_{\mathrm{RS}} & \boldsymbol{X}_{\mathrm{RR}} \end{bmatrix}^{-1}\times\begin{bmatrix} \boldsymbol{p}_{\mathrm{dq0}} \\ \boldsymbol{p}_{\mathrm{fDQ}} \end{bmatrix} \tag{7-8}$$

于是，磁能项为：

$$\begin{aligned}
\boldsymbol{p}\dot{\boldsymbol{q}}-L=&[\boldsymbol{p}_{\mathrm{dq0}}^{\mathrm{T}} \quad \boldsymbol{p}_{\mathrm{fDQ}}^{\mathrm{T}}]\times\begin{bmatrix} \boldsymbol{X}_{\mathrm{SS}}+\boldsymbol{L}_{\mathrm{dq0l}} & \boldsymbol{X}_{\mathrm{SR}} \\ \boldsymbol{X}_{\mathrm{RS}} & \boldsymbol{X}_{\mathrm{RR}} \end{bmatrix}^{-1} \\
&-\frac{1}{2}[\boldsymbol{p}_{\mathrm{dq0}}^{\mathrm{T}} \quad \boldsymbol{p}_{\mathrm{fDQ}}^{\mathrm{T}}]\times\begin{bmatrix} \boldsymbol{X}_{\mathrm{SS}}+L_{\mathrm{dq0l}} & \boldsymbol{X}_{\mathrm{SR}} \\ \boldsymbol{X}_{\mathrm{RS}} & \boldsymbol{X}_{\mathrm{RR}} \end{bmatrix}^{-\mathrm{T}}\times\begin{bmatrix} \boldsymbol{X}_{\mathrm{SS}}+L_{\mathrm{dq0l}} & \boldsymbol{X}_{\mathrm{SR}} \\ \boldsymbol{X}_{\mathrm{RS}} & \boldsymbol{X}_{\mathrm{RR}} \end{bmatrix}\times \\
&\begin{bmatrix} \boldsymbol{X}_{\mathrm{SS}}+L_{\mathrm{dq0l}} & \boldsymbol{X}_{\mathrm{SR}} \\ \boldsymbol{X}_{\mathrm{RS}} & \boldsymbol{X}_{\mathrm{RR}} \end{bmatrix}^{-1}\times\begin{bmatrix} \boldsymbol{p}_{\mathrm{dq0}} \\ \boldsymbol{p}_{\mathrm{fDQ}} \end{bmatrix} \\
=&\frac{1}{2}[\boldsymbol{p}_{\mathrm{dq0}}^{\mathrm{T}} \quad \boldsymbol{p}_{\mathrm{fDQ}}^{\mathrm{T}}]\times\begin{bmatrix} \boldsymbol{X}_{\mathrm{SS}}+\boldsymbol{L}_{\mathrm{dq0l}} & \boldsymbol{X}_{\mathrm{SR}} \\ \boldsymbol{X}_{\mathrm{RS}} & \boldsymbol{X}_{\mathrm{RR}} \end{bmatrix}^{-1}\times\begin{bmatrix} \boldsymbol{p}_{\mathrm{dq0}} \\ \boldsymbol{p}_{\mathrm{fDQ}} \end{bmatrix}
\end{aligned} \tag{7-9}$$

总的哈密顿函数为：

$$H=\frac{1}{2}\frac{p_{\omega}^{2}}{T_{j*}}+\frac{1}{2}[\boldsymbol{p}_{\mathrm{dq0}}^{\mathrm{T}} \quad \boldsymbol{p}_{\mathrm{fDQ}}^{\mathrm{T}}]\times\begin{bmatrix} \boldsymbol{X}_{\mathrm{SS}}+L_{\mathrm{dq0l}} & \boldsymbol{X}_{\mathrm{SR}} \\ \boldsymbol{X}_{\mathrm{RS}} & \boldsymbol{X}_{\mathrm{RR}} \end{bmatrix}^{-1}\times\begin{bmatrix} \boldsymbol{p}_{\mathrm{dq0}} \\ \boldsymbol{p}_{\mathrm{fDQ}} \end{bmatrix} \tag{7-10}$$

上述哈密顿函数是从发电机系统经典的拉格朗日能量系统导出的。

二、哈密顿控制模型

根据第六章第一节动力学理论，通过定义广义动量，由式（6-11）、式（6-12）的两组方程构成哈密顿系统。系统的广义速度为 $\dot{x}=[\omega \quad -\boldsymbol{i}_{\mathrm{dq0}}^{\mathrm{T}} \quad \boldsymbol{i}_{\mathrm{fDQ}}^{\mathrm{T}}]$。

第一组方程为：

$$\dot{\boldsymbol{x}}=\frac{\partial H}{\partial \boldsymbol{p}} \tag{7-11}$$

$\dot{\boldsymbol{x}}$ 是广义速度，分别写成如下形式：

$$\omega=\frac{\partial H}{\partial p_{\omega}} \tag{7-12}$$

$$-\boldsymbol{i}_{\mathrm{dq0}}=\frac{\partial H}{\partial \boldsymbol{p}_{\mathrm{dq0}}} \tag{7-13}$$

$$\boldsymbol{i}_{\mathrm{fDQ}}=\frac{\partial H}{\partial \boldsymbol{p}_{\mathrm{fDQ}}} \tag{7-14}$$

上述三个方程，形式上是式（7-11）按广义速度分项列出的。实际上，根据哈密顿函数式（7-10）对各项广义速度求偏导数也可直接得到。求偏导数的过程也是证明过程。

第二组方程，存在非有势的广义力，不是正则形式。将上述广义动量的定义代入拉格朗日方程组式（6-125）、式（6-126）、式（6-127），将方程中的所有参数采用广义动量表示。

对应角速度 ω 的广义动量 p_ω：

$$\frac{\mathrm{d}}{\mathrm{d}t_*}\left(\frac{\partial L}{\partial \omega}\right)=\frac{\mathrm{d}}{\mathrm{d}t_*}(T_{j*}\omega)=\frac{\mathrm{d}p_\omega}{\mathrm{d}t_*}=m_{\mathrm{t}}-m_{\mathrm{g}}$$

$$=m_{\mathrm{t}}-(\psi_{\mathrm{d}\sum}i_{\mathrm{q}}-\psi_{\mathrm{q}\sum}i_{\mathrm{d}})=m_{\mathrm{t}}-\left(-p_{\mathrm{d}}\frac{\partial H}{\partial p_{\mathrm{q}}}+p_{\mathrm{q}}\frac{\partial H}{\partial p_{\mathrm{d}}}\right)$$

即：

$$\frac{\mathrm{d}p_\omega}{\mathrm{d}t_*}=m_{\mathrm{t}}-\boldsymbol{m}_{\mathrm{dq0}}\frac{\partial H}{\partial \boldsymbol{p}_{\mathrm{dq0}}} \tag{7-15}$$

对应广义速度$-\boldsymbol{i}_{\mathrm{dq0}}$的广义动量 $\boldsymbol{p}_{\mathrm{dq0}}$：

$$\frac{\mathrm{d}}{\mathrm{d}t_*}\left[\frac{\partial L}{\partial(-\boldsymbol{i}_{\mathrm{dq0}})}\right]+\frac{\partial F}{\partial(-\boldsymbol{i}_{\mathrm{dq0}})}=\frac{\mathrm{d}\boldsymbol{p}_{\mathrm{dq0}}}{\mathrm{d}t_*}+(\boldsymbol{r}_{\mathrm{abc}}+\boldsymbol{r}_{\mathrm{s}})(-\boldsymbol{i}_{\mathrm{dq0}})=\begin{bmatrix}f_{\mathrm{d}}\\f_{\mathrm{q}}\\f_0\end{bmatrix}=\begin{bmatrix}U_{\mathrm{d}}+\omega\psi_{\mathrm{q}\sum}\\U_{\mathrm{q}}-\omega\psi_{\mathrm{d}\sum}\\U_{\mathrm{s0}}\end{bmatrix}$$

$\Rightarrow$

$$\frac{\mathrm{d}\boldsymbol{p}_{\mathrm{dq0}}}{\mathrm{d}t_*}+(\boldsymbol{r}_{\mathrm{abc}}+\boldsymbol{r}_{\mathrm{s}})\frac{\partial H}{\partial \boldsymbol{p}_{\mathrm{dq0}}}=\begin{bmatrix}U_{\mathrm{d}}/(-i_{\mathrm{d}}) & 0 & 0\\0 & U_{\mathrm{q}}/(-i_{\mathrm{q}}) & 0\\0 & 0 & U_{\mathrm{s0}}/(-i_0)\end{bmatrix}\times\begin{bmatrix}-i_{\mathrm{d}}\\-i_{\mathrm{q}}\\-i_0\end{bmatrix}+\omega\begin{bmatrix}p_{\mathrm{q}}\\-p_{\mathrm{d}}\\0\end{bmatrix}$$

即：

$$\frac{\mathrm{d}\boldsymbol{p}_{\mathrm{dq0}}}{\mathrm{d}t_*}=\boldsymbol{m}_{\mathrm{dq0}}^{\mathrm{T}}\frac{\partial H}{\partial p_\omega}-(\boldsymbol{r}_{\mathrm{abc}}+\boldsymbol{r}_{\mathrm{s}}-\boldsymbol{U}_z)\frac{\partial H}{\partial p_{\mathrm{dq0}}} \tag{7-16}$$

对应广义速度 $\boldsymbol{i}_{\mathrm{fDQ}}$的广义动量 $\boldsymbol{p}_{\mathrm{fDQ}}$：

$$\frac{\mathrm{d}}{\mathrm{d}t_*}\left(\frac{\partial L}{\partial \boldsymbol{i}_{\mathrm{fDQ}}}\right)+\frac{\partial F}{\partial \boldsymbol{i}_{\mathrm{fDQ}}}=\frac{\mathrm{d}\boldsymbol{p}_{\mathrm{fDQ}}}{\mathrm{d}t_*}+\boldsymbol{r}_{\mathrm{fDQ}}\boldsymbol{i}_{\mathrm{fDQ}}=\begin{bmatrix}u_{\mathrm{f}}\\u_{\mathrm{D}}\\u_{\mathrm{Q}}\end{bmatrix}$$

即：

$$\frac{\mathrm{d}\boldsymbol{p}_{\mathrm{fDQ}}}{\mathrm{d}t_*}=-r_{\mathrm{fDQ}}\frac{\partial H}{\partial \boldsymbol{p}_{\mathrm{fDQ}}}+\boldsymbol{u}_{\mathrm{fDQ}} \tag{7-17}$$

其中：$\boldsymbol{m}_{\mathrm{dq0}}=[p_{\mathrm{q}}\quad -p_{\mathrm{d}}\quad 0]$，$\boldsymbol{U}_z=\begin{bmatrix} U_{\mathrm{d}}/(-i_{\mathrm{d}}) & 0 & 0 \\ 0 & U_{\mathrm{q}}/(-i_{\mathrm{q}}) & 0 \\ 0 & 0 & U_{\mathrm{s0}}/(-i_0) \end{bmatrix}$。

发电机电磁力矩：

$$m_{\mathrm{g}}=\psi_{\mathrm{d}\sum}i_{\mathrm{q}}-\psi_{\mathrm{q}\sum}i_{\mathrm{d}}=-p_{\mathrm{d}}\frac{\partial H}{\partial p_{\mathrm{q}}}+p_{\mathrm{q}}\frac{\partial H}{\partial p_{\mathrm{d}}}=\boldsymbol{m}_{\mathrm{dq0}}\times\frac{\partial H}{\partial p_{\mathrm{dq0}}} \tag{7-18}$$

方程式（7-12）～式（7-17）合在一起，可得到偶数维的哈密顿控制模型，亦即经典哈密顿定义方式的模型。

在哈密顿方程中，$\dot{\boldsymbol{x}}=\dfrac{\partial H}{\partial \boldsymbol{p}}$ 相当于系统的本构关系（$\boldsymbol{p}=\dfrac{\partial L}{\partial \dot{\boldsymbol{x}}}$）之逆，而关于 $\dot{\boldsymbol{p}}$ 的方程是系统的动力方程。从控制的角度考虑，主要关心的是系统的运动特征或动力特性。因此，只研究其动力方程，方程阶数可减少一半。式（7-15）～式（7-17）写在一起为：

$$\begin{bmatrix} \dfrac{\mathrm{d}p_{\omega}}{\mathrm{d}t_*} \\ \dfrac{\mathrm{d}\boldsymbol{p}_{\mathrm{dq0}}}{\mathrm{d}t_*} \\ \dfrac{\mathrm{d}\boldsymbol{p}_{\mathrm{fDQ}}}{\mathrm{d}t_*} \end{bmatrix}=\begin{bmatrix} 0 & -\boldsymbol{m}_{\mathrm{dq0}} & \boldsymbol{0}_{1\times3} \\ \boldsymbol{m}_{\mathrm{dq0}}^{\mathrm{T}} & -(\boldsymbol{r}_{\mathrm{abc}}+\boldsymbol{r}_{\mathrm{s}}-\boldsymbol{U}_z) & \boldsymbol{0}_{3\times3} \\ \boldsymbol{0}_{3\times1} & \boldsymbol{0}_{3\times3} & -\boldsymbol{r}_{\mathrm{fDQ}} \end{bmatrix}\times\begin{bmatrix} \dfrac{\partial H}{\partial p_{\omega}} \\ \dfrac{\partial H}{\partial \boldsymbol{p}_{\mathrm{dq0}}} \\ \dfrac{\partial H}{\partial \boldsymbol{p}_{\mathrm{fDQ}}} \end{bmatrix}+\begin{bmatrix} m_{\mathrm{t}} \\ \boldsymbol{0}_{3\times1} \\ \boldsymbol{u}_{\mathrm{fDQ}} \end{bmatrix} \tag{7-19}$$

需要注意的是：在上面的形式中，微分部分采用的是标幺时间 t_*，若采用常规的时间（s）为单位，两者只是相差一个常数 ω_{B}，即 $t_*=\omega_{\mathrm{B}}t$。这里继续采用这种形式。

取 $\boldsymbol{x}=[p_{\omega}\quad p_{\mathrm{d}}p_{\mathrm{q}}\ p_0\ p_{\mathrm{f}}\ p_{\mathrm{D}}\ p_{\mathrm{Q}}]^{\mathrm{T}}$，简记为：

$$\dot{\boldsymbol{x}}=[\boldsymbol{J}(\boldsymbol{x})-\boldsymbol{R}(\boldsymbol{x})]\frac{\partial H}{\partial \boldsymbol{x}}+\boldsymbol{g}(\boldsymbol{x})\boldsymbol{u} \tag{7-20}$$

$$\boldsymbol{J}(\boldsymbol{x})=\begin{bmatrix} 0 & -\boldsymbol{m}_{\mathrm{dq0}} & \boldsymbol{0}_{1\times3} \\ \boldsymbol{m}_{\mathrm{dq0}}^{\mathrm{T}} & \boldsymbol{0}_{3\times3} & \boldsymbol{0}_{3\times3} \\ \boldsymbol{0}_{3\times1} & \boldsymbol{0}_{3\times3} & \boldsymbol{0}_{3\times3} \end{bmatrix},\boldsymbol{R}(\boldsymbol{x})=\begin{bmatrix} 0 & \boldsymbol{0}_{1\times3} & \boldsymbol{0}_{1\times3} \\ \boldsymbol{0}_{3\times1} & \boldsymbol{r}_{\mathrm{abc}}+\boldsymbol{r}_{\mathrm{s}}-\boldsymbol{U}_z & \boldsymbol{0}_{3\times3} \\ \boldsymbol{0}_{3\times1} & \boldsymbol{0}_{3\times3} & \boldsymbol{r}_{\mathrm{fDQ}} \end{bmatrix},$$

$$\boldsymbol{g}(\boldsymbol{x})=\begin{bmatrix} 1 & \boldsymbol{0}_{1\times3} & \boldsymbol{0}_{1\times3} \\ \boldsymbol{0}_{3\times1} & \boldsymbol{0}_{3\times3} & \boldsymbol{0}_{3\times3} \\ \boldsymbol{0}_{3\times1} & \boldsymbol{0}_{3\times3} & \boldsymbol{1}_{3\times3} \end{bmatrix},\boldsymbol{u}=\begin{bmatrix} m_{\mathrm{t}} \\ \boldsymbol{0}_{3\times1} \\ \boldsymbol{u}_{\mathrm{fDQ}} \end{bmatrix}$$

称为发电机的广义哈密顿控制模型。

其中 $\boldsymbol{J}(\boldsymbol{x})$ 为结构矩阵的反对称部分，$\boldsymbol{R}(\boldsymbol{x})$ 为结构矩阵的对称部分，$\boldsymbol{g}(\boldsymbol{x})$ 是控制输入渠道矩阵，$\boldsymbol{u}$ 是输入矩阵，系统的输入包括机械力矩 m_{t} 和励磁电压 u_{f}。

系统的自然输出为：

$$\boldsymbol{y}=\boldsymbol{g}^{\mathrm{T}}(\boldsymbol{x})\frac{\partial H}{\partial \boldsymbol{x}} \tag{7-21}$$

三、能量流分析

哈密顿函数是由拉格朗日函数导出的，采用的时间单位也是标幺时间，各项广义动量也是以标幺时间为基准导出的，在对时间 t(s) 求导时，应将其先转化成时间单位为（s）的量再求导。具体处理可参见式（6-63）的举例。

H 函数中不含时间 t，$\frac{\partial H}{\partial t}=0$，哈密顿函数能量流：

$$\begin{aligned}\frac{\mathrm{d}H}{\mathrm{d}t}&=\left(\frac{\partial H}{\partial \boldsymbol{x}}\right)^{\mathrm{T}}\times\frac{\mathrm{d}x}{\mathrm{d}t_{*}}=\left(\frac{\partial H}{\partial \boldsymbol{x}}\right)^{\mathrm{T}}[\boldsymbol{J}(\boldsymbol{x})-\boldsymbol{R}(\boldsymbol{x})]\frac{\partial H}{\partial \boldsymbol{x}}+\left(\frac{\partial H}{\partial \boldsymbol{x}}\right)^{\mathrm{T}}\boldsymbol{g}(\boldsymbol{x})\boldsymbol{u}\\&=-\left(\frac{\partial H}{\partial \boldsymbol{x}}\right)^{\mathrm{T}}\boldsymbol{R}(\boldsymbol{x})\frac{\partial H}{\partial \boldsymbol{x}}+\boldsymbol{y}^{\mathrm{T}}\boldsymbol{u}\end{aligned} \tag{7-22}$$

由于 $\boldsymbol{J}(\boldsymbol{x})$ 是反对称矩阵，式（7-22）中用到了反对称矩阵的性质：$\left(\frac{H}{\partial \boldsymbol{x}}\right)^{\mathrm{T}}\boldsymbol{J}(\boldsymbol{x})\frac{\partial H}{\partial \boldsymbol{x}}=\boldsymbol{0}$。

第一项是系统的耗散项，第二项是外部提供的能量。

展开第一项的耗散项：

$$\begin{aligned}\left(\frac{\partial H}{\partial \boldsymbol{x}}\right)^{\mathrm{T}}\boldsymbol{R}(\boldsymbol{x})\frac{\partial H}{\partial \boldsymbol{x}}&=(-\boldsymbol{i}_{\mathrm{dq0}})^{\mathrm{T}}(\boldsymbol{r}_{\mathrm{abc}}+\boldsymbol{r}_{\mathrm{s}})(-\boldsymbol{i}_{\mathrm{dq0}})+\\&\boldsymbol{i}_{\mathrm{fDQ}}\boldsymbol{r}_{\mathrm{fDQ}}\boldsymbol{i}_{\mathrm{fDQ}}+(i_{\mathrm{d}}U_{\mathrm{sd}}+i_{\mathrm{q}}U_{\mathrm{sq}}+i_{0}U_{\mathrm{s0}})\end{aligned} \tag{7-23}$$

式（7-23）中，$\boldsymbol{r}$ 为仅有对角线元素的对称矩阵，第一、第二项为二次型，形式为 i^2r，表示电阻上的功率损失；第三项表示发电机向电网输送的功率。因此，式（7-23）表明：系统能量耗散包括电阻上的能量耗散和发电机向电网输送的功率。

外部提供的能量：

$$y^{\mathrm{T}}\boldsymbol{u}=\left[\boldsymbol{g}^{\mathrm{T}}(\boldsymbol{x})\frac{\partial H}{\partial \boldsymbol{x}}\right]^{\mathrm{T}}\boldsymbol{u}=\left(\frac{\partial H}{\partial \boldsymbol{x}}\right)^{\mathrm{T}}\boldsymbol{g}(\boldsymbol{x})\boldsymbol{u}=\omega m_{\mathrm{t}}+i_{\mathrm{f}}u_{\mathrm{f}} \tag{7-24}$$

外部提供的能量包括：输入发电机的机械功率、励磁功率。

从能量流的角度来看，与发电机系统的实际情况是一致的。

几点讨论：

（1）哈密顿控制系统式（7-19）展开后，得到的运动方程与传统的发电机运动方程是一致的。

（2）哈密顿系统提供了系统的能量函数和运动方程，明确了系统输入输出能量关系；结构矩阵给出了系统变量之间的内部关联信息；阻尼矩阵反映了变量在端口上的阻尼特性；输入渠道矩阵反映了系统对输入信号的作用机制。与单一的发电机运动方程相比，对系统运动本质的刻画更深刻。

（3）控制输入 m_{t}、u_{f} 独立，方便与调速系统和励磁系统连接，采用哈密顿系统综合理论，构成完整的控制模型。

（4）机电耦合动力学认为，系统的势能是由电容元件产生的。在上述哈密顿控制模型推导中，忽略了线路分布电容，没有势能项。可以确定实际电力系统中的势能是由等效电容元件产生的，控制模型需要细化。

第二节 实用参数描述的发电机哈密顿模型

第一节给出的发电机哈密顿控制模型是采用电机基本参数表示的。在实际应用中一般采用电机实用参数模型，而且根据不同研究目的进行各种简化处理。本节将第一节导出的广义哈密顿转化为实用参数描述的模型。

假设1：零轴绕组与 d 、q 绕组相对独立，单独考虑。在方程中去掉0轴相关分量项。

假设2：电机采用实用参数描述。

采用新的广义速度为：$[-i_d \quad -i_q \quad E'_q \quad E''_q \quad E''_d]^T$。对电磁系统进行变换时，机械系统保持不变。

根据第一节的推导，有下述关系：

$$i_f = K_{f1}E''_q + K_{f2}E'_q + K_{f3}(-i_d) \tag{7-25}$$

$$i_D = K_{D1}E''_q - K_{D1}E'_q + K_{D3}(-i_d) \tag{7-26}$$

$$i_Q = -K_{Q1}E''_d + K_{Q2}(-i_q) \tag{7-27}$$

其中：$K_{f1} = -\dfrac{X_{ad}}{X_f}\dfrac{1}{X'_d - X_1}$，$K_{f2} = \dfrac{1}{X'_d - X_1}$，$K_{f3} = -\dfrac{X_{ad}(X''_d - X_1)}{X_f(X'_d - X_1)}$，$K_{D1} = \dfrac{1}{X'_d - X_1}$，$K_{D3} = \dfrac{X''_d - X'_d}{X'_d - X_1}$，$K_{Q1} = \dfrac{1}{X_{aq}}$，$K_{Q2} = -\dfrac{X_{aq}}{X_Q}$ 为系数；X_f、X_D、X_Q 分别为励磁绕组、D、Q 绕组电抗；X_{f1}、X_{D1} 分别为励磁绕组和 D 绕组漏抗；X_{ad}、X_{aq}分别为 d、q 轴电枢反应电抗；E'_q为 q 轴暂态电动势；E''_d、E''_q分别为 d、q 轴次暂态电动势。各参数均为标幺值（p. u.）。

用上标“（1）”表示在新坐标系下对应的参数。取：$-\boldsymbol{i}_{dq} = [-i_d \quad -i_q]$，$\boldsymbol{i}_{fDQ} = [i_f \ i_D \ i_Q]^T$，$i^{(1)}_{fDQ} = [E'_q \ E''_q \ E''_d]^T$。

从广义速度的定义来看，主要变换的转子励磁绕组 f 和 D、Q 阻尼绕组的参数，转子运动方程中的 d、q 轴参数不变。

根据上面的式（7-25）一式（7-27），广义速度变换关系为：

$$\begin{bmatrix} -\boldsymbol{i}_{dq} \\ \boldsymbol{i}_{fDQ} \end{bmatrix} = \begin{bmatrix} 1 & 0 & 0 & 0 & 0 \\ 0 & 1 & 0 & 0 & 0 \\ K_{f3} & 0 & K_{f2} & K_{f1} & 0 \\ K_{D3} & 0 & -K_{D1} & K_{D1} & 0 \\ 0 & K_{Q2} & 0 & 0 & -K_{Q1} \end{bmatrix} \times \begin{bmatrix} -\boldsymbol{i}_{dq} \\ \boldsymbol{i}^{(1)}_{fDQ} \end{bmatrix} \tag{7-28}$$

写成分块矩阵形式：

$$\begin{bmatrix} -\boldsymbol{i}_{dq} \\ \boldsymbol{i}_{fDQ} \end{bmatrix} = \begin{bmatrix} 1 & 0 \\ \boldsymbol{Z}_1 & \boldsymbol{Z}_2 \end{bmatrix} \times \begin{bmatrix} -\boldsymbol{i}_{dq} \\ \boldsymbol{i}_{fDQ}^{(1)} \end{bmatrix} \tag{7-29}$$

其中：

$$\boldsymbol{Z}_1 = \begin{bmatrix} K_{f3} & 0 \\ K_{D3} & 0 \\ 0 & K_{Q2} \end{bmatrix}, \boldsymbol{Z}_2 = \begin{bmatrix} K_{f2} & K_{f1} & 0 \\ -K_{D1} & K_{D1} & 0 \\ 0 & 0 & -K_{Q1} \end{bmatrix}$$

原来系统的拉格朗日函数式（7-2）中去掉 0 轴分量，其电抗矩阵记为 $\boldsymbol{A}$，即：

$$\boldsymbol{A} = \begin{bmatrix} X_{d\sum} & 0 & X_{ad} & X_{ad} & 0 \\ 0 & X_{q\sum} & 0 & 0 & X_{aq} \\ X_{ad} & 0 & X_f & X_{ad} & 0 \\ X_{ad} & 0 & X_{ad} & X_D & 0 \\ 0 & X_{aq} & 0 & 0 & X_Q \end{bmatrix} = \begin{bmatrix} \boldsymbol{A}_{11} & \boldsymbol{A}_{12} \\ \boldsymbol{A}_{21} & \boldsymbol{A}_{22} \end{bmatrix} \tag{7-30}$$

其中：

$$\boldsymbol{A}_{11} = \begin{bmatrix} X_{d\sum} & 0 \\ 0 & X_{q\sum} \end{bmatrix}, \boldsymbol{A}_{12} = \begin{bmatrix} X_{ad} & X_{ad} & 0 \\ 0 & 0 & X_{aq} \end{bmatrix}, \boldsymbol{A}_{21} = \boldsymbol{A}_{12}^{T}, \boldsymbol{A}_{22} = \begin{bmatrix} X_f & X_{ad} & 0 \\ X_{ad} & X_D & 0 \\ 0 & 0 & X_Q \end{bmatrix}$$

原来系统的拉格朗日函数式（7-2），去掉 0 轴分量后变为：

$$L = \frac{1}{2} T_{j*} \omega^2 + \frac{1}{2} [-\boldsymbol{i}_{dq}^{T} \quad \boldsymbol{i}_{fDQ}^{T}] \times \boldsymbol{A} \times \begin{bmatrix} -\boldsymbol{i}_{dq} \\ \boldsymbol{i}_{fDQ} \end{bmatrix}$$

$$= \frac{1}{2} T_{j*} \omega^2 + \frac{1}{2} [-\boldsymbol{i}_{dq}^{T} \quad \boldsymbol{i}_{fDQ}^{(1)T}] \times \begin{bmatrix} \mathbf{1} & \mathbf{0} \\ \boldsymbol{Z}_1 & \boldsymbol{Z}_2 \end{bmatrix}^{T} \times \begin{bmatrix} \boldsymbol{A}_{11} & \boldsymbol{A}_{12} \\ \boldsymbol{A}_{21} & \boldsymbol{A}_{22} \end{bmatrix} \times \begin{bmatrix} \mathbf{1} & \mathbf{0} \\ \boldsymbol{Z}_1 & \boldsymbol{Z}_2 \end{bmatrix} \times \begin{bmatrix} -\boldsymbol{i}_{dq} \\ \boldsymbol{i}_{fDQ}^{(1)} \end{bmatrix}$$

$$= \frac{1}{2} T_{j*} \omega^2 + \frac{1}{2} [-\boldsymbol{i}_{dq}^{T} \quad \boldsymbol{i}_{fDQ}^{(1)T}] \times \begin{bmatrix} \boldsymbol{B}_{11} & \boldsymbol{B}_{12} \\ \boldsymbol{B}_{21} & \boldsymbol{B}_{22} \end{bmatrix} \times \begin{bmatrix} -\boldsymbol{i}_{dq} \\ \boldsymbol{i}_{fDQ}^{(1)} \end{bmatrix} \tag{7-31}$$

$$\boldsymbol{B} = \boldsymbol{Z}^{T} \boldsymbol{A} \boldsymbol{Z} = \begin{bmatrix} \mathbf{1} & \boldsymbol{Z}_1^{T} \\ 0 & \boldsymbol{Z}_2^{T} \end{bmatrix} \times \begin{bmatrix} \boldsymbol{A}_{11} & \boldsymbol{A}_{12} \\ \boldsymbol{A}_{21} & \boldsymbol{A}_{22} \end{bmatrix} \times \begin{bmatrix} \mathbf{1} & \mathbf{0} \\ \boldsymbol{Z}_1 & \boldsymbol{Z}_2 \end{bmatrix}$$

$$= \begin{bmatrix} \boldsymbol{A}_{11} + \boldsymbol{A}_{12}\boldsymbol{Z}_1 + \boldsymbol{Z}_1^{T}(\boldsymbol{A}_{21} + \boldsymbol{A}_{22}\boldsymbol{Z}_1) & (\boldsymbol{A}_{12} + \boldsymbol{Z}_1^{T}\boldsymbol{A}_{22})\boldsymbol{Z}_2 \\ \boldsymbol{Z}_2^{T}(\boldsymbol{A}_{21} + \boldsymbol{A}_{22}\boldsymbol{Z}_1) & \boldsymbol{Z}_2^{T}\boldsymbol{A}_{22}\boldsymbol{Z}_2 \end{bmatrix} \tag{7-32}$$

式(7-32)局部展开后发现，$\boldsymbol{A}_{21} + \boldsymbol{A}_{22}\boldsymbol{Z}_1 = 0$，于是，式(7-32)可简化为：

$$\boldsymbol{B} = \begin{bmatrix} \boldsymbol{A}_{11} + \boldsymbol{A}_{12}\boldsymbol{Z}_1 & \mathbf{0} \\ \mathbf{0} & \boldsymbol{Z}_2^{T}\boldsymbol{A}_{22}\boldsymbol{Z}_2 \end{bmatrix} \tag{7-33}$$

展开式（7-33），得到：

$$\boldsymbol{B}_{11}=\begin{bmatrix}X''_{\rm d} & 0\\ 0 & X''_{\rm q}\end{bmatrix},\boldsymbol{B}_{22}=\begin{bmatrix}\dfrac{X_{\rm d}-X_{\rm d}''}{(X_{\rm d}-X_{\rm d}')(X_{\rm d}'-X_{\rm d}'')} & \dfrac{-1}{X'_{\rm d}-X''_{\rm d}} & 0\\ \dfrac{-1}{X'_{\rm d}-X''_{\rm d}} & \dfrac{1}{X'_{\rm d}-X''_{\rm d}} & 0\\ 0 & 0 & \dfrac{1}{X_{\rm q}-X''_{\rm q}}\end{bmatrix},$$

$$\boldsymbol{B}_{12}=\boldsymbol{0},\boldsymbol{B}_{21}=\boldsymbol{0}$$

在新坐标下的矩阵 $\boldsymbol{B}$ 也是对称矩阵。于是，式（7-31）的拉格朗日函数简化为：

$$L=\frac{1}{2}T_{j*}\omega^{2}+\frac{1}{2}(-\boldsymbol{i}_{\rm dq}^{\rm T})\boldsymbol{B}_{11}(-\boldsymbol{i}_{\rm dq})+\frac{1}{2}\boldsymbol{i}_{\rm fDQ}^{(1)\rm T}\boldsymbol{B}_{22}\boldsymbol{i}_{\rm fDQ}^{(1)} \tag{7-34}$$

系统的耗散函数式（6-59）变为：

$$F^{(1)}=\frac{1}{2}\times\begin{bmatrix}\boldsymbol{1} & \boldsymbol{0}\\ \boldsymbol{Z}_1 & \boldsymbol{Z}_2\end{bmatrix}^{\rm T}\times\begin{bmatrix}\boldsymbol{r}_{\rm ab}+\boldsymbol{r}_{\rm s} & 0\\ 0 & \boldsymbol{r}_{\rm fDQ}\end{bmatrix}\times\begin{bmatrix}\boldsymbol{1} & \boldsymbol{0}\\ \boldsymbol{Z}_1 & \boldsymbol{Z}_2\end{bmatrix}\times\begin{bmatrix}-\boldsymbol{i}_{\rm dq}\\ \boldsymbol{i}_{\rm fDQ}^{(1)}\end{bmatrix}$$

$$=\frac{1}{2}[-\boldsymbol{i}_{\rm dq}^{\rm T}\quad \boldsymbol{i}_{\rm fDQ}^{(1)\rm T}]\times\begin{bmatrix}\boldsymbol{C}_{11} & \boldsymbol{C}_{12}\\ \boldsymbol{C}_{21} & \boldsymbol{C}_{22}\end{bmatrix}\times\begin{bmatrix}-\boldsymbol{i}_{\rm dq}\\ \boldsymbol{i}_{\rm fDQ}^{(1)}\end{bmatrix} \tag{7-35}$$

其中：$\boldsymbol{C}_{11}=(\boldsymbol{r}_{\rm ab}+\boldsymbol{r}_{\rm s})+\boldsymbol{Z}_1^{\rm T}\boldsymbol{r}_{\rm fDQ}\boldsymbol{Z}_1$，$\boldsymbol{C}_{12}=\boldsymbol{C}_{21}^{\rm T}=\boldsymbol{Z}_1^{\rm T}\boldsymbol{r}_{\rm fDQ}\boldsymbol{Z}_2$，$\boldsymbol{C}_{22}=\boldsymbol{Z}_2^{\rm T}\boldsymbol{r}_{\rm fDQ}\boldsymbol{Z}_2$。

广义速度坐标变换后，系统运动特性应保持不变。先考查广义动量的变化：

$$\frac{\partial L^{(1)}}{\partial \boldsymbol{i}_{\rm new}}=\boldsymbol{B}\boldsymbol{i}_{\rm new}=\boldsymbol{Z}^{\rm T}\boldsymbol{A}\boldsymbol{Z}\boldsymbol{i}_{\rm new}=\boldsymbol{Z}^{\rm T}\boldsymbol{A}\boldsymbol{i}_{\rm dqfDQ}=\boldsymbol{Z}^{\rm T}\frac{\partial L^{(1)}}{\partial \boldsymbol{i}_{\rm dqfDQ}} \tag{7-36}$$

再考查耗散项：

$$\frac{\partial F^{(1)}}{\partial \boldsymbol{i}_{\rm new}}=\boldsymbol{B}\boldsymbol{i}_{\rm new}=\boldsymbol{Z}^{\rm T}\boldsymbol{A}\boldsymbol{Z}\boldsymbol{i}_{\rm new}=\boldsymbol{Z}^{\rm T}\boldsymbol{A}\boldsymbol{i}_{\rm dqfDQ}=\boldsymbol{Z}^{\rm T}\frac{\partial F^{(1)}}{\partial \boldsymbol{i}_{\rm dqfDQ}} \tag{7-37}$$

因此，为保持系统运动特性不变，在原电磁系统拉格朗日方程式两边左乘 $\boldsymbol{Z}^{\rm T}$，得到变换后的拉格朗日运动方程为：

$$\frac{\rm d}{{\rm d}t}\left(\frac{\partial L^{(1)}}{\partial \omega}\right)=f_1^{(1)}=m_{\rm t}-m_{\rm g}^{(1)} \tag{7-38}$$

$$\frac{\rm d}{{\rm d}t}\left(\frac{\partial L^{(1)}}{\partial \boldsymbol{i}_{\rm new}}\right)+\frac{\partial F^{(1)}}{\partial \boldsymbol{i}_{\rm new}}=\boldsymbol{Z}^{\rm T}\begin{bmatrix}\boldsymbol{f}_{\rm dq}\\ \boldsymbol{u}_{\rm fDQ}\end{bmatrix}=\begin{bmatrix}\boldsymbol{f}_{\rm dq}+\boldsymbol{Z}_1^{\rm T}\boldsymbol{u}_{\rm fDQ}\\ \boldsymbol{Z}_2^{\rm T}\boldsymbol{u}_{\rm fDQ}\end{bmatrix} \tag{7-39}$$

$\boldsymbol{f}_{\rm dq}$、$\boldsymbol{u}_{\rm fDQ}$是采用电机基本参数描述时，发电机拉格朗日系统的广义外力。

参照式（7-36），在新坐标下电磁系统的广义动量为：

$$\boldsymbol{p}_{\rm new}=\begin{bmatrix}\boldsymbol{p}_{\rm dq}^{(1)}\\ \boldsymbol{p}_{\rm fDQ}^{(1)}\end{bmatrix}=\begin{bmatrix}\boldsymbol{B}_{11}(-\boldsymbol{i}_{\rm dq})\\ \boldsymbol{B}_{22}\boldsymbol{i}_{\rm fDQ}^{(1)}\end{bmatrix}=\begin{bmatrix}X''_{\rm d}(-i_{\rm d})\\ X''_{\rm q}(-i_{\rm q})\\ \dfrac{X_{\rm d}-X_{\rm d}''}{(X_{\rm d}-X_{\rm d}')(X_{\rm d}'-X_{\rm d}'')}E'_{\rm q}-\dfrac{1}{X'_{\rm d}-X''_{\rm d}}E''_{\rm q}\\ -\dfrac{1}{X'_{\rm d}-X''_{\rm d}}E'_{\rm q}+\dfrac{1}{X'_{\rm d}-X''_{\rm d}}E''_{\rm q}\\ \dfrac{1}{X_{\rm q}-X''_{\rm q}}E''_{\rm d}\end{bmatrix} \tag{7-40}$$

机械系统的坐标不变，广义动量也不变，仍然是：

$$p_\omega = T_{j*}\omega \tag{7-41}$$

新坐标下系统的哈密顿函数定义为：

$$\begin{aligned} H^{(1)} &= \boldsymbol{p}^{\mathrm{T}(1)}\dot{\boldsymbol{q}} - L^{(1)} = \frac{1}{2}\frac{p_\omega^2}{T_j^*} + \boldsymbol{p}_{\mathrm{new}}^{\mathrm{T}(1)}\boldsymbol{i}_{\mathrm{new}} - \frac{1}{2}\boldsymbol{i}_{\mathrm{new}}^{\mathrm{T}}\boldsymbol{B}\boldsymbol{i}_{\mathrm{new}} \\ &= \frac{1}{2}\frac{p_\omega^2}{T_j^*} + \frac{1}{2}\boldsymbol{p}_{\mathrm{new}}^{\mathrm{T}(1)}\boldsymbol{B}^{-1}\boldsymbol{p}_{\mathrm{new}}^{(1)} \end{aligned} \tag{7-42}$$

显然有：

$$\frac{\partial H}{\partial p_\omega} = \omega \tag{7-43}$$

$$\frac{\partial H}{\partial \boldsymbol{p}_{\mathrm{new}}^{(1)}} = \boldsymbol{B}^{-1}\boldsymbol{p}_{\mathrm{new}}^{(1)} = \boldsymbol{i}_{\mathrm{new}} \tag{7-44}$$

上述两组变换关系，在推导中用于将广义速度替换为广义动量相关的表达式。

磁链需要采用新坐标下广义动量表示。将式（7-36）改写为：

$$\frac{\partial L^{(1)}}{\partial \boldsymbol{i}_{\mathrm{new}}} = \begin{bmatrix} \boldsymbol{p}_{\mathrm{dq}}^{(1)} \\ \boldsymbol{p}_{\mathrm{fDQ}}^{(1)} \end{bmatrix} = \boldsymbol{Z}^{\mathrm{T}}\frac{\partial L^{(1)}}{\partial \boldsymbol{i}_{\mathrm{dqfDQ}}} = \begin{bmatrix} 1 & \boldsymbol{Z}_1^{\mathrm{T}} \\ 0 & \boldsymbol{Z}_2^{\mathrm{T}} \end{bmatrix}\begin{bmatrix} \boldsymbol{p}_{\mathrm{dq}} \\ \boldsymbol{p}_{\mathrm{fDQ}} \end{bmatrix} = \begin{bmatrix} \boldsymbol{p}_{\mathrm{dq}} + \boldsymbol{Z}_1^{\mathrm{T}}\boldsymbol{p}_{\mathrm{fDQ}} \\ \boldsymbol{Z}_2^{\mathrm{T}}\boldsymbol{p}_{\mathrm{fDQ}} \end{bmatrix} \tag{7-45}$$

于是，有：

$$\boldsymbol{p}_{\mathrm{dq}} = \boldsymbol{p}_{\mathrm{dq}}^{(1)} - \boldsymbol{Z}_1^{\mathrm{T}}\boldsymbol{Z}^{-\mathrm{T}}{}_2\boldsymbol{p}_{\mathrm{fDQ}}^{(1)} = \begin{bmatrix} p_{\mathrm{d}}^{(1)} - \boldsymbol{Z}_{\mathrm{d}}\boldsymbol{p}_{\mathrm{fDQ}}^{(1)} \\ p_{\mathrm{q}}^{(1)} - \boldsymbol{Z}_{\mathrm{q}}\boldsymbol{p}_{\mathrm{fDQ}}^{(1)} \end{bmatrix} \tag{7-46}$$

广义力为：

$$\begin{aligned} \boldsymbol{f}_{\mathrm{dq}}^{(1)} &= \boldsymbol{f}_{\mathrm{dq}} + \boldsymbol{Z}_1^{\mathrm{T}}\boldsymbol{u}_{\mathrm{fDQ}} = \begin{bmatrix} U_{\mathrm{d}} + \omega\psi_{\mathrm{q}\Sigma} \\ U_{\mathrm{q}} - \omega\psi_{\mathrm{d}\Sigma} \end{bmatrix} + \boldsymbol{Z}_1^{\mathrm{T}}\boldsymbol{u}_{\mathrm{fDQ}} \\ &= \begin{bmatrix} \dfrac{U_{\mathrm{d}}}{-i_{\mathrm{d}}}(-i_{\mathrm{d}}) \\ \dfrac{U_{\mathrm{q}}}{-i_{\mathrm{q}}}(-i_{\mathrm{q}}) \end{bmatrix} + \begin{bmatrix} \psi_{\mathrm{q}\Sigma} \\ -\psi_{\mathrm{d}\Sigma} \end{bmatrix}\omega + \boldsymbol{Z}_1^{\mathrm{T}}\boldsymbol{u}_{\mathrm{fDQ}} \end{aligned} \tag{7-47}$$

进一步改写为矩阵形式：

$$\boldsymbol{f}_{\mathrm{dq}}^{(1)} = \boldsymbol{U}_{\mathrm{sdq}}^{(1)}\frac{\partial H}{\partial \boldsymbol{p}_{\mathrm{dq}}^{(1)}} + \boldsymbol{S}\frac{\partial H}{\partial p_\omega} + \boldsymbol{Z}_1^{\mathrm{T}}\boldsymbol{u}_{\mathrm{fdq}} \tag{7-48}$$

其中：

$$\boldsymbol{S} = \begin{bmatrix} p_{\mathrm{q}}^{(1)} - \boldsymbol{Z}_{\mathrm{q}}\boldsymbol{p}_{\mathrm{fDQ}}^{(1)} \\ -(p_{\mathrm{d}}^{(1)} - \boldsymbol{Z}_{\mathrm{d}}\boldsymbol{p}_{\mathrm{fDQ}}^{(1)}) \end{bmatrix} = \begin{bmatrix} -X''_{\mathrm{q}}i_{\mathrm{q}} - E''_{\mathrm{d}} \\ +X''_{\mathrm{d}}i_{\mathrm{d}} - E''_{\mathrm{q}} \end{bmatrix}, \boldsymbol{Z}_{\mathrm{dq}} = \begin{bmatrix} \boldsymbol{Z}_{\mathrm{d}} \\ \boldsymbol{Z}_{\mathrm{q}} \end{bmatrix} = \boldsymbol{Z}_1^{\mathrm{T}}\boldsymbol{Z}_2^{-\mathrm{T}}$$

$$= \begin{bmatrix} X'_{\mathrm{d}} - X_{\mathrm{d}} & X''_{\mathrm{d}} - X_{\mathrm{d}} & 0 \\ 0 & 0 & X_{\mathrm{q}} - X''_{\mathrm{q}} \end{bmatrix}, \boldsymbol{U}_{\mathrm{sdq}}^{(1)} = \begin{bmatrix} U_{\mathrm{d}}/(-i_{\mathrm{d}}) & 0 \\ 0 & U_{\mathrm{q}}/(-i_{\mathrm{q}}) \end{bmatrix}。$$

从 $\boldsymbol{S}$ 给出的磁链表达式来看，经过多重分解与合并计算，其结果与上一节导出的结果是一致的。

将式（7-45）得到的广义动量变换关系代入电磁力矩表达式，得到：

$$m_{g}^{(1)}=-\psi_{d\sum}(-i_{q})+\psi_{q\sum}(-i_{d})=[(p_{q}^{(1)}-\boldsymbol{Z}_{q}\boldsymbol{p}_{fDQ}^{(1)})\quad-(p_{d}^{(1)}-\boldsymbol{Z}_{d}\boldsymbol{p}_{fDQ}^{(1)})]\begin{bmatrix}\dfrac{\partial H^{(1)}}{\partial p_{d}^{(1)}}\\ \dfrac{\partial H^{(1)}}{\partial p_{q}^{(1)}}\end{bmatrix}=\boldsymbol{S}^{T}\frac{\partial H^{(1)}}{\partial \boldsymbol{p}_{dq}^{(1)}} \tag{7-49}$$

利用上述各表达式，从拉格朗日方程式（7-38）和式（7-39），得到：

$$T_{j*}\frac{d\omega}{dt_{*}}=m_{t}-m_{g}^{(1)}=m_{t}-\boldsymbol{S}^{T}\frac{\partial H^{(1)}}{\partial \boldsymbol{p}_{dq}^{(1)}} \tag{7-50}$$

$$\frac{d\boldsymbol{p}_{dq}^{(1)}}{dt_{*}}=-\boldsymbol{C}_{11}\boldsymbol{i}_{dq}^{(1)}-\boldsymbol{C}_{12}\boldsymbol{i}_{fDQ}^{(1)}+\boldsymbol{f}_{dq}^{(1)}=\boldsymbol{S}\frac{\partial H}{\partial p_{\omega}}+(-\boldsymbol{C}_{11}+\boldsymbol{U}_{sdq}^{(1)})\frac{\partial H}{\partial \boldsymbol{p}_{dq}^{(1)}}-\boldsymbol{C}_{12}\frac{\partial H}{\partial \boldsymbol{p}_{fDQ}^{(1)}}+\boldsymbol{Z}_{1}^{T}\boldsymbol{u}_{fdq} \tag{7-51}$$

$$\frac{d\boldsymbol{p}_{fDQ}^{(1)}}{dt_{*}}=-\boldsymbol{C}_{12}^{T}\boldsymbol{i}_{dq}^{(1)}-\boldsymbol{C}_{22}\boldsymbol{i}_{fDQ}^{(1)}+\boldsymbol{f}_{fDQ}^{(1)}=-\boldsymbol{C}_{12}^{T}\frac{\partial H}{\partial \boldsymbol{p}_{dq}^{(1)}}-\boldsymbol{C}_{22}\frac{\partial H}{\partial \boldsymbol{p}_{fDQ}^{(1)}}+\boldsymbol{Z}_{2}^{T}\boldsymbol{u}_{fDQ} \tag{7-52}$$

上述方程写成统一的形式：

$$\begin{bmatrix}\dfrac{dp_{\omega}}{dt_{*}}\\ \dfrac{d\boldsymbol{p}_{dq}^{(1)}}{dt_{*}}\\ \dfrac{d\boldsymbol{p}_{fDQ}^{(1)}}{dt_{*}}\end{bmatrix}=\begin{bmatrix}0 & -\boldsymbol{S}^{T} & \boldsymbol{0}_{1\times3}\\ \boldsymbol{S} & -\boldsymbol{C}_{11}+\boldsymbol{U}_{sdq}^{(1)} & -\boldsymbol{C}_{12}\\ \boldsymbol{0}_{3\times1} & -\boldsymbol{C}_{12}^{T} & -\boldsymbol{C}_{22}\end{bmatrix}\begin{bmatrix}\dfrac{\partial H^{(1)}}{\partial p_{\omega}}\\ \dfrac{\partial H^{(1)}}{\partial \boldsymbol{p}_{dq}^{(1)}}\\ \dfrac{\partial H^{(1)}}{\partial \boldsymbol{p}_{fDQ}^{(1)}}\end{bmatrix}+\begin{bmatrix}1 & \boldsymbol{0}_{1\times2} & \boldsymbol{0}_{1\times3}\\ \boldsymbol{0}_{2\times1} & \boldsymbol{0}_{2\times2} & Z_{1}^{T}\\ \boldsymbol{0}_{3\times1} & \boldsymbol{0}_{3\times2} & \boldsymbol{Z}_{2}^{T}\end{bmatrix}\begin{bmatrix}m_{t}\\ 0_{2\times1}\\ \boldsymbol{u}_{fDQ}\end{bmatrix} \tag{7-53}$$

由于$\boldsymbol{C}_{11}$、$\boldsymbol{U}_{sdq}^{(1)}$、$\boldsymbol{C}_{22}$为对称阵，坐标变换后，结构矩阵仍然可以分解为反对称矩阵和对称矩阵两部分，而控制输入渠道矩阵有所变化。但总的形式基本不变，仍然具有哈密顿控制模型的标准形式。

第三节　对应于传统三阶模型的哈密顿模型

传统三阶模型的哈密顿系统可以从忽略 d、q 绕组的哈密顿系统中导出，并进一步假定：忽略 d、q 轴电磁暂态，忽略电阻的能量耗散，取 $\omega\approx1$。

一、忽略 d、q 绕组的哈密顿模型

从前面推导中看出，在建立哈密顿控制模型时，如果直接取 d、q 绕组分量为零，部分矩阵不可逆。因此，不能从上述模型直接进行简化，需要从基本能量关系重新进行推导。

用上标“(2)”表示忽略 d、q 绕组后模型对应参数。机械系统仍然取广义

速度为角速度标幺值 ω，而电磁系统取广义速度为 $i_{\text{dqf}}=[-i_{\text{d}}-i_{\text{q}}\ i_{\text{f}}]^T$。

从阻抗矩阵式（7-31）中选取与广义速度对应项，组成发电机电磁系统质量矩阵为：

$$\boldsymbol{A}^{(2)}=\begin{bmatrix} X_{\text{d}\sum} & 0 & X_{\text{ad}} \\ 0 & X_{\text{q}\sum} & 0 \\ X_{\text{ad}} & 0 & X_{\text{f}} \end{bmatrix} \tag{7-54}$$

参照第二节的推导，直接写出以下关系。

系统的拉格朗日函数为：

$$L^{(2)}=\frac{1}{2}T_{j*}\omega^2+\frac{1}{2}\boldsymbol{i}_{\text{dqf}}^{\text{T}}\boldsymbol{A}^{(2)}=\boldsymbol{i}_{\text{dqf}} \tag{7-55}$$

耗散函数为：

$$F^{(2)}=\frac{1}{2}\boldsymbol{i}_{\text{dq}}^{\text{T}}(\boldsymbol{r}_{\text{ab}}+\boldsymbol{r}_{\text{s}})\boldsymbol{i}_{\text{dq}}+\frac{1}{2}r_{\text{f}}i_{\text{f}}^2 \tag{7-56}$$

广义动量：

$$\boldsymbol{p}_{\text{dqf}}^{(2)}=\frac{\partial L^{(2)}}{\partial \boldsymbol{i}_{\text{dqf}}}=\boldsymbol{A}^{(2)}=\boldsymbol{i}_{\text{dqf}} \tag{7-57}$$

同时：

$$\boldsymbol{i}_{\text{dqf}}=[\boldsymbol{A}^{(2)}]^{-1}\boldsymbol{p}_{\text{dqf}}^{(2)}=\begin{bmatrix} \dfrac{1}{X'_{\text{d}\sum}}p_{\text{d}}-\dfrac{X_{\text{ad}}}{X_{\text{f}}X'_{\text{d}\sum}}p_{\text{f}} \\ \dfrac{1}{X_{\text{q}\sum}}p_{\text{q}} \\ -\dfrac{X_{\text{ad}}}{X_{\text{f}}X'_{\text{d}\sum}}p_{\text{d}}+\dfrac{X_{\text{d}\sum}}{X_{\text{f}}X'_{\text{d}\sum}}p_{\text{f}} \end{bmatrix} \tag{7-58}$$

式（7-58）中的广义速度表示为广义动量的形式，是为了用于后续推导中的广义速度和广义动量之间的变换。

哈密顿函数为：

$$H^{(2)}=\frac{1}{2}\frac{p_{\omega}^2}{T_{j*}}+\frac{1}{2}\boldsymbol{p}_{\text{dqf}}^{(2)\text{T}}[\boldsymbol{A}^{(2)}]^{-1}\boldsymbol{p}_{\text{dqf}}^{(2)} \tag{7-59}$$

电磁力矩为：

$$-m_{\text{g}}=-\psi_{\text{d}\sum}i_{\text{q}}+\psi_{\text{q}\sum}i_{\text{d}}=-\boldsymbol{S}_{\text{mg}}\frac{\partial H^{(2)}}{\partial \boldsymbol{p}_{\text{dq}}^{(2)}} \tag{7-60}$$

其中：$S_{\text{mg}}=[p_{\text{q}}^{(2)}\quad -p_{\text{d}}^{(2)}]$。

在力矩表达式中补入等效机械阻尼系数 D 来等效 D、Q 绕组的作用。

$$\frac{\mathrm{d}p_{\omega}}{\mathrm{d}t_*}=m_{\text{t}}-m_{\text{g}}-D(\omega-1)=(m_{\text{t}}+D)-\boldsymbol{S}_{\text{mg}}\frac{\partial H^{(2)}}{\partial \boldsymbol{p}_{\text{dq}}^{(2)}}-D\frac{\partial H^{(2)}}{\partial p_{\omega}} \tag{7-61}$$

外力为：

$$\boldsymbol{f}_{\mathrm{dq}}^{(2)}=\begin{bmatrix}f_{\mathrm{d}}^{(2)}\\f_{\mathrm{q}}^{(2)}\end{bmatrix}=\begin{bmatrix}U_{\mathrm{d}}/(-i_{\mathrm{d}}) & 0\\0 & U_{\mathrm{q}}/(-i_{\mathrm{q}})\end{bmatrix}\times\begin{bmatrix}\dfrac{\partial H^{(2)}}{\partial p_{\mathrm{d}}^{(2)}}\\\dfrac{\partial H^{(2)}}{\partial p_{\mathrm{q}}^{(2)}}\end{bmatrix}+\begin{bmatrix}p_{\mathrm{q}}^{(2)}\\-p_{\mathrm{d}}^{(2)}\end{bmatrix}\frac{\partial H^{(2)}}{\partial p_{\omega}}$$

$$=\boldsymbol{U}_{\mathrm{dq}}^{(2)}\frac{\partial H^{(2)}}{\partial \boldsymbol{p}_{\mathrm{dq}}^{(2)}}+\boldsymbol{S}_{\mathrm{mg}}^{\mathrm{T}}\frac{\partial H^{(2)}}{\partial p_{\omega}} \tag{7-62}$$

其中：$\boldsymbol{U}_{\mathrm{dq}}^{(2)}=\begin{bmatrix}\dfrac{U_{\mathrm{d}}X_{\mathrm{f}}X'_{\mathrm{d}\sum}}{X_{\mathrm{f}}p_{\mathrm{d}}-X_{\mathrm{ad}}p_{\mathrm{f}}} & 0\\0 & \dfrac{U_{\mathrm{q}}X_{\mathrm{q}\sum}}{p_{\mathrm{q}}}\end{bmatrix}$。

代入拉格朗日方程整理，统一写在一起：

$$\begin{bmatrix}\dfrac{\mathrm{d}p_{\omega}}{\mathrm{d}t_{*}}\\\dfrac{\mathrm{d}\boldsymbol{p}_{\mathrm{dq}}^{(2)}}{\mathrm{d}t_{*}}\\\dfrac{\mathrm{d}p_{\mathrm{f}}^{(2)}}{\mathrm{d}t_{*}}\end{bmatrix}=\begin{bmatrix}-D & -\boldsymbol{S}_{\mathrm{mg}} & 0\\\boldsymbol{S}_{\mathrm{mg}}^{\mathrm{T}} & -(\boldsymbol{r}_{\mathrm{ab}}+r_{\mathrm{s}}-\boldsymbol{U}_{\mathrm{dq}}^{(2)}) & 0\\0 & 0 & -r_{\mathrm{f}}\end{bmatrix}\begin{bmatrix}\dfrac{\partial H^{(2)}}{\partial p_{\omega}}\\\dfrac{\partial H^{(2)}}{\partial \boldsymbol{p}_{\mathrm{dq}}^{(2)}}\\\dfrac{\partial H^{(2)}}{\partial p_{\mathrm{f}}^{(2)}}\end{bmatrix}+\begin{bmatrix}m_{\mathrm{t}}+D\\0\\u_{\mathrm{f}}\end{bmatrix} \tag{7-63}$$

上述结构矩阵可以分解为反对称阵和耗散矩阵，它是哈密顿控制系统标准形式。

哈密顿方程中的变量均为广义动量，也可根据广义动量和广义速度的关系，转换为已广义速度为变量的形式。

二、忽略 d、q 绕组电磁暂态

在上述方程基础上，进一步忽略 d、q 轴电磁暂态，忽略电阻的能量耗散、取 $\omega\approx1$。

在式（7-63）中，令 $\dfrac{\mathrm{d}\boldsymbol{p}_{\mathrm{dq}}^{(2)}}{\mathrm{d}t_{*}}=\mathbf{0}$，得到约束方程，作为系统的约束反力处理，用于消去 d、q 绕组电流分量。

约束方程为：

$$\boldsymbol{S}_{\mathrm{mg}}^{\mathrm{T}}\frac{\partial H^{(2)}}{\partial p_{\omega}}+\boldsymbol{U}_{\mathrm{dq}}^{(2)}\frac{\partial H^{(2)}}{\partial \boldsymbol{p}_{\mathrm{dq}}}=\mathbf{0} \tag{7-64}$$

展开式（7-64），忽略电阻的能量耗散、取 $\omega\approx1$，有网络接口后的约束条件为：

$$p_{\mathrm{d}}^{(2)}=U_{\mathrm{q}}=\frac{X'_{\mathrm{d}}}{X'_{\mathrm{d}\sum}}U_{\mathrm{s}}\cos\delta+\frac{X_{\mathrm{L}}}{X'_{\mathrm{d}\sum}}E'_{\mathrm{q}} \tag{7-65}$$

$$p_{\mathrm{q}}^{(2)}=-U_{\mathrm{d}}=-\frac{X_{\mathrm{q}}}{X_{\mathrm{q}\sum}}U_{\mathrm{s}}\sin\delta \tag{7-66}$$

系统的哈密顿函数仍然为式（7-58），消去 d、q 轴电流，则系统的哈密顿函数为：

$$H^{(2)}=\frac{1}{2}\frac{p_{\omega}^{2}}{T_{j*}}+\frac{1}{2}\boldsymbol{p}_{\mathrm{dqf}}^{(2)\mathrm{T}}\frac{1}{X_{q\sum}X'_{d\sum}X_{f}}\begin{bmatrix}X_{q\sum}X_{f} & 0 & -X_{q\sum}X_{ad}\\ 0 & X_{d\sum}X_{f}-X_{ad}^{2} & 0\\ -X_{q\sum}X_{ad} & 0 & X_{q\sum}X_{d\sum}\end{bmatrix}\boldsymbol{p}_{\mathrm{dqf}}^{(2)}$$

$$=\frac{1}{2}\frac{p_{\omega}^{2}}{T_{j*}}+\frac{1}{2}\frac{1}{X_{q\sum}X'_{d\sum}X_{f}}[X_{q\sum}X_{f}p_{d}^{2}-2X_{q\sum}X_{ad}p_{d}p_{f}+X'_{d\sum}X_{f}p_{q}^{2}+X_{q\sum}X_{d\sum}p_{f}^{2}]$$

$$=\frac{1}{2}\frac{p_{\omega}^{2}}{T_{j*}}+\frac{1}{2}U_{s}^{2}\cos^{2}\delta\left(\frac{1}{X'_{d\sum}}-\frac{1}{X_{q\sum}}\right)+\frac{1}{2}\frac{U_{s}^{2}}{X_{q\sum}}+\frac{1}{2}\frac{X_{d\sum}p_{f}^{2}-2X_{ad}U_{s}\cos\delta p_{f}}{X'_{d\sum}X_{f}} \tag{7-67}$$

系统的 H 函数代表系统能量，与坐标选择无关。重新选择广义坐标 δ，广义速度为 $\omega_1=\omega-1$。

$$\frac{\mathrm{d}\delta}{\mathrm{d}t_{*}}=\omega_{1} \tag{7-68}$$

取机组转动部分能量函数为：

$$L_{g}^{(3)}=\frac{1}{2}T_{j*}\omega_{1}^{2} \tag{7-69}$$

转动部分广义动量：

$$p_{\omega1}=\frac{\partial L_{g}^{(3)}}{\partial\omega_{1}}=T_{j*}\omega_{1} \tag{7-70}$$

由 $p_{f}^{(2)}=\frac{X_{f}}{X_{ad}}E'_{q}$ 关系，选取新的广义动量为 E'_{q}。新坐标下的参数用上标“(3)”表示。新坐标下的哈密顿函数为：

$$H^{(3)}=\frac{1}{2}T_{j*}\omega_{1}^{2}+\frac{1}{2}U_{s}^{2}\cos^{2}\delta\left(\frac{1}{X'_{d\sum}}-\frac{1}{X_{q\sum}}\right)+\frac{1}{2}\frac{U_{s}^{2}}{X_{q\sum}}+\frac{1}{2}\frac{X_{d\sum}X_{f}E'^{2}_{q}-2X_{ad}^{2}U_{s}\cos\delta E'_{q}}{X_{ad}^{2}X'_{d\sum}} \tag{7-71}$$

式（7-71）与式（7-67）的区别在于所选取的广义坐标不同，对应的哈密顿函数中采用了不同的广义坐标和广义动量。

注意到：

$$\frac{\partial H^{(3)}}{\partial\omega_{1}}=T_{j*}\omega_{1} \tag{7-72}$$

$$\frac{\partial H^{(3)}}{\partial\delta}=-\frac{1}{2}U_{s}^{2}\sin2\delta\left(\frac{1}{X'_{d\sum}}-\frac{1}{X_{q\sum}}\right)+\frac{U_{s}\sin\delta E'_{q}}{X'_{d\sum}} \tag{7-73}$$

根据网络接口约束条件和接口关系式（6-58）～式（6-61），则电磁力矩为：

$$
\begin{aligned}
m_g &= \psi_{d\sum} i_q - \psi_{q\sum} i_d = p_d^{(2)} i_q - p_q^{(2)} i_d \\
&= \left(\frac{X'_d}{X'_{d\sum}} U_s \cos\delta + \frac{X_L}{X'_{d\sum}} E'_q\right) \frac{1}{X_{q\sum}} U_s \sin\delta + \frac{X_q}{X_{q\sum}} U_s \sin\delta \left(\frac{E'_q - U_s \cos\delta}{X'_{d\sum}}\right) \\
&= \frac{1}{2} \frac{X'_d - X_q}{X'_{d\sum} X_{q\sum}} U_s^2 \cos\delta + \frac{X_L + X_q}{X'_{d\sum} X_{q\sum}} E'_q U_s \sin\delta \\
&= -\frac{1}{2} U_s^2 \sin 2\delta \left(\frac{1}{X'_{d\sum}} - \frac{1}{X_{q\sum}}\right) + \frac{U_s \sin\delta}{X'_{d\sum}} E'_q \\
&= \frac{\partial H^{(3)}}{\partial \delta}
\end{aligned} \tag{7-74}
$$

于是，机组运动方程式（7-60）改写为：

$$
\frac{d\omega_1}{dt_*} = \frac{1}{T_{j*}}[m_t - m_g - D\omega_1] = \frac{1}{T_{j*}}[m_t - \frac{\partial H^{(3)}}{\partial \delta} - \frac{D}{T_{j*}} \frac{\partial H^{(3)}}{\partial \omega_1}] \tag{7-75}
$$

式（7-62）的最后一个方程展开为：

$$
\frac{dp_f^{(2)}}{dt_*} = -r_f \frac{\partial H^{(3)}}{\partial p_f} + u_f \tag{7-76}
$$

将广义动量 $p_f^{(2)} = \frac{X_f}{X_{ad}} E'_q$ 替换为以 E'_q 为变量，上式两边乘以 $\frac{X_{ad}}{X_f}$，即：

$$
\frac{dE'_q}{dt_*} = -r_f \frac{\partial H^{(3)}}{\partial E'_q} + \frac{X_{ad}}{X_f} u_f = -\frac{1}{T'_{d0}\omega_B} \frac{X_{ad}^2}{X_f} \frac{\partial H^{(3)}}{\partial E'_q} + \frac{1}{T'_{d0}\omega_B} E_f \tag{7-77}
$$

式中利用了 $\frac{X_f}{r_f} = T'_{d0}\omega_B$，表示这里的参数 T'_{d0} 采用的时间单位是 s。

将上述式（7-68）、式（7-75）、式（7-77）写成统一的形式：

$$
\begin{bmatrix} \frac{d\delta}{dt_*} \\ \frac{d\omega_1}{dt_*} \\ \frac{dE'_q}{dt_*} \end{bmatrix} = \begin{bmatrix} 0 & \frac{1}{T_{j*}} & 0 \\ -\frac{1}{T_{j*}} & -\frac{D}{T_{j*}^2} & 0 \\ 0 & 0 & -\frac{1}{T'_{d0}\omega_B} \frac{X_{ad}^2}{X_f} \end{bmatrix} \begin{bmatrix} \frac{\partial H^{(3)}}{\partial \delta} \\ \frac{\partial H^{(3)}}{\partial \omega_1} \\ \frac{\partial H^{(3)}}{\partial E'_q} \end{bmatrix} + \begin{bmatrix} 0 & 0 \\ \frac{1}{T_{j*}} & 0 \\ 0 & \frac{1}{T'_{d0}\omega_B} \end{bmatrix} \begin{bmatrix} m_t \\ E_f \end{bmatrix} \tag{7-78}
$$

式（7-78）左边采用的是标幺时间，$t_* = \omega_B t$，$T_{j*} = \omega_B T_j$，两边同时乘以 ω_B，变为熟悉的形式，即：

$$
\begin{bmatrix} \frac{d\delta}{dt} \\ \frac{d\omega_1}{dt} \\ \frac{dE'_q}{dt} \end{bmatrix} = \begin{bmatrix} 0 & \frac{1}{T_j} & 0 \\ -\frac{1}{T_j} & -\frac{D}{T_j^2\omega_B} & 0 \\ 0 & 0 & -\frac{1}{T'_{d0}} \frac{X_{ad}^2}{X_f} \end{bmatrix} \begin{bmatrix} \frac{\partial H^{(3)}}{\partial \delta} \\ \frac{\partial H^{(3)}}{\partial \omega_1} \\ \frac{\partial H^{(3)}}{\partial E'_q} \end{bmatrix} + \begin{bmatrix} 0 & 0 \\ \frac{1}{T_j} & 0 \\ 0 & \frac{1}{T'_{d0}} \end{bmatrix} \begin{bmatrix} m_t \\ E_f \end{bmatrix} \tag{7-79}
$$

取：$\boldsymbol{x}=[\delta\quad \omega_1\ E'_{\mathrm{q}}]^{\mathrm{T}}$，简记为：

$$\dot{\boldsymbol{x}}=[\boldsymbol{J}(\boldsymbol{x})-\boldsymbol{R}(\boldsymbol{x})]\frac{\partial H^{(3)}}{\partial \boldsymbol{x}}+\boldsymbol{g}\boldsymbol{u} \tag{7-80}$$

$$\boldsymbol{J}(\boldsymbol{x})=\begin{bmatrix} 0 & \frac{1}{T_j} & 0 \\ -\frac{1}{T_j} & 0 & 0 \\ 0 & 0 & 0 \end{bmatrix},\boldsymbol{R}(\boldsymbol{x})=\begin{bmatrix} 0 & 0 & 0 \\ 0 & \frac{D}{T_j^2\omega_{\mathrm{B}}} & 0 \\ 0 & 0 & \frac{1}{T'_{\mathrm{d0}}}\frac{X_{\mathrm{ad}}^2}{X_{\mathrm{f}}} \end{bmatrix},$$

$$\boldsymbol{g}=\begin{bmatrix} 0 & 0 \\ \frac{1}{T_j} & 0 \\ 0 & \frac{1}{T'_{\mathrm{d0}}} \end{bmatrix},\boldsymbol{u}=\begin{bmatrix} m_{\mathrm{t}} \\ E_{\mathrm{f}} \end{bmatrix}$$

式（7-80）为哈密顿控制模型标准形式。

三、系统的能量流

从哈密顿函数有：

$$\begin{aligned}\frac{\partial H^{(3)}}{\partial E'_{\mathrm{q}}}&=\frac{X_{\mathrm{d}\sum}X_{\mathrm{f}}E'_{\mathrm{q}}-X_{\mathrm{ad}}^2U_{\mathrm{s}}\cos\delta}{X_{\mathrm{ad}}^2X'_{\mathrm{d}\sum}}=\frac{-X_{\mathrm{ad}}^2(X_{\mathrm{d}\sum}i_{\mathrm{d}}+U_{\mathrm{s}}\cos\delta)+X_{\mathrm{d}\sum}X_{\mathrm{f}}X_{\mathrm{ad}}i_{\mathrm{f}}}{X_{\mathrm{ad}}^2X'_{\mathrm{d}\sum}}\\&=\frac{-X_{\mathrm{ad}}^2X_{\mathrm{ad}}i_{\mathrm{f}}+X_{\mathrm{d}\sum}X_{\mathrm{f}}X_{\mathrm{ad}}i_{\mathrm{f}}}{X_{\mathrm{ad}}^2X'_{\mathrm{d}\sum}}=\frac{X_{\mathrm{f}}}{X_{\mathrm{ad}}}i_{\mathrm{f}}\end{aligned} \tag{7-81}$$

能量耗散：

$$\left(\frac{\partial H^{(3)}}{\partial x}\right)^{\mathrm{T}}\boldsymbol{R}(\boldsymbol{x})\frac{\partial H^{(3)}}{\partial \boldsymbol{x}}=\omega_{\mathrm{B}}D\omega_1^2+\frac{1}{T'_{\mathrm{d0}}}\frac{X_{\mathrm{ad}}^2}{X_{\mathrm{f}}}\left(\frac{X_{\mathrm{f}}}{X_{\mathrm{ad}}}i_{\mathrm{f}}\right)^2=D\omega_{\mathrm{B}}\omega_1^2+r_{\mathrm{f}}i_{\mathrm{f}}^2 \tag{7-82}$$

系统内部的耗散能量包括机组角速度偏差引起的阻尼功率和励磁绕组电阻消耗的功率。

外部提供的能量：

$$\boldsymbol{y}^{\mathrm{T}}\boldsymbol{u}=\left(\frac{\partial H^{(3)}}{\partial \boldsymbol{x}}\right)^{\mathrm{T}}gu=m_{\mathrm{t}}\omega_{\mathrm{B}}\omega_1+i_{\mathrm{f}}u_{\mathrm{f}} \tag{7-83}$$

外部提供的能量包括机组角速度偏差引起的机械功率增量和励磁功率。

能量流中出现了输入功率增量和阻尼功率项，这是由于广义速度采用角速度增量标幺，在这一坐标下描述的是系统相对稳态点的运动特性，这与实际物理概念是一致的。

四、仿真对比

不同方法获得的哈密顿模型其微分方程组展开即可得到传统的微分方程模型。表明哈密顿方程组和传统微分方程组在数学上是等价的，方程中状态变量的时域特性也相同。不同的哈密顿模型主要差别在于能量函数和系统矩阵，由于能量函数不同，其结构矩阵和阻尼所反映的系统变量之间的关联和端口上的阻尼特性也就不同。它们是基于哈密顿函数的稳定性分析以及通过控制注入阻尼和阻尼分配设计方法的基础。

应用研究中有几种形式的发电机三阶哈密顿模型，选择二种典型系统对能量函数进行仿真对比。本节导出的哈密顿函数为模型 0，模型Ⅰ从暂态能量函数方法导出[93]，模型Ⅱ采用哈密顿实现理论导出[94]。Matlab 仿真中，由于含有发电机这类刚性系统，因此应采用 odel5S 微分函数，odel5S 是刚性系统的变阶次多步解法，仿真结果较准确[95]，否则，在进入稳态后会出现小幅振荡。

为便于比较，响应曲线采用下述变换：$H=\dfrac{H-H_{初值}}{H_{初值}}$

这种变换反映了能量函数围绕初值的波动情况，响应起点能量函数值为 0。

图 7-1 为 m_t阶跃 0.1（p.u.）时，能量函数的变化。模型Ⅱ进入稳态后，能量函数回到初始能量，模型 0、Ⅰ进入稳态后能量增加了，表明在能量函数中包含了机组有功变化信息。从 H 的绝对值看，模型 0 为：1.823 3，模型Ⅰ为 0.255 5，模型Ⅱ为 28.139 8。由于系统中各参数均采用标幺值，因此本文导出的模型 0 对系统能量的描述更恰当一些。

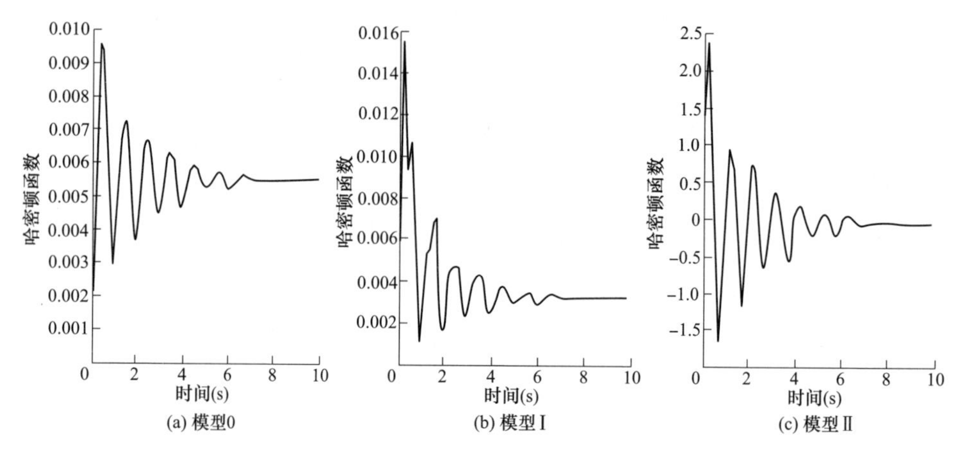

图 7-1　m_t阶跃输入下能量函数响应

图 7-2 为 E_f 阶跃 0.1（p.u.）时，能量函数的变化。本文的模型 0 初始扰动方向与输入扰动方向一致。模型Ⅰ、Ⅱ初始扰动方向与输入扰动方向相反。

仿真表明，所导出的哈密顿系统，能量函数包含了更多的信息，而且能反映初始扰动方向。

五、水轮发电机组哈密顿控制模型的综合

本节的内容来自文献［96］。以刚性水击下的非线性水轮机哈密顿模型和单机无穷大系统三阶哈密顿模型的连接为例。整个水轮发电机组的对象系统结构如图 7-3 所示。

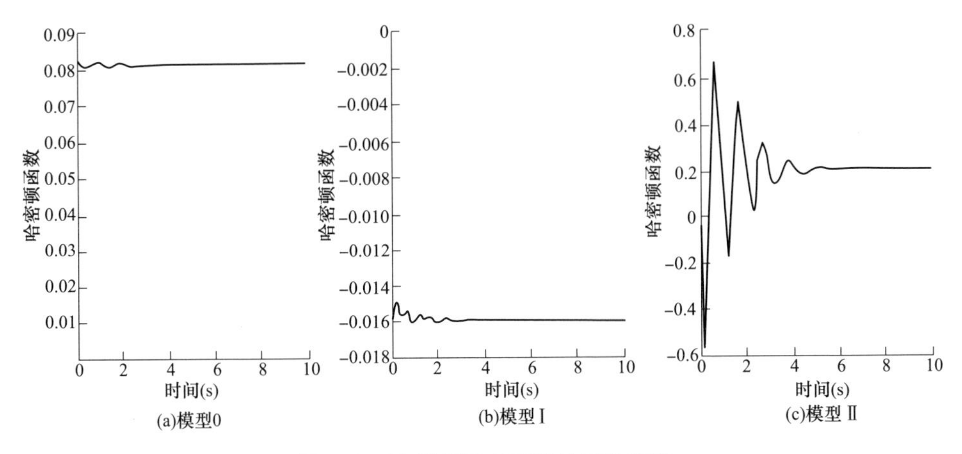

图 7-2　E_f 阶跃输入下能量函数响应

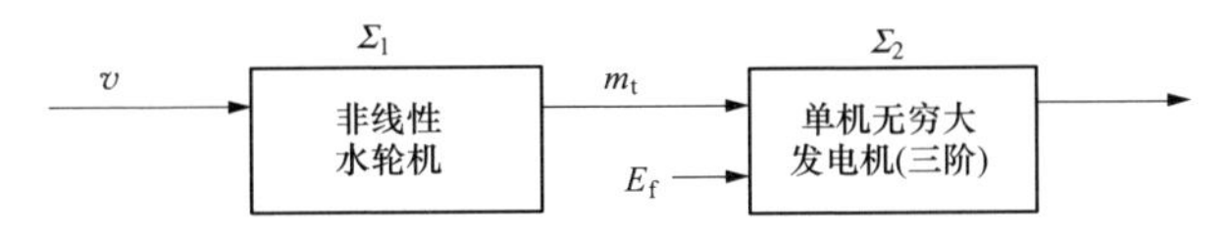

图 7-3　水轮发电机组对象系统示意图

非线性水轮机系统记为Σ_1。

采用第五章第二节导出的非线性水轮机哈密顿，相应模型加上标“(1)”表示。忽略水力阻尼项，去 $D_t=0$，重新列出该哈密顿模型。

取 $x_1=q$，$x_2=y$，$\boldsymbol{x}^{(1)}=[x_1\ x_2]^T$。

哈密顿函数式（5-45），即：

$$H^{(1)}=T_yA_t\frac{x_1^2}{x_2}(x_1-q_{nl}) \tag{7-84}$$

控制模型式（5-46），即：

$$\dot{\boldsymbol{x}}^{(1)}=[\boldsymbol{J}^{(1)}-\boldsymbol{R}^{(1)}]\frac{\partial H^{(1)}}{\partial \boldsymbol{x}^{(1)}}+\boldsymbol{g}^{(1)}u_p \tag{7-85}$$

其中：$\boldsymbol{J}^{(1)}=\begin{bmatrix}0 & C_T(x)\\ -C_T(x) & 0\end{bmatrix}$；$\boldsymbol{R}^{(1)}=\begin{bmatrix}r(\boldsymbol{x}) & 0\\ 0 & r(\boldsymbol{x})\end{bmatrix}$；$\boldsymbol{g}^{(1)}=\begin{bmatrix}0\\ \dfrac{1}{T_y}\end{bmatrix}$；

$C_T(\boldsymbol{x})=\dfrac{f_1+\nabla_{x1}Hr(\boldsymbol{x})}{\nabla_{x2}H}$；$r(\boldsymbol{x})=\dfrac{-f_2(\boldsymbol{x})\nabla_{x2}H+A_tx_1^3/x_2}{\|\nabla H\|^2}$；

$\boldsymbol{f}(\boldsymbol{x})=\begin{bmatrix}\dfrac{1}{T_w}\left(1-f_px_1^2-\dfrac{x_1^2}{x_2^2}\right)\\ -\dfrac{1}{T_y}(x_2-y_0)\end{bmatrix}$。

系统输入控制为：

$$u_{\mathrm{p}}=u+T_{y}\frac{f_{1}(\boldsymbol{x})\nabla_{x1}H+A_{\mathrm{t}}x_{1}^{3}/x_{2}}{\nabla_{x2}H} \tag{7-86}$$

输出方程：

$$\begin{cases}y_{1}^{(1)}=\boldsymbol{g}^{(1)\mathrm{T}}\dfrac{\partial H^{(1)}}{\partial \boldsymbol{x}^{(1)}}\\ p_{\mathrm{m}}^{(1)}=-y_{1}^{(1)}\end{cases} \tag{7-87}$$

发电机哈密顿模型采用式（7-80）的形式，记为$\sum_{2}$：

选取新的广义坐标为：$x_{3}=\delta$，$x_{4}=\omega_{1}$，$x_{5}=E'_{\mathrm{q}}$。将式（7-80）改写为以下形式：

$$\dot{\boldsymbol{x}}^{(2)}=[\boldsymbol{J}^{(2)}-\boldsymbol{R}^{(2)}]\frac{\partial H^{(2)}}{\partial \boldsymbol{x}^{(2)}}+\boldsymbol{g}_{1}^{(2)}m_{\mathrm{t}}+\boldsymbol{g}_{2}^{(2)}E_{\mathrm{f}} \tag{7-88}$$

式（7-88）的输入矩阵$\boldsymbol{g}(\boldsymbol{x})$分解为两个列向量，分别对应发电机哈密顿模型的两个输入控制项m_{t}和E_{f}。

$$\boldsymbol{g}_{1}^{(2)}=\begin{bmatrix}0\\ \dfrac{1}{T_{j}}\\ 0\end{bmatrix},\ \boldsymbol{g}_{2}^{(2)}=\begin{bmatrix}0\\ 0\\ \dfrac{1}{T'_{\mathrm{d0}}}\end{bmatrix}$$

发电机输入为水轮机力矩，水轮机的机械转矩基值等于发电机额定容量基值，非线性水轮机子系统中的机械功率已采用了这一基值转换。在三阶模型假设中，近似认为$\omega\approx1$，机械功率近似等于机械转矩，这里接口仍然采用这一假设。接口对应关系为：

$$m_{\mathrm{t}}=-\boldsymbol{g}^{(1)\mathrm{T}}(x)\frac{\partial H^{(1)}}{\partial \boldsymbol{x}^{(1)}} \tag{7-89}$$

将式（7-89）代入：

$$\dot{\boldsymbol{x}}^{(2)}=[\boldsymbol{J}^{(2)}-\boldsymbol{R}^{(2)}]\frac{\partial H^{(2)}}{\partial \boldsymbol{x}^{(2)}}-\boldsymbol{g}_{1}^{(2)}\boldsymbol{g}^{(1)\mathrm{T}}(\boldsymbol{x})\frac{\partial H^{(1)}}{\partial \boldsymbol{x}^{(1)}}+\boldsymbol{g}_{2}^{(2)}E_{\mathrm{f}} \tag{7-90}$$

两个系统合并在一起，令：$H=H^{(1)}+H^{(2)}$，$\boldsymbol{x}=[x_{1}\quad x_{2}x_{3}\quad x_{4}\quad x_{5}]^{\mathrm{T}}$。

合成的哈密顿函数为：

$$H=T_{y}A_{\mathrm{t}}\frac{x_{1}^{2}}{x_{2}}(x_{1}-q_{\mathrm{nl}})+\frac{1}{2}T_{j*}\omega_{1}^{2}+\frac{1}{2}U_{\mathrm{s}}^{2}\cos^{2}\delta\left(\frac{1}{X'_{\mathrm{d}\sum}}-\frac{1}{X_{\mathrm{q}\sum}}\right)+\frac{1}{2}\frac{U_{\mathrm{s}}^{2}}{X_{\mathrm{q}\sum}}+\frac{1}{2}\frac{X_{\mathrm{d}\sum}X_{\mathrm{f}}E_{\mathrm{q}}'^{2}-2X_{\mathrm{ad}}^{2}U_{\mathrm{s}}\cos\delta E'_{\mathrm{q}}}{X_{\mathrm{ad}}^{2}X'_{\mathrm{d}\sum}} \tag{7-91}$$

将式（7-85）和式（7-90）写成统一的形式：

$$\dot{\boldsymbol{x}}=\begin{bmatrix}\boldsymbol{J}^{(1)}-\boldsymbol{R}^{(1)} & 0\\ -\boldsymbol{g}_{1}^{(2)}\boldsymbol{g}^{(1)\mathrm{T}} & \boldsymbol{J}^{(2)}-\boldsymbol{R}^{(2)}\end{bmatrix}\times\begin{bmatrix}\dfrac{\partial H}{\partial \boldsymbol{x}^{(1)}}\\ \dfrac{\partial H}{\partial \boldsymbol{x}^{(2)}}\end{bmatrix}+\begin{bmatrix}\boldsymbol{g}^{(1)}\\ 0\end{bmatrix}u_{\mathrm{p}}+\begin{bmatrix}0\\ \boldsymbol{g}_{2}^{(2)}\end{bmatrix}E_{\mathrm{f}} \tag{7-92}$$

系统结构矩阵分解为：

$$\boldsymbol{J}(\boldsymbol{x})=\frac{1}{2}\begin{bmatrix}2\boldsymbol{J}^{(1)} & \boldsymbol{g}^{(1)}\boldsymbol{g}_1^{(2)\mathrm{T}}\\ -\boldsymbol{g}_1^{(2)}\boldsymbol{g}^{(1)\mathrm{T}} & 2\boldsymbol{J}^{(2)}\end{bmatrix} \tag{7-93}$$

$$\boldsymbol{R}(\boldsymbol{x})=\frac{1}{2}\begin{bmatrix}2\boldsymbol{R}^{(1)} & \boldsymbol{g}^{(1)}\boldsymbol{g}_1^{(2)\mathrm{T}}\\ \boldsymbol{g}_1^{(2)}\boldsymbol{g}^{(1)\mathrm{T}} & 2\boldsymbol{R}^{(2)}\end{bmatrix} \tag{7-94}$$

$\boldsymbol{J}(\boldsymbol{x})$为反对称，$\boldsymbol{R}(\boldsymbol{x})$为对称阵，式（7-92）仍然是哈密顿模型标准形式。

代入具体参数变量，得到哈密顿控制模型标准形式为：

$$\dot{\boldsymbol{x}}=[\boldsymbol{J}(\boldsymbol{x})-\boldsymbol{R}(\boldsymbol{x})]\frac{\partial H}{\partial \boldsymbol{x}}+\boldsymbol{g}(\boldsymbol{x})\boldsymbol{v} \tag{7-95}$$

$$\boldsymbol{J}(\boldsymbol{x})=\begin{bmatrix}0 & C_{\mathrm{T}}(\boldsymbol{x}) & 0 & 0 & 0\\ -C_{\mathrm{T}}(\boldsymbol{x}) & 0 & 0 & \frac{1}{2}C_y & 0\\ 0 & 0 & 0 & C_1 & 0\\ 0 & -\frac{1}{2}C_y & -C_1 & 0 & 0\\ 0 & 0 & 0 & 0 & 0\end{bmatrix},$$

$$\boldsymbol{R}(\boldsymbol{x})=\begin{bmatrix}r(\boldsymbol{x}) & 0 & 0 & 0 & 0\\ 0 & r(\boldsymbol{x}) & 0 & \frac{1}{2}C_y & 0\\ 0 & 0 & 0 & 0 & 0\\ 0 & \frac{1}{2}C_y & 0 & C_{\mathrm{D}} & 0\\ 0 & 0 & 0 & 0 & C_G\end{bmatrix}\boldsymbol{g}=\begin{bmatrix}0 & 0\\ \frac{1}{T_y} & 0\\ 0 & 0\\ 0 & 0\\ 0 & \frac{1}{T'_{\mathrm{d0}}}\end{bmatrix},\boldsymbol{v}=\begin{bmatrix}u_{\mathrm{p}}\\ E_{\mathrm{f}}\end{bmatrix}$$

其中：$C_{\mathrm{G}}=\frac{1}{T'_{\mathrm{d0}}}\frac{X_{\mathrm{ad}}^2}{X_{\mathrm{f}}}$，$C_1=\frac{1}{T_j}$，$C_{\mathrm{D}}=\frac{D}{T_j^2\omega_{\mathrm{B}}}$，$C_y=\frac{1}{T_jT_y}$。

结构矩阵中的$C_{\mathrm{T}}(\boldsymbol{x})$和阻尼矩阵中的$r(\boldsymbol{x})$是非线性水轮机变量（$x_1$，$x_2$）的函数，使得对象系统的系统矩阵不是常量，使得问题研究复杂化。然而，在基于镇定控制的思想中，一般事先给定期望的平衡点，寻找适当的控制使得系统渐近稳定于给定的平衡点。因此为使问题简化，以期望的平衡点参数将系统矩阵转化为常量矩阵。

第四节　水电站局部多机条件下五阶发电机哈密顿模型

在研究多机条件下机组的控制问题时，为避免出现维数灾，将网络化简为只含发电机节点的等效网络，并采用三阶实用模型，机端电流采用等效的节点导纳阵以及机组间功角差来描述。这种简化方式几乎已成为一种固定的应用模式。即使采用这种简化，对于规模较大的系统，在机组控制器设计时仍然存在多种实际的困难。从更实际的角度考虑，以一个电站作为一个子区域是恰当的，我们称之为局部多机系统。这种局部多机系统最显著的特点是，它们通常具有相同的型号、容量、结构参数和特征参数。在局部多机条件下，可以采用高阶的发电机模型设计控制器。

在发电机高阶模型中，应用较多的是忽略 d、q 轴电磁暂态的五阶实用模型。在多机条件下，发电机的 d、q 轴电压电流的变化正是反映本机与其他机组之间连接特性的参数之一。这种近似可能导致机组之间关联信息的丢失。因此，我们考虑另一种近似方法，计及 d、q 轴电磁暂态的五阶系统，忽略 D、Q 阻尼绕组动态，其作用归入等效阻尼系数 D 中。

本节从发电机基本能量关系出发，建立包括 d、q 轴电磁暂态的发电机 Lagrange-Maxwell 方程组，进而转化得到发电机五阶哈密顿模型。能量流分析表明，所建立模型的能量流与实际物理系统是一致的。然后，将其转化为发电机实用参数描述的哈密顿模型。进而，提出电站局部多机系统的概念，基于电站局部多机的特殊性，以本地边界信号（如端电压、电流和功率等）来反映机组间的影响，建立电站局部多机系统的五阶哈密顿模型。所推导的模型考虑了多机并列运行时，系统惯性中心角速度的影响。

本节的内容来自文献［97］。

一、Lagrange-Maxwell 方程组

假设 1：忽略 D、Q 绕组动态，其作用归入到等效阻尼系数中。

假设 2：0 轴绕组与 d、q 绕组相对独立，单独考虑。在方程中去掉零轴相关分量项。

假设 3：忽略 d、q 轴电阻 r_d、r_q。

在多机条件下，系统角速度采用系统惯性中心下的角速度更恰当。因此，选择广义角速度增量为 $\omega_1=\omega-\overline{\omega}_0$，$\overline{\omega}_0$ 为系统惯性中心的角速度标幺值，理想情况下，$\overline{\omega}_0=\omega_B=1$。在角速度增量 ω_1 描述下，转动动能为 $T_{j*}\omega_1^2/2$，相应的广义动量为 $p_{\omega 1}=T_{j*}\omega_1$。机械系统变量取为：$\delta$，$\omega_1$。

1. 发电机能量函数

采用 X_{ad} 基值系统进行标幺处理和派克变换后，发电机磁链方程为：

$$\boldsymbol{\psi}_{dqf}=\begin{bmatrix}\psi_d\\ \psi_q\\ \psi_f\end{bmatrix}=\begin{bmatrix}X_d & 0 & X_{ad}\\ 0 & X_q & 0\\ X_{ad} & 0 & X_f\end{bmatrix}\begin{bmatrix}-i_d\\ -i_q\\ i_f\end{bmatrix} \tag{7-96}$$

式中　ψ——磁链（pu）；

i——电流（pu）；

X_d、X_q、X_f——表示 d 轴、q 轴和励磁绕组电抗（pu）；

X_{ad}——d 轴电枢反应电抗（pu）。

（1）磁能：按机电比拟关系，取电磁系统的广义速度为 $\boldsymbol{i}_{dqf}=[-i_d,-i_q,i_f]^T$，则发电机的磁能可表示为：

$$W_{mG}=\frac{1}{2}\boldsymbol{i}_{dqf}^{T}\boldsymbol{A}_{g}\boldsymbol{i}_{dqf} \tag{7-97}$$

（2）耗散能量：

$$F_{dG}=\frac{1}{2}\boldsymbol{i}_{dqf}^{T}\boldsymbol{r}_{dqf}\boldsymbol{i}_{dqf} \tag{7-98}$$

其中：$\boldsymbol{A}_g=\begin{bmatrix}X_d & 0 & X_{ad}\\ 0 & X_q & 0\\ X_{ad} & 0 & X_f\end{bmatrix}$，$\boldsymbol{r}_g=\begin{bmatrix}0&0&0\\0&0&0\\0&0&r_f\end{bmatrix}$，$r_f$ 励磁绕组电阻标幺值。

由于 X_d、X_q、X_f 为非零参量，矩阵 $\boldsymbol{A}_g$是对称可逆矩阵。

（3）电场能量：系统中无等效的电容元件，系统电能为零。

（4）外力：在 d、q 轴中的速度电动势作为广义力。d、q、0 坐标下，发电机电磁系统的非保守力为：

$$d\text{ 轴}：f_d=u_{td}+\omega\psi_q \tag{7-99}$$

$$q\text{ 轴}：f_q=u_{tq}-\omega\psi_d \tag{7-100}$$

$$\text{励磁绕组}：f_f=u_f \tag{7-101}$$

u_{td}、u_{tq}是发电机机端电压的 d、q 轴分量（pu），在研究多机问题时，为本地可测的发电机端口信号，ω 为角速度（pu）。

2. 机组转动部分的能量函数

机组转动部分的能量函数不变，仍然采用式，即：

$$L_g=\frac{1}{2}T_j^{*}\omega^2 \tag{7-102}$$

其中：$T_j^{*}=T_j\omega_B$，T_j是机组惯性时间常数（s），$\omega_B=314$（rad/s）是角速度基值。

相应的广义外力为：

$$f_\omega=m_t-m_g \tag{7-103}$$

3. 单一机组的 Lagrange-Maxwell 方程组

取电磁系统广义速度为$\boldsymbol{i}_{dqf}=[-i_d,\ -i_q,\ i_f]^T$，转动部分广义速度为 ω，则统一的 Lagrange 函数为：

$$L=L_g+W_{mG}=\frac{1}{2}T_j^{*}\omega^2+\frac{1}{2}\boldsymbol{i}_{dqf}^{T}\boldsymbol{A}_g\boldsymbol{i}_{dqf} \tag{7-104}$$

耗散函数为：

$$F=F_{dG}=\frac{1}{2}\boldsymbol{i}_{dqf}^{T}\boldsymbol{r}_g\boldsymbol{i}_{dqf} \tag{7-105}$$

对应的广义外力分别为 f_ω、f_d、f_q、f_f。

则发电机的 Lagrange-Maxwell 方程组为：

$$\frac{d}{dt}\left(\frac{\partial L}{\partial\omega}\right)=f_\omega=m_t-m_g \tag{7-106}$$

$$\frac{\mathrm{d}}{\mathrm{d}t}\left(\frac{\partial L}{\partial(\boldsymbol{i}_{\mathrm{dqf}})}\right)+\frac{\partial F}{\partial(\boldsymbol{i}_{\mathrm{dqf}})}=\begin{bmatrix}f_{\mathrm{d}}\\f_{\mathrm{q}}\\f_{\mathrm{f}}\end{bmatrix} \tag{7-107}$$

方程中的时间为标幺时间。这个方程实际上就是单一机组的电磁暂态模型，方程展开即可得到发电机电压方程和机组运动方程。

二、哈密顿模型

1. 哈密顿函数

定义广义动量：

$$p_{\omega}=\frac{\partial L}{\partial \omega}=T_j^* \omega \tag{7-108}$$

$$\boldsymbol{p}_{\mathrm{dqf}}=\frac{\partial L}{\partial \boldsymbol{i}_{\mathrm{dqf}}}=\boldsymbol{A}_{\mathrm{g}}\boldsymbol{i}_{\mathrm{dqf}}=\boldsymbol{\psi}_{\mathrm{dqf}} \tag{7-109}$$

注意到矩阵 $\boldsymbol{A}_{\mathrm{g}}$是对称可逆矩阵，有 $\boldsymbol{i}_{\mathrm{dqf}}=\boldsymbol{A}_{\mathrm{g}}^{-1}\boldsymbol{p}_{\mathrm{dqf}}$，$\boldsymbol{A}_{\mathrm{g}}^{-\mathrm{T}}=\boldsymbol{A}_{\mathrm{g}}^{-1}$。根据分析动力学，直接计算哈密顿函数为：

$$\begin{aligned}H&=\boldsymbol{p}^{\mathrm{T}}\dot{\boldsymbol{q}}-L\\&=p_{\omega}\omega+\boldsymbol{p}_{\mathrm{pdf}}^{\mathrm{T}}\boldsymbol{i}_{\mathrm{dqf}}-\frac{1}{2}T_j^*\omega^2-\frac{1}{2}i_{\mathrm{dqf}}^{\mathrm{T}}A_{\mathrm{g}}\boldsymbol{i}_{\mathrm{dqf}}\\&=\frac{1}{2}T_j^*\omega^2+\frac{1}{2}i_{\mathrm{dqf}}^{\mathrm{T}}\boldsymbol{A}_{\mathrm{g}}\boldsymbol{i}_{\mathrm{dqf}}\\&=\frac{1}{2}T_j^*\omega^2+\frac{1}{2}p_{\mathrm{dqf}}^{\mathrm{T}}\boldsymbol{A}_{\mathrm{g}}^{-1}\boldsymbol{p}_{\mathrm{dqf}}\end{aligned} \tag{7-110}$$

上述哈密顿函数中，第一项为动能，该项在数值上远大于后一项电磁能量。为了更好地反映系统中能量的变化细节，将该项采用角速度增量描述。

在多机条件下，系统角速度采用系统惯性中心下的角速度更恰当。因此，选择广义速度为 $\omega_1=\omega-\overline{\omega}$，$\overline{\omega}$ 为系统惯性中心的角速度标幺值，理想情况下，$\overline{\omega}=\omega_0=1$。

在角速度增量 ω_1描述下，转动动能为 $T_{j*}\omega_{12}/2$，相应的广义动量为 $p_{\omega 1}=T_{j*}\omega_1$。哈密顿函数变为：

$$H=\frac{1}{2}\frac{p_{\omega 1}^2}{T_j^*}+\frac{1}{2}\boldsymbol{i}_{\mathrm{dqf}}^{\mathrm{T}}\boldsymbol{A}_{\mathrm{g}}\boldsymbol{i}_{\mathrm{dqf}} \tag{7-111}$$

哈密顿函数的另一种形式为：

$$H=\frac{1}{2}T_j^*\omega_1^2+\frac{1}{2}[X_{\mathrm{d}\sum}i_{\mathrm{d}}^2-2X_{\mathrm{ad}}i_{\mathrm{f}}i_{\mathrm{d}}+X_{\mathrm{q}\sum}i_{\mathrm{q}}^2+X_{\mathrm{f}}i_{\mathrm{f}}^2] \tag{7-112}$$

2. 转子运动方程的引入

以系统惯性中心下的角速度 $\overline{\omega}$ 作为系统角速度，选择 δ 为广义坐标，则功角 δ 满足下述关系：

$$\frac{\mathrm{d}\delta}{\mathrm{d}t}=\omega-\overline{\omega}=\omega_1 \tag{7-113}$$

3. 变换关系

为便于后续分析，对后续分析中用到的变换关系统一介绍。

根据向量运算规则，可以得到以下关系：

$$\frac{\partial H}{\partial \boldsymbol{P}_{\mathrm{dqf}}}=\boldsymbol{A}_{\mathrm{g}}^{-1}\boldsymbol{P}_{\mathrm{dqf}}=\boldsymbol{A}_{\mathrm{g}}^{-1}\boldsymbol{\psi}_{\mathrm{dqf}}=\boldsymbol{i}_{\mathrm{dqf}} \tag{7-114}$$

$$\frac{\partial H}{\partial \omega_1}=T_j^* \omega_1 \tag{7-115}$$

在式（7-112）的哈密顿函数中，哈密顿函数与功角 δ 没有直接的关系。为获得哈密顿函数与转子角的关联，考虑常规三阶模型中常用的变换式：

$$\begin{cases} i_{\mathrm{q}}=\dfrac{u_{\mathrm{t}}\sin\delta}{X_{\mathrm{q}}} \\ i_{\mathrm{d}}=\dfrac{-u_{\mathrm{t}}\cos\delta+X_{\mathrm{ad}}i_{\mathrm{f}}}{X_{\mathrm{d}}} \\ i_{\mathrm{f}}=\dfrac{E'_{\mathrm{q}}x}{X_{\mathrm{ad}}}+\dfrac{X_{\mathrm{ad}}}{X_{\mathrm{f}}}i_{\mathrm{d}} \end{cases} \tag{7-116}$$

上述关系是在忽略 d、q 轴电磁暂态假设下得出的，本文所推导的五阶模型是计及 d、q 轴电磁暂态的，因此，上述关系是一种局部的近似处理。

利用式（7-116）的简化关系代入式（7-112），则有：

$$\frac{\partial H}{\partial \delta}=\frac{1}{2}u_{\mathrm{t}}^2\sin 2\delta\left(\frac{1}{X_{\mathrm{q}}}-\frac{1}{X_{\mathrm{d}}}\right)+X_{\mathrm{ad}}i_{\mathrm{f}}\frac{u_{\mathrm{t}}\sin\delta}{X_{\mathrm{d}}}=p_{\mathrm{g}}\approx m_{\mathrm{g}} \tag{7-117}$$

电磁力矩为：

$$m_{\mathrm{g}}=\psi_{\mathrm{d}}i_{\mathrm{q}}-\psi_{\mathrm{q}}i_{\mathrm{d}}=-\psi_{\mathrm{d}}\frac{\partial H}{\partial p_{\mathrm{q}}}+\psi_{\mathrm{q}}\frac{\partial H}{\partial p_{\mathrm{d}}} \tag{7-118}$$

在力矩表达式中补入等效机械阻尼系数 D 来等效 d、q 绕组的作用，将上述关系式代入 Lagrange-Maxwell 方程整理，方程（7-106）改写为：

$$\frac{\mathrm{d}\omega_1}{\mathrm{d}t}=\frac{1}{T_j^*}m_{\mathrm{t}}-\frac{1}{T_j^*}m_{\mathrm{g}}-\frac{1}{T_j^*}D\omega_1=\frac{1}{T_j^*}m_{\mathrm{t}}-\frac{1}{T_j^*}\frac{\partial H}{\partial \delta}-D\frac{1}{T_j^{*2}}\frac{\partial H}{\partial \omega_1} \tag{7-119}$$

展开方程（7-107），注意到 $r_{\mathrm{d}}=0$、$r_{\mathrm{q}}=0$，并利用式（7-109）、式（7-113）、式（7-114）、式（7-115）给出的变换关系，整理得到：

$$\frac{\mathrm{d}\boldsymbol{\psi}_{\mathrm{d}}}{\mathrm{d}t}=\omega\psi_{\mathrm{q}}+u_{\mathrm{td}}=\psi_{\mathrm{q}}\frac{1}{T_j^*}\frac{\partial H}{\partial \omega_1}-\frac{u_{\mathrm{td}}}{i_{\mathrm{d}}}\frac{\partial H}{\partial p_{\mathrm{d}}}+\psi_{\mathrm{q}}\overline{\omega} \tag{7-120}$$

$$\frac{\mathrm{d}\psi_{\mathrm{q}}}{\mathrm{d}t}=-\omega\psi_{\mathrm{d}}+u_{\mathrm{tq}}=-\psi_{\mathrm{d}}\frac{1}{T_j^*}\frac{\partial H}{\partial \omega_1}-\frac{u_{\mathrm{tq}}}{i_{\mathrm{q}}}\frac{\partial H}{\partial p_{\mathrm{q}}}-\psi_{\mathrm{d}}\overline{\omega} \tag{7-121}$$

$$\frac{\mathrm{d}\psi_{\mathrm{f}}}{\mathrm{d}t}=u_{\mathrm{f}}-r_{\mathrm{f}}i_{\mathrm{f}}=u_{\mathrm{f}}-r_{\mathrm{f}}\frac{\partial H}{\partial p_{\mathrm{f}}} \tag{7-122}$$

4. 广义哈密顿模型

取 $v_1=\delta$，$v_2=\omega_1$，$v_3=p_{\mathrm{d}}$，$v_4=p_{\mathrm{q}}$，$v_5=p_{\mathrm{f}}$，即：$v=[\delta\ \omega_1\ p_d\ p_{\mathrm{q}}\ p_{\mathrm{f}}]^{\mathrm{T}}$。

将方程（7-113）、式（7-119）～式（7-122）统一写在一起，有：

$$\dot{\boldsymbol{v}}=\boldsymbol{M}(\boldsymbol{v})\frac{\partial H}{\partial \boldsymbol{v}}+\boldsymbol{g}(\boldsymbol{v})\boldsymbol{u} \tag{7-123}$$

其中：

$$\boldsymbol{M}(\boldsymbol{v})=\begin{bmatrix} 0 & \frac{1}{T_j^*} & 0 & 0 & 0 \\ -\frac{1}{T_j^*} & -\frac{D}{T_j^{*2}} & 0 & 0 & 0 \\ 0 & \frac{1}{T_j^*}v_4 & -\frac{u_{td}}{i_d} & 0 & 0 \\ 0 & -\frac{1}{T_j^*}v_3 & 0 & -\frac{u_{tq}}{i_q} & 0 \\ 0 & 0 & 0 & 0 & -r_f \end{bmatrix},\ \boldsymbol{g}(\boldsymbol{v})=\begin{bmatrix} 0 & 0 & 0 \\ 0 & \frac{1}{T_j^*} & 0 \\ v_4 & 0 & 0 \\ -v_3 & 0 & 0 \\ 0 & 0 & 1 \end{bmatrix};$$

$$\boldsymbol{u}=[\overline{\omega}\quad m_t\quad u_f]$$

$\boldsymbol{M}(\boldsymbol{v})$可进一步分解为：

$$\boldsymbol{J}(\boldsymbol{v})=\frac{1}{2}[\boldsymbol{M}(\boldsymbol{v})-\boldsymbol{M}^{T}(\boldsymbol{v})] \tag{7-124}$$

$$\boldsymbol{R}(\boldsymbol{v})=-\frac{1}{2}[\boldsymbol{M}(\boldsymbol{v})+\boldsymbol{M}^{T}(\boldsymbol{v})] \tag{7-125}$$

则方程（7-123）可化为广义哈密顿系统标准形式：

$$\dot{\boldsymbol{v}}=[\boldsymbol{J}(\boldsymbol{v})-\boldsymbol{R}(\boldsymbol{v})]\frac{\partial H}{\partial \boldsymbol{v}}+\boldsymbol{g}(\boldsymbol{v})\boldsymbol{u} \tag{7-126}$$

结构矩阵$\boldsymbol{J}(\boldsymbol{v})$反对称阵，阻尼矩阵$\boldsymbol{R}(\boldsymbol{v})$对称。

5. 能量流分析

能量耗散：

$$\begin{aligned}&\left(\frac{\partial H}{\partial \boldsymbol{v}}\right)^{T}\boldsymbol{R}(\boldsymbol{v})\frac{\partial H}{\partial \boldsymbol{v}}\\ &=D\omega_1^2+\omega_1\underbrace{(\psi_q i_d-\psi_d i_q)}_{-m_g}+\underbrace{(u_{td}i_d+u_{tq}i_q)}_{p_e=\omega m_g}+r_f i_f^2\\ &=D\omega_1^2+\overline{\omega}m_g+r_f i_f^2\end{aligned} \tag{7-127}$$

第一项为机组角速度偏差引起的阻尼功率，第二项为电磁功率，即发电机输出的电磁功率也被作为系统内部的能量耗散，第三项为励磁绕组电阻消耗的功率。

外部提供的能量：

$$\begin{aligned}\boldsymbol{y}^{T}\boldsymbol{u}=\left(\frac{\partial H}{\partial \boldsymbol{v}}\right)^{T}\boldsymbol{g}(\boldsymbol{v})\boldsymbol{u}&=\omega_1 m_t+\overline{\omega}m_g+i_f u_f\\ &=\omega m_t+\overline{\omega}(m_g-m_t)+i_f u_f\end{aligned} \tag{7-128}$$

第一项为外部提供的机械功率，第三项为输入的励磁功率，第二项为电磁力矩偏离平衡点引起的功率增量。

由上述分析可见，系统能量流的物理概念与实际发电机系统中能量流是一致的。

（1）采用式（7-116）的近似处理，将其用于替换式（7-119）中的电磁力矩项，目的是为了简化结构矩阵和阻尼矩阵的形式。

（2）从实际运行的角度理解，系统惯性中心的角速度标幺值 $\overline{\omega}$ 就是在多机共同作用下形成的一个动态变化的、综合的系统角频率，其标幺值在数值上等同于实测的系统频率。因此，这一表示方法，不仅避免了由于采用 ω_0 所带来的基值偏差引起的追踪控制问题，而且以 $\overline{\omega}$ 作为一路输入，从某种意义上建立了发电机与水轮机调速器之间的协同联系的渠道。

（3）从系统内部能量耗散表达式（7-127）来看，有 $\left(\frac{\partial H}{\partial \boldsymbol{v}}\right)^{\mathrm{T}}\boldsymbol{R}(\boldsymbol{v})\frac{\partial H}{\partial \boldsymbol{v}}>0$，所建立的广义哈密顿系统为耗散系统，形式（7-126）是广义哈密顿系统的标准形式。

（4）从式（7-119）～式（7-122）的分解来看，可采用不同的方式进行分解，例如：式（7-119）中的第二项电磁力矩直接采用 $\partial H/\partial\delta$ 表示，也可采用式（7-118）电磁力矩表达式进行分解，则得到的 $\boldsymbol{J}(\boldsymbol{x})$ 和 $\boldsymbol{R}(\boldsymbol{x})$ 矩阵与上述形式有所不同。还可以采用其他方式进行分解，可得到不同的 $\boldsymbol{J}(\boldsymbol{x})$ 和 $\boldsymbol{R}(\boldsymbol{x})$ 结构描述。这种分解的多样性，也为揭示发电机系统内部参数关联提供了更多的信息。

三、采用实用参数描述

1. 哈密顿模型变量变换

上述哈密顿系统选择的状态变量为即：$v=[\delta\ \omega_1\ \ p_{\mathrm{d}}\ p_{\mathrm{q}}\ p_{\mathrm{f}}]^{\mathrm{T}}$。现重新选取状态变量为 $x_1=d$，$x_2=w_1$，$x_3=i_{\mathrm{d}}$，$x_4=i_{\mathrm{q}}$，$x_5=E'_{\mathrm{q}}$，简记为 $\boldsymbol{x}_{12}=[x_1,x_2]^{\mathrm{T}}$，$\boldsymbol{x}_{345}=[x_3,x_4,x_5]^{\mathrm{T}}$。两组状态变量之间有下述关系[4]：

$$\boldsymbol{v}_{345}=\begin{bmatrix}-X'_{\mathrm{d}} & 0 & 1\\ 0 & -X_{\mathrm{q}} & 0\\ 0 & 0 & X_{\mathrm{f}}/X_{\mathrm{ad}}\end{bmatrix}\boldsymbol{x}_{345}=\boldsymbol{z}_1\boldsymbol{x}_{345} \tag{7-129}$$

坐标变换关系为：

$$\boldsymbol{v}=\begin{bmatrix}\boldsymbol{I} & 0\\ 0 & \boldsymbol{z}_1\end{bmatrix}\boldsymbol{x}=\boldsymbol{Z}\boldsymbol{x} \tag{7-130}$$

式中：$\boldsymbol{Z}=\begin{bmatrix}\boldsymbol{I} & 0\\ 0 & \boldsymbol{z}_1\end{bmatrix}$；$\boldsymbol{z}_1=\begin{bmatrix}-X'_{\mathrm{d}} & 0 & 1\\ 0 & -X_{\mathrm{q}} & 0\\ 0 & 0 & X_{\mathrm{f}}/X_{\mathrm{ad}}\end{bmatrix}$。

哈密顿函数变为：

$$H=\frac{1}{2}T_j{}^*\omega_1^2+\frac{1}{2}\boldsymbol{x}_{345}^{\mathrm{T}}\boldsymbol{B}\boldsymbol{x}_{345} \tag{7-131}$$

式中：$\boldsymbol{B}=\boldsymbol{z}_1^{\mathrm{T}}\boldsymbol{A}^{-1}\boldsymbol{z}_1=\begin{bmatrix}X'_{\mathrm{d}} & 0 & 0\\ 0 & X_{\mathrm{q}} & 0\\ 0 & 0 & X_{\mathrm{f}}/X_{\mathrm{ad}}^2\end{bmatrix}$。

从式（7-130），根据向量运算规则，有：$\dfrac{\partial H}{\partial \boldsymbol{v}}=\boldsymbol{Z}^{-\mathrm{T}}\dfrac{\partial H}{\partial \boldsymbol{x}}$，$\dfrac{\mathrm{d}\boldsymbol{v}}{\mathrm{d}t}=\boldsymbol{Z}\dfrac{\mathrm{d}\boldsymbol{x}}{\mathrm{d}t}$，则哈密顿方程式（7-123）作如下变换：

$$\dot{\boldsymbol{x}}=\boldsymbol{Z}^{-1}\boldsymbol{M}(\boldsymbol{v})\boldsymbol{Z}^{-\mathrm{T}}\frac{\partial H}{\partial \boldsymbol{x}}+\boldsymbol{Z}^{-1}\boldsymbol{g}(\boldsymbol{v})\boldsymbol{u}=\boldsymbol{M}(\boldsymbol{x})\frac{\partial H}{\partial \boldsymbol{x}}+\boldsymbol{g}(\boldsymbol{x})\boldsymbol{u} \tag{7-132}$$

其中

$$\boldsymbol{M}(\boldsymbol{x})=\boldsymbol{Z}^{-1}\boldsymbol{M}(\boldsymbol{v})\boldsymbol{Z}^{-\mathrm{T}}=\begin{bmatrix} 0 & 1/T_j^* & 0 & 0 & 0 \\ -\dfrac{1}{T_j^*} & -\dfrac{D}{T_j^{*2}} & 0 & 0 & 0 \\ 0 & \dfrac{X_q x_4}{T_j^* X_d'} & m_1 & 0 & -\dfrac{X_{ad}^2 r_f}{X_f^2 X_d'} \\ 0 & \dfrac{m_2}{T_j^* X_q} & 0 & -\dfrac{u_{tq}}{X_q^2 i_q} & 0 \\ 0 & 0 & -\dfrac{X_{ad}^2 r_f}{X_f^2 X_d'} & 0 & -\dfrac{X_{ad}^2}{X_f^2} r_f \end{bmatrix},$$

$$\boldsymbol{g}(\boldsymbol{x})=\begin{bmatrix} 0 & 0 & 0 \\ 0 & \dfrac{1}{T_j^*} & 0 \\ \dfrac{X_q}{X_d'}x_4 & 0 & \dfrac{X_{ad}}{X_f X_d'} \\ \dfrac{m_2}{X_q} & 0 & 0 \\ 0 & 0 & \dfrac{X_{ad}}{X_f} \end{bmatrix};\ \boldsymbol{u}=\begin{bmatrix} \omega \\ m_t \\ u_f \end{bmatrix};$$

其中，$m_1=-\dfrac{u_{td}}{X_d'^2 i_d}-\dfrac{X_{ad}^2 r_f}{X_d'^2 X_f^2}$，$m_2=x_5-X_d' x_3$。

在 $\boldsymbol{M}(\boldsymbol{x})$ 矩阵中存在动态变化的电压电流参数，可能造成应用分析的困难，因此，在下文做进一步的变换处理。

2. 进一步变换

系统矩阵 $\boldsymbol{M}(\boldsymbol{x})$ 变换的目的是将电流电压变化参数从系统矩阵中消去。

从式（7-131）得以下等式：

$$\frac{\partial H}{\partial \boldsymbol{x}_{345}}=\boldsymbol{B}\boldsymbol{x}_{345}=\begin{bmatrix} X_d' i_d \\ X_q i_q \\ X_f E_q'/X_{ad}^2 \end{bmatrix} \tag{7-133}$$

从式（7-116）的近似关系得

$$u_{td}=u_t\cos\delta=X_{ad}i_f-i_d X_d=E_d'-X_d' i_d \tag{7-134}$$

于是 m_1 可化简如下：

$$m_1=-\frac{E'_{\mathrm{q}}}{X'^2_{\mathrm{d}}i_{\mathrm{d}}}+\frac{1}{X'_{\mathrm{d}}}-\frac{X^2_{\mathrm{ad}}r_{\mathrm{f}}}{X'^2_{\mathrm{d}}X^2_{\mathrm{f}}} \tag{7-135}$$

$\boldsymbol{M}(\boldsymbol{x})$第 3 行元素展开为

$$\frac{X_{\mathrm{q}}x_4}{T_j^*X'_{\mathrm{d}}}\frac{\partial H}{\partial x_2}+m_1\frac{\partial H}{\partial x_3}-\frac{X^2_{\mathrm{ad}}r_{\mathrm{f}}}{X^2_{\mathrm{f}}X'_{\mathrm{d}}}\frac{\partial H}{\partial x_5}=\frac{\omega_1}{X'_{\mathrm{d}}}\frac{\partial H}{\partial x_4}+z_{\mathrm{d}}\frac{\partial H}{\partial x_3}-z_{\mathrm{f}}\frac{\partial H}{\partial x_5} \tag{7-136}$$

其中，$z_{\mathrm{d}}=\frac{1}{X'_{\mathrm{d}}}-\frac{X^2_{\mathrm{ad}}r_{\mathrm{f}}}{X'^2_{\mathrm{d}}X^2_{\mathrm{f}}}$，$z_{\mathrm{f}}=\frac{X^2_{\mathrm{ad}}}{X_{\mathrm{f}}X'_{\mathrm{d}}}+\frac{X^2_{\mathrm{ad}}r_{\mathrm{f}}}{X^2_{\mathrm{f}}X'_{\mathrm{d}}}$。

同样利用式（7-116）给出的近似关系第二个表达式，可以对$\boldsymbol{M}(\boldsymbol{x})$第 4 行元素进行化简如下：

$$\begin{aligned}&\frac{m_2}{T_j^*X_{\mathrm{q}}}\frac{\partial H}{\partial x_2}-\frac{u_{tq}}{X^2_{\mathrm{q}}i_{\mathrm{q}}}\frac{\partial H}{\partial x_4}\\&=-\frac{\omega_1}{X_{\mathrm{q}}}\frac{\partial H}{\partial x_3}-\frac{1}{X_{\mathrm{q}}}\frac{\partial H}{\partial x_4}+\frac{\omega_1}{X_{\mathrm{q}}}\frac{X^2_{\mathrm{ad}}}{X_{\mathrm{f}}}\frac{\partial H}{\partial x_5}\end{aligned} \tag{7-137}$$

利用式（7-136）和式（7-137），系统矩阵可以重写为

$$\boldsymbol{M}(\boldsymbol{x})=\begin{bmatrix}0 & 1/T_j^* & 0 & 0 & 0\\ -\frac{1}{T_j^*} & -\frac{D}{T_j^{*2}} & 0 & 0 & 0\\ 0 & 0 & z_{\mathrm{d}} & \omega_1/X'_{\mathrm{d}} & -z_{\mathrm{f}}\\ 0 & 0 & -\frac{\omega_1}{X_{\mathrm{q}}} & -\frac{1}{X_{\mathrm{q}}} & \frac{\omega_1}{X_{\mathrm{q}}}\frac{X^2_{\mathrm{ad}}}{X_{\mathrm{f}}}\\ 0 & 0 & -\frac{X^2_{\mathrm{ad}}r_{\mathrm{f}}}{X^2_{\mathrm{f}}X'_{\mathrm{d}}} & 0 & -\frac{X^2_{\mathrm{ad}}}{X^2_{\mathrm{f}}}r_{\mathrm{f}}\end{bmatrix} \tag{7-138}$$

对$\boldsymbol{M}(\boldsymbol{x})$进行分解，$\boldsymbol{J}(\boldsymbol{x})=[\boldsymbol{M}(\boldsymbol{x})-\boldsymbol{M}^{\mathrm{T}}(\boldsymbol{x})]/2$，$\boldsymbol{R}(\boldsymbol{x})=-[\boldsymbol{M}(\boldsymbol{x})+\boldsymbol{M}^{\mathrm{T}}(\boldsymbol{x})]/2$，则方程式（7-138）可以化成哈密顿模型标准形式：

$$\dot{\boldsymbol{x}}=[\boldsymbol{J}(\boldsymbol{x})-\boldsymbol{R}(\boldsymbol{x})]\frac{\partial H}{\partial \boldsymbol{x}}+\boldsymbol{g}(\boldsymbol{x})\boldsymbol{u} \tag{7-139}$$

$$\boldsymbol{J}(\boldsymbol{x})=\begin{bmatrix}0 & \frac{1}{T_j^*} & 0 & 0 & 0\\ -\frac{1}{T_j^*} & 0 & 0 & 0 & 0\\ 0 & 0 & 0 & \frac{\omega_1}{2}c_1 & -\frac{1}{2}\frac{X^2_{\mathrm{ad}}}{X_{\mathrm{f}}X'_{\mathrm{d}}}\\ 0 & 0 & -\frac{\omega_1}{2}c_1 & 0 & \frac{1}{2}\frac{\omega_1}{X_{\mathrm{q}}}\frac{X^2_{\mathrm{ad}}}{X_{\mathrm{f}}}\\ 0 & 0 & \frac{1}{2}\frac{X^2_{\mathrm{ad}}}{X_{\mathrm{f}}X'_{\mathrm{d}}} & -\frac{1}{2}\frac{\omega_1}{X_{\mathrm{q}}}\frac{X^2_{\mathrm{ad}}}{X_{\mathrm{f}}} & 0\end{bmatrix} \tag{7-140}$$

$$\boldsymbol{R}(\boldsymbol{x})=\begin{bmatrix}0 & 0 & 0 & 0 & 0\\ 0 & \dfrac{D}{T_j^{*2}} & 0 & 0 & 0\\ 0 & 0 & -z_{\rm d} & -\dfrac{\omega_1}{2}c_2 & \dfrac{1}{2}c_3\\ 0 & 0 & -\dfrac{\omega_1}{2}c_2 & \dfrac{1}{X_{\rm q}} & -\dfrac{1}{2}\dfrac{\omega_1}{X_{\rm q}}\dfrac{X_{\rm ad}^2}{X_{\rm f}}\\ 0 & 0 & \dfrac{1}{2}c_3 & -\dfrac{1}{2}\dfrac{\omega_1}{X_{\rm q}}\dfrac{X_{\rm ad}^2}{X_{\rm f}} & \dfrac{X_{\rm ad}^2}{X_{\rm f}^2}r_{\rm f}\end{bmatrix} \tag{7-141}$$

式中：$c_1=\dfrac{1}{X_{\rm d}'}+\dfrac{1}{X_{\rm q}}$；$c_2=\dfrac{1}{X_{\rm d}'}-\dfrac{1}{X_{\rm q}}$；$c_3=\dfrac{X_{\rm ad}^2}{X_{\rm f}X_{\rm d}'}+2\dfrac{X_{\rm ad}^2r_{\rm f}}{X_{\rm f}^2X_{\rm d}'}$。

上述模型推导中有几点值得注意：

（1）由于式（7-130）中的变换矩阵 $\boldsymbol{Z}$ 为常值矩阵，因此上述变换为等值变换。已验证哈密顿模型式（7-139）的能量流变化与本章第三节分析的能量流变化是完全相同的。

（2）结构矩阵 $\boldsymbol{J}(\boldsymbol{x})$和阻尼矩阵 $\boldsymbol{R}(\boldsymbol{x})$中包含的变量仅有角速度偏差 ω_1，其余各项是发电机特征参数确定的常量，这一形式可极大地简化分析研究工作。

（3）两次应用了式（7-116）所述的简化关系，这种局部简化本质上是局部忽略了 d、q 轴电磁暂态所产生的内部参数关联。

四、电站局部多机系统

在上述模型中，五个变量以及机端电压为机端参数，其余参数为本机特征参数。在多机条件下，利用机端参数可构成多机分析的哈密顿模型。

假设电厂内有 n 台机组，n 台发电机具有相同的型号，且发电机特征参数相同。则哈密顿模型式（7-139）的 $\boldsymbol{J}(\boldsymbol{x})$和 $\boldsymbol{R}(\boldsymbol{x})$中，仅包含变量 ω_1。哈密顿函数式（7-131）中的矩阵 $\boldsymbol{B}$ 为常值矩阵，n 台机组并列时，其哈密顿函数可以写成：

$$H=\frac{1}{2}T_j^{\,*}\sum_{i=1}^{n}\omega_1^{(i)2}+\frac{1}{2}\sum_{i=1}^{n}\boldsymbol{x}_{345}^{(i)\rm T}\boldsymbol{B}\boldsymbol{x}_{345}^{(i)} \tag{7-142}$$

式中上标（i）表示电站内第 i 台机组。

单一机组哈密顿方程（7-139）中的状态变量 δ、ω_1、$i_{\rm d}$、$i_{\rm q}$、$E_{\rm q}'$是发电机本地端口参数，近似认为它们与其他机组机端口变量是相互独立的。在局部多机条件下，哈密顿模型的形式保持不变。

电站内第 i 台发电机的哈密顿模型为

$$\dot{\boldsymbol{x}}^{(i)}=[\boldsymbol{J}(\boldsymbol{x}^{(i)})-\boldsymbol{R}(\boldsymbol{x}^{(i)})]\frac{\partial H}{\partial \boldsymbol{x}^{(i)}}+\boldsymbol{g}(\boldsymbol{x}^{(i)})\boldsymbol{u}^{(i)} \tag{7-143}$$

其中，$\boldsymbol{g}(\boldsymbol{x}^{(i)})=\begin{bmatrix} 0 & 0 & 0 \\ 0 & 1/T_j^* & 0 \\ \dfrac{1}{X'_{\mathrm{d}}}X_{\mathrm{q}}x_4^{(i)} & 0 & \dfrac{X_{\mathrm{ad}}}{X_{\mathrm{f}}X'_{\mathrm{d}}} \\ \dfrac{1}{X_{\mathrm{q}}}m_2 & 0 & 0 \\ 0 & 0 & X_{\mathrm{ad}}/X_{\mathrm{f}} \end{bmatrix}$；$u^{(i)}=\begin{bmatrix} \overline{\omega} \\ m_{\mathrm{t}}^{(i)} \\ u_{\mathrm{f}}^{(i)} \end{bmatrix}$。

式中结构矩阵 $\boldsymbol{J}(\boldsymbol{x}^{(i)})$ 和阻尼矩阵 $\boldsymbol{R}(\boldsymbol{x}^{(i)})$ 与式（7-140）、式（7-141）具有相同的结构形式。

从上述模型可得出几点结论：

（1）模型式（7-143）是电站局部多机条件下的发电机哈密顿模型，它是以发电机本地端口参数描述的隐式多机模型。

（2）由于假定各台发电机组状态变量 $\boldsymbol{x}^{(i)}$ 之间相互独立，模型式（7-143）保持了单机哈密顿系统的形式不变。而机组间的耦合作用已隐含在发电机端口的状态变量之中。这一特点为电站局部多机条件下，基于高阶对象模型设计本机控制器和控制策略带来了方便。

（3）电站内各机组角速度与系统惯性中心角速度之间的偏差 $\omega_1=\omega-\overline{\omega}$。$\omega_1$ 存在于系统结构矩阵 $\boldsymbol{J}(\boldsymbol{x})$ 和阻尼矩阵 $\boldsymbol{R}(\boldsymbol{x})$ 中，而且，在 $\boldsymbol{J}(\boldsymbol{x})$ 和 $\boldsymbol{R}(\boldsymbol{x})$ 中也只有 ω_1 是唯一的变量。这就表明，ω_1 是电站内机组间耦合的直接关联变量，该变量对本机内部参数之间的耦合连接关系 $\boldsymbol{J}(\boldsymbol{x})$ 和阻尼特性 $\boldsymbol{R}(\boldsymbol{x})$ 也产生直接的影响。

（4）模型的输入控制为 $\boldsymbol{u}^{(i)}=[\overline{\omega},\ m_{\mathrm{t}}^{(i)},\ u_{\mathrm{f}}^{(i)}]^{\mathrm{T}}$。以机械功率 m_{t} 为输入，为引入水力系统及水轮机模型，实现水机电耦合条件下的控制器设计提供了连接接口；以系统惯性中心角速度 $\overline{\omega}$ 为输入，将控制器问题转化为标准的调节器问题[22]，避开了以 ω_0 为基值而带来的调频追踪控制问题。

本章小结

本章从动力学角度推导了几种形式的发电机广义哈密顿系统，主要内容来自作者的相关研究。

发电机哈密顿模型及其方法是近二十年发展起来的。哈密顿系统提供了系统能量特性以及系统参数内部关联的动力学机制，为研究系统的稳定和控制问题提供了新的途径。因此，近年来有关发电机哈密顿系统的研究成果不断推出。

1. 在发电机哈密顿建模方面

主要有三种方式，一是利用发电机暂态能量函数的概念，分析获得哈密顿函数，进而建立三阶的发电机哈密顿模型，并推广到多机电力系统中[98]；二是从发电机微分方程出发，借助广义哈密顿实现理论建立发电机哈密顿模型[99,100]；三是从发电机的拉格朗日系统，借助分析动力学方法建立广义哈密顿系统，正如本章给出的内容。

此外，以发电机哈密顿模型为核心，建立相关设备的哈密顿模型，与发电机连接构成扩展哈密顿模型的工作也在不断发展，例如：与水轮机的连接，与PSS的连接，等等。

2. 哈密顿能量函数应用方面

对广义哈密顿系统进行能量整形，使得系统的哈密顿函数可作为李雅普诺夫函数，然后利用李雅普诺夫函数来分析系统的稳定性和稳定区域[93]。另外，借助于卡什米尔函数方法实现发电机组镇定控制[101]，等等。

3. 哈密顿结构特性应用方面

与传统微分方程相比，哈密顿系统最大优势是其结构和阻尼矩阵揭示了系统内部结构信息，利用这些结构信息从动力学角度进行控制设计才是进行哈密顿建模的目的。文献［102-104］提出了广义哈密顿系统结构互联与阻尼分配设计方法，通过修改系统内部结构信息，以等效控制方式注入阻尼改善系统稳定性。这种控制设计方法建立了系统内部结构特性与系统可控输入之间的联系，揭示了系统运动控制的动力学本质。然而，由于其等效控制设计的核心需要从偏微分表达式获得修正的能量函数，这是哈密顿结构修正设计的主要困难[105,106]。而且，在利用哈密顿能量信息分析稳定性的应用[107—109]，以及基于哈密顿系统的 L_2 干扰抑制方法[110,111]中都不同程度的存在这种困难。为了解决这一困难，已开展了许多理论研究，例如：对于线性哈密顿系统可导出控制的显式表达式[112]，利用狄拉克结构研究哈密顿系统获得系统的卡什米尔函数[113,114]，借助扩展状态空间的代数求解方法[115]，以及简化势能函数的求解方法[116]等。在结合工程实例的应用中，等效控制的求解方法多种多样，多数可通过观察分析得到修正的能量函数，例如：结构和阻尼矩阵修正的待定系数方法[117,118]。从研究中采用的实例来看，大多以三阶以下的哈密顿系统为例，对于高阶哈密顿系统，这些理论和方法的适应性并不明晰。对于三阶以上的高阶哈密顿系统，虽然在理论上尚有诸多困难，结合工程实例的研究中，对等效控制的近似求解方法已进行了一些积极的探索[119-120]。

有关发电机哈密顿理论的应用本书不进行讨论，这里给出哈密顿建模理论和应用途径的简单概述是为有兴趣的读者对哈密顿理论及其应用有初步的认识。

第八章 水力机组轴系横向振动模型

轴系振动特性计算的主要方法是以有限元计算为基础发展起来的，在水电机组轴系特性计算中已有许多成果[121-124]。尽管如此，有限元方法在研究暂态过程问题有一定的局限性，而轴系集中参数模型在研究暂态问题上具有一定的优势。集中参数建模是指：沿主轴将发电机转子、轴承、水轮机转轮单元简化为等效元件，构造轴系基本结构的物理模型[125]，采用发电机转子和水轮机转轮形心坐标分别建立发电机转子和水轮机转子两组运动微分方程，而轴承的支撑作用分解到这两组方程中构成基本模型[126]。在此基础上，根据研究目的不同，将所计及的影响因素转化为附加作用力加入到相应的单元模型，与基本轴系模型联立后化为形式更为复杂的二阶微分方程组，例如：在研究发电机不平衡磁拉力的影响时，将磁拉力作为外力加在发电机转子方程中[127,128]；考虑水轮机密封时，将密封力加到水轮机转轮运动方程中[129]；考虑水流惯性和角动量影响时，将其归入转轮附加力[130]，等等。

本章主要介绍水电机组轴系横向振动模型，将水力机组暂态调节过程引入轴系模型，研究机组暂态过程对轴系振动的影响，进而建立包括多因素、多场耦合的机组轴系的广义哈密顿控制系统模型，为研究机组轴系、暂态过程、附加作用力之间的动力学关联机制奠定理论基础。

第一节 轴系基本模型

一、轴系运动方程

以文献［127］中给出的水轮发电机组轴系模型为研究对象，轴系结构如图 8-1 所示。

图 8-1 中，B_1、O_1、B_2、B_3、O_2分别为上导轴承、发电机转子、下导轴承、水导轴承及水轮机转轮的几何形心。r_1、r_2分别是发电机转子、水轮机转轮的径向位移（m）；r_3、r_4、r_5分别是机组大轴在上导、下导、水导轴承处的径

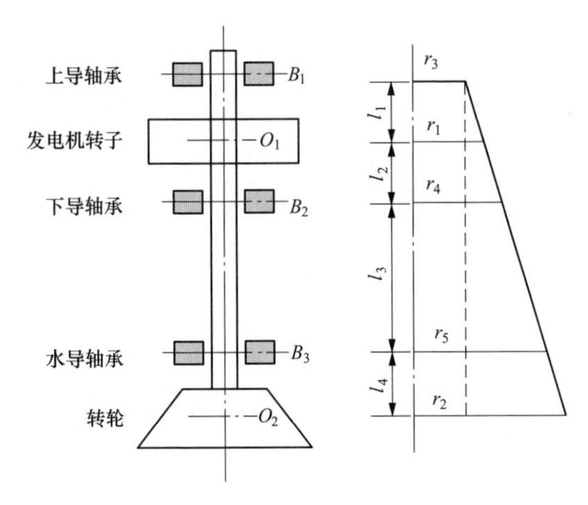

图 8-1　轴系结构示意图

向位移（m）；l_1、l_2、l_3、l_4是轴系几何结构参数（m）。

根据几何关系有：

$$r_3=\frac{lr_1-l_1r_2}{l-l_1} \tag{8-1}$$

$$r_4=\frac{(l_3+l_4)r_1+l_2r_2}{l-l_1} \tag{8-2}$$

$$r_5=\frac{l_4r_1+(l_2+l_3)r_2}{l-l_1} \tag{8-3}$$

写成矩阵形式：

$$\begin{bmatrix} r_3 \\ r_4 \\ r_5 \end{bmatrix}=\frac{1}{l-l_1}\begin{bmatrix} l & -l_1 \\ l_3+l_4 & l_2 \\ l_4 & l_2+l_3 \end{bmatrix}\times\begin{bmatrix} r_1 \\ r_2 \end{bmatrix} \tag{8-4}$$

上述变换矩阵将转子和转轮的径向位移变换为三个轴承支撑点的位移。给出这种变换关系有两方面的用途：

（1）在建立轴系运动方程时，以转子和转轮形心轨迹为运动变量建立振动方程，振动方程的解是转子和转轮的运动轨迹。将运动轨迹合成为转子和转轮的径向位移后，可利用上述变换矩阵得到三个轴承支撑点的径向位移。转子和转轮的径向位移不可测，而轴承支撑点的位移可测。在实际的轴系振摆装置中，配置的测点也是在三个支撑轴承上，实现转子和转轮的径向位移的间接测试。

（2）在轴系振动特征的研究中，利用三个轴承支撑点的实测摆度，换算到转子和转轮的径向位移，利用轴系振动方程的解，分析求解轴系振动特征。关于这一问题的分析将在后续章节给出。

设发电机转子形心坐标为（x_1，y_1），$r_1^2=x_1^2+y_1^2$，其质量偏心为e_1，发电

机转子的质心坐标为（x_{10}，y_{10}），则 $x_{10}=x_1+e_1\cos\phi$，$y_{10}=y_1+e_1\sin\phi$，φ 为发电机转子和水轮机转轮转过的角度，$\varphi=\omega t$，ω 是机组角速度。设水轮机转轮形心坐标为（x_2，y_2），$r_2^2=x_2^2+y_2^2$，其质量偏心为 e_2，水轮机转轮的质心坐标为（x_{20}，y_{20}），有 $x_{20}=x_2+e_2\cos\varphi$，$y_{20}=y_2+e_2\sin\varphi$。

假设 1：假设旋转部件为刚性，且忽略推力轴承及转轴质量对系统振动的影响，忽略轴的扭转变形。

在上述假设下，水轮发电机组的总动能包括发电机转子和水轮机转轮的动能：

$$
\begin{aligned}
T&=\frac{1}{2}m_1(\dot{x}_{10}^2+\dot{y}_{10}^2)+\frac{1}{2}(J_1+m_1e_1^2)\omega^2+\frac{1}{2}m_2(\dot{x}_{20}^2+\dot{y}_{20}^2)+\frac{1}{2}(J_2+m_2e_2^2)\omega^2\\
&=\frac{1}{2}m_1(\dot{x}_1^2+\dot{y}_1^2+e_1^2\omega^2+2e_1\omega\dot{y}_1\cos\phi-2e_1\omega\dot{x}_1\sin\phi)+\frac{1}{2}(J_1+m_1e_1^2)\omega^2\\
&=\frac{1}{2}m_2(\dot{x}_2^2+\dot{y}_2^2+e_2^2\omega^2+2e_2\omega\dot{y}_2\cos\phi-2e_2\omega\dot{x}_2\sin\phi)+\frac{1}{2}(J_2+m_2e_2^2)\omega^2
\end{aligned}
\tag{8-5}
$$

其中，m_1、m_2分别为发电机转子和水轮机转轮质量（kg），$J_1=m_1R_1^2/2$、$J_2=m_2R_2^2/2$ 分别为发电机转子和水轮机转轮的转动惯量（kg·m^2），R_1、R_2分别是发电机转子和水轮机转轮的半径（m）。

假设 2：假定轴承支撑刚度系数 k_1、k_2、k_3 不变，不计水轮发电机组运行时重力势能的变化，则轴系中只包含轴承弹性支撑所产生的弹性势能。

在上述假设下，水轮发电机组主轴系统的弹性势能可表示为：

$$
\begin{aligned}
U&=\frac{1}{2}k_1r_3^2+\frac{1}{2}k_2r_4^2+\frac{1}{2}k_3r_5^2\\
&=\frac{1}{2(l-l_1)^2}k_1[l^2r_1^2-2l_1lr_1r_2+l_1^2r_2^2]+\frac{1}{2(l-l_1)^2}k_2[(l_3+l_4)^2r_1^2+2(l_3+\\
&\quad l_4)l_2r_1r_2+l_2^2r_2^2]+\frac{1}{2(l-l_1)^2}k_3[l_4^2r_1^2+2(l_2+l_3)l_4r_1r_2+(l_2+l_3)^2r_2^2]\\
&=\frac{r_1^2}{2(l-l_1)^2}[l^2k_1+(l_3+l_4)^2k_2+l_4^2k_3]+\frac{r_1r_2}{2(l-l_1)^2}[-2l_1lr_1r_2k_1+2(l_3+\\
&\quad l_4)l_2k_2+2(l_2+l_3)l_4k_3]+\frac{r_2^2}{2(l-l_1)^2}[l_1^2k_1+l_2^2k_2+(l_2+l_3)^2k_3]\\
&=(x_1^2+y_1^2)K_{11}+(x_2^2+y_2^2)K_{22}+\sqrt{x_1^2+y_1^2}\sqrt{x_2^2+y_2^2}K_{12}
\end{aligned}
\tag{8-6}
$$

刚度变换矩阵为：

$$
\begin{bmatrix}K_{11}\\K_{12}\\K_{22}\end{bmatrix}=\frac{1}{2(l-l_1)^2}\begin{bmatrix}l^2 & (l_3+l_4)^2 & l_4^2\\ -2l_1lr_1r_2 & 2(l_3+l_4)l_2 & 2(l_2+l_3)l_4\\ l_1^2 & l_2^2 & (l_2+l_3)^2\end{bmatrix}\times\begin{bmatrix}k_1\\k_2\\k_3\end{bmatrix}
\tag{8-7}
$$

式中　k_1、k_2、k_3——分别是上导轴承、下导轴承及水导轴承的支承刚度；

K_{11}、K_{12}、K_{22}——等效刚度。

假设3：假定轴系阻尼可折算到发电机转子和水轮机转轮上，且可简化为简单的线性阻尼；轴系的其他作用力可分别折算到发电机转子和水轮机转轮上。

记作用在发电机转子上的外力为：

$$\begin{cases} Q_{x1} = -c_1\dot{x}_1 + F_{x1} \\ Q_{y1} = -c_1\dot{y}_1 + F_{y1} \end{cases} \tag{8-8}$$

作用在水轮机转轮上的外力为：

$$\begin{cases} Q_{x2} = -c_2\dot{x}_2 + F_{x2} \\ Q_{y2} = -c_2\dot{y}_2 + F_{y2} \end{cases} \tag{8-9}$$

式中　c_1、c_2——作用于发电机转子和水轮机转轮的阻尼系数；

F_{x1}、F_{y1}——作用于发电机转子附加外力的 x、y 方向的两个分量；

F_{x2}、F_{y2}——作用于水轮机转轮附加外力的 x、y 方向的两个分量。

发电机转子上的附加外力包括不平衡磁拉力，水轮机转轮上的附加外力包括密封力，转轮叶片不均衡力等。在后续变换中，将这些附加外力保留不变，作为附加的输入激励。目的在于使得所建立的模型具有通用性，能应用于各种外力的分析。

系统的拉格朗日函数定义为动能减去势能，即：

$$\begin{aligned} L &= T - U \\ &= \frac{1}{2}m_1(\dot{x}_1^2 + \dot{y}_1^2 + e_1^2\omega^2 + 2e_1\omega\dot{y}_1\cos\phi - 2e_1\omega\dot{x}_1\sin\phi) + \frac{1}{2}m_2(\dot{x}_2^2 + \dot{y}_2^2 + e_2^2\omega^2 \\ &\quad + 2e_2\omega\dot{y}_2\cos\phi - 2e_2\omega\dot{x}_2\sin\phi) + \frac{1}{2}(J_1 + m_1e_1^2)\omega^2 + \frac{1}{2}(J_2 + m_2e_2^2)\omega^2 - (x_1^2 + \\ &\quad y_1^2)K_{11} - (x_2^2 + y_2^2)K_{22} - \sqrt{x_1^2 + y_1^2}\sqrt{x_2^2 + y_2^2}K_{12} \end{aligned} \tag{8-10}$$

选取广义坐标为：$\boldsymbol{v} = \{x_1, y_1, x_2, y_2\}$，记外力为 $\boldsymbol{F} = \{Q_{x1}, Q_{y1}, Q_{x2}, Q_{y2}\}$，系统的拉格朗日方程为：

$$\frac{\mathrm{d}}{\mathrm{d}t}\left(\frac{\partial L}{\partial \dot{v}_i}\right) - \frac{\partial L}{\partial v_i} = F_i \quad i = 1, \cdots, 4 \tag{8-11}$$

展开得到各变量对应的微分方程如下：

$$m_1\ddot{x}_1 + c_1\dot{x}_1 - m_1e_1\dot{\omega}\sin\phi + 2x_1K_{11} + x_1\frac{\sqrt{x_2^2 + y_2^2}}{\sqrt{x_1^2 + y_1^2}}K_{12} = m_1e_1\omega^2\cos\phi + F_{x1} \tag{8-12}$$

$$m_1\ddot{y}_1 + c_1\dot{y}_1 + m_1e_1\dot{\omega}\cos\phi + 2y_1K_{11} + y_1\frac{\sqrt{x_2^2 + y_2^2}}{\sqrt{x_1^2 + y_1^2}}K_{12} = m_1e_1\omega^2\sin\phi + F_{y1} \tag{8-13}$$

$$m_2\ddot{x}_2+c_2\dot{x}_2-m_2e_2\dot{\omega}\sin\phi+2x_2K_{22}+x_2\frac{\sqrt{x_1^2+y_1^2}}{\sqrt{x_2^2+y_2^2}}K_{12}=m_2e_2\omega^2\cos\varphi+F_{x2}\tag{8-14}$$

$$m_2\ddot{y}_2+c_2\dot{y}_2+m_2e_2\dot{\omega}\cos\phi+2y_2K_{22}+y_2\frac{\sqrt{x_1^2+y_1^2}}{\sqrt{x_2^2+y_2^2}}K_{12}=m_2e_2\omega^2\sin\varphi+F_{y2}\tag{8-15}$$

这是水轮发电机组轴系运动方程的基本形式。

上述方程中多出了转角的加速度 $\dot{\omega}$ 项。在稳态时，角速度 ω 基本恒定，在研究机组轴系的稳态问题时可以将角加速度 $\dot{\omega}$ 项近似为零。正是基于这一近似，在文献［127，129］中机组轴系运动方程也不考虑转角的运动方程，只考虑 x_1、y_1、x_2、y_2这四个变量的微分方程。

在研究机组暂态过程时，角速度的变化较大，$\dot{\omega}$ 项不能忽略。

二、仿真研究

为了较好地模拟实际机组在控制器控制下的行为特征，选择图 8-2 所示的仿真系统。

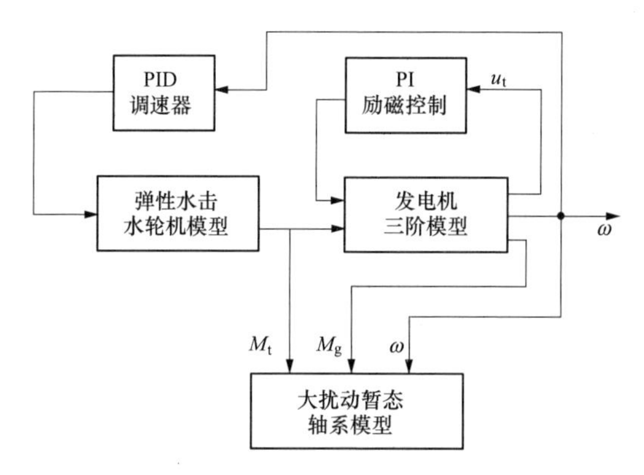

图 8-2　仿真系统框架

以某电站实际的水轮发电机组为例。发电机额定容量 $S_{gB}=150$MW，额定转速为 125r/min，轴系主要参数：$m_1=7.32\times10^5$kg，$m_2=2.4\times10^5$kg，$R_1=4.646$m，$R_2=1.708$m，$J_1=7.9\times10^6$N·m²，$J_2=3.5\times10^5$N·m²，$p_p=24$，$\omega_{mB}=13.09$rad/s，$k_1=0.2\times10^9$N/m，$k_2=0.2\times10^9$N/m，$k_3=0.35\times10^9$N/m，$c_1=0.35\times10^7$N·s/m，$c_2=0.25\times10^7$N·s/m，几何尺寸：$l_1=l_2=2$m，$l_3=3$m，$l_4=1.2$m，$e_1=1.0$mm，$e_2=0.5$mm。

1. 仿真工况 1

机组稳定运行，机组有功 $p_e=0.8$。不考虑轴系上的附加作用力，即：$F_{x1}=0$，$F_{y1}=0$，$F_{x2}=0$，$F_{y2}=0$。

发电机转子形心轨迹见图 8-3（a），水轮机转轮形心轨迹见图 8-3（b）。

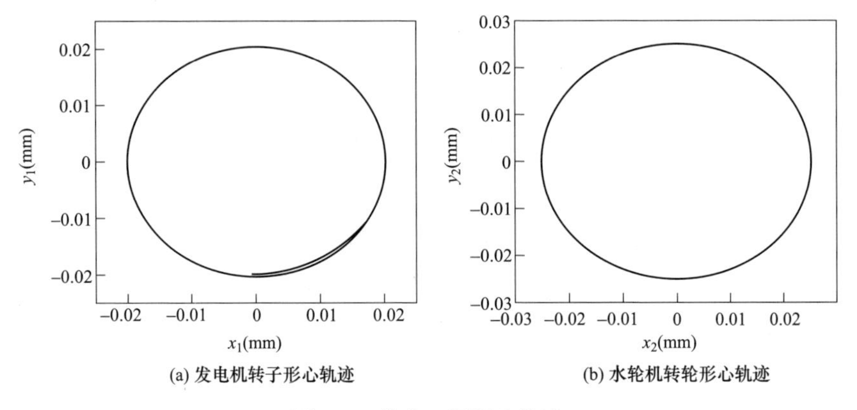

图 8-3　稳态工况形心轨迹

发电机转子和水轮机转轮的形心轨迹与它们的阻尼系数 c_1 和 c_2 以及轴承支承刚度 k_1，k_2，k_3 密切相关。轴系特征参数一定，无轴系附加外力时，发电机转子和水轮机转轮的振动幅值是稳定的。图 8-3 所显示的计算结果与实际情形是一致的。

2. 仿真工况 2

机组进行有功调节，有功 $p_e=0.8$ 增加到 $p_e=1.0$. 不考虑轴系上的附加作用力，即：$F_{x1}=0$，$F_{y1}=0$，$F_{x2}=0$，$F_{y2}=0$。

在机组调速器 PID 控制器作用下，机组暂态过程中角速度变化较小，发电机转子和水轮机转轮的振动幅度与稳态运行下相比，变化较小。截取发电机转子 x 方向前 10s 的振幅见图 8-4（a），机组机械角速度增量 ω_{1m}变化见图 8-4（b）。

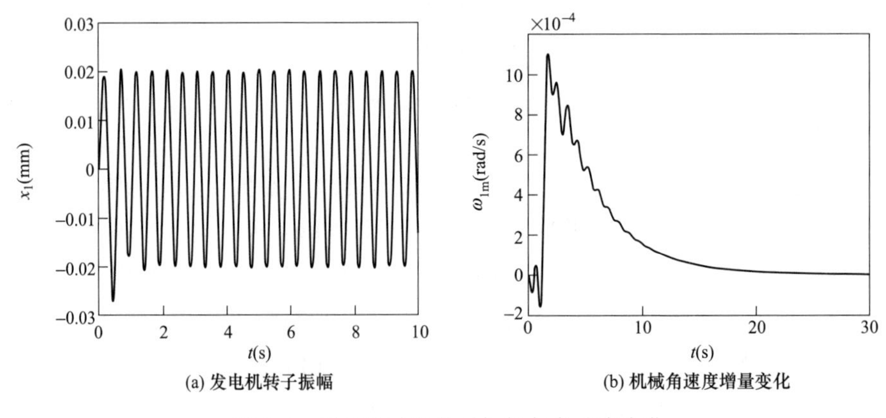

图 8-4　机组有功调节时振幅与角速度变化

在机组进行正常调节时，在机组控制器作用下，机组角速度变化较小，对轴系振动的影响不大。但是，在机组甩负荷或者电网侧故障引起的大扰动过程、

以及电网低频振荡等情况下，机组角速度变化幅度较大，对轴系振动将会产生影响。

3. 仿真工况 3

机组稳定运行，有功 $p_e=0.5$。不考虑发电机转子上的附加作用力，即 $F_{x1}=0$，$F_{y1}=0$。水轮机转轮上的附加作用力仅考虑由于尾水管压力脉动产生的作用于转轮上的附加作用力。

根据尾水管压力脉动的特性，假定压力脉动的等效作用力为：

$\overline{F}_{2x}=0.01\cos(2\pi\times0.65t)$；

$\overline{F}_{2y}=0.01\sin(2\pi\times0.65t)$。

即假定尾水管压力脉动频率为 0.65Hz。

发电机转子和水轮机转轮 x 方向的形心振动分别见图 8-5（a）和图 8-5（b）。

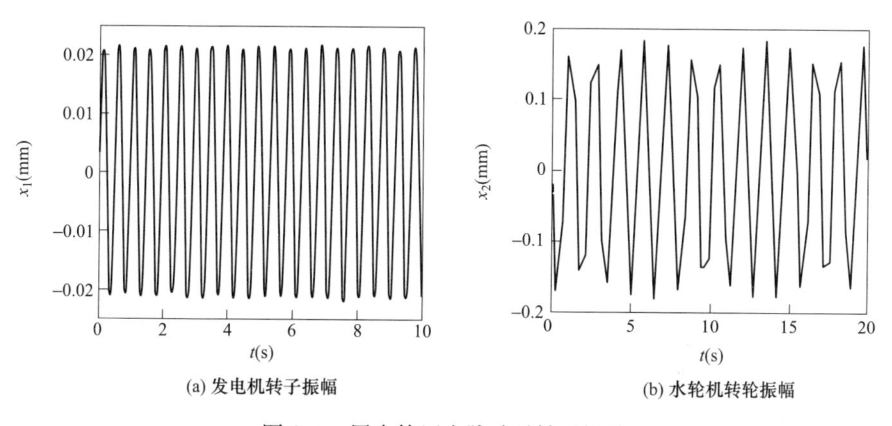

图 8-5 尾水管压力脉动时轴系振动

发电机转子和水轮机转轮的形心轨迹分别见图 8-6（a）和图 8-6（b）。

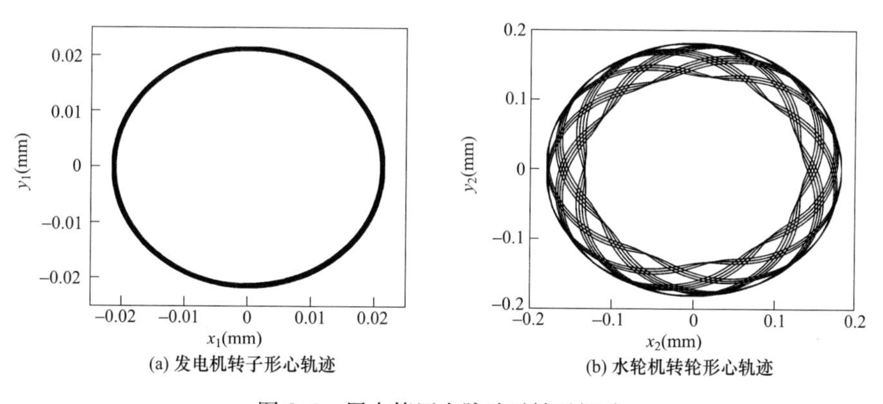

图 8-6 尾水管压力脉动时轴系振动

图 8-5、图 8-6 表明，转轮振动幅值周期与尾水管压力脉动周期一致，计算

结果反映了附加作用力的影响。给出的模型可以灵活处理各类轴系附加作用力的影响，应用方便。

第二节　拉格朗日系统的相对值形式

一、定义相对值系统

多个子系统进行互联，为避免子系统参数域不同可能引起的方程病态，采用归一化处理是一种有效的方法。归一化处理必须保证基值系统的等效性。从水力机组各个子系统来看，轴系子系统与发电机模型之间存在一个共同的运动方程，即机组角速度运动方程。由于在发电机系统中已具有成熟的基值系统，依据等效性原理，选择发电机额定容量 S_{gB} 为基值。将基值分解到发电机转子和水轮机转轮的基本参数上构成轴系的基值系统，有以下定义。

定义 1：发电机转子的质量基值取 $m_{1B}=m_1$，发电机转子的位移基值取 $R_{1B}=R_1$，R_1 是发电机转子的半径。则发电机转子速度基值为 $R_1\omega_{mB}$，取发电机额定容量基值为 S_{gB}，机械角速度基值为 ω_{mB}，定义发电机转子的惯性时间常数 T_{j1} 为：

$$T_{j1}=\frac{J_1\omega_{mB}^2}{S_{gB}} \tag{8-16}$$

定义 2：水轮机转轮的质量基值取 $m_{2B}=m_2$，水轮机转轮的位移基值取 $R_{2B}=R_2$，R_2 是水轮机转轮的半径。则水轮机转轮速度基值为 $R_2\omega_{mB}$，取发电机额定容量基值为 S_{gB}，机械角速度基值为 ω_{mB}，定义水轮机转轮的惯性时间常数 T_{j2} 为：

$$T_{j2}=\frac{J_2\omega_{mB}^2}{S_{gB}} \tag{8-17}$$

利用上述关系，将基值分解到转子和转轮变量上，即：

$$S_{gB}=\frac{1}{T_{j1}}J_1\omega_{mB}^2=\frac{1}{2T_{j1}}m_1R_1^2\omega_{mB}^2=\frac{1}{2T_{j1}}m_1V_{B1}^2 \tag{8-18}$$

$$S_{gB}=\frac{1}{T_{j2}}J_2\omega_{mB}^2=\frac{1}{2T_{j2}}m_2R_2^2\omega_{mB}^2=\frac{1}{2T_{j2}}m_2V_{B2}^2 \tag{8-19}$$

利用上述基值系统，在拉格朗日函数（8-10）两边除以 S_{gB}，得到相对值形式的拉格朗日函数如下：

$$\begin{aligned}\overline{L}=&T_{j1}(\dot{\overline{x}}_1^2+\dot{\overline{y}}_1^2+2\overline{e}_1\overline{\omega}\dot{\overline{y}}_1\cos\phi-2\overline{e}_1\overline{\omega}\dot{\overline{x}}_1\sin\phi)+T_{j2}(\dot{\overline{x}}_2^2+\dot{\overline{y}}_2^2+2\overline{e}_2\overline{\omega}\dot{\overline{y}}_2\cos\phi\\&-2\overline{e}_2\overline{\omega}\dot{\overline{x}}_2\sin\phi)+\frac{1}{2}T_{j1}(1+4\overline{e}_1^2)\overline{\omega}^2+\frac{1}{2}T_{j2}(1+4\overline{e}_2^2)\overline{\omega}^2-2T_{j1}(\overline{x}_1^2+\overline{y}_1^2)\overline{K}_{11}-\\&2T_{j2}(\overline{x}_2^2+\overline{y}_2^2)\overline{K}_{22}-2\sqrt{T_{j1}T_{j2}}\sqrt{\overline{x}_1^2+\overline{y}_1^2}\sqrt{\overline{x}_2^2+\overline{y}_2^2}\overline{K}_{12}\end{aligned} \tag{8-20}$$

其中：$\overline{e}_1=e_1/R_1$ 是发电机转子偏心的相对值，$\overline{x}_1$、$\dot{\overline{x}}_1$、$\overline{y}_1$、$\dot{\overline{y}}_1$ 分别是发电机转子形心位移和速度的 x、y 分量的相对值，$\overline{e}_2=e_2/R_2$ 是水轮机转轮偏心的相

对值，$\overline{x}_2$、$\dot{\overline{x}}_2$、$\overline{y}_2$、$\dot{\overline{y}}_2$ 分别是水轮机转轮形心位移速度的 x、y 分量的相对值，$\overline{\omega}$ 是角速度相对值。

$$\overline{K}_{11}=\frac{K_{11}}{m_1\omega_{\mathrm{mB}}^2} \tag{8-21}$$

$$\overline{K}_{22}=\frac{K_{22}}{m_2\omega_{\mathrm{mB}}^2} \tag{8-22}$$

$$\overline{K}_{12}=\frac{K_{12}}{\sqrt{m_1m_2}\,\omega_{\mathrm{mB}}^2} \tag{8-23}$$

等效刚度 K_{12} 项变换的说明：根据式（8-18）、式（8-19）的变化关系，有：

$$\frac{1}{T_{j1}}m_1R_1^2=\frac{1}{T_{j2}}m_2R_2^2 \tag{8-24}$$

$$S_{\mathrm{gB}}=\frac{1}{2T_{j2}}m_2R_2^2\omega_{\mathrm{mB}}^2=\frac{1}{2}\sqrt{\frac{1}{T_{j2}}m_2R_2^2}\sqrt{\frac{1}{T_{j1}}m_1R_1^2}\,\omega_{\mathrm{mB}}^2=\frac{1}{2}\sqrt{\frac{1}{T_{j2}T_{j1}}m_2m_1}\,R_1R_2\omega_{\mathrm{mB}}^2 \tag{8-25}$$

按上述方式对拉格朗日函数进行处理后，各参数均变换为相对值形式。

在拉格朗日方程（8-11）中，$i=1$，2 是两边乘以 R_1/M_{gB}，$i=3$，4 是两边乘以 R_2/M_{gB}，M_{gB}是发电机力矩基值。注意到 $S_{\mathrm{gB}}=M_{\mathrm{gB}}\omega_{\mathrm{mB}}$，得到四个位置变量的相对值形式的拉格朗日方程：

$$\frac{\mathrm{d}}{\mathrm{d}t}\left(\frac{\partial\overline{L}}{\partial\dot{\overline{v}}_i}\right)-\omega_{\mathrm{mB}}\frac{\partial\overline{L}}{\partial\overline{v}_i}=\overline{F}_i\quad i=1,\ldots,4 \tag{8-26}$$

对应的外力折算为相对值形式如下：

$$\overline{F}=\begin{cases}-\overline{c}_1\dot{\overline{x}}_1+\overline{F}_{x1}\\-\overline{c}_1\dot{\overline{y}}_1+\overline{F}_{y1}\\-\overline{c}_2\dot{\overline{x}}_2+\overline{F}_{x2}\\-\overline{c}_2\dot{\overline{y}}_2+\overline{F}_{y2}\end{cases} \tag{8-27}$$

其中：$\overline{c}_1=c_1R_1^2\omega_{\mathrm{mB}}/M_{\mathrm{gB}}$，$\overline{c}_2=c_2R_2^2\omega_{\mathrm{mB}}/M_{\mathrm{gB}}$，$\overline{F}_{x1}=F_{x1}R_1/M_{\mathrm{gB}}$，$\overline{F}_{y1}=F_{y1}R_1/M_{\mathrm{gB}}$，$\overline{F}_{x2}=F_{x2}R_2/M_{\mathrm{gB}}$，$\overline{F}_{y2}=F_{y2}R_2/M_{\mathrm{gB}}$，$M_{\mathrm{gB}}=S_{\mathrm{gB}}/\omega_{\mathrm{mB}}$。

将拉格朗日系统（8-26）展开，得到相对值形式的轴系振动方程如下：

$$2T_{j1}\ddot{\overline{x}}_1+\overline{c}_1\dot{\overline{x}}_1-2T_{j1}\overline{e}_1\dot{\overline{\omega}}\sin\phi+4T_{j1}\omega_{\mathrm{mB}}\overline{x}_1\overline{K}_{11}$$

$$+2\overline{x}_1\omega_{\mathrm{mB}}\sqrt{T_{j1}T_{j2}}\frac{\sqrt{\overline{x}_2^2+\overline{y}_2^2}}{\sqrt{\overline{x}_1^2+\overline{y}_1^2}}\overline{K}_{12}=2T_{j1}\overline{e}_1\overline{\omega}^2\cos\phi+\overline{F}_{x1} \tag{8-28}$$

$$2T_{j1}\ddot{\overline{y}}_1+\overline{c}_1\dot{\overline{y}}_1+2T_{j1}\overline{e}_1\dot{\overline{\omega}}\cos\phi+4T_{j1}\omega_{\mathrm{mB}}\overline{y}_1\overline{K}_{11}$$

$$+2\overline{y}_1\omega_{\mathrm{mB}}\sqrt{T_{j1}T_{j2}}\frac{\sqrt{\overline{x}_2^2+\overline{y}_2^2}}{\sqrt{\overline{x}_1^2+\overline{y}_1^2}}\overline{K}_{12}=2T_{j1}\overline{e}_1\overline{\omega}^2\sin\phi+\overline{F}_{y1} \tag{8-29}$$

$$2T_{j2}\ddot{\overline{x}}_2+\overline{c}_2\dot{\overline{x}}_2-2T_{j2}\overline{e}_2\dot{\overline{\omega}}\sin\phi+4T_{j2}\omega_{\mathrm{mB}}\overline{x}_2\overline{K}_{11}$$

$$+2\bar{x}_2\omega_{\mathrm{mB}}\sqrt{T_{j1}T_{j2}}\frac{\sqrt{\bar{x}_1^2+\bar{y}_1^2}}{\sqrt{\bar{x}_2^2+\bar{y}_2^2}}\overline{K}_{12}=2T_{j2}\bar{e}_2\bar{\omega}^2\cos\phi+\overline{F}_{x2} \tag{8-30}$$

$$2T_{j2}\ddot{\bar{y}}_2+\bar{c}_2\dot{\bar{y}}_2+2T_{j2}\bar{e}_2\dot{\bar{\omega}}\cos\phi+4T_{j2}\omega_{\mathrm{mB}}\bar{y}_2\overline{K}_{11}$$

$$+2\bar{y}_2\omega_{\mathrm{mB}}\sqrt{T_{j1}T_{j2}}\frac{\sqrt{\bar{x}_1^2+\bar{y}_1^2}}{\sqrt{\bar{x}_2^2+\bar{y}_2^2}}\overline{K}_{12}=2T_{j2}\bar{e}_2\bar{\omega}^2\sin\phi+\overline{F}_{y2} \tag{8-31}$$

上述相对值形式的振动方程与有名值方程在形式上是一致的，仅仅是系数不同。根据推导关系：$T_{j1}=\frac{1}{2}\frac{m_1R_1^2\omega_{\mathrm{mB}}^2}{S_{\mathrm{gB}}}$，$T_{j2}=\frac{1}{2}\frac{m_2R_2^2\omega_{\mathrm{mB}}^2}{S_{\mathrm{gB}}}$代入，即可得到验证，相对值形式和有名值形式是完全一致的。

二、转角及角速度方程

系统能量函数中包含转角 φ 和角速度 ω。为了全面反映能量对系统运动特性的影响，运动方程中需要包含转角变量。同时，角速度 ω 是与水轮发电机组暂态过程相关联的关键变量。

与转角变量 φ 对应的外力是作于机组的外力矩，即 $M_{\mathrm{t}}-M_{\mathrm{g}}$。其中 M_{t}是水轮机力矩，M_{g}是发电机电磁力矩，则机组转角变量满足如下的拉格朗日方程形式：

$$\frac{\mathrm{d}}{\mathrm{d}t}\left(\frac{\partial L}{\partial\omega}\right)-\frac{\partial L}{\partial\phi}=M_{\mathrm{t}}-M_{\mathrm{g}} \tag{8-32}$$

方程（8-28）两边同除以发电机额定力矩基值 M_{gB}，得到：

$$\frac{\mathrm{d}}{\mathrm{d}t}\left(\frac{\partial\overline{L}}{\partial\bar{\omega}}\right)-\frac{\partial\overline{L}}{\partial\bar{\phi}}=\bar{m}_{\mathrm{t}}-\bar{m}_{\mathrm{g}} \tag{8-33}$$

其中，$M_{\mathrm{gB}}=S_{\mathrm{gB}}/\omega_{\mathrm{mB}}$是发电机力矩基值，即发电机额定容量下的力矩值，$M_{\mathrm{t}}=M_{\mathrm{gB}}\bar{m}_{\mathrm{t}}$，$M_{\mathrm{g}}=M_{\mathrm{gB}}\bar{m}_{\mathrm{g}}$，$\bar{\omega}=\omega/\omega_{\mathrm{mB}}$，$\bar{\varphi}=\varphi/\omega_{\mathrm{mB}}$。

展开式（8-33）得到机组运动方程：

$$[T_{j1}(1+4\bar{e}_1^2)+T_{j2}(1+4\bar{e}_2^2)]\frac{\mathrm{d}\bar{\omega}}{\mathrm{d}t}+2T_{j1}\bar{e}_1(\ddot{\bar{y}}_1\cos\phi-\ddot{\bar{x}}_1\sin\phi)$$

$$+2T_{j2}\bar{e}_1(\ddot{\bar{y}}_2\cos\phi-\ddot{\bar{x}}_2\sin\phi)=\bar{m}_{\mathrm{t}}-\bar{m}_{\mathrm{g}} \tag{8-34}$$

由于偏心 e_1、e_2相对较小，忽略其影响，则有近似表达式：

$$[T_{j1}+T_{j2}]\frac{\mathrm{d}\bar{\omega}}{\mathrm{d}t}=\bar{m}_{\mathrm{t}}-\bar{m}_{\mathrm{g}} \tag{8-35}$$

式（8-35）即为相对值形式的机组运动方程。

至此，轴系的转角变量以及四个位移变量都可用拉格朗日方程来描述，统一到了相对值形式的拉格朗日系统框架下。

第三节　轴系广义哈密顿建模

一、拉格朗日函数的修正

为了建立暂态过程中机组轴系的动力学耦合模型，同时为了后续便于与发电机模型的连接。考虑到机械角速度和电角速度的标幺值是相等的，将上述拉格朗日函数（8-20）中机组转动动能部分的角速度相对值 $\overline{\omega}^2$，直接替换为角速度增量相对值 $\omega_B\overline{\omega}_1^2$，此处的 ω_B 是电角速度基值。而涉及偏心动能中与转角相关的部分保持不变，得到以下形式的拉格朗日函数：

$$\overline{L}^{(1)}=T_{j1}[\dot{\overline{x}}_1^2+\dot{\overline{y}}_1^2+2\overline{e}_1(\overline{\omega}_1+1)\dot{\overline{y}}_1\cos\phi-2\overline{e}_1(\overline{\omega}_1+1)\dot{\overline{x}}_1\sin\phi]+\frac{1}{2}T_{j1}\omega_B(1+4\overline{e}_1^2)\overline{\omega}_1^2+T_{j2}[\dot{\overline{x}}_2^2+\dot{\overline{y}}_2^2+2\overline{e}_2(\overline{\omega}_1+1)\dot{\overline{y}}_2\cos\phi-2\overline{e}_2(\overline{\omega}_1+1)\dot{\overline{x}}_2\sin\phi]+\frac{1}{2}T_{j2}\omega_B(1+4\overline{e}_2^2)\overline{\omega}_1^2-2T_{j1}(\overline{x}_1^2+\overline{y}_1^2)\overline{K}_{11}-2T_{j2}(\overline{x}_2^2+\overline{y}_2^2)\overline{K}_{22}-2\sqrt{T_{j1}T_{j2}}\sqrt{\overline{x}_1^2+\overline{y}_1^2}\sqrt{\overline{x}_2^2+\overline{y}_2^2}\overline{K}_{12} \tag{8-36}$$

对角速度变量做上述替换处理，其基本前提是要保证在两种拉格朗日函数形式下，角速度运动方程是一致的。为此，转角的拉格朗日方程采用以下形式：

$$\frac{\mathrm{d}}{\mathrm{d}t}\left(\frac{1}{\omega_B}\frac{\partial\overline{L}^{(1)}}{\partial\overline{\omega}_1}\right)-\frac{\partial\overline{L}^{(1)}}{\partial\overline{\phi}}=\overline{m}_t-\overline{m}_g \tag{8-37}$$

其中 $\overline{\phi}=\overline{\omega}_1 t$，$\phi=\omega_{mB}(\overline{\omega}_1+1)t=\omega_{mB}(\overline{\phi}+t)$。

修正后的拉格朗日函数（8-1）代入方程（8-2），得到：

$$[T_{j1}(1+4\overline{e}_1^2)+T_{j2}(1+4\overline{e}_2^2)]\frac{\mathrm{d}\overline{\omega}_1}{\mathrm{d}t}+2T_{j1}\overline{e}_1\frac{1}{\omega_B}(\ddot{\overline{y}}_1\cos\phi-\ddot{\overline{x}}_1\sin\phi-\omega_1\dot{\overline{y}}_1\sin\phi-\omega_1\dot{\overline{x}}_1\cos\phi)+2T_{j2}\overline{e}_2\frac{1}{\omega_B}(\ddot{\overline{y}}_2\cos\phi-\ddot{\overline{x}}_2\sin\phi-\omega_1\dot{\overline{y}}_2\sin\phi-\omega_1\dot{\overline{x}}_2\cos\phi)=\overline{m}_t-\overline{m}_g \tag{8-38}$$

由于偏心 e_1、e_2 相对较小，忽略其影响，则有近似表达式：

$$[T_{j1}+T_{j2}]\frac{\mathrm{d}\overline{\omega}}{\mathrm{d}t}=\overline{m}_t-\overline{m}_g \tag{8-39}$$

即，在拉格朗日函数中采用角速度增量形式，且采用式（8-37）形式的拉格朗日方程，则这种描述与第二节的描述是等价的。

二、哈密顿函数

选取广义坐标为 $v=\{v_1, v_2, v_3, v_4, v_5\}$，$v_1=\overline{\varphi}_1$，$v_2=\overline{x}_1$，$v_3=\overline{y}_1$，$v_4=\overline{x}_2$，$v_5=\overline{y}_2$，广义动量定义为：

$$p_1=\frac{\partial\overline{L}^{(1)}}{\partial\overline{\omega}_1}=2T_{j1}\overline{e}_1(\dot{\overline{y}}_1\cos\phi-\dot{\overline{x}}_1\sin\phi)+T_{j1}\omega_B(1+4\overline{e}_1^2)\overline{\omega}_1+2T_{j2}\overline{e}_2(\dot{\overline{y}}_2\cos\phi-\dot{\overline{x}}_2\sin\phi)+T_{j2}\omega_B(1+4\overline{e}_2^2)\overline{\omega}_1 \tag{8-40}$$

同样，考虑到偏心 e_1、e_2相对较小，忽略其影响，则式（8-40）近似为：

$$p_1=(T_{j1}+T_{j2})\omega_B\overline{\omega}_1 \tag{8-41}$$

取 $T_j=T_{j1}+T_{j2}$，则：

$$\overline{\omega}_1=\frac{p_1}{T_j\omega_B} \tag{8-42}$$

考察：

$$p_2=\frac{\partial\overline{L}^{(1)}}{\partial\dot{\overline{x}}_1}=2T_{j1}[\dot{\overline{x}}_1-\overline{e}_1(\overline{\omega}_1+1)\sin\phi] \tag{8-43}$$

变换成广义动量描述的形式：

$$\dot{\overline{x}}_1=\frac{1}{2T_{j1}}p_2+\overline{e}_1(\overline{\omega}_1+1)\sin\phi \tag{8-44}$$

同样有：

$$\dot{\overline{y}}_1=\frac{1}{2T_{j1}}p_3-\overline{e}_1(\overline{\omega}_1+1)\cos\phi \tag{8-45}$$

$$\dot{\overline{x}}_2=\frac{1}{2T_{j2}}p_4+\overline{e}_2(\overline{\omega}_1+1)\sin\phi \tag{8-46}$$

$$\dot{\overline{y}}_2=\frac{1}{2T_{j2}}p_5-\overline{e}_2(\overline{\omega}_1+1)\cos\phi \tag{8-47}$$

取哈密顿函数为：

$$H^{(2)}=\boldsymbol{p}^{\mathrm{T}}\dot{v}-\overline{L}^{(1)} \tag{8-48}$$

展开式（8-48），得到：

$$\begin{aligned}H^{(1)}=&T_{j1}[\dot{\overline{x}}_1^2+\dot{\overline{y}}_1^2+2\overline{e}_1\overline{\omega}_1\dot{\overline{y}}_1\cos\phi-2\overline{e}_1\overline{\omega}_1\dot{\overline{x}}_1\sin\phi]+T_{j2}[\dot{\overline{x}}_2^2+\dot{\overline{y}}_2^2+2\overline{e}_2\overline{\omega}_1\\&\dot{\overline{y}}_2\cos\phi-2\overline{e}_2\overline{\omega}_1\dot{\overline{x}}_2\sin\phi]\frac{1}{2}T_{j1}\omega_B(1+4\overline{e}_1^2)\overline{\omega}_1^2+\frac{1}{2}T_{j2}\omega_B(1+4\overline{e}_2^2)\overline{\omega}_1^2+\\&2T_{j1}(\overline{x}_1^2+\overline{y}_1^2)\overline{K}_{11}+2T_{j2}(\overline{x}_2^2+\overline{y}_2^2)\overline{K}_{22}+2\sqrt{T_{j1}T_{j2}}\sqrt{\overline{x}_1^2+\overline{y}_1^2}\\&\sqrt{\overline{x}_2^2+\overline{y}_2^2}\overline{K}_{12}\end{aligned} \tag{8-49}$$

对式（8-49）两边对 $\boldsymbol{p}$ 求偏导：

$$\frac{\partial H^{(1)}}{\partial\boldsymbol{p}}=\dot{\boldsymbol{v}}+\boldsymbol{p}^{\mathrm{T}}\frac{\partial\dot{\boldsymbol{v}}}{\partial\boldsymbol{p}}-\frac{\partial\overline{L}^{(1)}}{\partial\boldsymbol{p}}=\dot{\boldsymbol{v}}+\frac{\partial\overline{L}^{(1)}}{\partial\dot{\boldsymbol{v}}}\frac{\partial\dot{\boldsymbol{v}}}{\partial\boldsymbol{p}}-\frac{\partial\overline{L}^{(1)}}{\partial\boldsymbol{p}}=\dot{\boldsymbol{v}} \tag{8-50}$$

显然，（$\boldsymbol{v}$，$\boldsymbol{p}$）仍然是对偶变量。

定义广义动量的目的之一是为了用于替换哈密顿函数及其方程中的微分项，使得方程在形式上实现降阶。关于转角 $\overline{\phi}_1$ 及其速度 $\overline{\omega}_1$ 项，在与发电机连接时将被发电机运动方程替代。在哈密顿函数表示中，将主要考虑转子和转轮位移变量速度项的替换，而角速度项保留不变。

利用已解出的变量 $\dot{\overline{x}}_1$、$\dot{\overline{y}}_1$、$\dot{\overline{x}}_2$、$\dot{\overline{y}}_2$，替换哈密顿函数中的速度项，将哈密顿函数采用广义动量表示：

$$H^{(1)}=\frac{p_2^2}{4T_{j1}}+\frac{p_3^2}{4T_{j1}}+p_2\bar{e}_1\sin\phi-p_3\bar{e}_1\cos\phi+\frac{p_4^2}{4T_{j2}}+\frac{p_5^2}{4T_{j2}}+p_4\bar{e}_2\sin\phi-p_5\bar{e}_2\cos\varphi$$

$$+\frac{1}{2}[T_{j1}(1+4\bar{e}_1^2)+T_{j2}(1+4\bar{e}_2^2)]\omega_B\bar{\omega}_1{}^2+2T_{j1}(\bar{x}_1^2+\bar{y}_1^2)\bar{K}_{11}+2T_{j2}(\bar{x}_2^2+$$

$$\bar{y}_2^2)\bar{K}_{22}+4T_{j1}T_{j2}\sqrt{\bar{x}_1^2+\bar{y}_1^2}\sqrt{\bar{x}_2^2+\bar{y}_2^2}\bar{K}_{12} \tag{8-51}$$

哈密顿函数式（8-51）分别对广义动量取偏导数，得到：

$$\frac{\partial H^{(1)}}{\partial\bar{\omega}_1}=[T_{j1}(1+4\bar{e}_1^2)+T_{j2}(1+4\bar{e}_2^2)]\omega_B\bar{\omega}_1=T_j\omega_B\bar{\omega}_1 \tag{8-52}$$

或：

$$\bar{\omega}_1=\frac{1}{T_j\omega_B}\frac{\partial H^{(1)}}{\partial\bar{\omega}_1} \tag{8-53}$$

对 $H^{(1)}$广义 p_2求偏导：

$$\frac{\partial H^{(1)}}{\partial p_2}=\frac{p_2}{2T_{j1}}+\bar{e}_1\sin\phi \tag{8-54}$$

结合式（8-44），有：

$$\dot{\bar{x}}_1=\frac{\bar{e}_1\sin\phi}{T_j\omega_B}\frac{\partial H^{(1)}}{\partial\bar{\omega}_1}+\frac{\partial H^{(1)}}{\partial p_2} \tag{8-55}$$

采用同样的方法得到

$$\dot{\bar{y}}_1=-\frac{\bar{e}_1\cos\phi}{T_j\omega_B}\frac{\partial H^{(1)}}{\partial\bar{\omega}_1}+\frac{\partial H^{(1)}}{\partial p_3} \tag{8-56}$$

$$\dot{\bar{x}}_2=\frac{\bar{e}_2\sin\phi}{T_j\omega_B}\frac{\partial H^{(1)}}{\partial\bar{\omega}_1}+\frac{\partial H^{(1)}}{\partial p_4} \tag{8-57}$$

$$\dot{\bar{y}}_2=-\frac{\bar{e}_2\cos\phi}{T_j\omega_B}\frac{\partial H^{(1)}}{\partial\bar{\omega}_1}+\frac{\partial H^{(1)}}{\partial p_5} \tag{8-58}$$

其中，$T_j=T_{j1}(1+4\bar{e}_1^2)+T_{j2}(1+4\bar{e}_2^2)$，记为机组总的惯性时间常数。

此外，从哈密顿函数式可得到变换关系：$\frac{\partial H^{(1)}}{\partial\bar{x}_1}=-\frac{\partial\bar{L}^{(1)}}{\partial\bar{x}_1}$，$\frac{\partial H^{(1)}}{\partial\bar{y}_1}=-\frac{\partial\bar{L}^{(1)}}{\partial\bar{y}_1}$，$\frac{\partial H^{(1)}}{\partial\bar{y}_2}=-\frac{\partial\bar{L}^{(1)}}{\partial\bar{y}_2}$，$\frac{\partial H^{(1)}}{\partial\bar{x}_2}=-\frac{\partial\bar{L}^{(1)}}{\partial\bar{x}_2}$。

将广义动量的定义式（8-40）代入拉格朗日方程组式（8-37），得到：

$$\dot{p}_1=\omega_B\left(\frac{\partial\bar{L}^{(1)}}{\partial\bar{\phi}_1}+\bar{m}_t-\bar{m}_g\right) \tag{8-59}$$

将p_2，p_3，p_4，p_5代入拉格朗日方程组式（8-26），结合式（8-55）～式（8-58）的变换关系得到：

$$\dot{p}_2=-\omega_{\mathrm{mB}}\frac{\partial H^{(1)}}{\partial \overline{x}_1}-\overline{c}_1\frac{\partial H^{(1)}}{\partial p_2}-\overline{c}_1\frac{\overline{e}_1\sin\phi}{T_j\omega_{\mathrm{B}}}\frac{\partial H^{(1)}}{\partial \overline{\omega}_1}+\overline{F}_{x1} \tag{8-60}$$

$$\dot{p}_3=-\omega_{\mathrm{mB}}\frac{\partial H^{(1)}}{\partial \overline{y}_1}-\overline{c}_1\frac{\partial H^{(1)}}{\partial p_3}+\overline{c}_1\frac{\overline{e}_1\cos\phi}{T_j\omega_{\mathrm{B}}}\frac{\partial H^{(1)}}{\partial \overline{\omega}_1}+\overline{F}_{y1} \tag{8-61}$$

$$\dot{p}_4=-\omega_{\mathrm{mB}}\frac{\partial H^{(1)}}{\partial \overline{x}_2}-\overline{c}_2\frac{\partial H^{(1)}}{\partial p_4}-\overline{c}_2\frac{\overline{e}_2\sin\phi}{T_j\omega_{\mathrm{B}}}\frac{\partial H^{(1)}}{\partial \overline{\omega}_1}+\overline{F}_{x2} \tag{8-62}$$

$$\dot{p}_5=-\omega_{\mathrm{mB}}\frac{\partial H^{(1)}}{\partial \overline{y}_2}-\overline{c}_2\frac{\partial H^{(1)}}{\partial p_5}+\overline{c}_2\frac{\overline{e}_2\cos\phi}{T_j\omega_{\mathrm{B}}}\frac{\partial H^{(1)}}{\partial \overline{\omega}_1}+\overline{F}_{y2} \tag{8-63}$$

三、与发电机哈密顿模型的连接

从发电机模型中可以发现，发电机功角δ的方程与轴系转角$\overline{\phi}$的方程类似。可利用发电机功角间接计算轴系转角变量，则可降低系统阶数。

发电机功角δ与机械转角φ之间有以下关系：

$$\dot{\delta}=\omega_{\mathrm{B}}(\overline{\omega}-1)=\omega_{\mathrm{B}}\overline{\omega}_1=\omega_{\mathrm{B}}\dot{\overline{\varphi}}_1=p_{\mathrm{p}}\dot{\varphi}-\omega_{\mathrm{B}} \tag{8-64}$$

积分式（8-64）得到：

$$\varphi(t_i)=\varphi(t_{i-1})+\omega_{\mathrm{mB}}\Delta t+[\delta(t_i)-\delta(t_{i-1})]/p_{\mathrm{p}} \tag{8-65}$$

式（8-65）给出了一种从发电机功角间接计算轴系机械转角的方法。

至此，可以将发电机和轴系两个系统联合写成统一的哈密顿模型。

由于电气角速度增量相对值$\overline{\omega}_{1e}$与机械角速度增量相对值$\overline{\omega}_1$相等，即$\overline{\omega}_{1\mathrm{e}}=\overline{\omega}_1$。选取新的变量$z_1=\delta$，$z_2=\overline{\omega}_1$，$z_3=E'_{\mathrm{q}}$，$z_4=\overline{x}_1$，$z_5=\overline{y}_1$，$z_6=\overline{x}_2$，$z_7=\overline{y}_2$，$z_8=p_2$，$z_9=p_3$，$z_{10}=p_4$，$z_{11}=p_5$。发电机系统和轴系哈密顿函数中转动动能部分相同，直接相加后得到统一的哈密顿函数如下：

$$\begin{aligned}H=&\frac{1}{2}T_j\omega_{\mathrm{B}}z_2^2+\frac{1}{2}U_{\mathrm{s}}^2\frac{X_{\mathrm{q}\Sigma}-X_{\mathrm{d}\Sigma}}{X_{\mathrm{d}\Sigma}X_{\mathrm{q}\Sigma}}\cos^2 z_1+\frac{1}{2}\frac{1}{X_{\mathrm{q}\Sigma}}U_{\mathrm{s}}^2+\frac{1}{2}\frac{1}{X_{\mathrm{d}\Sigma}X'_{\mathrm{d}\Sigma}X_{\mathrm{f}}}\\&\left(X_{\mathrm{ad}}U_{\mathrm{s}}\cos z_1-X_{\mathrm{d}\Sigma}\frac{X_{\mathrm{f}}}{X_{\mathrm{ad}}}z_3\right)^2+\frac{z_8^2}{4T_{j1}}+\frac{z_9^2}{4T_{j1}}+z_8\overline{e}_1\sin\varphi-z_9\overline{e}_1\cos\varphi+\\&\frac{z_{10}^2}{4T_{j2}}+\frac{z_{11}^2}{4T_{j2}}+z_{10}\overline{e}_2\sin\varphi-z_{11}\overline{e}_2\cos\varphi+2T_{j1}(z_4^2+z_5^2)\overline{K}_{11}+2T_{j2}(z_6^2+\\&z_7^2)\overline{K}_{22}+4T_{j1}T_{j2}\sqrt{z_4^2+z_5^2}\sqrt{z_6^2+z_7^2}\,\overline{K}_{12}\end{aligned} \tag{8-66}$$

将三阶发电机哈密顿模型与式（8-55）～式（8-58），式（8-60）～式（8-63）写成统一的形式：

$$\dot{\boldsymbol{z}}=\boldsymbol{T}(\boldsymbol{z})\frac{\partial H}{\partial \boldsymbol{z}}+\boldsymbol{G}(\boldsymbol{z})\boldsymbol{u}(\boldsymbol{z}) \tag{8-67}$$

其中：

$\boldsymbol{T}(z)=$

$$
\begin{bmatrix}
0 & \dfrac{1}{T_j} & 0 & 0 & 0 & 0 & 0 & 0 & 0 & 0 & 0 \\
-\dfrac{1}{T_j} & -\dfrac{D}{T_j^2\omega_{\mathrm{B}}} & 0 & 0 & 0 & 0 & 0 & 0 & 0 & 0 & 0 \\
0 & 0 & -\dfrac{\omega_{\mathrm{B}}X_{\mathrm{ad}}^2}{T'_{\mathrm{d0}}X_{\mathrm{f}}} & 0 & 0 & 0 & 0 & 0 & 0 & 0 & 0 \\
0 & \dfrac{\bar{e}_1\sin\varphi}{T_j\omega_{\mathrm{B}}} & 0 & 0 & 0 & 0 & 0 & 1 & 0 & 0 & 0 \\
0 & -\dfrac{\bar{e}_1\cos\varphi}{T_j\omega_{\mathrm{B}}} & 0 & 0 & 0 & 0 & 0 & 0 & 1 & 0 & 0 \\
0 & \dfrac{\bar{e}_2\sin\varphi}{T_j\omega_{\mathrm{B}}} & 0 & 0 & 0 & 0 & 0 & 0 & 0 & 1 & 0 \\
0 & -\dfrac{\bar{e}_2\cos\varphi}{T_j\omega_{\mathrm{B}}} & 0 & 0 & 0 & 0 & 0 & 0 & 0 & 0 & 1 \\
0 & -\bar{c}_1\dfrac{\bar{e}_1\sin\varphi}{T_j\omega_{\mathrm{B}}} & 0 & -\omega_{\mathrm{mB}} & 0 & 0 & 0 & -\bar{c}_1 & 0 & 0 & 0 \\
0 & \bar{c}_1\dfrac{\bar{e}_1\cos\varphi}{T_j\omega_{\mathrm{B}}} & 0 & 0 & -\omega_{\mathrm{mB}} & 0 & 0 & 0 & -\bar{c}_1 & 0 & 0 \\
0 & -\bar{c}_2\dfrac{\bar{e}_2\sin\varphi}{T_j\omega_{\mathrm{B}}} & 0 & 0 & 0 & -\omega_{\mathrm{mB}} & 0 & 0 & 0 & -\bar{c}_2 & 0 \\
0 & \bar{c}_2\dfrac{\bar{e}_2\cos\varphi}{T_j\omega_{\mathrm{B}}} & 0 & 0 & 0 & 0 & -\omega_{\mathrm{mB}} & 0 & 0 & 0 & -\bar{c}_2
\end{bmatrix}
$$

$$
\boldsymbol{G}(z)=\begin{bmatrix}
0 & 0 & 0 & 0 & 0 & 0 \\
0 & \dfrac{1}{T_j} & 0 & 0 & 0 & 0 \\
0 & 0 & \dfrac{\omega_{\mathrm{B}}}{T'_{\mathrm{d0}}} & 0 & 0 & 0 \\
0 & 0 & 0 & 0 & 0 & 0 \\
0 & 0 & 0 & 0 & 0 & 0 \\
0 & 0 & 0 & 0 & 0 & 0 \\
0 & 0 & 0 & 0 & 0 & 0 \\
0 & 0 & 1 & 0 & 0 & 0 \\
0 & 0 & 0 & 1 & 0 & 0 \\
0 & 0 & 0 & 0 & 1 & 0 \\
0 & 0 & 0 & 0 & 0 & 1
\end{bmatrix};\ u(z)=\begin{bmatrix}
\bar{m}_{\mathrm{t}} \\
\bar{E}_{\mathrm{f}} \\
\bar{F}_{x1} \\
\bar{F}_{y1} \\
\bar{F}_{x2} \\
\bar{F}_{y2}
\end{bmatrix}。
$$

利用下述变换：

$$\begin{cases}\boldsymbol{J}(z)=\dfrac{1}{2}[\boldsymbol{T}(z)-\boldsymbol{T}^{\mathrm{T}}(z)]\\[2ex]\boldsymbol{R}(z)=-\dfrac{1}{2}[\boldsymbol{T}(z)+\boldsymbol{T}^{\mathrm{T}}(z)]\end{cases} \tag{8-68}$$

可得到广义哈密顿控制模型标准形式：

$$\dot{z}=[\boldsymbol{J}(z)-\boldsymbol{R}(z)]\frac{\partial H}{\partial z}+\boldsymbol{G}(z)\boldsymbol{u}(z) \tag{8-69}$$

式中 $\boldsymbol{J}(z)$ ——反对称矩阵；

$\boldsymbol{R}(z)$——对称矩阵。

方程的验证，只需将方程（8-69）展开，即可还原得到原微分方程模型。

几点说明：

(1) 方程（8-69）中，输入控制项包括水轮机力矩 $\overline{m}_{\mathrm{t}}$ 和发电机励磁控制 $\overline{E}_{\mathrm{f}}$，将水力机组暂态调节过程引入了机组轴系模型中。进一步地通过 $\overline{m}_{\mathrm{t}}$ 可将水轮机及其水力系统，调速器引入轴系模型，通过 $\overline{E}_{\mathrm{f}}$ 可将励磁控制器及电力系统引入轴系模型。因此，该模型的建立为进一步研究机组暂态调节中，机组对象及其控制系统对轴系的影响奠定了基础。

(2) 方程（8-69）中，轴系上的其他作用力 $\overline{F}_{x1}$、$\overline{F}_{y1}$、$\overline{F}_{x2}$、$\overline{F}_{y2}$ 被作为系统的附加输入项，这种处理的目的是为了增加系统的通用性。一方面，当考虑不同的轴系作用力时，可在方程（8-69）的基础上研究轴系作用力对轴系运动的影响。另一方面，可将轴系作用力并入系统的结构矩阵中，利用广义哈密顿结构和阻尼矩阵特性得到轴系作用力对系统内部动力学特性的影响和作用机理。

(3) 在考虑多场耦合作用下的转子轴系建模中，可将多场耦合作用进行变换为相对值形式，并通过（8-69）式的附加输入控制项加入轴系。因此，方程（8-69）为多场耦合作用下转子轴系的动力学建模提供了更简洁的建模方法。

第四节　轴系振动的解析表达式

一、振动方程的解耦

从轴系振动的形式来看，是典型的有阻尼强迫振动方程的形式。在包含 K_{12} 的刚度项中存在耦合关联，该项耦合是轴系振动方程求解的主要障碍之一。

注意到 $x_1^2+y_1^2=r_1^2$，$x_2^2+y_2^2=r_2^2$。在振动工况恒定的条件下，转子摆度圆半径与转轮摆度圆半径之比采用发电机转子 X 方向摆度 X_{e} 与水轮机转轮 X 方向摆度 X_p 之比来近似，记为：

$$r(k)=\frac{r_1}{r_2}\approx\frac{X_{\mathrm{e}}}{X_{\mathrm{p}}} \tag{8-70}$$

几点说明：

(1) 式 (8-70) 的形式，表示摆度比 $r(k)$ 与机组的振动工况有关。振动工况是指某一稳态运行工况下，发电机转子和水轮机转轮的附加不平衡外力保持不变。因此，振动工况恒定的条件下，发电机转子 X 方向摆度和水轮机转轮 X 方向摆度是基本恒定的，摆度比值 $r(k)$ 是常数。在不同的振动工况下，$r(k)$ 的取值可能是不同的。在后续分析中，主要研究稳态工况（振动工况不变）下的特性，因此，$r(k)$ 的这种取值特性不影响计算结果。根据这一定义方式，采用 Y 方向的摆度来定义摆度比 $r(k)$ 也具有同样的意义。

(2) 式 (8-70) 中的 r_1、r_2 是摆度圆半径。这种处理，本质上是忽略了形心轨迹 X、Y 方向的不均匀性，将形心摆度形态近似为圆形。因此，摆度比 $r(k)$ 会存在误差。另一方面，采用式 (8-70) 的近似后，轴系振动方程式 (8-12) 中的刚度项为 $2K_{11}+K_{12}/r(k)$，式 (8-14) 中的刚度项为 $2K_{22}+K_{12}r(k)$。等效刚度 K_{12} 的物理含义是指发电机转子与水轮机转轮之间的耦合刚度，其数值远小于转子上的等效刚度 K_{11} 和转轮上的等效刚度 K_{22}。因此，$r(k)$ 的误差对整体刚度的影响很小，可以忽略。

采用式 (8-70) 的近似后，轴系振动式 (8-12) ～式 (8-15) 的刚度项已实现解耦。

在稳态工况下，角速度 ω 近似为恒定不变，其角加速度项近似为零。解耦后的轴系振动方程为：

$$m_1\ddot{x}_1+c_1\dot{x}_1+[2K_{11}+K_{12}/r(k)]x_1=m_1e_1\omega^2\cos\varphi+F_{x1} \tag{8-71}$$

$$m_1\ddot{y}_1+c_1\dot{y}_1+[2K_{11}+K_{12}/r(k)]y_1=m_1e_1\omega^2\sin\varphi+F_{y1} \tag{8-72}$$

$$m_2\ddot{x}_2+c_2\dot{x}_2+[2K_{22}+K_{12}r(k)]x_2=m_2e_2\omega^2\cos\varphi+F_{x2} \tag{8-73}$$

$$m_2\ddot{y}_2+c_2\dot{y}_2+[2K_{22}+K_{12}r(k)]y_2=m_2e_2\omega^2\sin\varphi+F_{y2} \tag{8-74}$$

二、周期激励下的振动解析表达式

根据旋转机械动力学，旋转机械中作用的附加外力可采用其旋转角速度的周期函数表示。这里考虑简谐激励和周期激励两种情况。

1. 简谐激励

假设作用于发电机转子上的附加外力为：

$$\begin{cases}F_{x1}=F_{10}\cos\omega t\\F_{y1}=F_{10}\sin\omega t\end{cases} \tag{8-75}$$

转角 $\varphi=\omega t$，则电动机转子轨迹运动方程式 (8-71)、式 (8-72) 可简化为如下形式

$$m_1\ddot{x}_1+c_1\dot{x}_1+[2K_{11}+K_{12}/r(k)]x_1=(m_1e_1\omega^2+F_{10})\cos\omega t \tag{8-76}$$

$$m_1\ddot{y}_1+c_1\dot{y}_1+[2K_{11}+K_{12}/r(k)]y_1=(m_1e_1\omega^2+F_{10})\sin\omega t \tag{8-77}$$

在转速恒定的稳态工况下，ω 不变，$m_1e_1\omega^2$ 是常数。上述方程简化为单自由度简谐激励的强迫振动，可直接写出振动的形心轨迹方程为：

$$x_1(t)=\frac{1}{2K_{11}+K_{12}/r(k)}\times\frac{m_1e_1\omega^2+F_{10}}{\sqrt{[1-(\omega/\omega_{n1})^2]^2+[2\zeta_1(\omega/\omega_{n1})]^2}}\cos(\omega t-\phi_{10}) \tag{8-78}$$

$$y_1(t)=\frac{1}{2K_{11}+K_{12}/r(k)}\times\frac{m_1e_1\omega^2+F_{10}}{\sqrt{[1-(\omega/\omega_{n1})^2]^2+[2\zeta_1(\omega/\omega_{n1})]^2}}\sin(\omega t-\phi_{10}) \tag{8-79}$$

其中，$\omega_{n1}=\sqrt{[2K_{11}+K_{12}/r(k)]/m_1}$，$\zeta_1=c_1/(2m_1\omega_{n1})$分别是发电机转子的固有角频率和阻尼比，$\phi_{10}$是初始相位。

利用固有角频率的关系，上述方程还可改写为：

$$x_1(t)=\lambda_1^2\times\frac{e_1+F_{10}/(m_1\omega^2)}{\sqrt{[1-\lambda_1^2]^2+[2\zeta_1\lambda_1]^2}}\cos(\omega t-\phi_{10}) \tag{8-80}$$

$$y_1(t)=\lambda_1^2\times\frac{e_1+F_{10}/(m_1\omega^2)}{\sqrt{[1-\lambda_1^2]^2+[2\zeta_1\lambda_1]^2}}\sin(\omega t-\phi_{10}) \tag{8-81}$$

其中，$\lambda_1=\omega/\omega_{n1}$，是发电机转子运动的频率比。

从上述式（8-80）、式（8-81）的形式来看，x 和 y 坐标方向的振动幅值是相同的，即：发电机转子振动轨迹是圆周形态，这是由于输入激励为最简单的简谐激励形式。

上述转子形心轨迹 x_1、y_1方程表明，振动的原因是由于存在质量偏心和附加外力造成。这一点与工程实际是一致的。

同样，假设作用于水轮机转轮上的附加外力为：

$$\begin{cases}F_{x2}=F_{20}\cos\omega t\\F_{y2}=F_{20}\sin\omega t\end{cases} \tag{8-82}$$

水轮机转轮轨迹运动方程式（8-73）、式（8-74）可简化为如下形式

$$m_2\ddot{x}_2+c_2\dot{x}_2+[2K_{22}+K_{12}r(k)]x_2=(m_2e_2\omega^2+F_{20})\cos\omega t \tag{8-83}$$

$$m_2\ddot{y}_2+c_2\dot{y}_2+[2K_{22}+K_{12}r(k)]y_2=(m_2e_2\omega^2+F_{20})\sin\omega t \tag{8-84}$$

上述方程简化为单自由度简谐激励的强迫振动，可直接写出振动的形心轨迹方程为：

$$x_2(t)=\frac{1}{2K_{22}+K_{12}r(k)}\times\frac{m_2e_2\omega^2+F_{20}}{\sqrt{[1-(\omega/\omega_{n2})^2]^2+[2\zeta_2(\omega/\omega_{n2})]^2}}\cos(\omega t-\phi_{20}) \tag{8-85}$$

$$y_2(t)=\frac{1}{2K_{22}+K_{12}r(k)}\times\frac{m_2e_2\omega^2+F_{20}}{\sqrt{[1-(\omega/\omega_{n2})^2]^2+[2\zeta_2(\omega/\omega_{n2})]^2}}\sin(\omega t-\phi_{20}) \tag{8-86}$$

其中，$\omega_{n2}=\sqrt{[2K_{22}+K_{12}r(k)]/m_2}$，$\zeta_2=c_2/(2m_2\omega_{n2})$分别是发电机转子的固有角频率和阻尼比，$\phi_{20}$是初始相位。

利用固有角频率的关系，上述方程还可改写为：

$$x_2(t)=\lambda_2^2\times\frac{e_2+F_{20}/(m_2\omega^2)}{\sqrt{[1-\lambda_2^2]^2+[2\zeta_2\lambda_2]^2}}\cos(\omega t-\phi_{20}) \tag{8-87}$$

$$y_2(t)=\lambda_2^2\times\frac{e_2+F_{20}/(m_2\omega^2)}{\sqrt{[1-\lambda_2^2]^2+[2\zeta_2\lambda_2]^2}}\sin(\omega t-\phi_{20}) \tag{8-88}$$

其中，$\lambda_2=\omega/\omega_{n2}$，是发电机转子运动的频率比。

2. 周期激励

假设作用于发电机转子上的 X 方向的附加外力为周期激励，其形式为：

$$F(t)=F(t+nT)\qquad(n=1,2,\cdots) \tag{8-89}$$

采用傅立叶级数方法可将上述周期函数转换为下述形式：

$$F(t)=\frac{a_0}{2}+\sum_{n=1}^{\infty}[a_n\cos(n\omega t)+b_n\sin(n\omega t)] \tag{8-90}$$

式中 $\omega=2\pi/T$ 是函数 $F(t)$ 的基频。

傅立叶系数：

$$a_n=\frac{2}{T}\int_{-T/2}^{T/2}F(t)\cos n\omega t\quad(n=0,1,2,\cdots) \tag{8-91}$$

$$b_n=\frac{2}{T}\int_{-T/2}^{T/2}F(t)\sin n\omega t\quad(n=1,2,\cdots) \tag{8-92}$$

式（8-89）也可写成如下形式：

$$F(t)=\frac{A_0}{2}+\sum_{n=1}^{\infty}A_n\cos(n\omega t+\varphi_n) \tag{8-93}$$

其中，$A_0=a_0$，$A_n=\sqrt{a_n^2+b_n^2}$，$\varphi_n=-\arctan(b_n/a_n)$

根据叠加原理，可直接写出周期激励下的发电机转子轨迹的 X 方向稳态解如下：

$$\begin{aligned}x_1(t)=&\frac{1}{2K_{11}+K_{12}/r(k)}\times\frac{A_0}{2}+\\&\frac{1}{2K_{11}+K_{12}/r(k)}\frac{m_1e_1\omega^2}{\sqrt{[1-\lambda_{(n)1}^2]^2+[2\zeta_1\lambda_{(n)1}]^2}}\cos(\omega t-\phi_{10})+\\&\frac{1}{2K_{11}+K_{12}/r(k)}\sum_{n=1}^{\infty}\frac{A_n\cos(n\omega t+\varphi_n)}{\sqrt{[1-\lambda_{(n)1}^2]^2+[2\zeta_1\lambda_{(n)1}]^2}}\end{aligned} \tag{8-94}$$

其中，$\lambda_{(n)1}=n\omega/\omega_{n1}$，称为 n 次谐波的频率比，φ_n是 n 次谐波的初始相角。

固有频率与刚度的关系，$(2K_{11}+K_{12})/r(k)=\omega_{n12}m_1$，式（8-94）可改写为：

$$\begin{aligned}x_1(t)=&\frac{\lambda_{(1)1}^2e_1}{\sqrt{[1-\lambda_{(n)1}^2]^2+[2\zeta_1\lambda_{(n)1}]^2}}\cos(\omega t-\phi_{10})+\\&\frac{A_0}{2}\frac{\lambda_{(1)1}^2}{m_1\omega^2}+\frac{\lambda_{(1)1}^2}{m_1\omega^2}\sum_{n=1}^{\infty}\frac{A_n\cos(n\omega t+\varphi_n)}{\sqrt{[1-\lambda_{(n)1}^2]^2+[2\zeta_1\lambda_{(n)1}]^2}}\end{aligned} \tag{8-95}$$

式（8-95）中，第一项是由于发电机转子质量偏心引起的振动，后面几项就是具有周期函数性质的附加外力引起的振动。由于存在相位角的影响，x_1的幅值不能直接采用各项简谐振动的幅值直接相加。也正是这一原因，$x_1(t)$的轨迹可能是不规则的环形运动，或者说：形心轨迹的不规则运动是由于形心振动轨迹中存在高次谐波的影响，这一结论在一些研究中已得到证实[131,132]。

对于发电机转子 y 轴，水轮机转轮 x 和 y 轴的振动轨迹可以采用相同的方法得到轨迹运动的解析表达式。这里不再重复描述。为了后续讨论方便，直接给出水轮机转轮 X 方向的轨迹方程如下：

$$x_2(t)=\frac{\lambda_{(1)2}^2 e_2}{\sqrt{[1-\lambda_{(n)2}^2]^2+[2\zeta_2\lambda_{(n)2}]^2}}\cos(\omega t-\phi_{20})+\frac{A_0}{2}\frac{\lambda_{(1)2}^2}{m_2\omega^2}+\frac{\lambda_{(1)2}^2}{m_2\omega^2}\sum_{n=1}^{\infty}\frac{A_n\cos(n\omega t+\phi_n)}{\sqrt{[1-\lambda_{(n)2}^2]^2+[2\zeta_2\lambda_{(n)2}]^2}} \tag{8-96}$$

其中，A_0、A_n是水轮机转轮上周期外力的傅立叶系数，与式（8-88）中的系数不是同一个系数。采用相同的符号表示，仅仅是为了书写简化。其余各系数的定义与发电机转子轨迹方程推导中的定义是类似的。

上述推导给出了振动轨迹与轴系振动特征参数固有频率、阻尼比、附加外力之间的内部动力学机理，为研究轴系振动问题奠定了理论基础。在后面的实例中，利用试验数据可提取轴系振动的特征参数。

第五节　基于轴系实测摆度提取特征参数

一、基本模型

立式水泵机组采用集中参数建模方法可简化为二圆盘三支承结构，其结构形式与立式水轮发电机组相同，如图 8-7 所示。

图 8-7 中，B_1、O_1、B_2、B_3、O_2分别为上导轴承、电动机转子、下导轴承、水导轴承及水泵转轮的几何形心。

显然，采用与立式水轮发电机组轴系振动建模相同的方法，即可得到立式水泵机组轴系振动方程，其形式也是完全相同的。

在转子和转轮振动方程解耦处理时，采用类似的方法定义电动机转子和水泵转轮的摆度比 r，即：

$$r(\omega)=\frac{r_1}{r_2}\approx\frac{X_e}{X_p} \tag{8-97}$$

与发电机转子上的不平衡外力相比，电动机转子上的不平衡外力构成的复杂程度要小得多，且水泵机组的运行工况相对简单。另一方面，大型水泵机组大多配置变频器，可变频运行，水泵机组的振动工况主要与运行角速度相关。因此，在式（8-97）中，将摆度比 r 表示为与机组角速度有关。实际上，即使

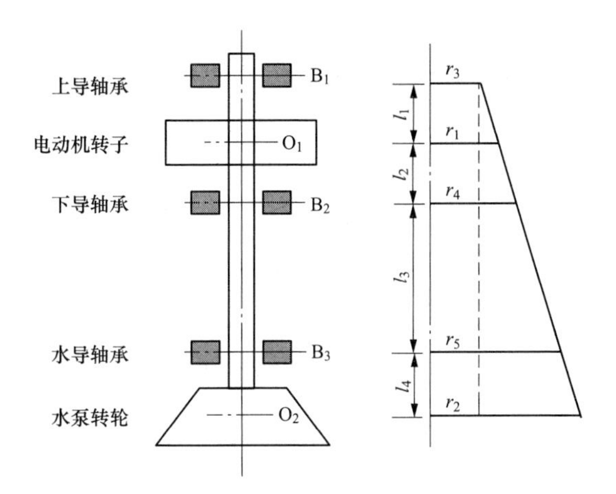

图 8-7 立式水泵机组轴系结构示意图

采用与水轮发电机组一样的形式来表示振动工况也是可以的。

附加外力只考虑简谐激励时，振动方程解耦为单自由度强迫振动的形式，可直接写出振动轨迹的解析表达式。将转子和转轮轨迹方程重写如下：

$$x_1(t)=\frac{1}{2K_{11}+K_{12}/r(\omega)}\times\frac{m_1e_1\omega^2+F_{10}}{\sqrt{[1-(\omega/\omega_{n1})^2]^2+[2\zeta_1(\omega/\omega_{n1})]^2}}\cos(\omega t-\phi_{10}) \tag{8-98}$$

$$y_1(t)=\frac{1}{2K_{11}+K_{12}/r(\omega)}\times\frac{m_1e_1\omega^2+F_{10}}{\sqrt{[1-(\omega/\omega_{n1})^2]^2+[2\zeta_1(\omega/\omega_{n1})]^2}}\sin(\omega t-\phi_{10}) \tag{8-99}$$

$$x_2(t)=\frac{1}{2K_{22}+K_{12}r(\omega)}\times\frac{m_2e_2\omega^2+F_{20}}{\sqrt{[1-(\omega/\omega_{n2})^2]^2+[2\zeta_2(\omega/\omega_{n2})]^2}}\cos(\omega t-\phi_{20}) \tag{8-100}$$

$$y_2(t)=\frac{1}{2K_{22}+K_{12}r(\omega)}\times\frac{m_2e_2\omega^2+F_{20}}{\sqrt{[1-(\omega/\omega_{n2})^2]^2+[2\zeta_2(\omega/\omega_{n2})]^2}}\sin(\omega t-\phi_{20}) \tag{8-101}$$

二、水泵转轮的固有角频率和阻尼比

根据式（8-100）、式（8-101）的形式，在简谐激励下水泵转轮轨迹 X 方向和 Y 方向的幅值相等，并具有相同的形式。水泵转轮 X 方向的摆度是 X 方向轨迹幅值的 2 倍。因此，水泵转轮 X 方向的摆度 X_2 可表示为：

$$X_2(t)=\frac{2}{2K_{22}+K_{12}r(\omega)}\times\frac{m_2e_2\omega^2+F_{20}}{\sqrt{[1-(\omega/\omega_{n2})^2]^2+[2\zeta_2(\omega/\omega_{n2})]^2}} \tag{8-102}$$

其中，$\omega_{n2}=\sqrt{[2K_{22}+K_{12}r(\omega)]/m_1}$，$\zeta_2=c_2/(2m_2\omega_{n2})$ 分别是水泵转轮的固有

角频率和阻尼比。

水泵无水启动试验中，水泵转轮区域没有充水。此时，可近似认为水泵转轮区域没有附加外力作用，即，$F_{20}=0$。

由于K_{12}远小于K_{22}，在忽略不同转速下$r(\omega)$的影响，近似认为$2K_{22}+K_{12}r(\omega)$保持不变。则，利用两个角速度ω_1、ω_2下的幅值关系，整理得到：

$$\frac{\sqrt{[1-(\omega_1/\omega_{n2})^2]^2+[2\zeta_2(\omega_1/\omega_{n2})]^2}}{\sqrt{[1-(\omega_2/\omega_{n2})^2]^2+[2\zeta_2(\omega_2/\omega_{n2})]^2}}=\frac{X_2^{(2)}}{X_2^{(1)}}\frac{\omega_1^2}{\omega_2^2} \tag{8-103}$$

式（8-103）是关于未知变量ω_{n2}和ζ_2的表达式，进一步地：

$$\zeta_2^2=\frac{\left[\frac{X_2^{(2)}}{X_2^{(1)}}\frac{\omega_1^2}{\omega_2^2}\right]^2[1-(\omega_2/\omega_{n2})^2]^2-[1-(\omega_1/\omega_{n2})^2]^2}{[2(\omega_1/\omega_{n2})]^2-\left[\frac{X_2^{(2)}}{X_2^{(1)}}\frac{\omega_1^2}{\omega_2^2}\right]^2[2(\omega_2/\omega_{n2})]^2} \tag{8-104}$$

同样，利用另外两个角速度ω_1、ω_3下的幅值关系，可得到与式（8-104）式类似的关系。因此，利用三个角速度下的摆度幅值，可得到以下关系：

$$\frac{X_{12}[1-(\omega_2/\omega_{n2})^2]^2-[1-(\omega_1/\omega_{n2})^2]^2}{[2(\omega_1/\omega_{n2})]^2-X_{12}[2(\omega_2/\omega_{n2})]^2}=$$

$$\frac{X_{13}[1-(\omega_3/\omega_{n2})^2]^2-[1-(\omega_1/\omega_{n2})^2]^2}{[2(\omega_1/\omega_{n2})]^2-X_{13}[2(\omega_3/\omega_{n2})]^2} \tag{8-105}$$

其中：$X_{12}=\left(\frac{X_2^{(2)}}{X_2^{(1)}}\frac{\omega_1^2}{\omega_2^2}\right)^2$，$X_{13}=\left(\frac{X_2^{(3)}}{X_2^{(1)}}\frac{\omega_1^2}{\omega_3^2}\right)^2$。

式（8-105）进一步简化为：

$$\frac{X_{12}(\omega_{n2}^2-\omega_2^2)^2-(\omega_{n2}^2-\omega_1^2)^2}{\omega_1^2-X_{12}\omega_2^2}=\frac{X_{13}(\omega_{n2}^2-\omega_3^2)^2-(\omega_{n2}^2-\omega_1^2)^2}{\omega_1^2-X_{13}\omega_3^2} \tag{8-106}$$

展开式（8-106），整理得到：

$$A\omega_{n2}^4+C=0 \tag{8-107}$$

其中：$A=(X_{12}\omega_1^2-X_{12}X_{13}\omega_3^2)+(X_{13}\omega_3^2-X_{12}\omega_2^2)-(X_{13}\omega_1^2-X_{12}X_{13}\omega_2^2)$

$C=(X_{12}\omega_1^2-X_{12}X_{13}\omega_3^2)\omega_2^4+(X_{13}\omega_3^2-X_{12}\omega_2^2)\omega_1^4-(X_{13}\omega_1^2-X_{12}X_{13}\omega_2^2)\omega_3^4$

得到ω_{n2}之后，利用式（8-104）计算得到阻尼比ζ_2。

利用固有角频率的定义，可得到质量偏心为：

$$e_2=\frac{1}{2}\frac{\omega_{n2}^2}{\omega^2}X_2\sqrt{[1-(\omega/\omega_{n2})^2]^2+[2\zeta_2(\omega/\omega_{n2})]^2} \tag{8-108}$$

三、电动机转子固有角频率和阻尼比

根据式（8-98）、式（8-99）的形式，在简谐激励下电动机转子X和Y方向的幅值相等。电动机转子X方向的摆度是X方向轨迹幅值的2倍。因此，电动机转子X方向的摆度X_1可表示为：

$$X_1 = \frac{2}{2K_{11} + K_{12}/r(\omega)} \times \frac{m_1 e_1 \omega^2 + F_{10}}{\sqrt{[1-(\omega/\omega_{n1})^2]^2 + [2\zeta_1(\omega/\omega_{n1})]^2}} \tag{8-109}$$

其中，$\omega_{n1} = \sqrt{[2K_{11} + K_{12}/r(\omega)]/m_1}$，$\zeta_1 = c_1/(2m_1\omega_{n1})$ 分别是发电机转子的固有角频率和阻尼比。

根据无水启动试验测试数据，转子系统摆度幅度随转速增大而减小，表明转子偏离额定转速越大，转子系统附加的不平衡磁拉力越大。这一点是与无水启动试验中与水泵转轮截然相反的现象。

假设在额定转速下，不平衡磁拉力 $F_{10}(\omega)=0$，在额定转速附近，$F_{10}(\omega)\approx 0$。因此，在转速偏离额定转速不大的情况下，式（8-109）转化为与式（8-102）相同的形式，可采用类似的方法计算系统的固有角频率 ω_{n1}，阻尼比 ζ_1 和质量偏心 e_1。

固有角频率：

$$A_1\omega_{n1}^4 + C_1 = 0 \tag{8-110}$$

其中，$A_1 = (X_{12}\omega_1^2 - X_{12}X_{13}\omega_3^2) + (X_{13}\omega_3^2 - X_{12}\omega_2^2) - (X_{13}\omega_1^2 - X_{12}X_{13}\omega_2^2)$

$C_1 = (X_{12}\omega_1^2 - X_{12}X_{13}\omega_3^2)\omega_2^4 + (X_{13}\omega_3^2 - X_{12}\omega_2^2)\omega_1^4 - (X_{13}\omega_1^2 - X_{12}X_{13}\omega_2^2)\omega_3^4$

$X_{12} = \left(\frac{X_1^{(2)}}{X_1^{(1)}}\frac{\omega_1^2}{\omega_2^2}\right)^2$，$X_{13} = \left(\frac{X_1^{(3)}}{X_1^{(1)}}\frac{\omega_1^2}{\omega_3^2}\right)^2$。

阻尼比：

$$\zeta_1^2 = \frac{X_{12}[1-(\omega_2/\omega_{n1})^2]^2 - [1-(\omega_1/\omega_{n1})^2]^2}{[2(\omega_1/\omega_{n1})]^2 - X_{12}[2(\omega_2/\omega_{n1})]^2} \tag{8-111}$$

质量偏心为：

$$e_1 = \frac{1}{2}\frac{\omega_{n1}^2}{\omega^2}X_1\sqrt{[1-(\omega/\omega_{n1})^2]^2 + [2\zeta_1(\omega/\omega_{n1})]^2} \tag{8-112}$$

上述振动特征参数的提取计算中，利用水泵机组运行工况的特殊性，采用近似假设忽略了附加外力的影响，即 $F_{10}=0$，$F_{20}=0$。从形式上看，相当于将不易计算的附加外力折算到质量偏心之中。例如：将 F_{10} 折算到 $m_1e_1\omega^2$ 之中，即：$F_{10} + m_1\omega^2 e_1 = m_1\omega^2 e_1'$。因此，对于简谐激励外力，可采用上述方法进行计算，此时得到的质量偏心为包含折算外力的广义质量偏心。

四、实例计算

水泵机组轴系几何参数 $l_1=1.421$m，$l_2=1.402$m，$l_3=3.700$m，$l_4=1.000$m。电动机转子质量 m_1=42 400kg，水泵转轮质量 m_2=3362kg。

为了计算清晰，结合实例分为以下几个步骤进行计算。

1. 第一步：利用摆度测点数据计算电动机转子和水泵转轮摆度

电动机转子和水泵转轮振动直接测量是困难的。在实际运行中，测量的轴系横向振动数据主要是上导、下导和水导摆度。根据图 8-7 的几何结构，利用这三个支撑轴承点的测试数据，先拟合轴系摆度形态，然后插值计算间接得到电动机转子和水泵转轮的摆度值。

测试数据选取 X 方向和 Y 方向数据都可进行计算。这里选取 X 方向数据进行计算（见表 8-1）。

表 8-1　　水泵机组无水启动 *Y* 方向摆度数据（μm）

转速（r/min）	60	120	300	450	510	600
上导	100	93	97	87	70	73
下导	208	187	172	157	141	132
水导	58	60	77	104	114	138
电动机转子	201.80	180.92	165.95	141.94	123.27	111.84
转子修正后	196.56	188.87	163.06	138.44	127.80	110.99
水泵转轮	41.98	46.37	66.70	97.88	109.82	137.04
转轮修正后	42.26	45.92	67.12	96.54	111.30	136.63

不同转速下，X 方向轴系摆度形态如图 8-8 所示。

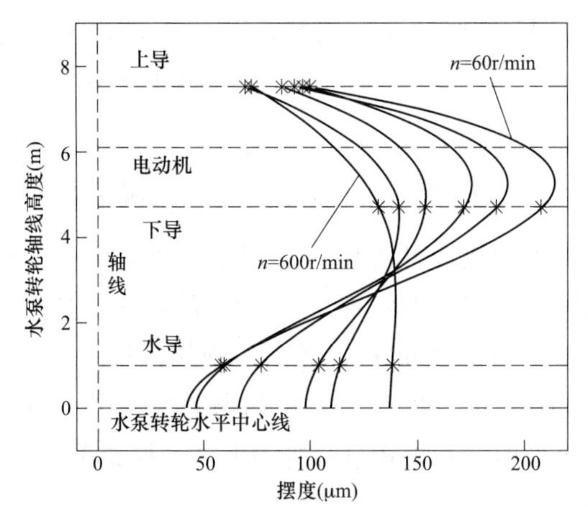

图 8-8　不同转速下，X 方向轴系摆度形态

利用拟合得到的轴系摆度形态曲线，插值计算得到电动机转子和水泵转轮的摆度。计算数据见表 8-1。

考虑到摆度数据测量存在误差，对电动机转子和水泵转子摆度数据进行拟合，拟合曲线如图 8-9 所示。从拟合曲线进行插值计算，得到电动机转子和水泵转轮摆度修正值，见表 8-1。

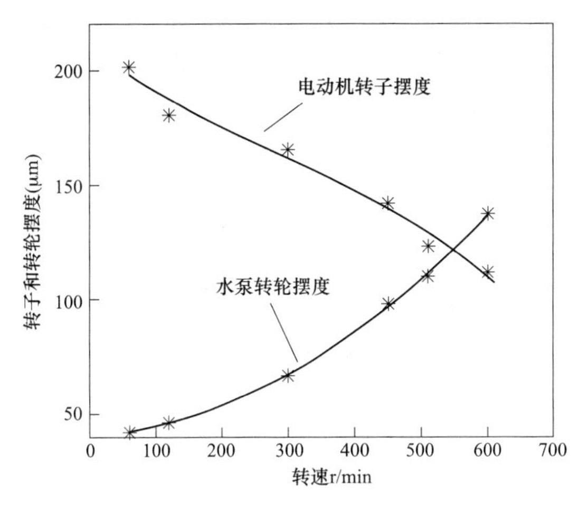

图 8-9 转子和转轮摆度拟合

2. 第二步：计算水泵转轮固有角频率 ω_{n2}

水泵转轮固有频率的计算，需要三个转速下的摆度值进行计算。考虑到摆度测量可能存在误差，取多个组合转速进行计算。另外，从图 8-8 中看出，在低转速区域，轴线摆度变化较大，可能导致一些非线性因素被放大。因此，选择表 8-2 的转速组合进行计算。

表 8-2 水泵转轮固有角频率和阻尼比计算表

转速组合（r/min）			固有角频率转速（r/min）	阻尼比 ζ_2
n_1	n_2	n_3		
300	450	510	412.56	1.061 3
300	450	600	414.52	1.082 7
300	510	600	414.21	1.098 2
450	510	600	398.97	1.180 7
600	450	510	398.97	1.180 7

从表 8-2 的计算结果来看，固有频率和阻尼比计算是相对稳定的，说明本文提出的计算方法和近似处理是合理的。取上表中固有角频率的均值作为水泵转轮旋转的固有角频率转速为 407.85(r/min)。同样，取阻尼比均值为：$\zeta_2=1.120\,7$。

需要说明的是：利用式（8-104）计算阻尼比的时候，公式右边的计算值为负值，取绝对值运算后得到的阻尼比的实数值。经过比较，阻尼比采用实数值计算后，用式（8-103）进行验算，等式两边误差约 10%。

根据式（8-108）计算得到的质量偏心在表 8-1 的转速下，分别为：0.998 5、

0.299 3、0.109 3、0.101 8、0.105 2、0.113 9mm。在转速为60r/min时，偏离最大，可能是存在较大的计算误差所至。而在转速分别为300、450、510、600r/min时，质量偏心相对变化不大。因此取这四个转速下的均值作为质量偏心 e_2=0.104 2（mm）。

3. 第三步：计算电动机固有频率 ω_{n1}

电动机转子计算中转速的选择，根据假设应选择在额定转速附近。因此，从图8-9的拟合曲线中，插值计算得到相应的电动机摆度值，如表8-3所示。

表8-3　　固有角频率和阻尼比

转速组合（r/min）			固有角频率转速（r/min）	阻尼比 ζ_1
n_1	n_1	n_1		
570	575	600	496.70	0.217 0
575	580	600	500.87	0.214 4
580	585	600	505.02	0.211 7
585	590	600	509.17	0.209 0
590	595	600	513.31	0.206 2

固有角频率和阻尼比计算是相对稳定的，说明提出的计算方法和近似处理是合理的。计算中假设在额定转速附近，近似忽略 F_{10} 的影响，越接近额定转速，误差越小。因此，选择最后一行计算参数更为合理。取电动机转子旋转的固有角频率转速为505.01（r/min），取阻尼比 ζ_1=0.211 7。在额定转速下计算得到的质量偏心 e_1=0.025 7（mm）。

计算中发现，电动机摆度拟合方法对固有角频率和阻尼比的计算比较敏感。例如：若采用2次多项式拟合近似为直线，相同方法计算的固有角频率转速约为404r/min，阻尼比0.24，质量偏心为0.029（mm）。因此，对电动机转子摆度趋势的判断决定了曲线拟合的阶次。这一点也是本方法需要进行改进的地方。

建立水泵机组轴系的集中参数模型，采用经典力学方法研究轴系的振动问题是一种新的尝试。上述水泵机组轴系振动特征参数计算方法，利用实测数据提取振动特征，从某种程度上看，振动特征包括了制造、安装、调试、运行条件等多源因素的影响，对实际运行的水泵机组振动分析具有参考价值。实例利用水泵机组无水启动的特殊条件进行简化，且只能提取电动机转子和水泵转轮旋转运动的固有频率和阻尼比。在应用于实际水泵机组时，有一定的局限性，尚需开展进步一的研究，逐步完善和改进。

本章小结

（1）第一节到第三节主要目的建立轴系振动与机组运行控制之间的联系，

为轴系暂态特性研究奠定基础，该部分内容来自文献［133］。在文献［134］中对大扰动暂态下轴系振动特性进行了简单的分析。

（2）实际运行中的旋转机械由于其安装和运行条件的复杂性，影响因素的多源性，其振动特征的提取和计算是极其困难的。目前有关轴系振动特征的提取大多基于各类轴系振摆监测装置和现场实测得到的振动和摆度数据，采用各种数学算法提取振动特征。但是，对振动最基本的特征参数提取计算研究不足，如支撑刚度、阻尼系数等。

在传统的轴系振动度测试中，一般都在上导轴承、下导轴承、水导轴承处安装摆度传感器测量摆度。第四节获得发电机转子和水轮机转轮振动解析表达式，通过轴系几何关系进一步折算为三个轴承处的摆度值，进而建立了轴系振动特征参数与外部可测参数之间的换算关系，这是轴系振动特征参数和不平衡外力测试的理论基础。第五节基于振动解析表达式，给出了基于实测振动数据提取轴系振动特征的例子，该部分内容主要来自文献［135，136］。对于水轮发电机组，需要针对不同运行工况的特殊性，例如空转工况，未加励磁，不平衡磁拉力为零；调相工况，尾水管无水，水力不平衡力为零，对转子和摆度方程进行不同的简化处理，逐步求取特征参数[137]。基于实测参数提取轴系振动特征参数以及不平衡外力测试，有可能为机组运行状态检测和故障诊断提供更多的信息，相关研究尚处于起步阶段。

第九章　调速和励磁控制单元

水轮机调速器和发电机励磁控制器是水电机组的两个核心控制器。水轮机调速器主要实现有功和频率的控制，励磁控制器主要实现电压和无功控制。随着电网和控制技术的发展，对调速和励磁控制器的传统功能提出了更高的要求，各种新的控制理论和方法在调速[138]和励磁[139,140]控制策略上均有应用研究。粗略来看，新控制理论和方法的应用有两种模式，一是以传统PID控制器为基础，在PID参数优化或增设附加控制器方面展开研究；二是采用新的控制策略取代传统的PID。然而，实际运行的水电机组绝大多数调速和励磁控制器的核心仍然采用PID控制单元，其原因可能涉及新控制理论算法复杂、实时性差等因素。基于应用现状和本书编写的目的，本章仅介绍基本的调节原理和典型PID控制结构，更详细的内容可参考相关文献。

第一节　调速控制原理

一、基本原理

机组运行方程为：

$$J\frac{\mathrm{d}\omega}{\mathrm{d}t}=M_{t}-M_{g} \tag{9-1}$$

式中　J——机组转动部分的转动惯量；

ω——机组角速度；

M_{t}——水轮机力矩；

M_{g}——发电机力矩。

水轮机动力矩由水轮机水头 H、流量 Q、转速 n 等因素决定，通常采用水轮机单位力矩表示，由水轮机模型综合特性曲线换算得到。单位力矩表达式为：

$$M'_{11}=\frac{KQ'_{11}\eta_{m}}{n'_{11}} \tag{9-2}$$

式中　M'_{11}——单位力矩（N·m）；

n'_{11}——单位转速（r/min）；

Q'_{11}——单位流量（m^3/s）；

η_m——模型效率；

K——系数 $K=9.81\times974\times9.81\approx93\,735$。

原型水轮机力矩为：

$$M_t=\frac{M'_{11}D_1^3H\eta_p}{\eta_m} \tag{9-3}$$

式中　D_1——水轮机直径（m）；

H——水轮机水头（m）；

η_p——原型机效率。

水轮机力矩特性如图 9-1 所示。

假设机组工作在 a 点，若负荷减少，发电机力矩关系变动为 $M_g=f_3(n)$，在导叶开度不变的情况下，水轮机力矩沿导叶开度线从 a 点减小到 b'点，达到新的平衡，转速从 n_a 增加到 n_b。若负荷增加，发电机力矩关系变动为 $M_g=f_1(n)$，在导叶开度不变的情况下，水轮机力矩沿导叶开度线从 a 点增加到 c'点，达到新的平衡，转速从 n_a 增加到 n_c。在负荷变化后，即使导叶开度不变，机组也会达到新的平衡点，水轮机和负荷的这种能力称为自平衡能力。负荷增加，转速降低；负荷减小，转速增加，这种变化特性与后面定义的静特性相似。

在负荷减小的情况下，为了将机组转速控制回到初始转速 n_a，需要减小导叶开度，使得力矩回到 $M_t=F(a_{21})$，新的工作点回到 b 点。同样，在负荷增加的情况下，为了将机组转速控制回到初始转速 n_a，需要增加导叶开度，使得力矩回到 $M_t=F(a_{22})$，新的工作点回到 c 点。

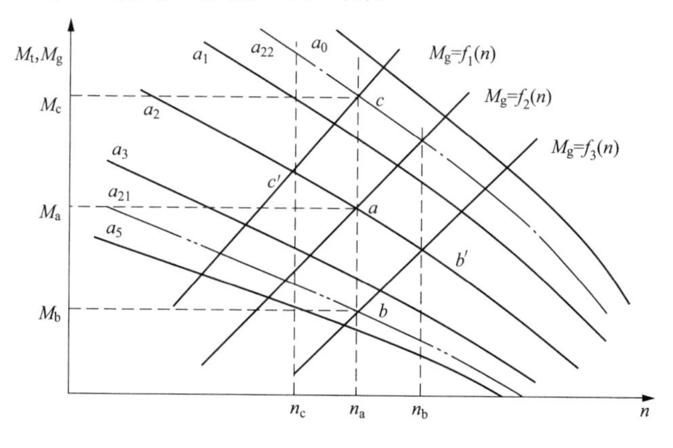

图 9-1　水轮机力矩特性

二、调速器静特性

调节系统静特性：机组出力范围内转速变化的相对值。用调差率 e_p 表示，定义为：

$$e_p = \frac{n_{max} - n_{min}}{n_r} \tag{9-4}$$

式中 n_{max}——功率 $P=0$ 的转速；

n_{min}——额定功率 $P=P_r$ 的转速；

n_r——额定转速；

P_r——额定功率。

调速器静特性：接力器行程范围内转速变化的相对值，用永态转差率 b_p 表示（见图 9-2），定义为：

$$b_p = \frac{n_{max} - n_{min}}{n_r} \tag{9-5}$$

式中 n_{max}——接力器行程 $Y=0$ 的转速；

n_{min}——接力器最大行程 $Y=Y_{max}$ 的转速；

Y_{max}——接力器最大行程。

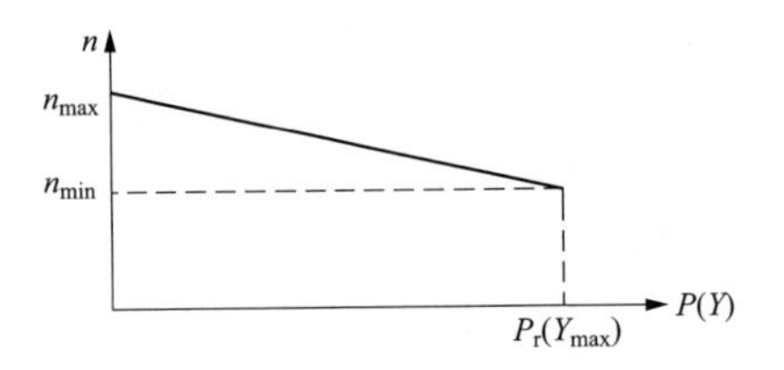

图 9-2 调节系统、调速器静特性

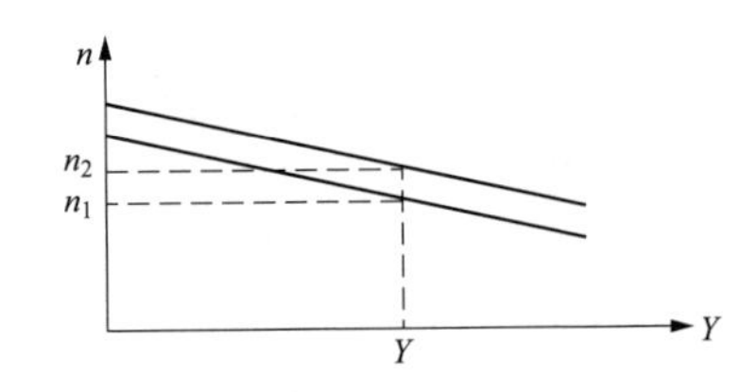

图 9-3 调速器死区

机组出力为零并不是对应于接力器行程为零，机组额定出力也不一定对应导叶最大开度，故 e_p 不等于 b_p。在调速器面板上的刻度是 b_p 值。

调速器的静特性实际上并不是一条直线，而是如图 9-3 所示，存在一个死区。只有当转速变化超出 $n_1 \sim n_2$ 范围，接力器导叶才会动作。这种死区是由于调速器中的机械间隙造成的。另一方面，如调速器静特性死区为零，由于系统频率并非严格的稳定不变，即使出现微小的变化也会引起接力器的动作，这样将导致接力器频繁动作，机组难以稳定。从电气液压型调速器到现代微机调速器，均设置了人工失灵区，通常设置有频率失灵区和功率失灵区，亦即当频率波动小于频率失灵区接力器不动作，功率波动小于功率失灵区接力器不动作。这种设置人工失灵区的方式，有利于机组的运行稳定性。

三、机组并列运行的静特性

n 台机组并列运行，初始转速 n_0，n 台机组负荷分别为 P_{10}，P_{20}，P_{30}，…，P_{n0}。如图 9-4 所示。

若外界负荷增加 ΔP_{Σ}，各机组转速降低到达新的平衡点，转速为 n_0'，各机负荷分别为 P_1'，P_2'，P_3'，…，P_n'。

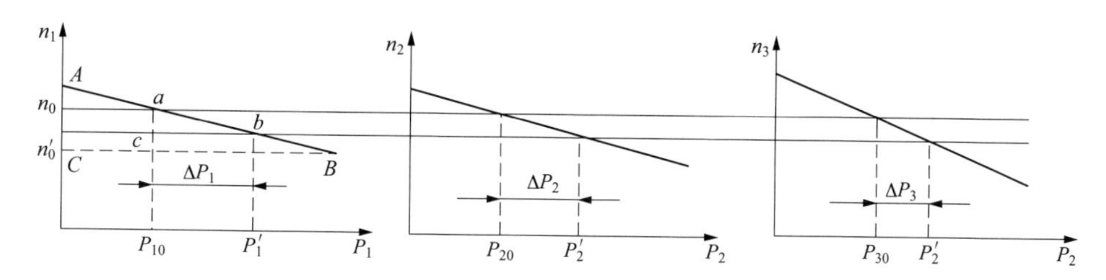

图 9-4 变动负荷在并列运行机组间的功率分配

以 1 号机为例，根据几何关系，Δabc 与 ΔABC 相似，有：

$$\frac{n_0 - n_0'}{P_1' - P_{10}} = \frac{n_{\max} - n_{\min}}{P_{r1}} = \frac{e_{p1} n_{r1}}{P_{r1}} \tag{9-6}$$

式中 e_{p1}——调节系统的调差率；

P_{r1}——机组的出力；

n_{r1}——转速。

同理，有：

$$n_0 - n_0' = \frac{e_{p1} n_{r1}}{P_{r1}} \Delta P_1 = \frac{e_{p2} n_{r2}}{P_{r2}} \Delta P_2 = \cdots = \frac{e_{pn} n_{rn}}{P_{rn}} \Delta P_n \tag{9-7}$$

机组的额定转速相等，则：

$$\frac{n_0 - n_0'}{n_r} = \frac{\Delta P_1}{P_{r1}/e_{p1}} = \frac{\Delta P_2}{P_{r2}/e_{p2}} = \cdots = \frac{\Delta P_n}{P_{rn}/e_{pn}} = \frac{\sum_{i=1}^{n} \Delta P_i}{\sum_{i=1}^{n} P_{ri}/e_{pi}} \tag{9-8}$$

由式（9-8），得到：

$$\Delta P_1 = \frac{\sum_{i=1}^{n} \Delta P_i}{\sum_{i=1}^{n} P_{ri}/e_{pi}} \frac{P_{r1}}{e_{p1}} \tag{9-9}$$

$$\Delta n = \frac{\sum_{i=1}^{n} \Delta P_i}{\sum_{i=1}^{n} P_{ri}/e_{pi}} n_r \tag{9-10}$$

水轮机调速器的作用可以由上面的两式给出解释。

（1）小机组并入大系统，由于本机 P_{ri}/e_{pi} 在系统中所占比重较小，机组进行有功调整只能增减本机功率，对系统频率的影响很小。

（2）大容量机组并入系统，若机组 P_{ri}/e_{pi} 在系统中所占比重大，机组进行有功调整能够增减本机功率，同时对系统频率也有影响。因此，担任调峰调频的机组需要有足够的容量才能胜任。

（3）变动负荷在并列运行机组间的分配，e_p 越小，相同频率偏差下，承担的变动负荷越大。

(4) 若某台机组以无差运行，$e_p=0$，则在机组功率范围内承担全部变动负荷。若系统中有两台以上机组以无差运行，则机组间负荷分配是不明确的。

有关并列运行机组静特性的详细分析讨论，可参见文献 [141]。

第二节　调速器控制单元

一、PID 调速器典型结构

目前微机调速器应用已较普遍，控制单元大多采用并联 PID。典型的并联 PID 调速器[142]如图 9-5 所示。

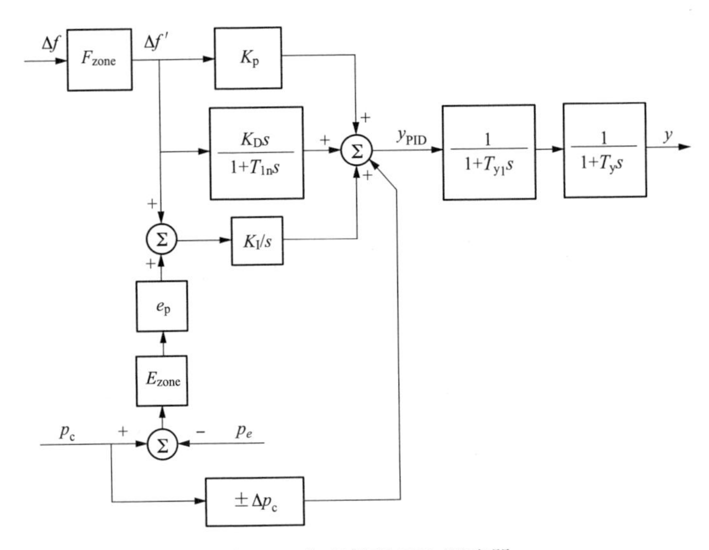

图 9-5　典型并联 PID 调速器

图 9-5 中，Δf 是频率偏差相对值，$\Delta f=f_0-f$，f_0是机组的给定频率相对值，一般取 $f_0=1.0$，f 是发电机机端频率实测相对值；Δp 是功率偏差相对值，$\Delta p=p_c-p_e$，p_c是功率给定相对值，p_e是发电机机端有功实测相对值；F_{zone}是频率死区，E_{zone}是功率死区；K_P、K_I、K_D分别是比例、积分、微分时间常数(s)，T_{1n}是实际微分环节的时间常数（s），e_p是调差率；T_{y1}是电液转换环节的时间常数（s），T_y是主接力器时间常数（s）；y_{PID}是并联 PID 环节的控制输出，y 是主接力器位移相对值。

几点说明：

(1) 机组并网前，频率偏差由给定频率和本机机端频率形成。机组并网后，频率偏差由给定频率和系统频率形成。由于频率偏差要求具有较高的测量精度，频率测量环节一般由专用的装置实现。详细细节可参见其他文献。

(2) 功率前馈环节。功率偏差经过调差环节和作用于积分环节生成功率偏

差的控制信号，由于调差系数 e_p 取值一般小于 0.04，导致功率偏差产生的控制量太小，调节速度较慢。为了提高功率调节速度，在一些调速器中增加了功率前馈通道，如图 9-5 所示。前馈通道将功率偏差信号按一定的算法处理后直接加入 PID 输出端。功率偏差的前馈算法有多种方式，本质上看，就是在偏差形成的初期将较大的功率偏差加到 PID 输出端，即增加控制操作幅度，加快功率调节；当实测功率接近给定功率后，减小前馈功率偏差的幅度，减小 PID 输出的控制操作量，减慢调节速度，避免超调。

在文献［139］中给出了一种功率前馈的实例，如图 9-6 所示。

图 9-6 中，初始给定功率为 P_{c1}，P_{c2} 是新的给定功率。图 9-6 的形式，可以理解为功率给定按图中的变化幅度逐渐给定。也可考虑其他方式给定功率，只需达到给定功率偏差先大后小的目的即可，例如：直接给定 P_{c2}，在前馈通道中加入 ΔP_c 幅值衰减算法。

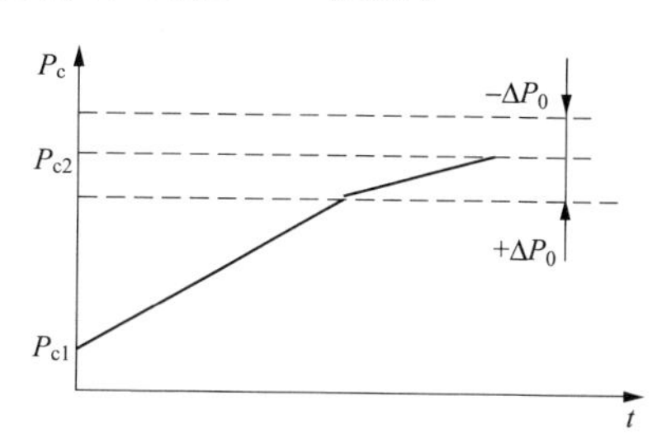

图 9-6　功率给定值两段调节

在一些调速器中，无功率前馈环节。

（3）关于调差环节的设置问题。图中调差环节 e_p 仅作用于积分环节，功率偏差对比例和微分环节没有影响，实际上是一种有功积分控制。在其他一些调速器 PID 结构中，将 e_p 环节接到并联 PID 的输入端，则功率偏差对比例、微分、积分均产生影响，是典型的有功 PID 控制。但是，由于 e_p 较小，若调差环节直接引入 PID 输入端，则 K_P、K_I、K_D 需要取较大的数值才能抵消 e_p 取值较小的影响，否则可能导致控制调节较慢。与此同时，这种取值对频率偏差的 PID 控制参数选取产生影响。因此，若调差环节直接接入 PID 输入端，则 PID 控制参数的选取需同时兼顾频率调节和功能调节两方面的因素。在 IEEE Std 1207—2004 标准中，给出了几种 b_p 环节设置方式[143]。

（4）由于电液转换环节的时间常数 T_{y1} 远小于主接力器时间常数 T_y，因此，通常可忽略该环节的影响，将其近似为线性环节。

水轮机调速器结构改进的研究，控制单元是重点，调速器的其他辅助单元和功能也在不断的发展中[144-148]。

二、PID 控制算法

以图 9-5 所示的并联 PID 结构为例。

需要注意两点：

（1）图 9-5 给出的是传递函数形式的结构图，传递函数描述的系统是线性系统，线性系统满足叠加原理。因此，可分别计算 Δf 和 ΔP 作用于各支路的输出，输出之和即为 PID 控制单元的输出；

（2）传递函数是增量线性化模型，其输出和输入都是增量形式。在输入输出初值为零时，是增量或 PID 算法。

基于上述分析，分别给出各路信号的离散化方法如下。

（1）比例环节：

$$\Delta y_1 = K_P \Delta f \tag{9-11}$$

离散化形式：

$$\Delta y_1(n+1) = K_P \Delta f(n+1) \tag{9-12}$$

（2）实际微分环节：

$$\Delta y_2 = \frac{K_D s}{1 + T_{1n} s} \Delta f \tag{9-13}$$

离散化：

$$\Delta y_2 + T_{1n} \Delta y_2 s = K_D \Delta f s \tag{9-14}$$

$$\Delta y_2(n+1) + T_{1n} \frac{\Delta y_2(n+1) - \Delta y_2(n)}{T} = K_D \frac{\Delta f(n+1) - \Delta f(n)}{T} \tag{9-15}$$

则：

$$\Delta y_2(n+1) = \frac{T_{1n}}{T + T_{1n}} \Delta y_2(n) + \frac{1}{T + T_{1n}} K_D [\Delta f(n+1) - \Delta f(n)] \tag{9-16}$$

（3）积分环节：

$$\Delta y_3 = \frac{K_i}{s} \Delta f \tag{9-17}$$

$$\Delta y_3 s = K_D \Delta f \tag{9-18}$$

$$\frac{\Delta y_3(n+1) - \Delta y_3(n)}{T} = K_D \Delta f(n+1) \tag{9-19}$$

$$\begin{aligned} \Delta y_3(n+1) &= T K_D \Delta f(n+1) + \Delta y_3(n) \\ &= T K_D [\Delta f(n+1) + \Delta f(n)] + \Delta y_3(n-1) \end{aligned} \tag{9-20}$$

则：

$$\Delta y_3(n+1) = T K_D \sum_{k=0}^{n} \Delta f(k+1) \tag{9-21}$$

（4）功率偏差的积分环节：

$$\Delta y_3 = e_p \frac{K_i}{s} \Delta f \tag{9-22}$$

与频率偏差的积分环节相同，仅在其通道中增加了 e_p 环节，其离散形式相似：

$$\Delta y_4(n+1) = e_p T K_D \sum_{k=0}^{n} \Delta p(k+1) \tag{9-23}$$

PID 输出信号是上述四路信号的累加：

$$\Delta y_{PID}=\Delta y_1(n+1)+\Delta y_2(n+1)+\Delta y_3(n+1)+\Delta y_4(n+1) \quad (9\text{-}24)$$

上述PID输出是增量形式，即增量型PID算法。

离散时间 T 是调速器控制程序的执行周期。采用PLC作为控制单元时，PLC是按控制程序顺序、循环执行，即：每个循环执行周期对输入端口数据采样一次，同时也产生一次输出控制命令，其余时间输出控制保持不变。在离散化的仿真计算中需特别注意这一点。例如，对象系统离散计算采用迭代时间间隔为1毫秒，即0.001s，调速器控制执行周期为40ms，即0.04s，则在调速器控制输出中，需设置每迭代计算40次，调速器控制输出变化1次，这样才与实际系统一致。

这里给出Matlab中实现上述执行周期控制的程序。

```
%——————参数设置及初始化——————————
1  KP1=5;KI1=2.5;KD1=1.5;T1n1=0.1;T1=0.04;bp1=0.04;TT1=0.01; % 控制器
   参数设置
2  detf1(1)=0;%频率偏差(相对值)数组,赋初值0
3  Ddetf1=0;% 频率偏差的积分累加,赋初值0
4  detP1(1)=0;%功率偏差(相对值)数组,赋初值0
5  DdetP1=0;% 功率偏差的积分累加,赋初值0
6  Dyd1(1)=0;%实际微分环节的中间值数组,赋初值0
7  KZu1(1)=0;%调速单元控制输出,赋初值0

8  KZEf11(1)=Ef01;%励磁单元控制输出,赋初值为初始稳态励磁控制输出值
9  detVt11(i); %发电机机端电压(相对值)偏差,赋初值0
10 DdetVt11=0; %发电机机端电压偏差积分累加,赋初值0
11 t(1)=0;

12 TTn=1;% 调速单元迭代计数
13 TTd=1;%励磁单元迭代计数

14 delta_t=0.001;%迭代计算时间步长
15 tlong=40/delta_t;%计算时长40秒

16 for i=1:tlong   %迭代计算开始
     %—————————————调速器控制——————————————————————
17   if i>=3 && i==40*TTn
18      Ddetf1=Ddetf1+detf1(i);
19      DdetP1=DdetP1+detP1(i);
20      Dyd1(i)=(KD1*(detf1(i)-detf1(i-1))+T1n1*Dyd1(i-1))/(T1+T1n1);
21      KZu1(i)=KP1*detf1(i)+KI1*T1*Ddetf1+Dyd1(i)+KI1*bp1*T1*DdetP1;
```

```
22        TTn=TTn+1;
23      else
24          if i<3;
25            Dyd1(i)=Dyd1(1);
26            KZu1(i)=KZu1(1);
27        else
28            Dyd1(i)=Dyd1(i-1);
29            KZu1(i)=KZu1(i-1);
30          end
31      end
    %--------------励磁控制----------------------
32      if i>=3 && i==10 * TTd
33        DdetVt11=DdetVt11+detVt11(i);
34        KZEf11(i)=Ef01+1.0 * detVt11(i)+1.5 * TT1 * DdetVt11;

35     TTd=TTd+1;
36     else
37        if i<3;
38          KZEf11(i)=KZEf11(1);
39        else
40          KZEf11(i)=KZEf11(i-1);
41        end
42      end
   ⋮
   end
```

几点说明：

(1) 迭代计算时间步长为 0.001s，$T1$ 是调速单元控制执行周期，$T1=0.04$s，表示迭代计算进行 40 次才进行 1 次控制输出计算。程序 12 行的 TTn 用于计数，在 17 行中的表达式 $i==40\times \mathrm{TTn}$ 表示迭代次数正好 40 的整数倍时，才进行调速单元的控制计算。而在非整数倍的时候保持不变，即 29 行的表达式。显然 T1 的取值或迭代时间步长改变的时候，应相应改动 17 行这里的倍数。

(2) 在 35 行的 TTn 计数累加，使得随着迭代次数 i 的增加，17 行这里的 $i==40\times TTn$ 在下一次 40 的整数倍迭代次数时，进行下一次控制计算。

(3) 在 17 行条件中的 $i>=3$，以及 24 行的 $i<3$，是由于在 20 行的表达式中需取值 $detf1$ ($i-1$) 和 $Dyd1$ ($i-1$) 进行计算，若 $i=1$，会出错。这里简单地将初始的 3 个计算点直接取为初值，对计算没有影响。

(4) 在励磁控制单元采用 PLC 控制时也存在类似的控制执行周期的处理问

题，其处理方式与调速控制单元的处理是完全相同的。程序中的励磁控制是采用关于发电机机端电压的 PI 控制。

从一些文献中的仿真来看，作者可能忽略了控制执行周期问题，得到的仿真结果是值得商榷的。在上述程序中，若 17 行这里不考虑 $i==40\times TTn$ 表达式，等价于控制器执行周期与迭代周期相同。是否考虑执行周期得到的结果差异很大，读者可自行验证。

这里的问题主要涉及迭代周期与控制器执行周期的理解。对象系统暂态变化采用微分方程描述，迭代计算是用足够小的分段（迭代时间）离散化来逼近原本连续的对象变化（微分方程），亦即，迭代计算结果表示对象系统（参数）的连续变化过程。控制器按照预定策略进行计算并输出相应的控制，控制器从检测——控制输出有一定的时间滞后，特别是对于 PLC 这种控制程序顺序执行的控制器，有固定的程序执行周期。在 PID 控制单元进行离散化的时候，其输出间隔等于 PLC 程序执行周期。因此，PLC 控制器离散时间步长与迭代时间步长是两个不同的概念。

第三节 发电机励磁调节原理

一、基本构成和任务

电力系统在正常运行时，发电机励磁电流的变化主要影响电网的电压水平和并联运行机组间无功功率的分配。在某些故障情况下，发电机端电压降低将导致电力系统稳定水平下降。为此，当系统发生故障时，要求发电机迅速增大励磁电流，以维持电网的电压水平及稳定性。可见，同步发电机励磁的自动控制在保证电能质量、无功功率的合理分配和提高电力系统运行的可靠性方面都起着十分重要的作用。同步发电机的励磁系统一般由两部分组成，如图 9-7 所示。

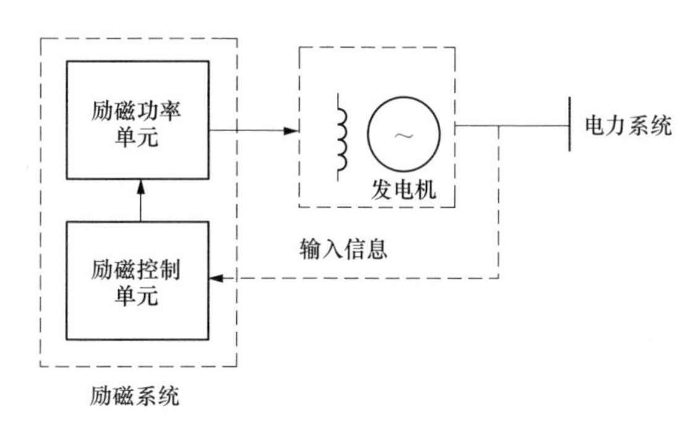

图 9-7 发电机励磁系统构成示意图

励磁功率单元：用于向发电机的转子磁场绕组提供直流电流，以建立直流磁场，是励磁功率输出。

励磁控制单元：用于在正常运行或发生事故时调节励磁电流，以满足运行的需要，包括励磁调节器、强行励磁、强行减磁和自动灭磁等，一般称为励磁控制部分。励磁调节器根据输入信号和给定的调节准则控制励磁功率单元的输出。

整个励磁控制系统是由励磁调节器、励磁功率单元和发电机构成的一个反馈控制系统。

二、同步发电机励磁控制系统的任务

在电力系统正常运行或事故运行中，同步发电机的励磁控制系统起着重要的作用。根据运行方面的要求，励磁控制系统应该承担如下的任务。

电力系统在正常运行时，负荷总是经常波动的，同步发电机的功率也就相应变化。随着负荷的波动，需要对励磁电流进行调节以维持机端或系统中某一点的电压在给定的水平。励磁自动控制系统担负了维持电压水平的任务。为了阐明它的基本概念，可用最简单的单机运行系统来进行分析。

图 9-8（a）是同步发电机运行原理图，图 9-8 中 FLQ 是励磁绕组，机端电压为 $\dot{U}_G$，机端电流为 $\dot{I}_G$。在正常情况下，流经发电机的励磁电流为 $\dot{I}_f$，由它所建立的磁场使定子产生的空载感应电动势为 $\dot{E}_d$，改变 $\dot{I}_f$ 的大小，$\dot{E}_d$ 值就相应的改变。$\dot{E}_d$ 与 $\dot{U}_G$ 之间的关系可用等值电路图 9-8（b）来表示，矢量关系式为：

$$\dot{E}_d = \dot{U}_G + j\dot{I}_G X_d \tag{9-25}$$

式中 X_d——发电机的纵轴同步电抗。

图 9-8（c）中可得下列关系式：

$$E_d \cos\delta = U_G + I_{G.Q} X_d \tag{9-26}$$

式中 δ——E_d与U_G间的相位差，即发电机的功率角；

$I_{G.Q}$——发电机机端的无功电流。

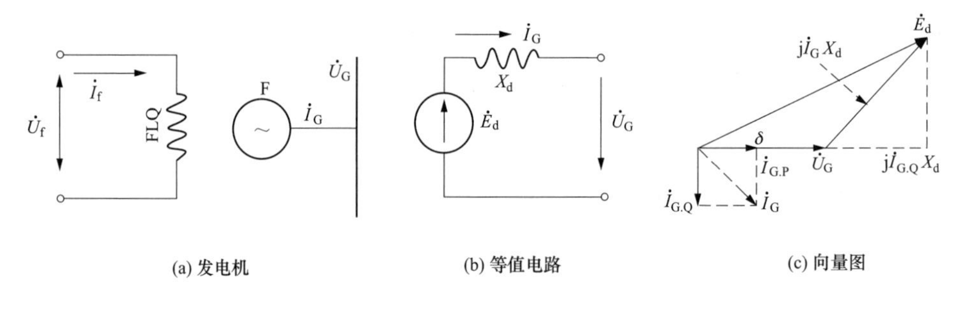

图 9-8　发电机原理

在正常情况下，由于 δ 很小，即 $\cos\delta \approx 1$，故可近似认为：

$$E_d \approx U_G + I_{G.Q} X_d \tag{9-27}$$

式（9-27）说明，无功负荷电流是造成发电机端电压下降的主要原因。$I_{G.Q}$越大，U_G下降越多，故发电机外特性是一条下倾的曲线，如图 9-9 所示。

当励磁电流 I_L不变时，E_d不变，则发电机端电压 U_G随无功电流 $I_{G.Q}$增大而下降。为满足用户对电能质量的要求，发电机的端电压又应基本保持不变。因此，随无功电流的变化，要调节发电机的励磁电流。例如，在图 9-9 中，初始时刻发电机工作在 A 点，机端电压为额定值 U_{G1}，无功电流为 $I_{G.Q1}$；当无功电流从 $I_{G.Q1}$增大到 $I_{G.Q2}$时，如果励磁电流不增加，则端电压沿外特性曲线降至 U_{G2}，工作在 B 点；为保持机端电压恢复到 U_{G1}，必须增加励磁电流从 I_{L1}到 I_{L2}，使得发电机外特性上移，在 C 点，机端端电压恢复到 U_{G1}。反之应减小励磁电流。同步发电机的励磁自动控制系统就是通过不断地调节励磁电流来维持机端电压为给定水平的。

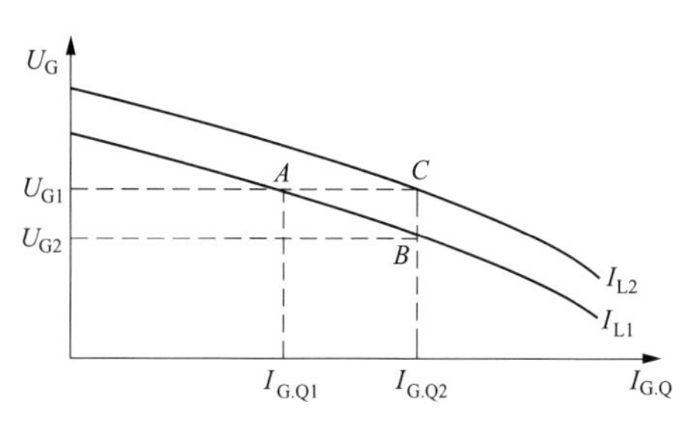

图 9-9 发电机外特性

自然调差率：发电机负荷从空载到额定转化时，端电压偏差的百分数称为自然调差率，近似为励磁系统稳态增益系数 K_A的倒数。

电压调差率：发电机无功从零变化到 $S=S_N$或无功电流从 0 变化到 I_N时，发电机端电压变化的百分数（见图 9-10）。用调差率 e_s表示，定义为：

$$e_s=\frac{U_{max}-U_{min}}{U_r} \tag{9-28}$$

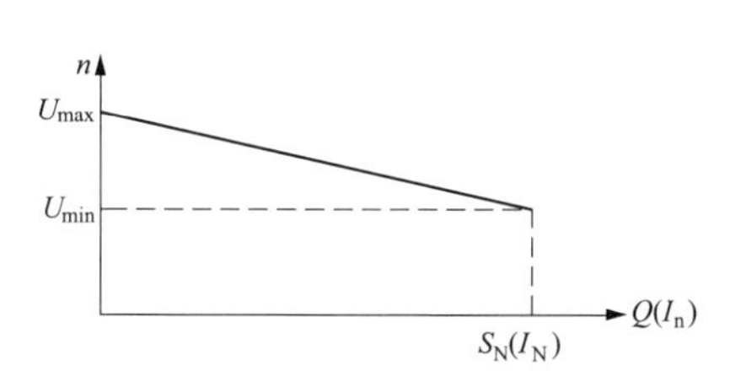

图 9-10 发电机电压调差率

式中 U_{max}——无功率 $Q=0$ 的机端电压标幺值；

U_{min}——无功 $Q=S_N$的机端电压；

U_r——额定 di 机端电压。

与调速器调差率的定义对比，电压调差率与调速器调差率两者具有相似的定义和形式。

三、并列运行机组无功负荷的分配

并列运行机组无功分配类似于调速器静特性分析中的有功分配问题。

n 台机组并列运行，母线电压初值 U_0，n 台机组无功分别为 Q_{10}，Q_{20}，…，Q_{n0}。如图 9-11 所示。

若电网无功负荷增加 ΔQ_Σ，使得母线电压降低到达 U_0'，各机负荷分别为 Q_1'，Q_2'，Q_3'，…，Q_n'。

以 1 号机为例，根据几何关系，Δabc 与 ΔABC 相似，有：

$$\frac{U_0-U_0'}{Q_1'-Q_{10}}=\frac{U_{max}-U_{min}}{S_{N1}}=\frac{e_{s1}U_{r1}}{S_{N1}} \tag{9-29}$$

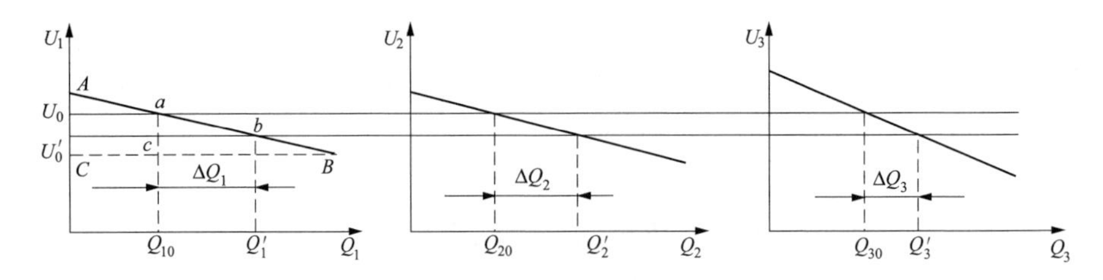

图 9-11　并列运行机组间的无功分配

式中　e_{s1}——电压调差率；

S_{N1}——发电机额定容量；

U_{r1}——额定机端电压。

同理，有：

$$U_0 - U_0' = \frac{e_{s1}U_{r1}}{S_{N1}}\Delta Q_1 = \frac{e_{s2}U_{r2}}{S_{N2}}\Delta Q_2 = \cdots = \frac{e_{sn}U_{rn}}{S_{Nn}}\Delta Q_n \tag{9-30}$$

各发电机并网运行，母线电压波动相同，折算到发电机机端，也近似认为机端电压波动相同，则：

$$\frac{U_0 - U_0'}{U_r} = \frac{\Delta Q_1}{S_{N1}/e_{s1}} = \frac{\Delta Q_2}{S_{N2}/e_{s2}} = \cdots = \frac{\Delta Q_n}{S_{Nn}/e_{sn}} = \frac{\sum_{i=1}^{n}\Delta Q_i}{\sum_{i=1}^{n}S_{Ni}/e_{si}} \tag{9-31}$$

由式（9-31），得到：

$$\Delta Q_1 = \frac{\sum_{i=1}^{n}\Delta Q_i}{\sum_{i=1}^{n}S_{Ni}/e_{si}}\,\frac{S_{N1}}{e_{s1}} \tag{9-32}$$

$$\Delta U = \frac{\sum_{i=1}^{n}\Delta Q_i}{\sum_{i=1}^{n}S_{Ni}/e_{si}}U_r \tag{9-33}$$

发电机励磁系统的作用可以由上面的两式给出解释。

（1）小机组并入大系统，由于本机 S_{Ni}/e_{si} 在系统中所占比重较小，发电机进行无功调整只能增减本机无功，对系统电压的影响很小。

（2）大容量机组并入系统，若机组 S_{Ni}/e_{si} 在系统中所占比重大，机组进行无功调整能够增减本机无功，同时对系统电压也有影响。

（3）变动无功在并列运行机组间的分配，e_s越小，相同电压偏差下，承担的变动无功越大。

（4）在相同电压变化幅度下，容量大的发电机将增加较多的无功电流，而容量小的发电机则增加得较少。

自动调节励磁装置不但可通过改变发电机励磁电流来维持其端电压基本不变，还可对发电机外特性的倾斜度进行调整，以实现并联运行发电机间无功负荷的合理分配。

第四节 励磁控制单元

一、励磁控制单元

发电机励磁系统结构与发电机采用的励磁方式密切相关，典型励磁系统[4]，如图 9-12、图 9-13 所示。

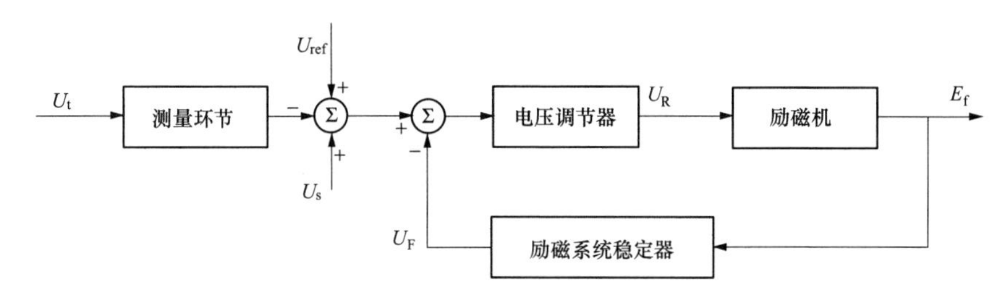

图 9-12 励磁系统典型结构

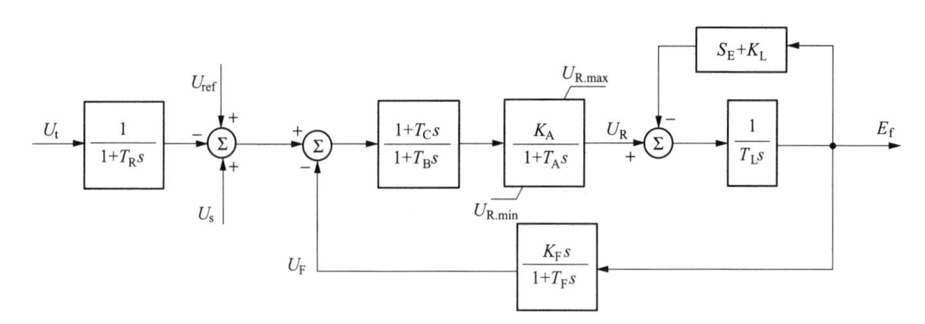

图 9-13 励磁系统传递函数框图

（1）发电机机端电压的测量环节反映了机端电压测量的滞后，由于时间常数 T_R很小，通常也可忽略。U_{ref}是给定的参考电压，两者的偏差作为电压调节器的输入信号。U_s是励磁附加控制信号，如电力系统稳定器 PSS 信号、附加励磁阻尼控制器（supplementary excitation damping controller，SEDC）信号等，实际上各种励磁附加信号都是从这里注入的[149]。

（2）励磁机传递函数是一计及饱和作用的惯性环节，对于他励交、直流励磁机 $K_L=1$。励磁负反馈环节放大倍数为 K_F，时间常数为 T_F。

（3）电压调节器也称自动电压调节器（automatic voltage regulator，AVR）。AVR 的输出经限幅后作为励磁电源的控制电压 U_R。电压调节器由一个超前滞后环节和一个惯性放大环节表示，如图 9-13 所示。超前滞后环节反映了调节器的相位特性，由于 T_B 和 T_C 很小，一般可忽略。惯性放大环节放大倍数为 K_A，时间常数为 T_A。

（4）励磁系统稳定器是一个负反馈环节，其作用是改善励磁系统的运行稳定性和动态品质。励磁负反馈环节的放大倍数为 K_F，时间常数为 T_F。

在 IEEE 标准中给出了多种形式的励磁控制器结构[150,151]，只是随着技术发展，发电机励磁系统的技术已发生很大变化，许多励磁形式已不再采用。

目前，发电机励磁功率单元已基本采用可控硅励磁，根据以上对各环节的分析，图 9-13 的结构可进一步简化。可控硅励磁调节器中，K_A 标幺值可达几百，时间常数 T_A 约为几十毫秒，励磁调节器单元可简化为仅包括 K_A 的放大环节。对于静止励磁系统，无励磁机环节，且通常不设置励磁负反馈环节。同时，在电压综合环节之后，增加 PID 控制单元，该单元在一定程度上替代了原来的励磁负反馈单元和调节器的功能。简化后的可控硅励磁调节系统如图 9-14 所示。

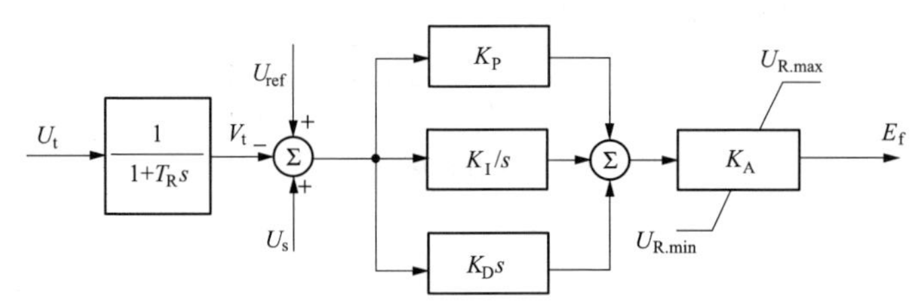

图 9-14　简化的可控硅励磁系统框图

图 9-14 的结构，类似于 IEEE ST1A 型可控硅整流器励磁系统，发电机端经过一个变压器供给励磁功率，图中省略了许多细节描述，详见文献［3］。

PID 控制单元的微分时间常数 K_D 对系统的稳定性影响较大，通常取值很小，在一些研究中甚至直接取消该环节，变为 PI 控制。

二、励磁控制辅助单元

辅助控制不参与正常情况下的控制调节，只有在非正常运行工况时启用。

1. 发电机强励

当系统电压大幅降低，发电机的励磁电源会自动迅速增加励磁电流，称为做强行励磁。强行励磁主要有以下几个方面的作用：增加电力系统的稳定性；在短路切除后，能使电压迅速恢复；提高带时限的过流保护动作的可靠性；改善系统故障时电动机的自起动条件。

强励倍数，即强行励磁电压与励磁机额定电压之比。

强励顶值电压倍数是指强励时达到的最高励磁电压与额定励磁电压之比。

倍数越大，暂态同步电势越高，对电力系统暂态稳定性越有利，但要提高强励顶值电压，必须提高转子绕组的绝缘水平，增加励磁电源容量，影响机组和配套设备造价。故强励电压倍数也不能要求过高，应根据电力系统的需要和发电机结构等因素合理选择，一般取 1.8～2 倍。

2. 强行减励

对水轮发电机，当水轮机突然甩去大量负荷时，调速装置因来不及立即关闭导叶，致使机组转速迅速升高，而产生过电压，严重时甚至会造成发电机定子绝缘损坏，为此需专门设计一种强行减磁装置。当水轮发电机的端电压突然升高时，它能迅速降低发电机的励磁电流，从而达到降低发电机端电压的目的。

强行减磁装置的作用是采用过电压继电器为启动元件，当发电机端电压高于某一定值（通常为 1.3 倍额定电压）时，过电压继电器动作，并在励磁机励磁回路中串入一个阻值比励磁机励磁绕组大好几倍的电阻，将励磁机的电压几乎降到零值，从而起到强行减磁的作用。

3. 瞬时电流限制

当系统出现事故性电压下降时，需要快速增加励磁电流，使发电机功角特性上移，改善本机和电力系统的稳定性。当励磁电压到达发电机允许的励磁顶值电压时，应立即对其加以限制。在励磁调节器内设置了瞬时电流限制器，一旦励磁电流超过发电机允许的强励顶值，限制器输出使励磁电流限制在 I_{fmax}。

4. 最大励磁限制

强励时的顶值电流是额定励磁电流的 1.6～2 倍。发电机转子绕组长时间过励（过电流），会由于发热而损坏。所以，强行励磁持续时间不能超过允许值，要进行限制。

依据发电机的发热来限制的。超过允许发热时间，由强励限制器逐步减小励磁电流。

5. 最小励磁限制

发电机欠励运行，受静态稳定极限限制。

欠励限制器是用来避免发电机励磁降低到一定程度，而超过小信号（静态）稳定极限或定子铁芯端部温度极限。

第五节 电力系统低频振荡和 PSS

电力系统中发电机并列运行时，在扰动下会发生发电机转子间的相对摇摆，并在缺乏阻尼时引起持续振荡。此时，输电线路上的功率会发生相应振荡。由于其振荡频率很低，一般在 0.2～2.5Hz，故称为低频振荡（功率振荡、机电振荡）。

一、单机无穷大系统的低频振荡

设发电机采用经典二阶模型，X'_{d}后的暂态电动势 E'_{q}恒定，机械功率 P_{m}恒定。在单机无穷大系统三阶模型式（6-102）中去掉关于 E'_{q}的微分方程，并将式（6-105）的电磁力矩代入发电机角速度运动方程，得到二阶模型为：

$$\begin{cases}\dfrac{\mathrm{d}\delta}{\mathrm{d}t}=\omega_{\mathrm{B}}(\omega-1)\\ \dfrac{\mathrm{d}\omega}{\mathrm{d}t}=\dfrac{1}{T_j}\left[m_{\mathrm{t}}-\dfrac{U_{\mathrm{s}}\sin\delta}{X'_{\mathrm{d}\sum}}E'_{\mathrm{q}}-\dfrac{1}{2}\left(\dfrac{1}{X_{\mathrm{q}\sum}}-\dfrac{1}{X'_{\mathrm{d}\sum}}\right)U_{\mathrm{s}}^2\sin2\delta-D(\omega-1)\right]\end{cases}\tag{9-34}$$

在工作点附近，采用雅可比线性化方法：

$$\begin{cases}\dfrac{\mathrm{d}\Delta\delta}{\mathrm{d}t}=\omega_{\mathrm{B}}\Delta\omega\\ \dfrac{\mathrm{d}\Delta\omega}{\mathrm{d}t}=-\dfrac{1}{T_j}\left[\dfrac{U_{\mathrm{s}}\cos\delta_0}{X'_{\mathrm{d}\sum}}E'_{\mathrm{q}}+\left(\dfrac{1}{X_{\mathrm{q}\sum}}-\dfrac{1}{X'_{\mathrm{d}\sum}}\right)U_{\mathrm{s}}^2\cos2\delta_0\right]\Delta\delta-\dfrac{1}{T_j}D\Delta\omega\end{cases}\tag{9-35}$$

注意到 ω 是标幺形式，$\omega_{\mathrm{B}}=314(\mathrm{rad/s})$，$\delta$ 单位是弧度（rad）。将第一个方程代入第二个方程，整理得到：

$$T_j\frac{\mathrm{d}\Delta\delta^2}{\mathrm{d}t^2}+D\frac{\mathrm{d}\Delta\delta}{\mathrm{d}t}+K\Delta\delta=0\tag{9-36}$$

其中，$K=\omega_{\mathrm{B}}\left[\dfrac{U_{\mathrm{s}}\cos\delta_0}{X'_{\mathrm{d}\sum}}E'_{\mathrm{q}}+\left(\dfrac{1}{X_{\mathrm{q}\sum}}-\dfrac{1}{X'_{\mathrm{d}\sum}}\right)U_{\mathrm{s}}^2\cos2\delta_0\right]$。

式（9-36）形式为经典的有阻尼自由振动方程，可直接写出振动方程的解，或者按二阶微分方程进行求解。

令 $\Delta\delta=e^{st}$，s 为待定系数，代入方程得到：

$$T_js^2+Ds+K=0\tag{9-37}$$

于是，有两个根为：

$$s_{1,2}=\frac{-D\pm\sqrt{D^2-4T_jK}}{2T_j}\tag{9-38}$$

方程的通解为：

$$\Delta\delta=B_1e^{s1t}+B_2e^{s2t}\tag{9-39}$$

式中 B_1，B_2是与初始条件相关的系数。

显然，两个解 s_1和 s_2的形式决定了功角 $\Delta\delta$ 振荡情况。这里仅讨论存在复根的情况。

根据振动理论，无阻尼振动系统的固有角频率为 $\omega_{\mathrm{n}}=\sqrt{K/T_j}$（rad/s），式（9-38）中根号内为零时的阻尼系数为临界阻尼系数 $D_{\mathrm{c}}=2\sqrt{KT_j}$，阻尼比定义为：

$$\zeta=\frac{D}{D_{\mathrm{c}}}=\frac{D}{2T_j\omega_{\mathrm{n}}}\tag{9-40}$$

假设 $\zeta<1$，即阻尼系数 D 小于临界阻尼系数，则式（9-39）改写为：

$$\Delta\delta=e^{-\zeta\omega_{\mathrm{n}}t}(B_1e^{i\omega_{\mathrm{d}}t}+B_2e^{-i\omega_{\mathrm{d}}t})\tag{9-41}$$

其中，$\omega_d=\sqrt{1-\zeta^2}\omega_n$（rad/s）是有阻尼振荡系统固有角频率。

根据欧拉公式 $e^{\pm i\omega_d t}=\cos\omega_d \pm i\sin\omega_d$，令 $B_1=B\sin\varphi$，$B_2=B\cos\varphi$，式（9-41）可改写为：

$$\Delta\delta=Ae^{-\zeta\omega_n t}\sin(\omega_d t+\varphi) \tag{9-42}$$

式（9-42）为有阻尼衰减振荡的基本形式。

近似取 $K=314\times1.0$，$D=5.0$，$T_j=6$(s)，$\varphi=\pi/6$(rad)，取功角振幅初始幅值为 $\Delta\delta_0=0.1$（rad），振荡图形如图 9-15 所示。

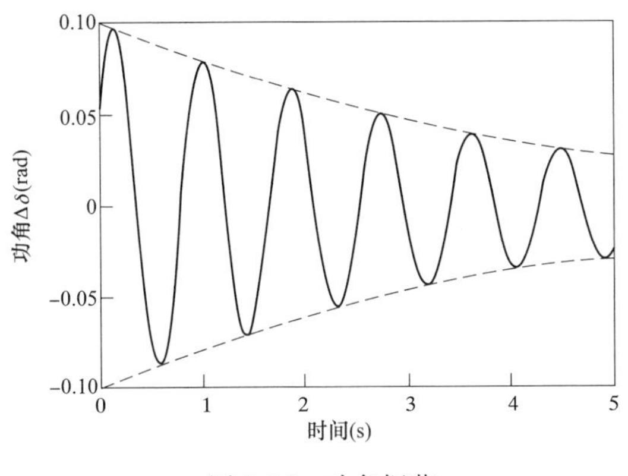

图 9-15　功角振荡

有阻尼振荡固有角频率 $\omega_d=7.2299$（rad/s），固有频率 $f_d=\omega_d/2\pi=1.1507$(Hz)。

几点讨论：

（1）图 9-15 的功角振荡形态与典型振动力学中的有阻尼衰减周期振荡是完全一致的。因此，功角振荡、有功振荡、角速度振荡等暂态过程都可视为参数振荡，借助经典力学的方法，可从各种参数振荡曲线提取振荡的特征参数[152,153]，如振荡周期、衰减系数等。

实际上，分析实测数据、识别低频振荡模式的方法有实时快速傅里叶变换(fast fourier transform，FFT)、小波算法、Prony 算法等。Prony 算法能直接提取幅值、相位、频率和衰减因子，算法简便。采用 Prony 算法从参数振荡曲线中提取多级振荡的特征参数已获得广泛应用[154-157]，只是并未明确多级振荡的基频成分等效于固有频率。

（2）频率 f_d可视为发电机组联网后功角振荡的固有频率。该频率是二阶微分方程的两个变量角速度 ω（机）和功角 δ（电）的参数振荡导出的，因此称为机电振荡。在基于发电机线性化模型的特征分析方法中，找到的机电振荡模式就是指与状态变量 ω 和 δ 参与度最高的振动模式。当电网侧功角振荡频率与发电机侧功角振荡固有频率接近时，可能诱发发电机功角的共振现象。因此，PSS 设计的目的之一是使得 PSS 在 f_d附近的提供大的动态阻尼抑制共振的发生。发电机线性化模型的特征分析法寻找机电振荡模式的固有频率就是为 PSS 设计提供依据。近年来，根据 Prony 算法提取机电振荡模式多机振荡特征进行 PSS 的设计[158,159]，具有明显的优点，已取得了许多研究成果。

(3) 从无阻尼振动系统的固有频率为 $\omega_n=\sqrt{K/T_j}$ (rad/s) 的构成来看，系数 K 是影响固有角频率的重要参数，其中 $X'_{d\Sigma}=X'_d+X_L$ 越大，K 越小。水电机组大多位于深山峡谷，远距离联网线路电抗 X_L 较大，功角振荡的固有频率较低，相对而言更容易诱发低频振荡。

(4) 从指数衰减项 $e^{-\zeta\omega_n t}$ 来看，$\zeta\omega_n=D/(2T_j)$，T_j 是机组惯性时间常数，与机组的结构相关，对于已安装运行的机组 T_j 是常数。因此，提高阻尼系数 D 是使得振荡快速衰减最直接的措施。通过控制策略设计提高暂态振荡阻尼一直是研究的热点问题，PSS 就是增加附加控制提高阻尼的措施之一。

二、单机无穷大系统 PSS 的设计

为了便于分析，图 6-4 的单机无穷大系统发电机线性化模型重新给出如图 9-16。

从图中可以看出，PSS 信号输入经励磁系统 $G_E(s)$ 和发电机励磁绕组传输信号 $1/T'_{d0}s$ 产生电磁功率 ΔP_e，存在传输滞后。因此要求 PSS 提供超前相位补偿，以保证产生的发电机附加电磁力矩和转速偏差信号 $\Delta\omega$ 同相位，为 $\Delta\omega$ 相应的机电振动模式提供附加阻尼力矩。

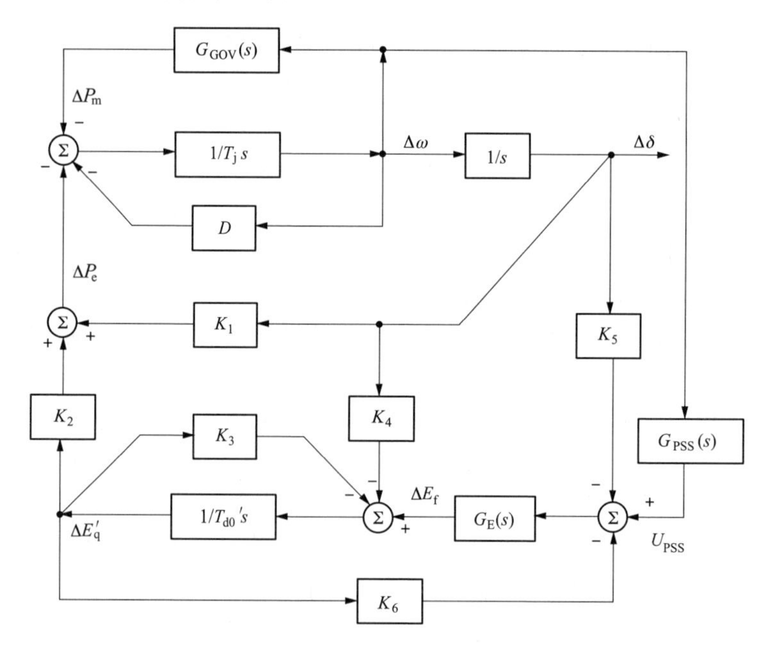

图 9-16　发电机线性化模型

注意到从 U_{PSS} 到 $\Delta E'_q$ 的通路中的两个信号综合环节上，引入了 $\Delta\delta$ 信号。由于传递函数模型是增量线性化模型，满足叠加原理。在研究 U_{PSS} 信号作用时，可以不考虑 $\Delta\delta$ 信号的作用。根据图 9-16 的信号流有：

$$\Delta E'_q = \frac{1}{T'_{d0}s}\{-K_3\Delta E'_q + G_E(s)[U_{PSS} - K_6\Delta E'_q]\}$$

$$\Rightarrow \quad T'_{d0}s\Delta E'_q = -K_3\Delta E'_q + G_E(s)U_{PSS} - K_6 G_E(s)\Delta E'_q$$

$$\Rightarrow \quad [T'_{d0}s + K_3 + K_6 G_E(s)]\Delta E'_q = G_E(s)U_{PSS}$$

将 $G_E(s) = K_E/(1+T_E s)$ 代入，则有从 U_{PSS} 到 $\Delta E'_q$ 的传递函数为：

$$G'_E(s) = \frac{\Delta E'_q}{U_{PSS}} = \frac{K_E}{(T'_{d0}s + K_3)(1+T_E s) + K_6 K_E} \tag{9-43}$$

在机电振荡模式固有角频率处取值计算，取 $s = j\omega_n$，则有：

$$G'_E(s)\big|_{s=j\omega_n} = A(\omega_n)\angle -\varphi(\omega_n) \tag{9-44}$$

记 $\varphi_E = \varphi(\omega_n)$。式（9-44）中用 φ_E 表示从 U_{PSS} 到 $\Delta E'_q$ 滞后的相位角，而 PSS 设计就是采用超前相位补偿环节补偿该相位滞后。

一个超前相位补偿环节 $\frac{1+T_1 s}{1+T_2 s}$（$T_1 > T_2$）最大可校正 30°～40°（电角度），一般给定 $T_2 = 0.05 \sim 0.1$，然后求 T_1。需根据 φ_E 选取补偿环节数量 P，使得 $\arg\left(\frac{1+T_1 s}{1+T_2 s}\bigg|_{s=j\omega_n}\right)^P = \varphi_E$，即 PSS 环节由 P 个超前校正环节串联构成。再考虑 PSS 环节的增益系数为 KPSS，则 PSS 环节的基本形式为：

$$G_{PSS}(s) = K_{PSS}\left(\frac{1+T_1 s}{1+T_2 s}\right)^P \tag{9-45}$$

从图 9-16，电磁力矩增量的信号可简单分为由 $\Delta\delta$ 和 $\Delta\omega$ 生成，即：

$$\Delta P_e = K_e\Delta\delta + D_e\Delta\omega \tag{9-46}$$

式中 K_e——电气同步力矩系数；

D_e——电气阻尼力矩系数。

由式（9-40），取电气阻尼系数为：

$$D_e = 2\zeta T_j\omega_n \tag{9-47}$$

由图 9-16，从 $\Delta\omega \rightarrow \Delta P_e$ 的传递函数为：

$$G(s) = \frac{\Delta P_e}{\Delta\omega} = \frac{\Delta P_e}{\Delta E'_q}\frac{\Delta E'_q}{U_{PSS}}\frac{U_{PSS}}{\Delta\omega} = K_2 G'_E(s)G_{PSS}(s) \tag{9-48}$$

根据力矩分析理论，式（9-48）中取 $s = j\omega_n$，即可得到输入频率为 ω_n 时的电气阻尼系数。

由式（9-48）得到的电气阻尼系数与式（9-49）相等，得到 PSS 增益系数为：

$$K_{PSS} = \frac{2\zeta T_j\omega_n}{K_2\left|G'_E(j\omega_n)\right|\left|\left(\frac{1+j\omega_n T_2}{1+j\omega_n T_2}\right)^P\right|} \tag{9-49}$$

为保持必要的阻尼，一般要求PSS环节的阻尼比 $\zeta>$（0.1～0.3）。

在IEEE Std 421—1992的标准中推荐的PSS1A模型[160]典型结构见图9-17。

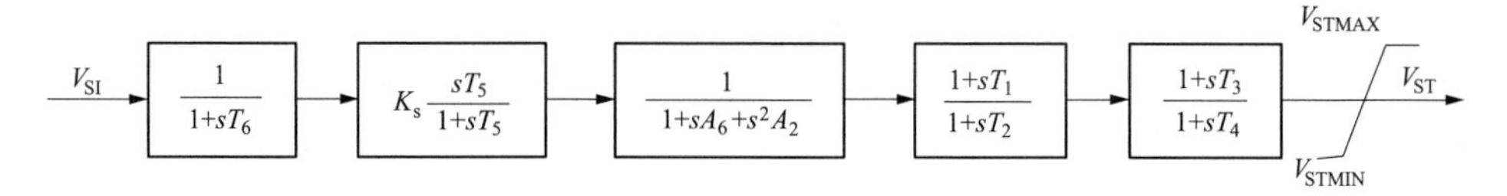

图9-17　PSS1A型单输入电力系统稳定器

图中的输入信号 V_{SI} 可以是转速、频率和功率中的一种。

第一个环节代表参数测量环节，T_6 对应的是测量环节的时间常数。在理论研究中，测量环节通常并不纳入PSS，而是作为单独的对象系统的一个单元处理。

第二个环节是滤波环节，允许 $s=j\omega_n$ 的信号通过，其他频率成分被抑制。记该环节传递函数为 $G_1(s)$，将 $s=j\omega_n$ 代入该环节，有：

$$G_1(j\omega_n)=K_S\frac{j\omega_n T_5}{1+j\omega_n T_5}=K_S\frac{\omega_n T_5}{1+(\omega_n T_5)^2}(\omega_n T_5+j) \tag{9-50}$$

幅值为 $|G_1(j\omega_n)|=K_S\dfrac{\omega_n T_5}{\sqrt{1+(\omega_n T_5)^2}}$，相角为 $\arctan(G_1(j\omega_n))=\dfrac{1}{\omega_n T_5}$。当 $\omega_n T_5\gg1$ 时，信号通过该环节没有相角滞后，此时该环节增益近似为 K_S。

取 $K_S=10$，$T_5=3$，输入不同角频率时，滤波环节的幅值和相位变化如图9-18。

由图9-18可见，当输入角频率 $\omega>2$ 之后，幅值已接近 K_S，超前相位接近于0。显然，为保证 $\omega_n T_5\gg1$ 的条件，若 ω_n 较小，则应选取较大的 T_5 值。

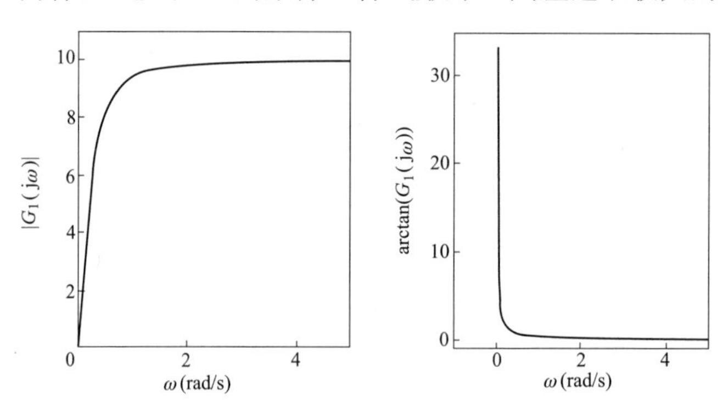

图9-18　滤波环节幅值和相位随角频率变化

第三个环节是考虑高频滤波器（用于某些稳定器）的一些低频效应。当不用于此目的时，该环节可用于帮助整形稳定器的增益和相位特性。从研究文献来看，多数研究中都没有考虑该环节。

应用较多的 PSS 结构形式是如图 9-19 所示的简化形式[3]：

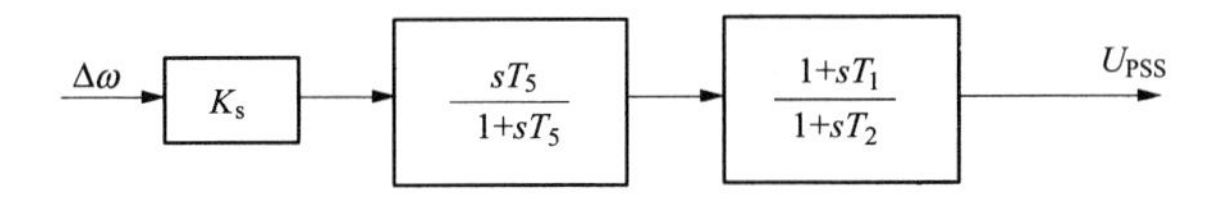

图 9-19 采用的 PSS 简化形式

目前，电力系统稳定器基本上与发电机配套使用以改善机组的稳定性。有关发电机励磁控制与 PSS 的联合设计改善电力系统稳定性一直是研究的热点问题。因此，在研究水电机组暂态稳定性中，将 PSS 纳入系统进行研究是必要的。

本章简单介绍了水轮机调速器和发电机励磁调节基本原理和典型控制单元结构。

新的趋势一是将调速和励磁作为相互关联的整体纳入统一的框架下开展协同控制研究；二是在智能水电厂概念框架下研究调速和励磁的控制问题。

参 考 文 献

[1] 沈祖诒．水轮机调节系统分析［M］. 北京：水利电力出版社，1991. 10.

[2] R. Oldenburger，J. Donelson. Dynamic response of a hydroelectric plant［J］. Power apparatus and systems，part Ⅲ. Transactions of the american institute of electrical engineers，1962，81（3），403-418.

[3]［加］Prabha Kundur. 电力系统稳定与控制［M］. 北京：中国电力出版社，2002. 5.

[4] 倪以信，陈寿孙，张宝霖．动态电力系统的理论和分析［M］. 北京：清华大学出版社，2002. 5.

[5] IEEE working group on prime mover and energy supply models for system dynamic performance studies，Hydraulic turbine and turbine control models for system dynamic studies［J］. IEEE Transactions on Power Systems，1992，7（2），167-179.

[6] 杨开林．电站与泵站中的水力瞬变及调节［M］. 北京：中国水利水电出版社，2000. 5.

[7] 蔡亦钢．流体传输管道动力学［M］. 浙江 ：浙江大学出版社，1990. 6.

[8] E. Benjiamin Wylie. The microcomputer and pipeline transients［J］. Journal of Hydraulic Engineering，1983，109（12），1723-1739.

[9] Shi Fengxia，Yang Junhu，Wang Xiaohui. Analysis on characteristic of pressure fluctuation in hydraulic turbine with guide vane［J］. International Journal of Fluid Machinery & Systems，2016，9，237-244.

[10] Wang Chao，Nilsson Hakan，Yang Jiandong，Petit Olivier. 1D-3D coupling for hydraulic system transient simulations［J］. Computer Physics Communications，2017，210，1-9.

[11] Wu Dazhuan，Yang Shuai，Wu Peng，Wang Leqinl. MOC-CFD coupled approach for the analysis of the fluid dynamic interaction between water hammer and pump［J］. Journal of Hydraulic Engineering，2015，141（6），6015003.

[12] Wang Chao，Yang Jiandong. Water hammer simulation using explicit-implicit coupling methods［J］. Journal of Hydraulic Engineering，2015，141（4），04014086.

[13]【俄】Г. И. 克里夫琴刻．水电站动力装置中的过渡过程［M］. 水利出版社，1981. 5.

[14] 曾云，沈祖诒，曹林宁．调节对象参数和运动特性随工况变化分析［J］. 水力发电，2006，32（1），57-60.

[15] 常近时．水力机械过渡过程［M］. 北京：机械工业出版社，1991. 9.

[16] 朱艳萍，时晓燕，周凌九．基于内特性法的水轮机完整综合特性曲线［J］. 中国农业大学学报，2006，11（5），88-91.

[17] 王宜怀，沈祖诒，孙涌．基于主曲线方法的水轮机特性曲线的数值拟合［J］. 水力发电学报，2009，28（3），181-186.

[18] 李俊益，陈启卷，陈光大．水轮机综合特性曲线 BP 神经网络拟合方法研究［J］. 水力发电学报，2015，34（3），182-188.

[19] 门闯社．基于水轮机内外特性复合数学模型的调节系统动态特性研究［D］，西安理工大学，2018. 4.

[20] 付亮，鲍海艳，田海平，张亦可．基于实测甩负荷的水轮机力矩特性曲线拟合 [J]. 农业工程学报，2018，34 (19)，66-73.
[21] 吴嵌嵌，张雷克，马震岳．基于工程经验和 RBF 神经网络的水轮机综合特性曲线拓展和重构 [J]. 应用基础与工程科学学报，2019，27 (5)，996-1007.
[22] M. Hanif Chaudhry. Applied hydraulic transients，3rd edition. Springer New York，2014.
[23] Wencheng Guo，Jiandong Yang，Jieping Chen，Mingjiang Wang. Nonlinear modeling and dynamic control of hydro-turbine governing system with upstream surge tank and sloping ceiling tailrace tunnel [J]. Nonlinear Dynamics，2016.
[24] 曾云，张立翔，徐天茂，郭亚昆．水轮机调速系统转矩系数分析 [J]. 大电机技术，2012，2，58-64.
[25] F R Schleif，G E Martin，R R Angell. Damping of system oscillations with hydro-generator unit [J]. IEEE Transactions on Power Apparatus and Systems，1967，86 (4)，438-442.
[26]【加】余耀南．动态电力系统 [M]. 北京：水利水电出版社，1985. 3.
[27] 王明东，刘宪林. 基于模糊控制理论的水轮发电机组调速器侧 PSS 研究 [J]. 郑州大学学报（工学版），2003，24 (2)，96-98.
[28] Weijia Yang，Per Norrlund，Johan Bladh，Jiandong Yang，Urban Lundin. Hydraulic damping mechanism of low frequency oscillations in power systems：Quantitative analysis using a nonlinear model of hydropower plants [J]. Applied Energy，2018，212，1138-1152.
[29] 曾云，张立翔，徐天茂，郭亚昆．弹性水击下非线性水轮机的哈密顿模型 [J]. 排灌机械工程学报，2010，28 (6)，515-520.
[30] 曾云，郭亚昆，张立翔，徐天茂，董鸿魁．包含内部能量损失特性的水轮机力矩模型 [J]. 中国科学 E 辑，2011，41 (5)，656-662.
[31] Jing Qian，Yun Zeng，Yakun Guo，Lixiang Zhang. Reconstruction of the complete characteristics of the hydro turbine based on inner energy loss [J]. Nonlinear Dynamics，2016，86，963-974.
[32] Zeng Y.，Zhang L. X.，Guo J. P.，Guo Y. K.，Pan Q. L.，Qian J.，Efficiency limit factor analysis for the Francis-99 hydraulic turbine [C]，Francis-99 Workshop 2：Transient Operation of Francis Turbine,，Norway，Trondheim，2016. 12.
[33] Xu Tianmao，Zeng Yun，Zhang Lixiang，Dong Hongkui. The calculation model of hydraulic characteristics in draft tube inlet zone [C]，2011 Asia-Pacific Power and Energy Engineering Conference，APPEEC 2011-Proceedings，2011. 03，Wuhan China.
[34] D. J. Trudnowski，J. C. Agee. Identifying a hydraulic-turbine model from measured field data [J]. IEEE Transactions on Energy Conversion，1995，10 (4)，768-773.
[35] 冯雁敏，张雪源，李明，黄琢．某 300MW 机组水轮机调节系统参数实测及建模分析 [J]. 长江科学院院报，2020，37 (1)，172-178.
[36] 夏鑫，周建中，肖剑，肖汉，李超顺．基于导水机构水力损失的水轮机精细模型辨识 [J]. 电力系统自动化，2014,，38 (1)，57-61.
[37] 李超顺，周建中，肖汉，肖剑．基于引力搜索模糊模型辨识的水电机组预测控制 [J].

水力发电学报，2013，32（6），272-277.

［38］周大庆，吴玉林，刘树红．轴流式水轮机模型飞逸过程三维湍流数值模拟［J］．水利学报，2010，41（2），233-238.

［39］黄伟德，樊红刚，陈乃祥．管道瞬变流和机组段三维流动相耦合的过渡过程计算模型［J］．水力发电学报，2013，32（6），262-266.

［40］Zhang Xiaoxi，Cheng Yongguang，Yang Jiandong，Xiao Linsheng，Lai Xu. Simulation of the load rejection transient process of a francis turbine by using a 1-D-3-D coupling approach［J］. Journal of Hydrodynamics，2014，26（55），715-724.

［41］苟东明，郭鹏程，罗兴锜，张蓝国，郭耀峰．抽水蓄能电站泵工况断电飞逸过渡过程三维耦合数值研究［J］．水动力学研究与进展（A），2018，33（1），28-39.

［42］杨志炎，程永光，夏林生，尤建锋．灯泡式水轮机甩负荷过渡过程三维数值模拟［J］．武汉大学学报（工学版），2018，51（10），854-860，875.

［43］孙元章，卢强，李国杰，孙春晓，朱才喜．水轮发电机水门非线性控制器研究［J］．清华大学学报（自然科学版），1994，34（1），7-14.

［44］孙郁松，孙元章，卢强．水轮发电机水门非线性控制规律的研究［J］．电力系统自动化，1999，33（23），33-36.

［45］Zeng Yun，Zhang Lixiang，Xu Tianmao，Dong Hongkui. Building and analysis of hydro turbine dynamic model with elastic water column［C］，Asia-Pacific Power and Energy Engineering Conference，APPEEC 2010，chendu，2010.3.28-2010.3.31.

［46］曾云．基于广义哈密顿理论的水力机组建模及控制策略研究［D］．河海大学，2008.7.

［47］曾云，张立翔，钱晶，徐天茂，郭亚昆．弹性水击水轮机微分代数模型的仿真［J］．排灌机械工程学报，2014，32（8），691-697.

［48］周昆雄，张立翔，曾云．机-电耦联条件下水力发电系统暂态分析［J］．水利学报，2015，46（9），1118-1127.

［49］周昆雄，张立翔，曾云．长隧洞水力发电系统水机电耦联暂态分析［J］．水力发电学报，2016，35（3），81-90.

［50］Louis N. Hannett，James W. Feltes，B. Fardanesh，Wayne Crean. Modeling and control tuning of a hydro station with units sharing［J］. IEEE Transactions on Power Systems，1999，14（4），1407-1414.

［51］E. De Jaeger，N. Janssens B. Malfliet，F. Van De Meulebroeke. Hydro turbine model for system dynamic studies［J］. IEEE Transactions on Power Systems，1994，9（4），1709-1715.

［52］C. D. Vournas，A. Zaharakis. Hydro turbine transfer functions with hydraulic coupling［J］. IEEE Transactions on Energy Conversation，1993，8（3），527-532.

［53］Yun Zeng，Jing Qian，Yakun Guo，Shige Yu. Differential equation model of single penstock multi-machine system with hydraulic coupling［J］. IET Renewable Power Generation，2019，13（7），1153-1159.

［54］钱晶，曾云，吕顺利，郭亚昆．带复杂水力系统的水轮机多机微分代数模型［J］．中国电机工程学报，2020，40（2），615-622.

［55］沈祖诒，黄宪培．通过长输电线与电网并列运行水轮机的控制［J］．水力发电学报，

1989，3，77-86.

[56] 陈舟，刁勤华，陈寿孙，张中华，倪以信．水力系统模型对电力系统低频振荡分析的影响 [J]. 清华大学学报（自然科学版），1996，36（7），67-72.

[57] 卫志农，陈剑光，潘学萍，鞠平，韩敬东．水机电系统相互作用研究 [J]. 电力系统自动化，2000，24（24），26-29.

[58] 潘学萍，鞠平，卫志农，韩敬东．水力系统对低频振荡的影响 [J]. 电力系统自动化，2002，26（3），24-27.

[59] 刘宪林．基于同步机和水机电详细模型的电力系统小扰动研究 [D]，哈尔滨工业大学博士学位论文，2002. 3.

[60] 潘学萍．水力系统与电力系统相互影响研究 [J]. 电力自动化设备，2005，25（2），31-34.

[61] 周建旭，索丽生．水电站水机电系统振动特性和稳定性研究综述 [J]. 水利水电科技进展，2007，27（3），86-89.

[62] 程远楚，赵洁，叶鲁卿，徐德鸿．水电机组水力系统和调速器控制规律对电力系统稳定的影响 [J]. 武汉大学学报（工学版），2008，41（4），59-62，116.

[63] 邹金，赖旭．基于相对增益阵列方法的水电站多机水力耦合系统交互影响分析 [J]. 中国电机工程学报，2017，37（12），3449-3455.

[64] Jianzhong Zhou，Yuncheng Zhang，Yang Zheng，Yanhe Xu. Synergetic governing controller design for the hydraulic turbine governing system with complex conduit system [J]. Journal of the Frankin Institute，2018，355，4131-4146.

[65] 赖旭，陈强．调速器参数对水电站水力干扰过渡过程的影响 [J]. 中国农村水利水电，2016，5，174-178，182.

[66] 杨秀维，俞晓东，张磊，张健．设置尾水连通管的抽水蓄能电站引水发电系统小波动稳定分析 [J]. 水利学报，2019，50（9），1145-1154.

[67] 曾云，张立翔，郭亚昆，董鸿魁．共用管段的水力解耦及非线性水轮机模型 [J]. 中国电机工程学报，2012，32（14），103-108.

[68] Yun Zeng，Yakun Guo，Lixiang Zhang，Tianmao Xu，Hongkui Dong. Nonlinear hydro turbine model having a surge tank [J]. Mathematical and computer Modelling of dynamical Systems，2013，19（1），12-28.

[69] Beibei Xu，Feifei Wang，Diyi Chen，Hao Zhang. Hamiltonian modeling of multi-hydro-turbine governing systems with sharing common penstock and dynamic analyses under shock load [J]. Energy Conversion and Management，2016，108，478-487.

[70] 王玉振. 广义 Hamilton 控制系统理论：实现、控制与应用 [M]. 科学出版社，2007. 4.

[71] Arjan van der Schaft 著，孙元章，等，译．非线性控制中的 L2 增益和无源化方法（第二版）[M]. 北京：清华大学出版社，2002.

[72] Xu Tianmao，Zeng Yun，Zhang Lixiang，Qian，Jing. Direct modeling method of generalized Hamiltonian system and simulation simplified [J]. Procedia Engineering，2012，31，901-908.

[73] Yun Zeng，Lixiang Zhang，Tianmao Xu，Qian Jing. Hamiltonian function selection principle for generalized Hamiltonian modeling [J]. Procedia Engineering，2012，31，

949-957.

[74] Schaft V，Maschke B M，The Hamiltonian formulation of energy conserving physical systems with ports [J]. Archiv fur Elektronik und Übertragungstechnik，1995，49 (5)，362-371.

[75] 程代展，席在荣，卢强，梅生伟. 广义 Hamilton 控制系统的几何结构及其应用 [J]. 中国科学 E 辑，2000，30 (4)，341-355.

[76] 曾云，沈祖诒，曹林宁. 发电机单机无穷大系统动力学模型的理论研究 [J]. 中国电机工程学报，2008，28 (17)，138-143。

[77] 王玉振. 广义 Hamilton 控制系统理论实现、控制与应用 [M]. 北京：科学出版社，2007.

[78] 温熙森. 机电系统分析动力学及其应用 [M]. 北京：科学出版社，2003. 12.

[79] 韩英铎，王仲鸿，陈淮金，电力系统最优分散协调控制 [M]. 北京：清华大学出版社，1997，12.

[80] Heffron W. G.，Phillips R. A. Effect of a modern amplidyne voltage regulator on underexcited operation of large turbine generators [J]. Transactions of the American Institute of Electrical Engineers. Part III：Power Apparatus and Systems，1952，4498530.

[81] Wang H F，Swift F J，Li M. A unified model for the analysis of FACTS devices in damping power system oscillations part I：Single-machine infinite-bus power systems [J]. IEEE Trans on Power Delivery，1997，12 (2)，941-946.

[82] 王海风，李敏，陈衍. 装有统一潮流控制器的多机电力系统 Phillips－Heffron 模型及其应用 [J]. 中国电机工程学报，2001，21 (2)，6-10.

[83] Milenko B. Duri ć，Zoran M. Radojevi ć，Emilija D. Turkovi ć. A reduced order multimachine power system model suitable for small signal stability analysis [J]. Electrical Power and Energy Systems，1998，20 (5)，369-374.

[84] S. Roy，Influence of amortisseurs on stabiliser design requirements for damping local oscillations of a generator [J]. IEEE Trans on Power System，1999，4 (3)，935-943.

[85] 刘宪林，柳焯，娄和恭. 考虑阻尼绕组作用的单机无穷大系统线性化模型 [J]. 中国电机工程学报，2000，20 (10)，41-45.

[86] 刘宪林，柳焯，娄和恭. 基于直观线性化模型的同步发电机电磁力矩解析 [J]. 电力自动化设备，2006，26 (10)，1-6.

[87] Francisco P. Demello，Charles Concordir. Concepts of synchronous machine stability as affected by excitation control [J]. IEEE Transactions on Power Apparatus and Systems，1969，88 (4)，316-329.

[88] F. J. Swift，H. F. Wang. The connection between modal analysis and electric torque analysis in studying the oscillation stability of multi-machine power systems [J]. Electrical Power and Energy Systems，1997，19 (5)，321-330.

[89] 李鹏，余贻鑫. 电网低频振荡研究回顾及对阻尼概念的再认识 [J]. 南方电网技术研究，2005，1 (3)，28-36.

[90] Hassan Ghasemi，Claudio Cañizares. On-line damping torque estimation and oscillatory stability margin prediction [J]. IEEE Transactions on Power Systems，2007，22 (2)，

667-674.

[91] IEEE Std. 1110—1991：IEEE guide for synchronous generator modeling practices in stability analyses.

[92] IEEE Std. 1110—2002：IEEE guide for synchronous generator modeling practices and applications in power system stability analyses.

[93] Y. Z. Sun，X. Li，M. Zhao，Y. H. Song. New Lyapunov function for transient stability analysis and control of power systems with excitation control [J]. Electric Power Systems Research，2001，57 (2)，123-131.

[94] Cheng Daizhan，Xi Zairong，Hong Yiguang，Qin Huashu. Energy based stabilization of forced Hamiltonian systems and its application to power system [J]．控制理论与应用，2000，17 (6)：798-802.

[95] 张少如，李志军，吴永俭，杜志强，MATLAB与电力系统仿真 [J]．河北工业大学学报，2005，34 (6)：5-9.

[96] 曾云，王煜，张成立．非线性水轮发电机组哈密顿系统研究．中国电机工程学报，2008，28 (29)：88-92.

[97] 曾云，张立翔，钱晶，郭亚昆．电站局部多机条件下五阶发电机哈密顿模型 [J]. 中国电机工程学报，2014，34 (3)：415-422.

[98] 孙元章，焦晓红，申铁龙．电力系统非线性鲁棒控制 [M]. 北京：清华大学出版社，2007.

[99] 席在荣．哈密顿控制系统理论及其应用 [D]. 中国科学院系统科学研究所博士学位论文，2000. 3.

[100] Ma Jin，Mei Shengwei. Hamiltonian realization of power system dynamic models and its applications [J]. Science in China Series E，Technological Sciences，2008，51 (6)，735-750.

[101] Yuzhen Wang，Daizhan Cheng，Yiguang Hong. Stabilization of synchronous generators with the Hamiltonian function approach [J]. International Journal of Systems Science，2001，32 (8)，971-978.

[102] Remeo Ortega，Arjan J. van der Schaft，Iven Mareels，Bernhard Maschke. Putting energy back in control [J]. IEEE Control Systems Magazine，2001，21 (2)，18-33.

[103] Remeo Ortega，Arjan J. van der Schaft，bernhard Maschke，Gerard Escobar. Interconnection and damping assignment passivity-based control of port-controlled Hamiltonian systems [J]. Automatica，2002，38 (4)，585-596.

[104] Remeo Ortega，Arjan J. van der Schaft，Fernando Castanos，Alessandro Astolfi. Control by interconnection and standard passivity-based control of port-Hamiltonian systems [J]. IEEE Transactions on Automatic Control，2008，53 (11)，2527-2542.

[105] Pablo Borja，Rafael Cisneros，Remeo Ortega. A constructive procedure for energy shaping of port-Hamiltonian systems [J]. Automatica，2016，72：230-234.

[106] Fernando Castaños，Dmitry Gromov. Passivity-based control of implicit port-Hamiltonian systems with holonomic constraints [J]. Systems & Control Letters，2016，94：11-18.

[107] Cai Liangcheng，He Yong，Wu Min，She Jinhua. Improved potential energy-shaping for

port-controlled Hamiltonian systems [J]. Journal of Control Theory and Applications, 2012, 10 (3), 385-390.

[108] Meng Zhang, Romeo Ortega, Dimitri Jeltsema, Hongye Su. Further deleterious effects of the dissipation obstacle in control-by-interconnection of port-Hamiltonian systems [J]. Automatic, 2015, 61, 227-231.

[109] Liangcheng Cai, Yong He. Exponential stability of port-Hamiltonian systems via energy-shaped method [J]. Journal of the Franklin Institute, 2017, 354, 2944-2958.

[110] Yun Zeng, Lixiang Zhang, Yakun Guo, Jing Qian. Hamiltonian stabilization additional L2 adaptive control and its application to hydro turbine generating sets [J]. International Journal of Control, Automation and Systems, 2015, 13 (4), 867-876.

[111] Aminuddin Qureshi, Sami El Frerik, Frank L. Lewis. L2 neuro-adaptive tracking control of uncertain port-controlled Hamiltonian systems [J]. IET Control Theory & Applications, 2015, 9 (12): 1781-1790.

[112] Stephen Prajna, Arjan van der Schaft, Gjerrit Meinsma. An LMI approach to stabilization of linear port-controlled Hamihonian systems [J]. Systems&Control Letters, 2002, 45 (5), 371-385.

[113] Cervera J, Van der Schaft A J, Banos A. Intercollnection of port-Hamiltonian systems and composition of Dirac strutture [J]. Automatica, 2007, 43 (2), 212-225.

[114] Alessandro Macchelli. Dirac structures on Hilbert spaces and boundary control of distributed port-Hamiltonian systems [J]. Systems & Control Letters, 2014, 68, 43-50.

[115] Kameswarie Nunna, Mario Sassano, Alessandro Astolfi. Constructive interconnection and damping assignment for port-controlled Hamiltonian systems [J]. IEEE Trans. on Automatic Control, 2015, 60 (9), 2350-2361.

[116] Multaz Ryalat, Dina SHona Laila. A simplified IDA-PBC design for underactuated mechanical systems with applications [J]. European Journal of Control, 2016, 27 (1), 1-16.

[117] 于海生，赵克友，郭雷，王海亮．基于端口受控哈密顿方法的 PMSM 最大转矩/电流控制 [J]. 中国电机工程学报，2006，26 (8)，82-87.

[118] 尹忠刚，丁虎晨，钟彦儒，刘静．基于 PCHD 模型的感应电机变阻尼无源性控制策略 [J]. 电工技术学报，2014，29 (8)，70-80.

[119] 曾云，王煜，钱晶．修正互联结构的水力机组哈密顿控制策略 [J]. 控制理论与应用，2009，26 (7)：795 - 799.

[120] 曾云，张立翔，钱晶，郭亚昆．哈密顿结构修正的控制设计方法及其应用 [J]. 电机与控制学报，2014，18 (3)：93-100.

[121] 吴哲．水力发电机组轴系振动特性及其对厂房振动的影响 [D]. 昆明理工大学硕士论文，2014.05.

[122] 曾艳艳．频繁、不平衡磁拉力对机组轴系及厂房振动的影响 [D]. 昆明理工大学硕士论文，2015.05.

[123] 李苹，窦海波，王正．水轮发电机组主轴系统的建模及其非线性瞬态响应 [J]. 清华大学学报（自然科学版），1998，38 (6)，123-128.

[124] 王正伟，喻疆，方源，温晓军，曹剑绵，石清华．大型水轮发电机组转子动力学特性分析 [J]. 水力发电学报，2005，24（4），62-66.

[125] Rolf. K. Gustavsson，Jan-Olov Aidanpää. Evaluation of impact dynamics and contact forces in a hydropower rotor due to variations in damping and lateral fluid forces [J]. International Journal of Mechanical Science，2009，51（9-10），653 - 661.

[126] Gao Wenzhi，Hao Zhiyong. Active control and simulation test study on torsional vibration of large turbo-generator rotor shaft [J]. Mechanism and Machine Theory，2010，45（9），1326-1336.

[127] An Xueli，Zhou Jianzhong，Liu Li，Xiang Xiuqiao，Li Yinghai. Lateral vibration characteristics analysis of the hrdrogenerator set [J]. Lubrication Engineering，2008，33（12），40-43.

[128] 姚大坤，邹经湘，黄文虎，曲大庄．水轮发电机转子偏心引起的非线性电磁振动 [J]. 应用力学学报，2006，23（3），334-337.

[129] 宋志强，马震岳．考虑不平衡电磁拉力的偏心转子非线性振动分析 [J]. 振动与冲击，2010，29（8），169-173.

[130] 徐进友，刘建平，宋铁民，王世宇．水轮发电机转子非线性电磁振动的幅频特性 [J]. 中国机械工程，2010，21（3），348-350.

[131] Zhang Leke，Ma Zhenyue，Song Bingwei. Characteristics analysis of hydroelectric generating set under unbalanced magnetic pull and sealing force of runner [J]. Water Resources and Power，2010，28（9），117-120.

[132] Ida Jansson，Hans Q. Akerstedt，Jan-Olov Aidanpää，T. Staffan Lundström. The effect of inertia and angular momentum of a fluid annulus on lateral transversal rotor vibrations. [J]. Journal of Fluids and Structures，2012，28，328-342.

[133] ZengYun，Zhang Lixiang，Guo Yakun，Qian Jing，Zhang Chengli. The generalized Hamiltonian model for the shafting transient analysis of the hydro turbine generating sets [J]. Nonlinear Dynamics，2014，76（4），1921-1933.

[134] 曾云，张立翔，张成立，钱晶，郭亚昆．水轮发电机组轴系横向振动的大扰动暂态模型 [J]. 固体力学学报，2013，33，137-142.

[135] 李耀辉，朱双良．基于轴系刚度计算分析水泵轴系的振动 [J]. 排灌机械工程学报，2017，35（7），558-563，570.

[136] 李耀辉，朱双良．基于无水启动试验数据计算水泵轴系特征参数 [J]. 排灌机械工程学报，2017，35（8），659-665.

[137] 杨光波．水轮发电机轴系支撑刚度近似计算方法研究 [D]. 昆明理工大学硕士论文，2019.05.

[138] 王玲花，沈祖诒，陈德新．水轮机调速器控制策略研究综述 [J]. 水利水电科技进展，2002，22（4），56-58，62.

[139] 程启明，程尹曼，薛阳，胡晓青．同步发电机励磁控制方法的发展与展望 [J]. 电力自动化设备，2012，32（5），108-117.

[140] 魏韡，梅生伟，张雪敏．先进控制理论在电力系统中的应用综述及展望 [J]. 电力系统保护与控制，2013，41（12），143-153.

[141] 沈祖诒．水轮机调节［M］．北京：水利水电出版社，1988.11.
[142] 魏守平，王雅军，罗萍．数字式电液调速器的功率调节［J］．水电自动化与大坝监测，2003，27（4），20-22.
[143] IEEE Std 1207—2004. IEEE guide for the application of turbine governing systems for hydroelectric generating units.
[144] 魏守平，罗萍，卢本捷．我国水轮机数字式电液调速器评述［J］．水电自动化与大坝监测，2003，27（5），1-7.
[145] 潘熙和，贾宝良，吴应文．我国水轮机调速技术最新进展与展望［J］．长江科学院院报，2007，24（5），79-83.
[146] 邵宜祥，蔡晓峰，蔡卫江，张新龙．中国水轮机调速器行业技术发展综述［J］．水电自动化与大坝监测．2009，33（6），13-16.
[147] 潘熙和，王丽娟．我国水轮机调速技术创新回顾与学科前景展望［J］．长江科学院院报，2011，28（10），221-226.
[148] 刘国富，王晓瑜，金玉成．水轮机调速器改进型控制结构结合增量式 PID 算法的功率调节及一次调频的实现［J］．大电机技术，2016，1，61-64.
[149] 赫卫国，赵大伟，吕宏水，曾继伦．附加励磁阻尼控制器与励磁系统常规功能间的相互影响［J］．电力系统自动化，2011，35（12），89-94.
[150] IEEE Std 421.5—1992. IEEE recommended practice for excitation system models for power system stability studies.
[151] IEEE Std 421.5—2005，IEEE recommended practice for excitation system models for power system stability studies.
[152] 曾云，张立翔，王煜．水轮发电机组振荡特性的简化分析方法［J］．电机与控制学报，2009，(S1)：25-29.
[153] 曾云，沈祖诒，曹林宁．低频振荡下发电机响应特性的量化分析［J］．电力系统及其自动化学报，2008，20（6）：83-87.
[154] 王铁强，贺仁睦，徐东杰，王昕伟．Prony 算法分析低频振荡的有效性研究［J］．中国电力，2001，34（11），38-41.
[155] 竺炜，唐颖杰，周有庆，曾喆昭．基于改进 Prony 算法的电力系统低频振荡模式识别［J］．电网技术，2009，33（5），44-47，53.
[156] 王辉，苏小林．Prony 算法的若干改进及其在低频振荡监测中的应用［J］．电力系统保护与控制，2011，39（12），140-145.
[157] 金涛，刘对．基于改进去噪性能的 Prony 算法电网低频振荡模态辨识研究［J］．电机与控制学报，2017，21（5），33-41.
[158] 郭成，李群湛，王德林．基于 Prony 和改进 PSO 算法的多机 PSS 参数优化［J］．电力自动化设备，2009，29（3），16-21.
[159] 孙宁杰，王德林，魏久林，康积涛，周鑫，吴水军，和鹏．基于 SDM-Prony 和改进 GWO 算法的多机 PSS 参数最优设计［J］.2019，47（10），88-95.
[160] IEEE Std 421.5—1992，IEEE recommended practice for excitation system models for power system stability studies.